东南大学至善出版基金资助项目

混凝土结构损伤分析：从本构到结构

Damage Analysis of Concrete Structures:
From Material to Structure

冯德成　任晓丹　李杰 / 著

東南大學出版社
SOUTHEAST UNIVERSITY PRESS
·南京·

内 容 提 要

混凝土结构是重大土木工程基础设施的主体，其服役期内可能遭受强震、台风等极端灾害作用的袭击。正确反映混凝土结构的灾变行为、保障其抗灾安全性，是国家和社会的重大需求。本书聚焦混凝土结构损伤与破坏的物理机理，从本构、单元、结构三个层次系统阐述了混凝土结构随机损伤分析方面的最新研究进展，主要包括：反映损伤细观物理机制的混凝土双尺度本构模型，考虑钢筋-混凝土复合效应的修正损伤演化规则，基于损伤理论的高性能结构分析单元，结构分析的无条件稳定积分算法，混凝土结构分析的应变局部化及其正则化方法，混凝土结构随机非线性行为试验研究，考虑时空变异性的结构随机损伤分析等。

本书可供土木工程、水利工程、地震工程等领域的工程技术人员和科学技术人员参考。

图书在版编目(CIP)数据

混凝土结构损伤分析 ：从本构到结构 / 冯德成，任晓丹，李杰著. -- 南京 ：东南大学出版社，2025.1

ISBN 978-7-5766-1624-8

Ⅰ. TU37

中国国家版本馆 CIP 数据核字第 2024BC3317 号

责任编辑：丁　丁　**责任校对**：韩小亮　**封面设计**：王　玥　**责任印制**：周荣虎

混凝土结构损伤分析：从本构到结构

Hunningtu Jiegou Sunshang Fengxi：Cong Bengou Dao Jiegou

著　　者	冯德成　任晓丹　李　杰
出版发行	东南大学出版社
出 版 人	白云飞
社　　址	南京市四牌楼 2 号(邮编：210096　电话：025－83793330)
网　　址	http://www.seupress.com
电子邮箱	press@seupress.com
经　　销	全国各地新华书店
印　　刷	广东虎彩云印刷有限公司
开　　本	787 mm×1 092 mm　1/16
印　　张	14.75
字　　数	322 千字
版　　次	2025 年 1 月第 1 版
印　　次	2025 年 1 月第 1 次印刷
书　　号	ISBN　978-7-5766-1624-8
定　　价	98.00 元

本社图书若有印装质量问题，请直接与营销部联系，电话：025－83791830。

前言 PREFACE

混凝土结构占我国基础设施的80%以上，是我国乃至全世界应用最广泛的结构体系之一。然而，其在服役过程中会遭受恶劣环境侵蚀和极端灾害威胁，导致发生损伤甚至破坏，造成重大经济损失和人员伤亡。因此，对于混凝土结构，特别是其损伤演化机理的研究，具有重大科学价值和工程意义。

关于混凝土结构基本理论的研究已有百余年历史，但由于混凝土材料的内秉复杂性以及力学性质-外部作用等的随机性，准确预测、合理控制混凝土结构在外部灾害性作用下的行为，仍是结构工程研究所面临的巨大挑战。在过去数十年间，我们从混凝土损伤破坏的物理机制出发，综合考虑混凝土材料行为中的非线性、随机性及率敏感性等特征，开展了系列研究，建立了“混凝土随机损伤力学”理论体系，将混凝土损伤本构模型纳入我国国家标准和欧洲行业标准，并成功应用于一大批超高超限混凝土工程。

继承混凝土随机损伤力学的基本观点，本书进一步聚焦于实际混凝土工程在结构设计与分析过程中所面临的关键科学问题，从“精细化本构模型—高性能结构单元—高效率求解算法—全概率分析体系”四个方面详细介绍了本书作者近年来的最新研究成果。其中，第1章从本构、单元、结构3个层次梳理了混凝土结构损伤分析的研究现状和进展，并由此引出“从本构到结构”的分析思想和本书主要内容；第2～3章主要介绍混凝土随机损伤本构模型的新发展，包括宏-细观双尺度随机损伤模型的建立以及对实际工程结构中钢筋-混凝土间复杂相互作用的考虑，这为本书后续的损伤分析奠定了基础；第4～6章则从分析单元的角度阐述了两类典型的损伤分析途径，即基于三维有限元的精细化分析途径和基于一维杆系单元的高效化分析途径，两种途径各有优势、相互补充，可实现多分辨率的结构损伤分析；第7～8章介绍了结构层次的求解算法和局部化问题的修正方法，通过无条件稳定显式积分算法可以提升大尺度结构的分析效率，同时，利用系列正则化技术可以解决材料-结构间特征尺度不一致带来的网格敏感性问题；第9～10章通过试验具体揭示混凝土损伤演化过程中随机因素的影响，同时结合概率密度演化理论量化这种影响，在此基础上建立了考虑时-空不确定性因素的结构损伤分析方法。通过上述内容，我们期待建立以现代固体力学和计算力学为科学基础与核心技术的混凝土结构分析方法，从而推动“第三代结构设计理论”的发展。

本书的研究工作，先后得到了国家自然科学基金重大研究计划重点课题(90715033)、教育部“长江学者奖励计划”青年学者(Q2022116)、中国科协“青年人才托举工程”(YESS20200044)、国家自然科学基金青年基金(51708106)和面上项目(52078119)等多方支持，在本书即将付梓之际，作者对上述支持表示衷心的感谢。

在本书所涉及内容的研究过程中，东南大学吴刚教授、华南理工大学吴建营教授和同济大学陈建兵教授给予了我们长期的支持。此外，美国 Lehigh University 的 James Ricles 教授、University of California-Los Angeles 的 Ertugrul Taciroglu 教授、Case Western Reserve University 的 Yue Li 教授，英国 University of Edinburgh 的 Yong Lu 教授均在相关研究中提出了诸多宝贵意见。作者的学生谢思聪、梁艳苹、陈欣参与了本书部分研究工作，冯礼、丁家怡则为本书的文字校对、图表制作等做了大量工作，在此一并表示感谢。

本书试图与本团队 2014 年出版的著作《混凝土随机损伤力学》形成系列、相互补充，从而达到前后呼应、承上启下之效。由于作者学识所限，书中难免有疏漏和不足之处，敬请读者诸君批评指正。

作者

2023 年仲秋于南京、上海

目录 CONTENTS

第1章 绪　论

1.1 引言

作为人类历史上最年轻的结构类型之一，混凝土结构的出现与发展已有一百多年的历史。百余年间，混凝土结构的设计理论、分析方法与工程应用都得到了迅速的发展，成为世界各国应用最广泛的结构体系之一。近年来，一系列重大工程（高层和大跨建筑、桥梁、大坝、地铁等）的集中涌现，更加凸显了混凝土结构在各种结构类型中的主导地位。然而，频繁的地震（如 1995 年神户地震、2008 年汶川地震、2010 年智利地震、2023 年土耳其地震等）与其他偶然灾害（如 2015 年天津塘沽爆炸事件等）的发生，使得复杂工程结构在灾害作用下的安全日益得到人们的高度关注。如何合理地反映混凝土结构在外部作用下的行为，以期能够精确地预测和控制结构在外部作用下的行为，是结构工程研究所面临的重大挑战。

事实上，挑战一方面源于混凝土材料的复杂性。作为一种多相复合材料，混凝土由粗骨料、细骨料、水泥、砂浆等组合而成。在形成之初，其内部就随机地分布着微裂缝、微孔洞等初始缺陷（损伤）。外力作用下，这些初始损伤因应力集中进一步发展，从而导致材料的应力-应变关系偏离线性，呈现出非线性的基本特征；而混凝土各组分的随机分布，使得无论是初始的损伤分布还是后续的损伤演化，都不可避免地具有随机性特征。非线性与随机性是混凝土受力行为的两大基本特征，对这两者及两者间耦合效应的合理描述，构成了现代混凝土力学研究的核心（李杰等，2014）。

另一方面，固体力学、有限元等数值方法的持续发展，使得对复杂混凝土工程结构进行动力灾变下的损伤和破坏分析成为可能（陆新征和江见鲸，2001）。有限元等方法能够给出结构的内力和位移、描述损伤的发展与演化、确定结构的破坏过程及其形态，从而揭示结构的损伤与破坏机理，为结构的分析、设计和评估提供技术支撑。然而，有限元等方法仅仅给出了进行结构分析的宏观框架，对于一些混凝土结构特有的问题，如弯-剪耦合和粘结滑移效应、软化行为的应变局部化问题、大型非线性有限元方程组的求解问题等，仍需要进一步深入研究（江见鲸等，2005）。与此同时，传统的结构分析方法仍属于确定性分析的范畴，忽略了混凝土材料性质的显著随机性，从而无法反映混凝土结构损伤演化过程中的随机涨落现象（李杰等，2014）。

为科学、合理地描述混凝土结构的随机非线性行为,李杰等从混凝土材料的细观损伤机制出发,提出了混凝土随机损伤本构关系,试图将混凝土材料内秉的非线性与随机性纳入统一的框架中(李杰和张其云,2001;李杰,2002;李杰等,2003);同时,基于物理随机系统的基本思想和概率守恒原理,发展了概率密度演化理论(李杰和陈建兵,2003,2010;Li & Chen,2004,2006,2008),从概率密度演化的角度揭示了结构反应的随机涨落规律。综合这两部分内容,构建了混凝土随机损伤力学的基本体系,为现代混凝土结构设计与分析方法的发展提供了理论基础(李杰等,2014)。

在上述背景下,本书试图进一步丰富和扩展混凝土随机损伤力学的理论体系:首先,基于已建立的混凝土随机损伤本构模型,聚焦实际混凝土工程中显著的钢筋-混凝土复合作用效应,对配筋混凝土的损伤演化法则进行修正;其次,将提出的本构模型与结构分析单元进行深度融合,开发高效、稳定的结构动力分析算法,构建"从本构到结构"的桥梁,实现复杂结构的随机非线性反应分析;然后,针对结构损伤分析中的应变局部化、网格敏感性等难题,提出了不同的正则化方法,以提升计算结果的保真度;最后,从试验的角度探究随机性的跨尺度传播规律,并从分析的角度揭示不同来源随机性对结构损伤演化的影响规律。

理论的发展与创新源于继承。基于这一理念,首先对混凝土损伤本构关系、确定性结构分析方法和随机结构分析理论的研究现状进行简要述评。

1.2 混凝土损伤本构关系研究进展

混凝土结构损伤分析的核心在于本构关系的建立,合理地描述混凝土在复杂应力状态下的力学行为,是研究结构在外部作用下变形及运动的基础。然而,由于混凝土材料组成的复杂性,经典的弹性力学、塑性力学等理论均难以客观、全面地反映混凝土材料的基本特性。直到20世纪80年代,损伤力学的出现为混凝土本构关系的发展提供了契机。将材料的内部缺陷视为"损伤",损伤的发展导致刚度退化及强度软化,混凝土损伤力学合理地解释了混凝土非线性的形成及发展规律(李杰等,2014)。

1.2.1 经典损伤本构模型

一般认为,损伤力学的研究始于Kachanov(1958)提出"连续性因子"的概念,该概念被用于描述金属的蠕变和断裂。随后,Rabotnov(1969)提出"损伤因子"的概念,确定了损伤变量的雏形。Lemaitre(1971)引入应变等效假定,通过有效应力的概念将损伤材料的本构关系用无损材料的本构关系来表达。到20世纪70年代中期,一般损伤力学的理论框架逐步形成,并开始在实际工程中得到应用。

将损伤理论用于混凝土材料的研究,发端于Dougill(1976)。Ladevèze(1983)根据混凝土材料受拉和受压下迥异的材料特性(即单边效应),提出应力张量正负分解思想,即假定受拉损伤仅由正应力引起、受压损伤仅由负应力引起，为混凝土损伤力学的研究开辟了新天地。Mazars(1984)在应力张量正负分解的基础上，引入弹性损伤能释放率来建立相应的损伤准则，为混凝土损伤力学进一步的发展打下了坚实的热力学基础，使得模型的理论体系更加严谨。该模型能够很好地模拟混凝土在低周反复加载下的强度软化和刚度退化现象，单轴受力状态下的模拟结果与试验结果也吻合较好，然而，对于混凝土材料在双轴受力状态下强度和延性提高的现象却无能为力。此后，诸多学者沿着 Ladevèze 的方向展开了系列研究，试图进一步完善其理论框架，建立可以反映混凝土在多轴受力状态下力学行为的机理和特性的损伤本构，遗憾的是，这些模型均没有取得实质性进展。

事实上，混凝土在受力过程中存在着一部分不可恢复的残余变形，即塑性变形。因此，仅采用弹性损伤的概念而忽略塑性变形的影响，必然不能全面地反映混凝土材料的性能，这也是前述弹性损伤模型的根本缺陷所在，这一认识开启了有关弹塑性损伤本构模型的研究。这类研究试图将塑性变形及其演化纳入损伤模型的理论框架中，以期建立能反映混凝土残余变形的统一模型。其中，对塑性应变及其演化法则的处理大体沿着两个方向：其一是假设损伤仅对材料的弹性特性有影响，在 Cauchy 应力空间内根据经典塑性力学建立塑性应变的演化方程，如 Simo 和 Ju(1987)、Lubliner 等(1989)、Yazdani 和 Schreyer(1990)、Abu-Lebdeh 和 Voyiadjis(1993)、Di Prisco 和 Mazars(1996)以及 Ananiev 和 Ozbolt(2007)等。然而，针对这类模型，当材料进入软化段之后，宏观应力下降，必然会引起屈服面的收缩等问题，从而引发数值计算的收敛性和稳定问题。其二是在有效应力空间内建立相应的塑性演化方程，如 Ju(1989)、Lee 和 Fenves(1998)以及 Jason 等(2006)。由于有效应力是弹性应变的单调递增函数，有效应力空间内的屈服面一直处于膨胀状态而不存在收缩问题，因此避免了软化段的复杂处理。此外，有关塑性应变的具体计算，同样有两种方法：其一是采用经典的塑性力学理论，但这一方法涉及屈服状态的判断问题，因此在数值计算中需要进行迭代，不利于大型结构的非线性分析；其二是建立经验的塑性变形表达式，以获得较好的计算效率，如 Resende(1987)、Faria 等(1998)、Valliappan 等(1999)、Hatzigeorgiou 等(2001)。

损伤准则的建立是损伤力学理论体系内的另一核心。Mazars(1986)、Simo 和 Ju(1987)从不可逆热力学出发，基于损伤能释放率建立相应的损伤准则。这一方法具有明确的热力学基础，然而却不能较好地模拟混凝土的受力行为。而 Resende(1987)、Faria 等(1998)建立的经验损伤准则虽然可以获得较好的模拟结果，但却缺乏理论基础。针对这一窘境，吴建营和李杰(吴建营，2004；吴建营和李杰，2005；Wu et al.，2006)从损伤和塑性的耦合效应入手，引入弹塑性 Helmholtz 自由能势，基于损伤能释放率建立损伤准则，形成了具有热力学基础的双标量弹塑性损伤模型，在理论性和实用性上取得了较好的统一。

1.2.2 随机损伤本构模型

从混凝土细观结构的随机性及其对宏观非线性的影响的角度研究混凝土力学行为，大体始于20世纪80年代。Krajcinovic和Silva(1982)首先将经典弹簧模型引入混凝土损伤研究当中。通过基本单元的断裂概率来定义材料的损伤,建立了混凝土单轴受拉本构模型。遗憾的是,该模型以基本单元的断裂概率定义损伤,并不能反映损伤及其演化的变异性信息,本质上仍然属于确定性本构关系模型。Breysse(1990)在Krajcinovic模型的基础上,结合连续介质力学,引入双尺度分析思想,从宏观和细观两个尺度上同时考虑了混凝土的随机损伤本构关系,并将Krajcinovic模型扩展到单轴受压状态。然而,由于在损伤变量的基本定义上沿袭了Krajcinovic模型的方式,Breysse模型仍然是一确定性的模型。Kandarpa等(1996)对Krajcinovic模型做出进一步扩展,将弹簧的破坏强度用连续的随机变量表示,并通过随机场的相关结构考虑了弹簧之间的相互影响,部分反映了损伤的随机性,形成了第一个真正意义上的随机损伤模型。但由于处于研究初期,这一类模型存在明显缺陷,如Kandarpa模型明显混淆了单轴受拉与单轴受压状态的本质区别。

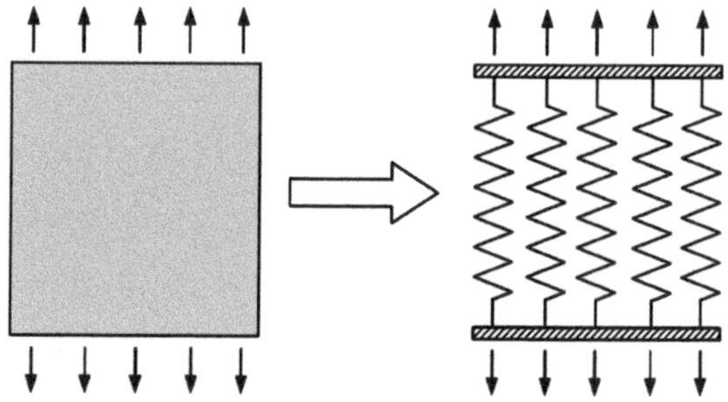
图1.2.1 微-细观随机断裂模型

2001年以来,李杰等(李杰和张其云,2001;李杰和陈建兵,2003;李杰和杨卫忠,2009;杨卫忠和李杰,2009;Li & Ren,2009)基于Kandarpa模型做出了系列研究,逐步发展了微-细观随机断裂模型,如图1.2.1所示。这类研究通过引入多尺度分析的思想,将混凝土离散为细观尺度上的小柱体,并抽象为具有理想弹脆性属性的微弹簧单元,将该单元的细观断裂应变作为基本随机变量,分别考虑受拉、受剪两种细观损伤机制,引入塑性变形,提出了细观随机断裂模型(任晓丹,2010)。此后,通过引入能量等效应变,将宏观双标量弹塑性损伤模型与单轴随机损伤演化规律相结合,建立了多维弹塑性随机损伤本构模型(Li & Ren,2009)。这一模型将混凝土材料内秉的非线性与随机性及两者的耦合纳入一个统一的模型中,不仅实现了非线性与随机性的综合反映,而且在物理机制上给出了混凝土损伤演化规律的一个合理的解释,即宏观损伤演化的非线性源于微-细观层次断裂应变分布的随机性。由此,初步建立了损伤演化从细观分析到宏观分析的桥梁。考虑到混凝土是一种典型的率敏感材料,即随着加载速率的提高,其强度和刚度都会明显提高,Ren和Li(2013)、Ren等(2015)对随机损伤本构关系进行进一步拓展,引入Stefan效应,从细观物理机制上揭示率敏感效应的本质,建立了动力随机损伤本构模型。通过对微观单元耗能机理的研究,Ding和Li(2018)进一步把上述微-细观随机断裂模型拓展到含疲劳损伤的场合,发展了疲劳损伤随机本构模型。

混凝土材料作为一种准脆性材料,其受力过程中还具有某种塑性特质,如卸载之后会有残余应变、重复加载过程中会出现次级滞回圈等。因此,混凝土本构关系的建模还应当考虑滞回性能的影响。从细观角度来看,Masing(1926)最早提出了一系列唯象的准则来描述延性材料的滞回性能;Iwan(1966)提出分布单元模型研究构件的滞回性能,并在一定程度上考虑材料随机性的影响;Ren 和 Li(2011)采用类似 Iwan 模型的方式,同时考虑损伤和滞回的影响,建立了混凝土在重复荷载作用下的分析模型,然而该模型本质上属于弹性损伤模型范围,且不能考虑材料受拉、受压之间的相互影响。新近研究表明:本构层次的滞回效应与纳-微观层次的耗能机理密切相关(Li & Guo,2023)。

1.2.3 钢筋-混凝土相互作用

钢筋混凝土作为一种复合材料,其力学行为并不仅仅是钢筋和混凝土两者的简单叠加,在非线性受力阶段,两者的相互作用也将产生不可忽略的影响,即存在钢筋-混凝土的复合效应。常见的钢筋-混凝土的复合效应包括受拉刚化效应、受压约束效应和受剪正交软化效应等(冯德成,2016)。

首先在受拉方面。混凝土是一种抗拉强度远低于抗压强度的材料,且在混凝土开裂之后,其抗拉强度迅速降低到零。然而,钢筋和混凝土组合在一起之后,其受拉性能却有了显著的变化,如受弯构件开裂之后,受拉区内相邻两条裂缝之间的混凝土通过与钢筋的粘结-滑移作用分担了钢筋的受拉荷载,因此开裂后的受拉区混凝土仍对构件的抗弯刚度有一定贡献,这使得构件的刚度比受拉区仅考虑钢筋贡献得到的刚度要高。这种因钢筋-混凝土的相互作用而引起构件刚度增加的现象称为受拉刚化效应(Hsu & Mo,2010)。在结构分析中,考虑受拉刚化效应主要有两种方法:第一种是通过在钢筋和混凝土的交界面上嵌入弹簧单元或者接触单元来考虑受拉刚化的影响(Ngo & Scordelis,1967;Keuser & Mehlhorn,1987);第二种则是假定钢筋和混凝土之间无相对滑移,通过调整混凝土或者钢筋的本构关系来考虑受拉刚化的影响。相对于第一种方法,第二种方法不仅简单方便,而且物理意义明确,是目前的优选方法。本质上,第二种方法是对构件中受拉区混凝土和钢筋的应力-应变关系的一种平均化。混凝土开裂之后,裂缝处的混凝土强度迅速降低到零,而由于钢筋的存在,钢筋-混凝土之间的胶结作用使得裂缝之间的混凝土仍承受一定的拉力。为了考虑混凝土的这种贡献,需要对混凝土的受拉应力-应变曲线进行修正:采用一定范围内混凝土的平均应力和平均应变关系来描述混凝土的受拉性能。Lin 和 Scordelis(1975)最早通过增加混凝土软化段刚度的方式来反映受拉刚化效应。Stevens 等(1991)根据钢筋混凝土材料受拉试验,考虑配筋率和钢筋直径的影响,提出了一种受拉软化段的应力-应变关系。Belarbi 和 Hsu(1995)进行了 17 个钢筋混凝土板的受拉试验,并根据试验结果提出了经验公式。

受拉刚化效应影响了混凝土的受拉性能,同样也会影响钢筋的受力性能(Hsu & Mo,2010)。与裸钢筋不同,埋在混凝土中的钢筋的应力-应变关系是包含了若干条裂缝在内的较长一段钢筋的平均应力与平均应变之间的关系,该范围内开裂处的钢筋屈服便视为整个范围内的钢筋屈服。因而,考虑受拉刚化的钢筋屈服强度要低于裸钢筋的屈服强度。之后,随着裂缝的增多,混凝土的贡献慢慢降低,钢筋应力-应变关系又慢慢趋近于裸钢筋的应力-应变关系。

其次在受压方面。箍筋的存在会为混凝土提供侧向约束,从而对混凝土的受压性能产生非常重要的影响:不仅会提高混凝土的单轴抗压强度,而且会增加受压软化段的延性。针对箍筋约束效应的研究已有近百年的历史,最早可以追溯到 Considère(1906)发现利用螺旋箍筋能有效提高轴心受压柱的承载力。Richart 等(1928)首次定量地研究了液体围压对混凝土圆柱体轴压性能的影响,并提出了相应的约束混凝土抗压强度以及峰值应变的计算公式;Chan(1955)在试验的基础上提出了箍筋约束混凝土的应力-应变关系模型,并认为箍筋的约束作用仅仅体现在对峰值应变的提高方面,而对强度影响甚微。此后的发展,多沿着试验研究—理论解释的基本路线,试图根据试验结果提出相应的约束混凝土的应力-应变关系模型。Kent 和 Park(1971)总结了前人的研究结果,提出了一个上升段为二次抛物线、下降段为直线且斜率由体积配箍率、混凝土强度和箍筋间距等因素决定的应力-应变关系模型。该模型是这一时期的集大成之作,应用最为广泛,其表达形式也多为后来的研究者所采纳。

事实上,20 世纪 70 年代之前的研究具有明显的时代局限性。由于当时的结构设计思想主要停留在承载能力设计阶段,因此对于材料本构关系下降段的关注不多;并且,由于试验设备的限制,因此难以准确测定混凝土应力-应变曲线的下降段。这些因素使得基于试验提出的本构关系模型的下降段十分粗糙(史庆轩等,2009)。尽管如此,这一时期对于箍筋约束效应的认识及其基本影响因素的辨识仍然为后来的研究提供了框架和基础。20 世纪 80 年代,Scott 等(1982)在 Kent-Park 模型的基础上考虑了应变率的影响;同年,Sheikh 和 Uzumeri(1982)发现了矩形截面中的约束"拱效应",并提出了有效约束区的概念;Mander 等(1988)改进了有效约束区的概念,并将箍筋约束效应与箍筋有效侧向约束力建立联系,进而得到被约束混凝土的峰值强度和相应的应变增大系数。与此同时,还考虑箍筋间距、箍筋屈服强度、箍筋配置方式等因素对约束区混凝土的影响。Mander 模型物理意义明确,因而被广泛采用。

最后在受剪方面。混凝土配筋后,其受剪破坏模式会发生显著变化,从集中的剪切裂缝转变为分布的剪切裂纹,其剪切应力-应变曲线也会有明显区别。为了建立合理的剪切分析理论,Vecchio 和 Collins(1986)基于一系列二维钢筋混凝土板的剪切试验,提出了修正斜压场理论(MCFT)。该理论将钢筋混凝土看作一种复合材料,根据试验提出了混凝土受拉和受压的平均应力-应变关系,结合平衡条件、协调条件,推导了求解平面剪切问题的算法,并指出了钢筋混凝土构件剪切问题的两大基本特征:与素混凝土不同,由于钢筋的存在,混凝土受拉主应力方向的应变可以发展到非常大的程度,即应变受拉刚化效应(区别于前述构件受拉刚化效应);这一效应使得受压主应力方向的混凝土强度明显下降,即同时存在混凝土强度受压软化效应。由于配筋混凝土抗剪问题可以转化到正交的主应力空间中分析,因此该效应又可被称为"正交拉压软化效应"(Feng et al.,2018a;2018b)。这一发现为解决钢筋混凝土结构剪切问题带来了根本性的突破,为结构的抗剪分析和设计提供了重要的理论基础。

在同一时期,Hsu 和 Mo(1985)同样进行了系列钢筋混凝土板的剪切试验,并提出了软化桁架模型(STM)。STM 同样以本构关系、平衡条件以及协调条件为基础,在表达形式上与 MCFT 有诸多相似之处,在某种程度上可以看作是 MCFT 理论的发展与完善,例如考虑了混凝土的受拉性能,用埋在混凝土中钢筋的平均应力-应变关系代替裸钢筋的应力-应变关系等。此后，两大理论均有进一步发展(Hsu，1988；Vecchio，1990，1992；Vecchio & Collins，1993；Hsu et al.，1997；Vecchio，2000；Hsu & Zhu，2002；Bentz et al.，2006)，在物理机制方面对钢筋混凝土结构的剪切行为给出了清晰的解释，并在一些细节问题上也有深入的研究，例如混凝土的贡献、泊松比的影响、材料的滞回规则建模等(易伟建，2012；蒋欢军等，2015)。通过在数值计算方面与有限元程序相结合，建立了高效的结构求解算法，并开始广泛应用于各类结构的非线性分析之中。

1.2.4 应变局部化与非局部化理论

作为一种非均匀软化材料，混凝土具有典型的“应变局部化”现象。采用传统的连续介质力学，并不能捕捉这种“局部化”现象，从而导致有限元分析中出现网格敏感性问题。事实上，问题的来源在于经典的连续介质力学将材料视为局部材料，材料中某一点的应力仅与该点的应变及内变量有关，通过将宏观的力-位移关系以简单平均的方式映射为材料的局部应力-应变关系，因而这类模型也称为局部材料模型。然而，由于混凝土材料具有细观非均匀性，其内部微裂缝、微结构之间存在明显的相互作用，局部材料模型并不能反映这种相互作用，更不能反映这种作用的范围，因此在数值分析中不能反映实际软化区的大小。模型软化区随网格尺寸的变化而变化，由此导致网格敏感性问题(Bažant & Jirásek，2003)。

局部材料模型的局限在于没有材料细观结构的概念。因此，引入材料特征长度对细观结构进行描述，是解决问题的可能方案，沿着这一思路，形成了非局部化理论与梯度理论。非局部化理论最早由 Eringen 和 Edelen(1972)提出，并由 Bažant(1976)引入混凝土软化数值分析中。其基本思想在于：混凝土材料细观非均匀性使得应变分布呈现非均匀性，细观微裂纹等结构间存在相互作用，材料一点的应力不仅取决于该点的应变(或内变量)，而且与一定范围内的平均应变(或内变量)有关，如图 1.2.2 所示。根据这一思想，引入非局部权重函数对材料本构中的某一变量在一定空间内进行积分平均处理，以期解决网格敏感性问题、提高软化问题模拟的数值稳定性。非局部化理论具有深刻的理论意义及物理背景，然而，积分

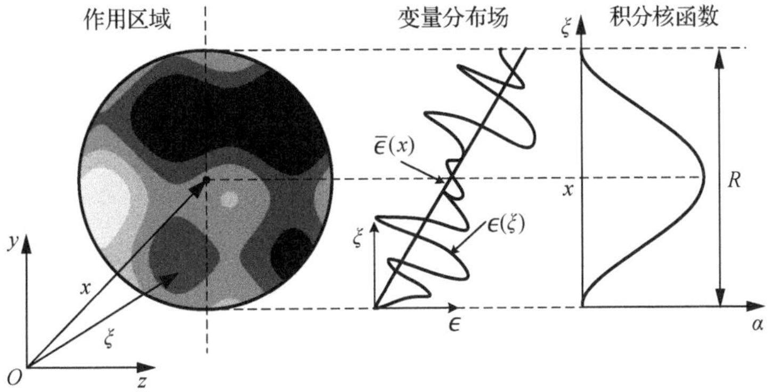

图 1.2.2 局部变量的空间加权平均

核函数的选取却是这类模型在其理论框架内无法解决的基本问题。此外，这类模型的实现需要对某一区域甚至整个求解域内的积分点信息进行加权平均，这一方面增加了计算量，另一方面也不容易在一般的有限元软件构架内实现。

对非局部模型中的非局部变量在邻域内进行泰勒展开，并代入非局部积分表达式中，便得到梯度模型(Peerlings et al.,1996)。梯度模型将非局部模型中的积分问题转化为微分梯度问题，在本构方程中引入连续变量的一阶或高阶梯度项来反映周边微结构对一点处应力-应变关系的影响，本质上是对非局部模型的一种数学近似，因而又被称为“弱非局部模型”。梯度模型的实现又有显式和隐式之分，这取决于梯度项的构造是基于局部变量(显式)还是非局部变量(隐式)(Peerlings et al.,1996)。显式梯度模型需要给出局部变量的二阶梯度，因而需要构造高阶连续插值函数，这给有限元的实现带来了困难；而隐式梯度模型是关于非局部变量的二阶偏微分方程，不涉及局部变量的高阶微分项，因而对插值函数的连续性没有太高要求，将梯度方程与有限元方程结合，采用混合变分原理便可以求解。与积分型非局部模型相比，梯度模型只需要在单元格式上进行修改，更容易嵌入现有有限元框架之中。

1.3 混凝土结构确定性分析方法研究进展

混凝土本构关系的研究，其目的是对实际工程结构进行分析。随着计算力学以及计算机技术的发展，以有限元方法为代表的结构非线性分析与数值模拟技术已经开始逐步走向实用化，为结构安全性能的评估、破坏规律的探寻以及设计理念的发展提供了理论基础和技术支持。以下，分别从单元层次和结构层次详细阐述混凝土结构受力行为的确定性分析方法。

1.3.1 结构分析单元

在混凝土结构损伤分析中，对基本分析单元的选取一般有两种思路：高保真的三维实体单元或高效率的宏观结构单元。三维实体单元源于严谨的固体力学基础，提供了通用的力学分析框架，可以精细地描述结构从宏观到细观的行为，但并未结合混凝土结构的典型特性，如剪切、粘结滑移等，因此并不能有效反映混凝土结构的行为特征。同时，三维实体单元建模复杂、模型自由度数高，因此计算量大且不易收敛。与之相比，高效率的宏观结构单元往往结合结构特征进行简化，既保证了一定的计算精度，又大大减少了模型的自由度，提高了分析的效率，因此在实际混凝土结构分析中得到了广泛的应用。

一般来讲，宏观结构单元可根据所适用结构体系分为两类，即梁柱单元和剪力墙单元。梁柱单元主要针对框架结构体系。早期的梁柱单元模型可分为集中塑性铰模型和分布塑性模型。集中塑性铰模型的想法来源于实际结构中构件的塑性变形一般都集中在构件端部的现象。基于这一观念，Clough 等(1965)提出了双分量模型。该模型假定构件由两根平行元件组成，一根为表征弹性特征的弹性元件，一根为表征屈服特征的弹塑性元件，整体构件的性能由两根平行元件叠加而成，意图通过弹塑性元件端部的弹塑性转角来刻画梁柱构件的弹塑性性能，与集中塑性铰模型假定塑性集中发生在构件端部的概念一致。1967 年，考虑到双分量模型虽然简单，但是其仅能描述双折线的弯矩-转角滞回关系，Giberson(1967)提出了单分量模型，这一模型将梁柱构件视为弹性元件，两端各连接一个非线性转动弹簧，弹簧的恢复力关系可以选择较为复杂的曲线型弯矩-转角恢复力关系，因而得到了更广泛的应用。Otani(1973)综合了 Clough 双分量模型和 Giberson 单分量模型的优点，在双分量模型的两端各连接一个非线性转动弹簧，并根据梁柱构件变形图的几何关系实时推导刚度矩阵，以表征反弯点在非线性发展过程中的变化。尽管这一类模型力学机理清晰、计算简便，但由于假定塑性变形只出现在构件端部，使得该模型天生就不能反映塑性变形区域有一定的分布长度的事实。此外，由于其计算基于截面的弯矩-曲率恢复力关系，因而不能考虑弯矩、剪力和轴力的耦合作用。

为了修正这些偏差，分布塑性模型应运而生，其研究兴起于 20 世纪 70 年代中期(汪梦甫等，1999；Soleimani et al.，1979；Park et al.，1987)。与集中塑性铰模型不同，它允许塑性变形出现在单元的任意位置，因而更接近于构件的真实受力状态。早期的分布塑性模型大致可以分为分段变刚度模型和分布柔度模型两类。其中，分段变刚度模型(汪梦甫等，1999；Soleimani et al.，1979)将构件分成非线性区域和线性区域，因此分段变刚度模型可以方便地在数值模拟中考虑弯矩分布的改变和反弯点位置的移动对构件刚度分布的影响。分布柔度模型(Park et al.，1987)则假定柔度沿杆长服从某种分布形式，如二次抛物线、直线分布等，以反映构件在非线性发展过程中构件的刚度沿长度方向的变化。显然，无论是分段变刚度模型还是分布柔度模型，采用简化的分布假定都存在局限性，且都很难反映轴力的影响。

20 世纪 80 年代，人们开始在梁柱单元中引入发展成熟的纤维截面以考虑构件的压弯耦合效应，如图 1.3.1 所示。至此，纤维梁柱单元开始登上历史舞台(朱伯龙和董振祥，1985；黄宗明和陈滔，2003)。根据其单元刚度构造方式的不同，可以分为刚度法和柔度法。刚度法单元通过构造位移形函数(如三次 Hermite 插值函数)来描述单元的位移分布，并结合平衡条件、协调条件和材料本构关系推导单元的刚度矩阵。由于非线性情况下的单元位移场颇为复杂，采用刚度法往往需要把单元尺寸划分得比较小才能接近位移的实际分布、获得较好的模拟结果。Mahasuverachai 和 Powell(1982)首先引入柔度对位移形函数进行修正。Zeris 和 Mahin(1988)更进一步以节点力为基本未知量，构造单元力插值函数，建立了柔度法梁柱单元。由于单元力分布远比单元位移分布稳定，即使在非线性阶段，力平衡

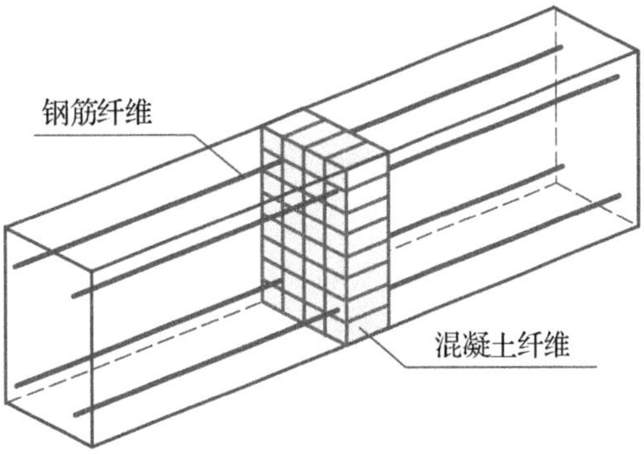

图 1.3.1 纤维单元

条件亦严格满足。对于框架结构而言，通常一个构件采用一个单元进行模拟就足以保证其精度，这样就节约了计算成本，提高了计算效率（Neuenhofer & Filippou，1997）。此后，一些学者进一步改进柔度法单元的数值算法，使得该模型成功与专业有限元程序结合，并得到广泛应用（Spacone et al.，1996）。

尽管纤维单元具有令人满意的求解精度和计算效率，但这一模型仍然存在一些重要问题，比如该单元仍基于 Bernoulli 梁理论框架，无法考虑剪切效应（丁然等，2016）；纤维截面也隐含了钢筋-混凝土完美粘结的假定，无法反映两者界面的粘结-滑移效应（陶慕轩等，2018）；在模拟受力软化行为的构件时，纤维单元会出现典型应变局部化的现象（Coleman & Spacone，2001）等。因此，如何解决这些问题，建立更高效、更精确的单元格式，是需要关注的研究重点。

与混凝土框架结构相比，混凝土剪力墙结构的分析单元远未成熟。一般而言，大致可以分为两类：多垂杆墙单元系列和分层壳单元。多垂杆墙单元系列（图 1.3.2）将整个剪力墙或者剪力墙的一部分作为一个单元，并通过简化的力-变形关系来定义其力学行为。这类模型相对简单，计算量小，力学概念清晰直观（蒋欢军和吕西林，1998）。比较具有代表性的早期模型是 Otanl 等（1984）提出的三垂直杆单元模型（TVLEM）。该模型由上下刚性梁和三根垂直杆组成，其中，刚性梁代表上下楼板；两个外侧垂直杆代表边界柱的轴向刚度；中心垂直杆由垂直、水平和弯曲弹簧组成，分别表示中间墙板的轴向、剪切和弯曲刚度。该模型可以模拟剪力墙横截面中心轴的移动，但中心杆中弯曲弹簧的参数根据经验公式确定，降低了准确性，且弯曲弹簧的转动很难与边柱的变形相协调。为了解决三垂直杆单元模型中心杆的弯曲弹簧和边柱杆的变形协调问题，Vulcano 等（1988）提出了多垂直杆单元模型（MVLEM）。该模型取消了弯曲弹簧，单元的轴向和弯曲刚度由一系列并联的垂直杆代表，而剪切刚度仍由中心的剪切弹簧表征。MVLEM 解决了 TVLEM 中弯曲弹簧和边柱杆协调关系不明确的问题，并且可以考虑剪力墙的弯矩和轴力的相关性。只要给剪切弹簧赋予合适的剪切滞回关系，就能较好地模拟剪力墙的力学行为。遗憾的是，模型中弹簧参数的确定带有很强的经验色彩，不具有普适性。Linde 和 Bachmann（1994）在三垂直杆单元模型的基础上，取消中心杆的弯曲弹簧而增加一个竖向弹簧，提出了四弹簧模型。这一模型同样可以解决中心杆和边柱杆之间的变形协调问题，而且能更好地反映剪力墙在弯曲受力时左右端受力不对称性的特征，可以看作是多垂直杆单元模型的简化版本。为了提高三垂直杆单元模型和多垂直杆单元模型的计算精度，Milev（1996）提出了二维板单元模型。该模型保留了代表边界柱轴向刚度的两个边杆，用一块二维板代替了中间部分的轴向弹簧、弯曲弹簧和剪切弹簧，二维板的求解依据有限单元法。这一模型将宏观分析方法和细观分析方法相结合，提高了计算精度，但也失去了多垂杆墙单元系列原有的高效、简单等优点。事实上，随着计算机技术的发展，通过牺牲分析精度获取一定的计算效率的做法已经失去竞争力，采用更精细的分析方法对剪力墙进行分析是大势所趋。

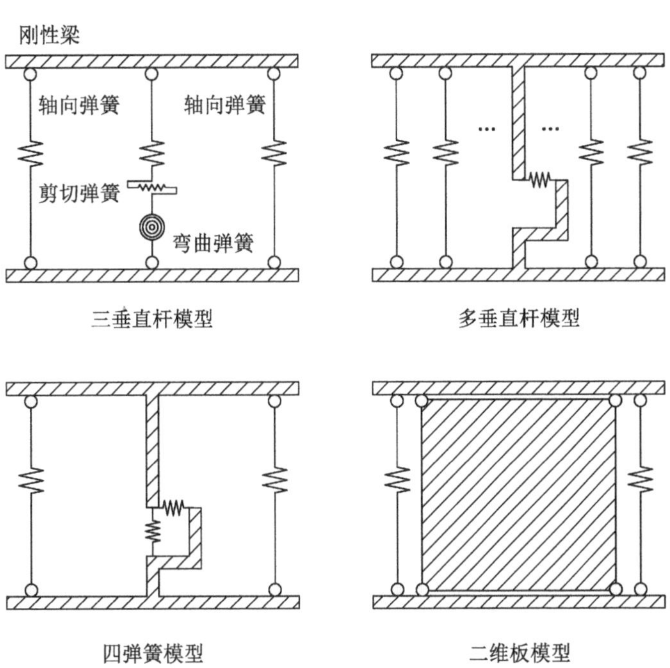

图 1.3.2 多垂杆墙单元

与多垂杆墙单元系列相比，分层壳单元(图 1.3.3)具有更坚实的力学基础。其单元格式由有限元方法推导所得，并直接基于材料本构关系对剪力墙进行分析，因而能更加精细地描述结构的损伤过程，具有更加普遍的适用性(Başar et al.，2000；林旭川等，2009)。其基本思想是：将剪力墙视为单一或分层的平板壳，分别考虑面内作用和弯曲作用；基于平面应力分析建立构件轴力、剪力与细观正应变、剪应变之间的联系；利用薄板理论建立构件弯矩与截面曲率之间的联系；进而利用微分关系对两种不同类型的单元切线刚度进行叠加，形成平板壳单元的切线刚度矩阵；在此基础上，再利用有限元刚度集成的方法进行整体结构的非线性分析(李杰等，2014)。同时，考虑到钢筋混凝土结构的特点，可采用分层组合的方式构造平板壳单元的刚度矩阵。将混凝土划分成若干层，钢筋则等效为钢片层，平板壳单元由分层的膜单元和分层的板单元共同组成(向宏军等，2013)。对于膜单元，首先假定单元边界轴力、剪力在各层之间按各层初始弹性刚度分配(在非线性分析阶段可根据各层即时切线刚度分配荷载)，然后将各层作为一个平面应力单元加以分析，最后将各个平面应力单元的刚度矩阵进行叠加得到膜单元刚度矩阵。一般来讲，对于钢筋层，可以不考虑边界剪力的影响，仅按照一维受力

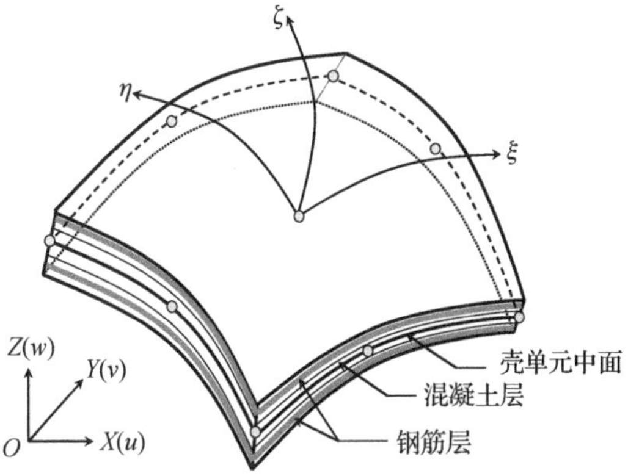

图 1.3.3 分层壳单元

状态确定即时切线刚度；而对于混凝土层，则需综合考虑轴力和剪力的联合作用，按照混凝土二维受力状态进行分析。对于板单元，需利用薄板理论，引入 Kirchhoff 假定，由积分点处变形得到每一层的应变，并根据相应的本构关系计算得到每一层的应力，各层应力积分叠加便得到板的内力。如此，分层平板壳单元的刚度矩阵可由分层膜单元和分层板单元组合得到。

尽管分层平板壳单元具有严谨的力学格式，能够反映剪力墙结构真实的受力状态，如平面内的剪切变形、平面外的弯曲变形等，但钢筋混凝土结构剪切行为模拟的准确性从根本上取决于材料本构关系的正确性。现有的研究用分层平板壳单元模拟钢筋混凝土剪力墙时，往往采用普通的混凝土-钢筋本构关系，而不考虑受拉刚化和拉-压软化的影响，这必然不能准确预测结构的真实反应。前述 MCFT 和 STM 能准确描述剪切作用下材料的本构关系，但由于其本质上属于试验数据回归的一维本构关系，不能统一、简便地描述混凝土在各种多维应力状态下的受力行为，因此在对较为复杂的结构进行分析时，会带来一系列数值收敛性问题。高性能剪力墙分析单元的研究，最终仍落脚于能反映剪切机理的本构关系研究。

1.3.2 结构非线性分析算法

整体结构的非线性行为分析，一般采用数值分析方法，根据其外部荷载施加情况可分为静力分析和动力分析。静力分析不考虑荷载的动力效应，主要处理结构的内力和外力的平衡，一般可以通过牛顿迭代过程实现，采用一致切线刚度进行迭代的全牛顿迭代法（Full Newton-Raphson）具有二阶收敛速率（Simo & Taylor，1985；Simo & Hughes，2006），其应用最为广泛。然而，实际结构在外部灾害作用下往往涉及诸多极端行为，如材料的断裂、破坏等，使得整体结构进入强非线性状态，从而导致计算不收敛。为了解决静力分析中的收敛问题，研究者们提出了一系列改进方法，如采用割线刚度进行迭代的准牛顿法（Quasi Newton-Raphson）（Matthies & Strang，1979）、直接采用初始刚度进行迭代的修正牛顿法（Modified Newton-Raphson），可避免结构损伤进入下降段后的迭代不稳定问题；在结构屈曲分析中常用的弧长法（Ricks et al.，1996），通过力-位移的混合控制和收敛准则来提升收敛性；可改进牛顿迭代中迭代方向搜索效率的直线搜索技术（Zienkiewicz & Taylor，2005）；在 Krylov 子空间的基础上进行改进的加速牛顿法（Scott & Fenves，2010）等。上述方法均可以对静力分析的收敛性有一定改善，但无法完全避免收敛性问题。特别是针对极端作用下的大尺度结构损伤分析，结构规模大、状态波动程度高，结构分析的收敛性仍然是一项极具挑战的任务。

结构动力分析的本质是对结构动力方程的求解，一般采用直接积分法，可分为两类：隐式积分算法和显式积分算法。隐式积分算法是无条件稳定的，如 Newmark-β 法（Newmark，1959）和广义-α 法（Chung & Hulbert，1993）。该类方法在每个时间步长下都要形成刚度矩阵并进行迭代以满足内-外力的平衡，因此与静力分析类似，存在收敛性问题。显式积分算法则采用时间独立的更新格式，不需要进行迭代，也不需要进行结构刚度矩阵更新，因此不存在收敛性问题，如广泛使用的中心差分法（CDM）。然而，一般的显式积分算法是条件稳定的，其分析时间步长与结构的最高固有频率成反比。由于一般结构自由度数都比较高，因此时间步长往往为 10^{-6} 量级，大大降低了分析的效率。为了克服常规显式积分算法的局限性，一些研究者相继提出了无条件稳定的显式积分算法，如 Chang 算法（Chang，2002）和 CR 算法（Chen & Ricles，2008）等。然而，Chang 算法只是位移显式求解，而与系统速度相关的响应仍是隐式求解；CR 算法会遇到结构高频模式下的超调响应问题。为了进一步提升显式积分算法中的高频响应振荡，Noh 和 Bathe（2013）提出了一类具有可控数值阻尼的方法，该方法通过子步骤引入数值阻尼来消除振荡，已被同时成功应用于隐式和显式积分算法，但其与 CDM 相比仍是条件稳定的。近年来，Kolay 和 Ricles（2014）开发了一簇新的无条件稳定、具有可控数值阻尼的显式积分算法，称为 KR-α 算法，该方法可以使用更大的时间步长进行分析，计算的结果也具有期望的精度，最早应用于实时混合模拟中（Kolay et al.，2015），后被逐步应用到多高层建筑的非线性响应分析中（Feng et al.，2016）。

1.4 混凝土结构随机分析方法研究进展

如前所述，非线性和随机性是混凝土材料力学性质的两大基本特性，两者的耦合效应必然造成混凝土结构非线性反应的涨落。过去五十年来，虽然在混凝土本构关系、结构非线性分析方法等方面取得了系统而丰富的研究成果，但如何准确预测混凝土结构在外部荷载作用下的力学行为始终是个难题。究其原因，在于传统的确定性结构非线性分析方法仅仅关注混凝土非线性性质对结构行为的影响，而忽略了混凝土损伤及其演化的随机性（李杰等，2014）。因此，在分析中引入随机性因素，基于随机结构分析理论对结构行为进行描述，成为反映结构随机损伤演化规律的合理途径。

随机结构分析理论的产生与20世纪中期概率论思想的普及、50年代有限元方法的诞生有关。其中最早的研究工作，可以追溯到对具有随机系数的微分方程的求解。在其半个多世纪的发展历程中，大致形成了三类随机结构分析方法：随机摄动理论、随机模拟方法和正交展开理论（李杰，1996b）。

随机摄动理论始于 20 世纪 60 年代。Collins 和 Thomson（1969）采用摄动法研究了随机结构系统的特征值问题，并为这一问题的研究奠定了基本格局。Hart 和 Collins（1970）将摄动法与有限元技术相结合，建立了摄动有限元方法。此后，Dendrou 和 Houstis（1978）沿着这一思路进行了研究。20 世纪 80 年代初，以 Nakagiri 和 Hisada 为代表，对摄动有限元方法及其应用进行了一系列的研究，如材料性质和几何边界条件随机性（Hisada & Nakagiri，1980a）、非线性问题（Hisada & Nakagiri，1980b）、装配误差问题（Hisada et al.，1983）、不确定性弹性基础（Nakagiri & Hisada，1983b）等随机结构分析问题。这些研究基本确立了摄动有限元方法在随机结构静力分析中的适用性，并初步探索了摄动有限元方法在随机结构动力分析中的应用可能(Nakagiri & Hisada，1983a)。然而，这些研究同时表明：对于静力分析，若参数变异性较大，一阶摄动方法给出的结果不够精准，而二阶摄动方法计算量又偏大；对于动力分析，由于久期项的问题，摄动方法本质上并不适用。80 年代中期，随机场模型开始用于摄动有限元中，如局部平均场理论(Xian & Qiu，1989)、Karhunen-Loève 分解(Spanos & Ghanem，1988)等方法，使得随机摄动技术得到了发展。80 年代后期，Liu 等(1986)继续深入研究了随机摄动技术在随机结构动力反应分析中的应用。为解决动力摄动有限元分析中固有的久期项问题，Liu 等(1985，1986，1987)建议采用 FFT 技术滤除久期项，这些建议在一些具体例子分析中取得了成功，但滤除久期项的方式在根本上并不具有普适性。

随机模拟方法始于 20 世纪 70 年代 Shinozuka 等人的研究(Shinozuka & Astill，1972；Shinozuka & Jan，1972；Shinozuka & Wen，1972)。与随机摄动理论相比，这类方法具有更广泛的适用性。随机模拟方法的基本思想是将蒙特卡洛方法与有限元直接结合，利用蒙特卡洛模拟技术，在计算机上产生大量随机样本，并对每个样本进行确定性分析，再对结果进行统计分析，以获得结构的随机反应和可靠度。为解决随机模拟方法计算量大且计算结果随机收敛等问题，人们相继发展了方差缩减和子集模拟等多种技术对其进行改进(Au & Beck，2001；Schuëller，2006；Stefanou，2009；Goller et al.，2013)，但这些改进大多以牺牲随机模拟方法的适用性为代价。80 年代，Neumann 级数展开思想在随机结构分析中的应用(Adomian & Malakian，1980；Yamazaki et al.，1988)，使得随机模拟的效率大为提高。然而，Neumann 展开式的引入实质上是为了解决矩阵求逆的效率问题，对于随机模拟方法本身的思想并未做任何改进。事实上，由于随机模拟方法在本质上具有随机收敛的性质，且不可避免地带来大量不必要的计算，因此这类方法主要应用于与理论方法的对比研究工作之中。

1979 年，Sun(1979)利用 Hermite 正交多项式展开逼近系统解答，研究了一类具有随机参数的常微分方程。到了 20 世纪 90 年代初，沿用这一思路的正交展开理论开始在随机结构分析中形成。Ghanem 和 Spanos(1990)、Ghanem 和 Spanos(1991)通过混沌正交多项式展开对随机结构静力分析问题进行了研究，但仅限于对高斯随机场的研究。Jensen 和 Iwan(1991)、Iwan 和 Jensen(1993)利用一般正交多项式展开将此方法扩展到随机动力系统分析领域。李杰(1995a，1995b，1996a)利用一般正交多项式对系统响应进行次序展开，推导出了统一的扩阶系统方程，建立了扩阶系统方法。正交多项式展开理论避免了小变异性参数和久期项的问题，但主要应用于线性随机结构系统的分析。对于非线性随机结构的分析问题，虽然已经展开了诸多探索，但仍然存在难以逾越的困难。

事实上，传统的随机结构分析理论是以获取系统响应的二阶统计量为目标来反映结构响应概率特征的，难以获得高阶统计量，更难以得到系统响应的概率密度函数，因而无法对系统随机性进行更完备的描述(Li & Chen，2009)。从概率密度角度把握随机系统问题，被认为是精确把握随机系统性态的最佳途径。2002 年以来，李杰和陈建兵对概率密度守恒原理进行了深刻剖析(Li & Chen，2008；李杰和陈建兵，2010)，并根据概率守恒原理的状态空间描述，统一推导了三类经典概率密度演化方程，即：Liouville 方程（Kozin，1961；Soong & Chuang，1973）、Fokker-Planck-Kolmogorov 方程（FPK 方程）（Fokker，1914；Planck，1917；Kolmogoroff，1931）和 Dostupov-Pugachev 方程（D-P 方程）（Dostupov & Pugachev，1957），依据概率守恒原理的随机事件描述，建立了一类新的概率密度演化方程——广义概率密度演化方程。与 Liouville 方程、FPK 方程和 D-P 方程等经典概率密度演化方程相比，广义概率密度演化方程能统一处理初始条件、系统参数和外部激励的随机性，且方程的维数与原系统状态方程的维数无关。基于物理随机系统的基本思想，广义概率密度演化方程建立了确定性系统与随机系统的内在联系，已在线性与非线性多自由度随机反应分析、动力可靠度和体系可靠度计算及基于可靠度的控制等方面得到了较好的应用（Li & Chen，2009），有望成为处理一般随机动力系统中各类问题的有效途径，并能拓展应用到混凝土结构的随机非线性反应分析中（Feng et al.，2019c；Feng et al.，2020b）。

1.5 本书主要内容

如前所述，基于混凝土随机损伤力学的基本思想，对混凝土随机损伤本构模型进行进一步拓展，使之能更精确地反映实际工程结构中混凝土的损伤和破坏机理；同时，开发与该本构深度融合的高性能单元模型和高效率结构算法，实现大尺度工程结构的复杂损伤演化分析；采用概率密度演化理论揭示多源不确定因素跨尺度的传播规律和影响程度，建立“从本构到结构”的混凝土结构随机损伤分析体系，是本书研究的根本目标。根据上述思路，本书将按如下脉络展开：

第二章，详细介绍了混凝土随机损伤本构关系。给出了基于不可逆热力学的本构模型控制方程，以及损伤和塑性两大内变量的演化法则；在细观尺度上，针对混凝土细观损伤的具体物理机制和演化过程，发展微-细观随机断裂模型，并推导复杂加载下的滞回规则；同时，基于损伤一致性条件提出了能量等效应变，建立宏-细观损伤行为之间的联系。

第三章，针对实际工程结构中钢筋-混凝土之间的复杂相互作用，从受拉、受压、受剪三个方面建立反映复合效应的损伤演化法则：受拉方面，标定软化段的应力退化规律，以反映不同配筋率下的“受拉刚化效应”；受压方面，阐明了有效箍筋约束体积的概念，给出了考虑偏心率动态变化的约束混凝土模型；受剪方面，深入分析素混凝土和配筋混凝土受剪破坏模式的差异，阐述了反映拉-压主方向耦合的“正交软化效应”。

为了使上述本构模型能更方便地用于实际工程的分析，第四章具体介绍多维损伤本构模型的数值实现方法。论述了双尺度一致割线刚度算法，以提升结构分析的收敛性和稳定性。同时，推导了细观随机断裂模型参数与宏观工程参数间的关系，给出了与规范参数对应的细观参数取值。结合高保真有限元模型构建混凝土结构精细化损伤模拟技术，进行了一系列典型混凝土构件复杂受力行为分析。

第五章，为了进一步提升结构损伤分析的计算效率，将损伤本构与纤维梁单元结合，详细阐述了综合考虑几何和材料非线性的高性能梁单元。基于 Timoshenko 梁理论和共轭转动理论建立可同时考虑几何和材料非线性的梁单元框架，并分别从位移插值和力插值的角度，介绍了该梁单元的有限元构造过程及其增强格式。

第六章，与第四章相呼应，构建基于高性能梁单元的混凝土结构高效率损伤模拟技术。在单元模型中考虑实际结构效应，在截面层次引入剪切变形，并实现纤维截面中混凝土多维应力状态表达，以从材料层次直接反映轴-弯-剪耦合效应。同时，推导不同构造下的钢筋应力-滑移关系，并基于变形等效原则修正其应力-应变关系以考虑粘结滑移效应。在这些工作基础上，给出了不同梁单元的有限元状态确定过程，并进行系列工程案例的分析以验证该技术的有效性。

第七章，面向大尺度工程结构的整体损伤分析需求，介绍了一类基于离散控制理论的无条件稳定显式积分算法。通过引入数值阻尼来控制算法的稳定性，有效避免了常规显式积分算法的稳定性问题，可以实现采用大时间步长进行结构损伤分析。将该算法嵌入有限元软件，建立了结构静、动力的分析流程和策略。这些方法可以大幅提高大尺度结构的计算效率，实现极端荷载作用下的结构损伤演化分析。

第八章，针对混凝土结构分析中典型的“网格敏感性”问题，从应变能的角度推导混凝土受力软化的应变局部化规律以及网格敏感性的物理原因；为了解决网格敏感性问题，介绍了三类典型的正则化方法，即基于塑性分离理论、非局部积分理论和隐式梯度理论的正则化方法。将上述方法与力插值单元进行结合，并将截面变形视为非局部变量，引入内在尺度参数，给出了相关单元构造过程的数值求解方法，这些方法可以有效解决混凝土软化行为模拟中的网格敏感性问题。

第九章，考虑混凝土材料的显著随机性特征，分别介绍了构件层次和结构层次的混凝土结构随机损伤试验研究。通过构件层次的弯-剪承载力演化规律，以及结构层次的非线性行为全过程损伤演化规律，揭示了材料不确定性对结构不同层次响应的影响。同时，结合试验结果和概率理论，分析了结构非线性行为的涨落效应和材料不确定性的跨尺度传播规律。

第十章，结合概率密度演化理论，介绍了混凝土结构随机损伤分析的基本方法，并利用第九章的试验结果进行验证。同时，介绍了多源不确定性因素下的结构随机行为分析。考虑混凝土材料性质的空间变异性，建立了非规则结构的随机场模拟方法，分析了不同空间变异性对结构行为的影响趋势。考虑混凝土结构时变退化行为的时-空变异性，介绍了混凝土结构全寿命连续倒塌抗力的概率演化和可靠度分析案例。

上述内容大部分源自作者过去 10 余年来的研究成果。我们希望：本书与作者团队的另一部著作《混凝土随机损伤力学》(李杰等，2014)一起，形成基本完备的混凝土结构随机损伤分析理论，并展示其在实际工程中的广泛应用潜力。

第2章 混凝土随机损伤本构模型

混凝土材料的本构模型定义了其内部应力和应变之间的物理关系，描述了混凝土基本的受力特征，构成了研究混凝土结构在外部作用下变形及运动的基础。因此，如何对混凝土受力行为进行科学合理的表述、建立混凝土材料的受力本构关系模型，一直是结构工程研究的重点之一。然而，由于混凝土材料是一种多相复合材料，其在外部作用下会呈现出典型的非线性行为特征；同时，由于材料各组分的随机分布特性，混凝土的受力行为又存在着显著的随机性。因此，如何将混凝土的非线性、随机性以及两者的耦合效应在一个统一的理论框架内加以描述，一直是本领域研究中极具挑战的难题。本章主要介绍作者所提出的混凝土随机损伤本构模型：基于不可逆热力学原理，建立混凝土在多维复杂应力状态下的统一受力行为描述框架，并以损伤能释放率为驱动力，提出损伤和塑性两大内变量的演化法则；在细观尺度上，引入两类混凝土细观破坏物理机制（受拉和受剪），建立微-细观随机断裂模型，以微观弹簧的随机断裂表征混凝土宏观损伤的发展，量化损伤演化的全过程；进而，基于损伤一致性条件提出能量等效应变，将宏观损伤行为-细观损伤演化纳入一个统一的框架中。

2.1 宏观弹塑性损伤本构框架

2.1.1 不可逆热力学基础

根据 Lemaitre 应变等效原理（Lemaitre，1971），受损材料在单轴或多轴应力状态下的变形状态可以通过原始的无损材料本构定律来描述，只需在本构关系方程中用有效应力 $\bar{\boldsymbol{\sigma}}$ 替代通常的 Cauchy 应力 $\boldsymbol{\sigma}$。因此，可以在有效应力空间内方便地构建混凝土材料本构关系。若引入受拉损伤与受压损伤的概念来反映拉应力和压应力对混凝土材料损伤机制的不同影响，可以将有效应力张量 $\bar{\boldsymbol{\sigma}}$ 分解为正、负分量之和的形式（Ladevèze，1983），即

$$\bar{\boldsymbol{\sigma}}=\bar{\boldsymbol{\sigma}}^{+}+\bar{\boldsymbol{\sigma}}^{-} \tag{2.1}$$

其中

$$\bar{\boldsymbol{\sigma}}^{\pm}=\mathbb{P}^{\pm}:\bar{\boldsymbol{\sigma}} \tag{2.2}$$

式中，± 表示分别考虑受拉（+）和受压（-）两种情况；四阶对称张量 $\mathbb{P}^{\pm}$ 为有效应力 $\bar{\boldsymbol{\sigma}}$ 的正、负投影张量，且可表示为 $\bar{\boldsymbol{\sigma}}$ 的特征值 $\hat{\bar{\sigma}}_i$ 和特征向量 $\boldsymbol{p}^{(i)}$ 的函数，即

$$\begin{cases}\mathbb{P}^{+}=\sum_{i} H(\hat{\bar{\sigma}}_{i})\boldsymbol{p}^{(i)}\otimes\boldsymbol{p}^{(i)}\otimes\boldsymbol{p}^{(i)}\otimes\boldsymbol{p}^{(i)} \\ \mathbb{P}^{-}=\mathbb{I}-\mathbb{P}^{+}\end{cases} \tag{2.3}$$

式中,标记$\otimes$为张量积符号;$\mathbb{I}$为四阶一致性张量;$H(\cdot)$为 Heaviside 函数,满足

$$H(x)=\begin{cases}0 & x\leqslant 0 \\ 1 & x>0\end{cases} \tag{2.4}$$

将有效应力进行正负分解后,可以假定受拉损伤由正应力引起,用 d^{+} 表示;而受压损伤由负应力引起,用 d^{-} 表示;在复杂加载时,损伤为受拉损伤和受压损伤的组合。引入 Helmholtz 自由能势描述损伤演化这一不可逆能量耗散过程,材料的总 Helmholtz 自由能势可表示为(Wu et al.,2006)

$$\begin{cases}\psi=\psi^{+}+\psi^{+} \\ \psi^{+}=(1-d^{+})\psi_0^{+} \\ \psi^{-}=(1-d^{-})\psi_0^{-}\end{cases} \tag{2.5}$$

式中,$\psi_0^{\pm}$ 为材料的初始自由能势,并且能进一步分解为弹性部分 $\psi_0^{e\pm}$ 和塑性部分 $\psi_0^{p\pm}$ 之和。

$$\psi_0^{\pm}=\psi_0^{e\pm}+\psi_0^{p\pm} \tag{2.6}$$

式中,$\psi_0^{e\pm}$ 为材料的初始弹性 Helmholtz 自由能势,$\psi_0^{p\pm}$ 为材料的初始塑性 Helmholtz 自由能势(Wu et al.,2006)。

$$\psi_0^{e\pm}=\frac{1}{2}\bar{\boldsymbol{\sigma}}\pm:\boldsymbol{\epsilon}^{e}=\frac{1}{2}(\bar{\boldsymbol{\sigma}}^{\pm}:\mathbb{E}_0^{-}:\bar{\boldsymbol{\sigma}}) \tag{2.7}$$

$$\psi_0^{p\pm}=\int\bar{\boldsymbol{\sigma}}^{\pm}:\mathrm{d}\boldsymbol{\epsilon}^{p} \tag{2.8}$$

式中,$\boldsymbol{\epsilon}^{e}$ 和 $\boldsymbol{\epsilon}^{p}$ 分别为混凝土总应变 $\boldsymbol{\epsilon}$ 的弹性和塑性分量,满足 $\boldsymbol{\epsilon}=\boldsymbol{\epsilon}^{e}+\boldsymbol{\epsilon}^{p}$;$\mathbb{E}_0$ 为四阶弹性刚度张量。

材料的损伤本构关系以及对内变量的热力学限制条件可以从等温绝热条件下的 Clausius-Duheim 不等式导出,即

$$\mathfrak{D}=\boldsymbol{\sigma}:\dot{\boldsymbol{\epsilon}}-\dot{\psi}\geqslant 0 \tag{2.9}$$

将式(2.5)关于时间微分并代入上式,将有

$$\left(\boldsymbol{\sigma}-\frac{\partial\psi^{e}}{\partial\boldsymbol{\epsilon}^{e}}\right):\dot{\boldsymbol{\epsilon}}^{e}+\left(-\frac{\partial\psi}{\partial d^{+}}\right)\dot{d}^{+}+\left(-\frac{\partial\psi}{\partial d^{-}}\right)\dot{d}^{-}+\left(\boldsymbol{\sigma}:\dot{\boldsymbol{\epsilon}}^{p}-\frac{\partial\psi^{p}}{\partial\boldsymbol{\epsilon}^{p}}\dot{\boldsymbol{\epsilon}}^{p}\right)\geqslant 0 \tag{2.10}$$

注意到由于 $\dot{\boldsymbol{\epsilon}}^{e}$ 的任意性,要满足上述不等式,应有

$$\boldsymbol{\sigma}=\frac{\partial\psi^{e}}{\partial\boldsymbol{\epsilon}^{e}} \tag{2.11}$$

将式(2.6)定义的材料弹性 Helmholtz 自由能势代入上式可以得到

$$\boldsymbol{\sigma}=(1-d^{+})\frac{\partial\psi_0^{e+}}{\partial\boldsymbol{\epsilon}^{e}}+(1-d^{-})\frac{\partial\psi_0^{e-}}{\partial\boldsymbol{\epsilon}^{e}} \tag{2.12}$$

进而,将式(2.7)代入上式,即得到弹塑性随机损伤本构关系

$$\boldsymbol{\sigma}=(1-d^{+})\bar{\boldsymbol{\sigma}}^{+}+(1-d^{-})\bar{\boldsymbol{\sigma}}^{-}=(\mathbb{I}-\mathbb{D}):\bar{\boldsymbol{\sigma}}=(\mathbb{I}-\mathbb{D}):\mathbb{E}_0:(\boldsymbol{\epsilon}-\boldsymbol{\epsilon}^{\mathrm{p}}) \tag{2.13}$$

式中，$\mathbb{D}$为四阶损伤张量，可表达为

$$\mathbb{D}=d^{+}\mathbb{P}^{+}+d^{-}\mathbb{P}^{-} \tag{2.14}$$

式(2.13)给出了双标量弹塑性损伤本构关系的基本形式。为使这一表述具有封闭性，还需要给出相应的损伤演化法则和塑性流动法则，即内变量 $d^{\pm}$ 和 $\boldsymbol{\epsilon}^{\mathrm{p}}$ 的具体演化法则，才能构成完整意义上的应力-应变本构关系。事实上，式(2.10)同时给出了这两类内变量应满足的关系，即

- 损伤耗散不等式

$$\begin{aligned}\left(-\frac{\partial\psi}{\partial d^{+}}\right)\dot{d}^{+}&=Y^{+}\cdot\dot{d}^{+}\geqslant 0\\ \left(-\frac{\partial\psi}{\partial d^{-}}\right)\dot{d}^{-}&=Y^{-}\cdot\dot{d}^{-}\geqslant 0\end{aligned} \tag{2.15}$$

- 塑性耗散不等式

$$\boldsymbol{\sigma}:\dot{\boldsymbol{\epsilon}}^{\mathrm{p}}-\frac{\partial\psi^{\mathrm{p}}}{\partial\boldsymbol{\epsilon}^{\mathrm{p}}}\dot{\boldsymbol{\epsilon}}^{\mathrm{p}}\geqslant 0 \tag{2.16}$$

式中，Y^{+} 和 Y^{-} 分别为受拉和受压 Helmholtz 自由能势对应的损伤能释放率。

以下分别针对损伤子空间和塑性子空间介绍相关内变量演化法则的确定方法。

2.1.2　损伤子空间演化法则

损伤耗能不等式(2.15)给出了损伤变量应该满足的基本限制条件，其中定义了损伤能释放率 $Y^{\pm}$，其物理含义为能量耗散过程关于损伤变量的变化率。因此，可以认为损伤能释放率 $Y^{\pm}$ 为损伤演化的驱动力。由于损伤变量为正值，因此只需要损伤能释放率也为正值，即可满足热力学限制条件。进一步，考虑到式(2.5)—(2.6)，损伤能释放率可以写为

$$\begin{aligned}Y^{+}&=-\frac{\partial\psi}{\partial d^{+}}=-\frac{\partial\psi^{+}}{\partial d^{+}}=\psi_0^{+}\\ Y^{-}&=-\frac{\partial\psi}{\partial d^{-}}=-\frac{\partial\psi^{-}}{\partial d^{-}}=\psi_0^{-}\end{aligned} \tag{2.17}$$

考虑到塑性变形对混凝土材料受拉性能影响较小，故略去 Helmholtz 自由能势受拉塑性部分，结合式(2.7)和(2.8)，有

$$\begin{aligned}Y^{+}&=\frac{1}{2}\bar{\boldsymbol{\sigma}}^{+}:\mathbb{E}_0^{-1}:\bar{\boldsymbol{\sigma}}\\ Y^{-}&=\frac{1}{2b_0}\left(\alpha\bar{\boldsymbol{I}}^{-}+\sqrt{3\bar{\boldsymbol{J}}_2^{-}}\right)^2\end{aligned} \tag{2.18}$$

式中，$\bar{\boldsymbol{I}}^{-}$ 为有效应力分量的第一不变量；$\bar{\boldsymbol{J}}_2^{-}$ 为有效应力分量的第二不变量，α 和 b_0 均为材料参数。

引入损伤面的概念以描述损伤的发展，并将其表示为损伤能释放率的函数，混凝土损伤

的发展可以描述为

$$G^{\pm}(Y^{\pm},r_n^{\pm})=g^{\pm}(Y^{\pm})-g^{\pm}(r_n^{\pm})\leqslant 0 \tag{2.19}$$

式中,$G^{\pm}(\cdot)$为损伤面;$g^{\pm}(\cdot)$为具体的损伤单调递增函数;$r_n^{\pm}$ 为历史最大损伤能释放率,它决定了当前损伤面的大小,可写为

$$r_n^{\pm}=\max\left\{r_0^{\pm},\max_{t\in[0,n]}Y_t^{\pm}\right\} \tag{2.20}$$

式中,$r_0^{\pm}$ 为损伤发生的初始阈值。

从上式可以看出,只有损伤能释放率 $Y^{\pm}$ 超过初始损伤阈值 $r_0^{\pm}$ 时,损伤才能发生;而只有损伤能释放率超过历史最大值 $r_n^{\pm}$ 时,损伤才能进一步发展。类比经典塑性力学(陈明祥,2007),损伤的具体演化可以通过如下正交流动法则来确定,即

$$\dot{d}^{\pm}=\dot{\lambda}^{d\pm}\frac{\partial g^{\pm}}{\partial Y^{\pm}},\quad \dot{r}_n^{\pm}=\dot{\lambda}^{d\pm} \tag{2.21}$$

其加/卸载条件为

$$\dot{\lambda}^{d\pm}\geqslant 0,\quad G^{\pm}\leqslant 0,\quad \dot{\lambda}^{d\pm}G^{\pm}=0 \tag{2.22}$$

上式表明:当 $G^{\pm}<0$ 时,有 $\dot{\lambda}^{d\pm}G^{\pm}=\dot{d}^{\pm}=0$,材料处于损伤卸载或中性变载状态;当 $G^{\pm}=0$ 时,$\dot{\lambda}^{d\pm}>0$,损伤进一步加载,且根据式(2.19),有

$$Y^{\pm}=r_n^{\pm},\quad \dot{Y}^{\pm}=\dot{r}_n^{\pm} \tag{2.23}$$

代入式(2.21),可得到

$$\dot{d}^{\pm}=\dot{Y}^{\pm}\frac{\partial g^{\pm}}{\partial Y^{\pm}}=\dot{g}^{\pm}(Y^{\pm}) \tag{2.24}$$

对上式两边进行积分,并考虑损伤变量的初始条件 $d^{\pm}=0$,即可得到损伤演化方程的基本形式

$$d^{\pm}=g^{\pm}(Y^{\pm}) \tag{2.25}$$

上述经典的宏观损伤力学框架确定了比较严格的损伤发展计算规则,但是对于损伤力学的核心问题,损伤变量如何演化[即损伤函数 $g^{\pm}(\cdot)$的具体形式]却缺乏明确的回答。根据混凝土材料损伤的性质可知,损伤函数应满足三个限制条件,即:1) 初始损伤为 0,即 $g^{\pm}(r_0^{\pm})=0$;2) 损伤存在上下界,即 $g^{\pm}(Y^{\pm})\in[0,1]$;3) 损伤变量单调递增,即 $\dot{g}^{\pm}(Y^{\pm})\geqslant 0$。根据上述特点,前人根据试验结果提出了损伤演化方程的经验表达式,如 Faria 等(1998)。但由于其基于损伤能释放率 $Y^{\pm}$ 表达,并不容易直接理解,而且初始损伤阈值 $r_0^{\pm}$ 也难以直接确定。损伤的具体物理机制,需要从更细观的层次去追本溯源。这将在本章第 2.2 节详细阐述。

2.1.3 塑性子空间演化法则

混凝土的塑性变形是一种不可逆的能量耗散过程,同样必须满足不可逆热动力学原理给出的限制条件,即塑性耗散不等式(2.16)。塑性变形的演化可以在 Cauchy 应力空间或有

效应力空间中表述。其中，混凝土 Cauchy 应力在进入塑性之后可能发生软化，从而导致相应塑性势函数的收缩和内凹，带来数值求解的困难。而混凝土的有效应力则代表混凝土未损部分，因此其塑性势函数将在整个加载历史中不断扩展，使得能够为塑性演化提供稳健的求解方案，故应用更为广泛。

在有效应力空间中，塑性模型的建立同样有理论方法和经验方法两种途径。理论方法(Ju，1989；Wu et al.，2006)依赖经典塑性理论，需要通过迭代来计算每一步的塑性应变(陈明祥，2007)；而经验方法(Faria et al.，1998；Wu，2004；Tesser et al.，2011)则使用由试验结果推导出的显式表达式来描述塑性应变，不需要进行迭代，大大简化了塑性变形的计算。通常采用吴建营(2004)提出的一类经验公式来计算塑性演化，即

$$\dot{\boldsymbol{\epsilon}}^{\mathrm{p}}=b^{\mathrm{p}}\bar{\boldsymbol{\sigma}} \tag{2.26}$$

式中，b^{p} 是控制塑性流动的经验公式

$$b^{\mathrm{p}}=p\xi^{\mathrm{p}}E_0H(\dot{d}^{-})\frac{\langle\boldsymbol{\epsilon}^{\mathrm{p}}:\dot{\boldsymbol{\epsilon}}\rangle}{\bar{\boldsymbol{\sigma}}:\bar{\boldsymbol{\sigma}}}\geqslant 0 \tag{2.27}$$

式中，$\xi^{\mathrm{p}}\geqslant 0$ 是塑性系数，代表塑性应变相对于总应变的占比；$\langle\cdot\rangle$为 Macaulay 函数。

2.2　微-细观随机断裂模型

上述经典弹塑性损伤本构模型实现了混凝土在复杂受力状况下的行为描述，具有坚实的热力学基础，有效地将损伤、塑性等混凝土非线性行为纳入一个统一的力学框架中，兼具理论完备性和数值稳健性。然而，在这一唯象框架中，只是在形式上定义了损伤的演化规则，具体的演化方程则需要通过理性猜测或借由经验公式给出。要了解损伤演化的物理机制、确立损伤演化法则，必须从微-细观层次的损伤机理出发寻求解决方案。

2.2.1　模型概述

在复杂外部作用下，混凝土的破坏形态可以概括为三种基本形式：拉伸破坏、剪切破坏及高静水压力下的压碎破坏(Resende，1987)。在不考虑高静水压力导致的应变强化的前提下，混凝土材料的细观损伤和破坏可以分为两类：受拉损伤机制和受剪损伤机制。在受拉损伤机制中，材料的破坏由骨料和水泥砂浆之间的界面被拉开或集料及凝胶体中初始缺陷扩展造成，表现为受拉微弹簧的随机断裂；而在受剪损伤机制中，破坏源于骨料和水泥砂浆之间的界面或初始缺陷因剪应力而导致的界面被拉开，表现为受剪微弹簧的随机断裂。为在细观尺度上反映上述两类损伤机制，李杰等(李杰和张其云，2001；李杰，2002；李杰和杨卫忠，2009)发展了两类微-细观随机断裂模型。

不失一般性，混凝土单轴受拉代表性体积单元可简化为如图 2.2.1 所示的并联弹簧系统。其中，各微弹簧单元表征材料的细观特性，具有如图 2.2.2(a)所示的理想弹性-断裂性

质;微弹簧间通过假想刚性板来保持力的平衡和位移协调。若各微弹簧的断裂应变为随机变量,则在外力作用下微弹簧的渐进断裂将引发单元内的应力重分布,从而导致单元应力-应变关系出现非线性刚度退化和强度软化[图 2.2.2(b)]。

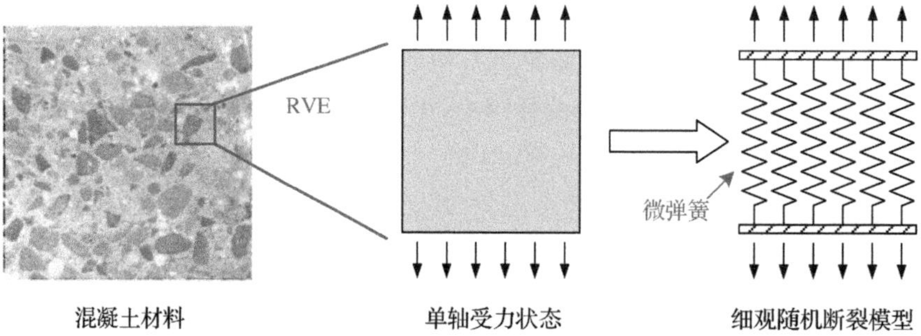

图 2.2.1　细观随机断裂模型

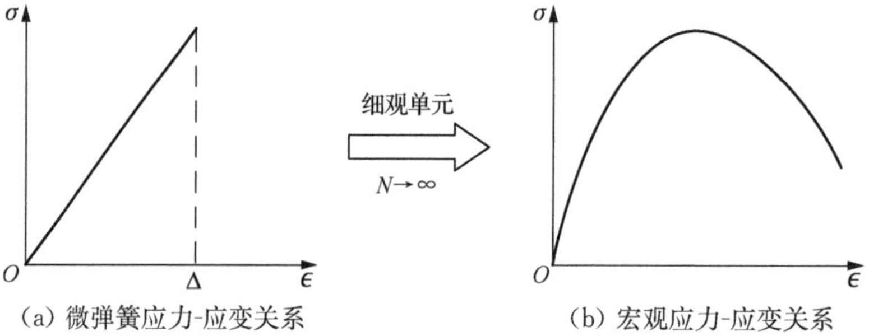

图 2.2.2　单元的微观特性和细观特性

根据上述机理,综合考虑受拉单元与受压单元,并采用基于面积的损伤变量定义,有

$$D^{\pm}=\frac{A_D^{\pm}}{A^{\pm}} \tag{2.28}$$

式中,$A_D^{\pm}$ 为因细观断裂而退出工作的面积;$A^{\pm}$ 为总面积;$D^{\pm}$ 为损伤变量,此处是为了和宏观损伤模型框架中的确定性损伤变量 $d^{\pm}$ 区别开来。

进一步,将单元的总应变$\epsilon^{\pm}$分解为由微弹簧产生的弹性应变$\epsilon^{e\pm}$和由塑性元件产生的塑性应变$\epsilon^{p\pm}$,即

$$\epsilon^{\pm}=\epsilon^{e\pm}+\epsilon^{p\pm} \tag{2.29}$$

式中,角标±分别表示细观受拉和受剪两种情况。假定离散后并联系统中的每根弹簧的面积相等,且满足理想弹性-断裂应力-应变关系,根据上述定义,可知典型单元体的损伤变量为

$$D^{\pm}(\epsilon^{e\pm})=\frac{1}{N}\sum_{i=1}^{N}H(\epsilon^{e\pm}-\Delta_i^{\pm}) \tag{2.30}$$

式中,$\Delta_i^{\pm}$ 为第 i 个弹簧的断裂应变;$H(\cdot)$为 Heaviside 函数。

当并联系统的弹簧数目 $N\to\infty$,考虑随机积分的定义,可得

$$D^{\pm}(\epsilon^{e\pm})=\int_0^1 H[\epsilon^{e\pm}-\Delta^{\pm}(x)]\mathrm{d}x \tag{2.31}$$

式中，$\Delta^{\pm}(x)$为位置在 x 处的随机断裂应变，为一维随机场。

式(2.31)实际上给出了混凝土材料损伤变量的演化法则，从物理的角度解释了损伤的发生和演化，即混凝土宏观层次的损伤源于其细观层次微结构的随机断裂。只要给定断裂应变的随机场分布，就可以获得具体的损伤演化规律。同时，利用应变等效原理，考虑典型单元在单向受力时的静力平衡关系，可以得到一维的随机损伤本构关系，即

$$\sigma^{\pm}=(1-D^{\pm})E_{c}\epsilon^{e\pm}=(1-D^{\pm})E_{c}(\epsilon^{\pm}\epsilon^{p\pm}) \tag{2.32}$$

式中，E_c 为细观单元的弹性模量。

2.2.2　随机损伤的均值与标准差

式(2.31)给出的损伤变量 $D^{\pm}$，在本质上为一个随机变量。依据相关数学推导，可以方便地给出损伤变量的均值和标准差(李杰等，2014)。假定断裂应变随机场 $\Delta^{\pm}(x)$具有二阶均匀性，其一、二维分布密度函数可以表示为

$$f(\Delta^{\pm};x)=f(\Delta^{\pm}) \tag{2.33}$$

$$f(\Delta_1^{\pm},\Delta_2^{\pm};x_1,x_2)=f(\Delta_1^{\pm},\Delta_2^{\pm};|x_1-x_2|) \tag{2.34}$$

令 $\vartheta^{\pm}(x)=H[\epsilon^{e\pm}-\Delta^{\pm}(x)]$，由于 $H(\cdot)$为 Heaviside 函数，其(0,1)分布性质使得 $\vartheta^{\pm}(x)$也满足(0,1)分布，因此有

$$\begin{aligned}P[\vartheta^{\pm}(x)=1]&=P\{H[\epsilon^{e\pm}-\Delta^{\pm}(x)]=1\}=P[\epsilon^{e\pm}-\Delta^{\pm}(x)>0]\\&=P[\epsilon^{e\pm}>\Delta^{\pm}(x)]=F(\epsilon^{e\pm})\end{aligned} \tag{2.35}$$

$$P[\vartheta^{\pm}(x)=0]=1-F(\epsilon^{e\pm})$$

式中，$P[\cdot]$代表事件发生的概率；$F(\cdot)$代表随机变量的分布函数。因此，随机场 $\vartheta^{\pm}(x)$的均值为

$$E[\vartheta^{\pm}(x)]=P[\vartheta^{\pm}(x)=1]=F(\epsilon^{e\pm}) \tag{2.36}$$

利用积分算子与期望算子的可交换性，易得损伤变量 $D^{\pm}$的均值为

$$u_{D^{\pm}}=E\left[\int_0^1\vartheta^{\pm}(x)\mathrm{d}x\right]=\int_0^1 E[\vartheta^{\pm}(x)]\mathrm{d}x=\int_0^1 F(\epsilon^{e\pm})\mathrm{d}x=F(\epsilon^{e\pm}) \tag{2.37}$$

进一步，为了得到损伤变量的二阶随机特性，令 $\phi^{\pm}(x_1,x_2)=\vartheta^{\pm}(x_1)\vartheta^{\pm}(x_2)$，易知 $\phi^{\pm}(x_1,x_2)$同样满足(0,1)分布，因此有

$$\begin{aligned}P(\phi^{\pm}=1)&=P[\vartheta^{\pm}(x_1)\vartheta^{\pm}(x_2)=1]=P\{[\vartheta^{\pm}(x_1)=1]\cap[\vartheta^{\pm}(x_2)=1]\}\\&=\int_0^{\epsilon^{e\pm}}\int_0^{\epsilon^{e\pm}}f(\Delta_1^{\pm},\Delta_2^{\pm};|x_1-x_2|)\mathrm{d}\Delta_1^{\pm}\mathrm{d}\Delta_2^{\pm}=F(\epsilon^{e\pm},\epsilon^{e\pm};|x_1-x_2|)\end{aligned} \tag{2.38}$$

$$P(\phi^{\pm}=0)=1-F(\epsilon^{e\pm},\epsilon^{e\pm};|x_1-x_2|)$$

损伤变量 $D^{\pm}$的方差可表示为

$$V_{D^{\pm}}^2=E[D^{\pm}]^2-\{E[D^{\pm}]\}^2=E[D^{\pm}]^2-[F(\epsilon^{e\pm})]^2 \tag{2.39}$$

再次利用期望算子与积分算子的可交换性，可得

$$E[D(\epsilon^{e\pm})]^2=E\left[\int_0^1\int_0^1\vartheta^{\pm}(x_1)\vartheta^{\pm}(x_2)\mathrm{d}x_1\mathrm{d}x_2\right]$$
$$=\int_0^1\int_0^1 F(\epsilon^{e\pm},\epsilon^{e\pm};|x_1-x_2|)\mathrm{d}x_1\mathrm{d}x_2 \tag{2.40}$$
$$=2\int_0^1(1-\eta)F(\epsilon^{e\pm},\epsilon^{e\pm};\eta)\mathrm{d}\eta$$

式中,$\eta=|x_1-x_2|$表示 x_1、x_2 之间的距离。

因此,损伤变量的方差最终可以表达为

$$V_{D^{\pm}}^2=2\int_0^1(1-\eta)F(\epsilon^{e\pm},\epsilon^{e\pm};\eta)\mathrm{d}\eta-[F(\epsilon^{e\pm})]^2 \tag{2.41}$$

由于上式中对 $F(\epsilon^{e\pm})$未规定其具体形式,因此具有普遍意义。在实际工程中,一般将混凝土材料强度取为对数正态分布(Feng et al.,2016a)。类似的,作为对真实物理背景的一种近似,可以假设受拉和受剪断裂应变随机场 $\Delta^{\pm}(x)$的一维概率密度为对数正态分布,其均值和标准差分别为 $u_{\Delta^{\pm}}$,$\sigma_{\Delta^{\pm}}$。令

$$Z^{\pm}(x)=\ln\Delta^{\pm}(x) \tag{2.42}$$

则其满足正态分布,且均值和标准差分别为

$$\begin{cases}\lambda^{\pm}=E[\ln\Delta^{\pm}(x)]=\ln\left(\dfrac{u_{\Delta^{\pm}}}{\sqrt{1+\sigma_{\Delta^{\pm}}^2/u_{\Delta^{\pm}}^2}}\right)\\ \zeta^{\pm2}=V[\ln\Delta^{\pm}(x)]=\ln(1+\sigma_{\Delta^{\pm}}^2/u_{\Delta^{\pm}}^2)\end{cases} \tag{2.43}$$

因此,$\Delta^{\pm}(x)$的一维概率分布函数为

$$F_{\Delta^{\pm}}(\epsilon^{e\pm})=\Phi\left(\frac{\ln\epsilon^{e\pm}-\lambda^{\pm}}{\zeta^{\pm}}\right)=\Phi(z^{\pm}) \tag{2.44}$$

$$z^{\pm}=\frac{\ln\epsilon^{e\pm}-\lambda^{\pm}}{\zeta^{\pm}} \tag{2.45}$$

将 $Z^{\pm}(x)$的自相关系数取为指数型,即

$$\rho_Z^{\pm}(\eta)=\exp(-\omega^{\pm}\cdot\eta) \tag{2.46}$$

式中,$\omega^{\pm}$为相关尺度参数。

于是,式(2.41)中的二维分布函数为

$$F(\epsilon^{e\pm},\epsilon^{e\pm};\eta)=\Phi\left(\frac{\ln\epsilon^{e\pm}-\lambda^{\pm}}{\zeta^{\pm}},\frac{\ln\epsilon^{e\pm}-\lambda^{\pm}}{\zeta^{\pm}}\bigg|\rho_Z^{\pm}\right)=\Phi(z^{\pm},z^{\pm}|\rho_Z^{\pm}) \tag{2.47}$$

式中,$\Phi(z^{\pm},z^{\pm}|\rho_Z^{\pm})$为二维正态分布的标准型。

一般而言,二维正态分布的计算需要用二重积分,计算量较大。可将二重积分转化为一重积分,即有

$$\Phi(z^{\pm},z^{\pm}|\rho_Z^{\pm})=\Phi(z^{\pm})-\frac{1}{\pi}\int_0^{\beta}\frac{1}{1+t^2}\exp\left[-\frac{z^{\pm2}}{2}(1+t^2)\right]\mathrm{d}t \tag{2.48}$$

式中,$\beta=\sqrt{(1-\rho_Z)/(1+\rho_Z)}$。

于是，在假定断裂应变随机场具有二阶均匀性，且一维分布满足对数正态分布的条件下，只需引入六个基本参数($\lambda^{\pm},\zeta^{\pm},\omega^{\pm}$)，即可通过式(2.37)、(2.39)、(2.44)、(2.48)来完整地描述受拉与受压损伤变量的均值、方差和随机分布特征。

2.2.3　随机损伤本构模型的工程参数标定

将上述弹塑性损伤本构应用于实际工程的关键在于式(2.31)中随机断裂模型参数的确定。实际结构分析时，使用者往往掌握的是混凝土的弹性模量、峰值强度等便于测量的宏观力学参数，而确定损伤演化的微-细观断裂模型则需要微观弹簧断裂应变随机场的参数。为便于上述随机损伤模型在工程中的应用，需要建立这些宏观力学参数与微-细观随机断裂模型参数之间的关系。

在单轴受力情况下，混凝土应力-应变曲线的均值和任意点应变处的切线刚度分别为

$$\sigma^{\pm}=(1-d^{\pm})E_c\,\epsilon^{e\pm} \tag{2.49}$$

$$\frac{\partial\sigma^{\pm}}{\partial\epsilon^{\pm}}=\frac{\partial\sigma^{\pm}}{\partial\epsilon^{e\pm}}\frac{\partial\epsilon^{e\pm}}{\partial\epsilon^{\pm}}=E_c[1-d^{\pm}-\epsilon^{e\pm}f(\epsilon^{e\pm})]\frac{\partial\epsilon^{e\pm}}{\partial\epsilon^{\pm}} \tag{2.50}$$

一般来说，通过大样本的标准试件单调受力全过程试验，可以确定混凝土的弹性模量 E_c 的均值、受拉/受压峰值强度 $f_c^{\pm}$ 的均值以及对应的峰值应变$\epsilon_c^{\pm}$ 的均值(上标±表示受拉/受压)。其中，对于受拉的情况，不考虑塑性变形，峰值强度对应的弹性应变$\epsilon_c^{e+}=\epsilon_c^{+}$；而对于受压的情况，只要给定塑性模型中的经验系数 ξ_p^{-}，就可以获得峰值强度对应的弹性应变ϵ_c^{e-}。将均值应力-应变曲线峰值点代入式(2.49)，并注意混凝土应力-应变曲线为单峰值曲线，因此峰值点处切线刚度为 0，有

$$f_c^{\pm}=(1-d^{\pm})E_c\,\epsilon_c^{e\pm} \tag{2.51}$$

$$1-d^{\pm}-\epsilon_c^{e\pm}f(\epsilon_c^{e\pm})=0 \tag{2.52}$$

由以上两式可知：在受拉和受压两种情况下，结合式(2.43)—(2.48)，均可由上述 2 个方程解出断裂应变随机场的参数 $\lambda^{\pm}$、$\zeta^{\pm}$，即

$$\begin{cases}\zeta^{\pm}=\dfrac{E_c\,\epsilon_c^{e\pm}}{\sqrt{2\pi}f_c^{\pm}}\exp\left\{-\dfrac{1}{2}\left[\Phi^{-1}\left(1-\dfrac{f_c^{\pm}}{E_c\,\epsilon_c^{e\pm}}\right)\right]^2\right\}\\ \lambda^{\pm}=\ln\epsilon_c^{e\pm}-\zeta^{\pm}\Phi^{-1}\left(1-\dfrac{f_c^{\pm}}{E_c\,\epsilon_c^{e\pm}}\right)\end{cases} \tag{2.53}$$

因此，只要给定混凝土的宏观试验参数 E_c、$f_c^{\pm}$、$\epsilon_c^{\pm}$，以及受压塑性变形的经验参数 ξ_p^{-}，就可以得到细观随机断裂模型的细观参数 $\lambda^{\pm}$、$\zeta^{\pm}$。由此可以确定基于随机损伤模型的均值本构关系。统一整理为

$$\begin{cases}\sigma^{\pm}=(1-d^{\pm})E_c\,\epsilon^{e\pm}\\ d^{\pm}=\displaystyle\int_0^{\epsilon^{e\pm}}\frac{1}{\sqrt{2\pi}\zeta^{\pm}}\exp\left(-\frac{z^{\pm 2}}{2}\right)\mathrm{d}\,\epsilon^{e\pm}\\ z^{\pm}=\dfrac{\ln\epsilon^{e\pm}-\lambda^{\pm}}{\zeta^{\pm}}\end{cases} \tag{2.54}$$

注意到我国《混凝土结构设计规范》(GB 50010—2010)中的混凝土本构关系正是根据大量试验归纳总结的一类均值本构关系，因此，可以据之确定细观随机损伤模型的工程参数(李杰等，2017)。根据规范给出的材料参数均值，标定出的细观随机断裂模型参数列于表 2.2.1。在实际工程中，可根据工程材料试验结果(弹性模量、抗拉/抗压强度和峰值应变)由式(2.53)直接计算出相应的细观参数。而在试验参数缺乏的情况下，可根据表 2.2.1 确定相应的细观随机损伤模型参数。需要注意的是，表中工程参数取均值而非设计值。

表 2.2.1　混凝土细观随机断裂模型参数标定

受拉工程参数							
抗拉强度 f_c^+/MPa	1.0	1.5	2.0	2.5	3.0	3.5	4.0
弹性模量 E_c/GPa	30	31.5	32.5	33.5	34.5	35.5	36
峰值应变ϵ_c^+/10^{-6}	65	81	95	107	118	128	137
受拉标定参数							
λ^+	4.20	4.54	4.77	4.93	5.05	5.14	5.22
ζ^+	0.78	0.66	0.57	0.50	0.44	0.39	0.34
ω^+	44	44	44	44	44	44	44
受压工程参数							
抗压强度 f_c^-/MPa	30	35	40	45	50	55	60
弹性模量 E_c/GPa	30	31.5	32.5	33.5	34.5	35.5	36
峰值应变ϵ_c^-/10^{-6}	1 640	1 720	1 790	1 850	1 920	1 980	2 030
受压标定参数(塑性参数 $\xi_p^-=0.35$，$n_p^-=0.4$)							
λ^-	7.39	7.45	7.50	7.53	7.56	7.59	7.60
ζ^-	0.31	0.27	0.22	0.17	0.14	0.12	0.08
ω^-	65.8	58.4	50.9	43.5	36.12	8.72	1.2

值得指出的是，现行规范本构关系需要 7 个参数(弹性模量 E_c、抗拉/抗压峰值强度 $f_c^{\pm}$ 以及对应的应变$\epsilon_c^{\pm}$、受拉/受压下降段参数 $\alpha^{\pm}$)才能确定混凝土受拉和受压的应力-应变全曲线，而微-细观随机断裂模型仅需要 5 个参数(E_c、$\lambda^{\pm}$、$\zeta^{\pm}$)就可以确定混凝土受拉和受压的均值应力-应变全曲线，不再需要下降段参数。事实上，选取合适的细观断裂应变的分布类型，可以自然地反映本构关系的下降段特性，这在本质上是由于随机损伤及其演化反映了混凝土受力力学行为的细观物理机理。与此同时，规范经验模型所不能反映的刚度退化机理也得到了合理反映。进一步，通过试验，可以识别确定细观随机断裂模型中的抗拉/抗压相关尺度参数 $\omega^{\pm}$(表 2.2.1)。由此，可以完整反映混凝土本构关系的随机性(陈欣和李杰，2022)。

2.2.4 滞回规则

作为一种准脆性材料，混凝土在重复受力过程中会出现滞回特征。Iwan（1966）最早提出用分布单元模型来反映构件层次的滞回性能。Ren 和 Li（2011）采用类似的方法，在上述微-细观随机断裂模型的基础上，同时考虑损伤和滞回的影响，建立了在重复荷载作用下的混凝土材料的滞回分析模型。然而，该模型中细观单元的反向加载尚缺乏客观依据，且没有考虑塑性变形，因此在本质上属于弹性损伤模型范畴。本节在其基础上进一步拓展，修正其加卸载规则，并在模型中考虑塑性变形的影响（Feng et al.，2016c）。

1）微观弹簧表述

要考虑混凝土准脆性材料带来的滞回特征，需要对单轴受力的微观弹簧单元进行改造。典型的受力过程可以分为两个阶段：断裂前，单元保持线弹性，加卸载曲线均为直线；断裂时，单元应力瞬间跌落，但由于摩擦力的存在并不跌至 0；断裂后，由于内聚力及裂缝间摩擦力的存在，仍保有一定残余应力；此后，加卸载曲线分离，形成滞回圈。据此，可以给出如图 2.2.3 所示的微观弹簧单元。其中，微弹簧表征单元的弹性性能；断裂元件定义了单元的断裂应力；摩擦元件定义了单元的残余应力；塑性元件定义了单元的塑性应变。

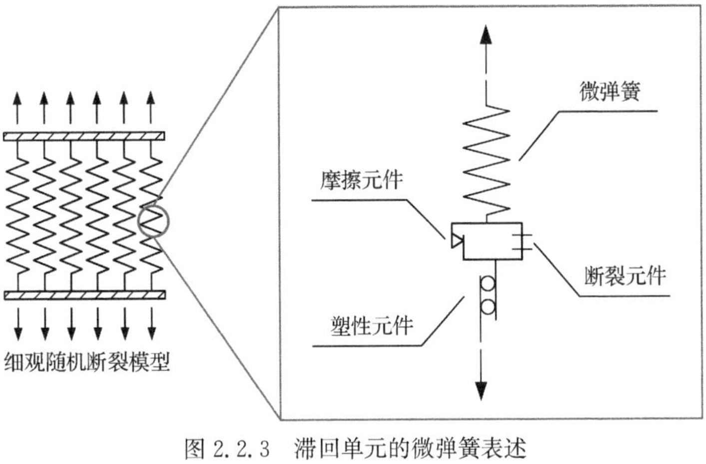

图 2.2.3 滞回单元的微弹簧表述

根据上述定义，利用 Heaviside 函数可以将微弹簧单元的应力-应变关系表述为

$$\sigma_{\mathrm{m}}^{\pm}=H(\Delta^{\pm}-\epsilon^{\mathrm{e}\pm})E_{\mathrm{c}}\epsilon^{\mathrm{e}\pm}+H(\epsilon^{\mathrm{e}\pm}-\Delta^{\pm})\sigma_{\mathrm{m,r}}^{\pm} \tag{2.55}$$

式中，$\sigma_{\mathrm{m,r}}^{\pm}$ 为残余应力。根据以往的试验研究，残余应力与断裂应力 $\sigma_{\mathrm{m,f}}^{\pm}$ 之间的关系可以表述为

$$\sigma_{\mathrm{m,r}}^{\pm}=\eta_{\mathrm{r}}^{\pm}\sigma_{\mathrm{m,f}}^{\pm}=\eta_{\mathrm{r}}^{\pm}E_{\mathrm{c}}\Delta^{\pm} \tag{2.56}$$

式中，$\eta_{\mathrm{r}}^{\pm}$ 为剪力保持因子，反映了拉/压残余应力的程度。

综合式（2.55）、式（2.56），可得

$$\sigma_m^{\pm}=[1-H(\epsilon^{e\pm}-\Delta^{\pm})]E_c\epsilon^{e\pm}+H(\epsilon^{e\pm}-\Delta^{\pm})\eta_r^{\pm}E_c\Delta^{\pm} \tag{2.57}$$

微观单元单调加载的应力-应变曲线如图 2.2.4(a)所示,而其卸载及再加载曲线可见图 2.2.4(b)。断裂前,卸载及再加载曲线均沿着初始直线;断裂后,卸载与再加载曲线分离。考虑到单元的残余应力是由裂缝间的摩擦引起的,而随着卸载过程中裂缝的张开及发展,摩擦力逐渐降为 0;再加载裂缝闭合之后,仍然不能超过残余应力,因而定义卸载及再加载的刚度为

$$E_s=\frac{\sigma_{m,r}^{\pm}}{\Delta^{\pm}}=\eta_r^{\pm}E_c \tag{2.58}$$

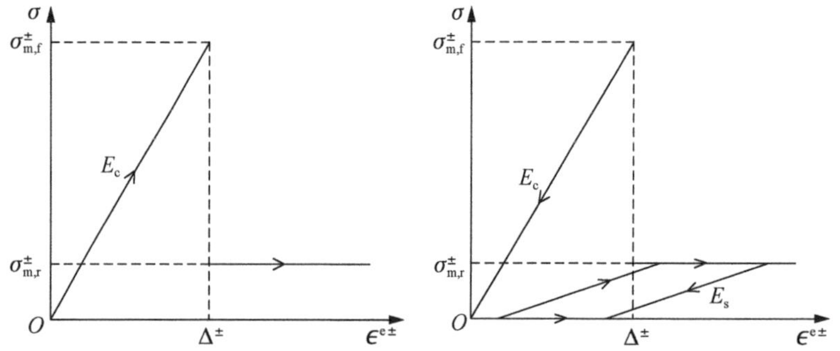

(a) 微观弹簧单调加载 (b) 微观弹簧卸载及再加载

图 2.2.4 微观弹簧滞回特性

定义$(\epsilon_{max}^{\pm},\sigma_{m,max}^{\pm})$为单调加载曲线上的初始卸载点,则微观单元的卸载曲线可以表述为

$$\sigma_{m,max}^{\pm}-\sigma_m^{\pm}=\begin{cases}E_c(\epsilon_{max}^{e\pm}-\epsilon^{e\pm}) & \Delta^{\pm}-\epsilon_{max}^{e\pm}>0\\ \eta_r^{\pm}E_c(\epsilon_{max}^{e\pm}-\epsilon^{e\pm}) & \Delta^{\pm}-\epsilon_{max}^{e\pm}\leqslant 0\ \&\ \epsilon_{max}^{e\pm}-\epsilon^{e\pm}<\Delta^{\pm}\\ \eta_r^{\pm}E_c\Delta^{\pm} & \Delta^{\pm}-\epsilon_{max}^{e\pm}\leqslant 0\ \&\ \epsilon_{max}^{e\pm}-\epsilon^{e\pm}\geqslant\Delta^{\pm}\end{cases} \tag{2.59}$$

利用 Heaviside 函数,上式可以统一为

$$\sigma_{m,max}^{\pm}-\sigma_m^{\pm}=\phi_1(\epsilon_{max}^{e\pm}-\epsilon^{e\pm})+\phi_2(\epsilon_{max}^{e\pm}-\epsilon^{e\pm})+\phi_3(\epsilon_{max}^{e\pm}-\epsilon^{e\pm}) \tag{2.60}$$

其中

$$\begin{aligned}\phi_1&=H(\Delta^{\pm}-\epsilon_{max}^{e\pm})E_c(\epsilon_{max}^{e\pm}-\epsilon^{e\pm})\\ \phi_2&=H(\epsilon_{max}^{e\pm}-\Delta^{\pm})H[\Delta^{\pm}-(\epsilon_{max}^{e\pm}-\epsilon^{e\pm})]\eta_r^{\pm}E_c(\epsilon_{max}^{e\pm}-\epsilon^{e\pm})\\ \phi_3&=H(\epsilon_{max}^{e\pm}-\Delta^{\pm})H[(\epsilon_{max}^{e\pm}-\epsilon^{e\pm})-\Delta^{\pm}]\eta_r^{\pm}E_c\Delta^{\pm}\end{aligned} \tag{2.61}$$

由图 2.2.4 可以发现,不管是断裂前还是断裂后,卸载与再加载均为中心旋转对称,因此,再加载曲线可以由卸载曲线旋转变化得到。定义$(\epsilon_{min}^{\pm},\sigma_{m,min}^{\pm})$为再加载点,则再加载曲线为

$$\sigma_m^{\pm}-\sigma_{m,min}^{\pm}=\phi_1(\epsilon^{e\pm}-\epsilon_{min}^{e\pm})+\phi_2(\epsilon^{e\pm}-\epsilon_{min}^{e\pm})+\phi_3(\epsilon^{e\pm}-\epsilon_{min}^{e\pm}) \tag{2.62}$$

值得注意的是,当应变超过初始卸载点$(\epsilon_{max}^{\pm},\sigma_{m,max}^{\pm})$时,再加载曲线回到原单调加载曲线上。

2) 细观模型求解

考虑细观断裂模型中有 N 个微观弹簧单元，则并联弹簧系统中第 i 个微观弹簧的应力为

$$\sigma_{\mathrm{m},i}^{\pm}=\sigma_{\mathrm{m}}^{\pm}(x_i)\quad i=1,2,\cdots,N \tag{2.63}$$

式中，x_i 为弹簧的位置。假定每个弹簧的截面积相同，则整个系统的应力为

$$\sigma^{\pm}=\frac{1}{N}\sum_{i=1}^{N}\sigma_{\mathrm{m}}^{\pm}(x_i) \tag{2.64}$$

式(2.64)建立了微观单元应力与细观单元应力之间的关系。事实上，细观单元的应力可分为两部分：未断裂单元的贡献和断裂单元的贡献，因此有

$$\sigma^{\pm}=\sigma^{\mathrm{d}\pm}+\sigma^{\mathrm{f}\pm} \tag{2.65}$$

式中，$\sigma^{\mathrm{d}\pm}$ 为未断裂单元的总应力，$\sigma^{\mathrm{f}\pm}$ 为断裂单元的总应力。根据式(2.64)，有

$$\begin{aligned}\sigma^{\mathrm{d}\pm}&=\frac{1}{N}\sum_{i=1}^{N}H(\Delta_i^{\pm}-\epsilon^{\mathrm{e}\pm})\sigma_{\mathrm{m}}^{\pm}(x_i)\\ \sigma^{\mathrm{f}\pm}&=\frac{1}{N}\sum_{i=1}^{N}H(\epsilon^{\mathrm{e}\pm}-\Delta_i^{\pm})\sigma_{\mathrm{m}}^{\pm}(x_i)\end{aligned} \tag{2.66}$$

考虑到未断裂单元处于线弹性状态，则上式中未断裂弹簧部分的应力满足

$$\sigma^{\mathrm{d}\pm}=\frac{1}{N}\sum_{i=1}^{N}H(\Delta_i^{\pm}-\epsilon^{\mathrm{e}\pm})E_{\mathrm{c}}\,\epsilon^{\mathrm{e}\pm}=\left[1-\frac{1}{N}\sum_{i=1}^{N}H(\epsilon^{\mathrm{e}\pm}-\Delta_i^{\pm})\right]E_{\mathrm{c}}\,\epsilon^{\mathrm{e}\pm} \tag{2.67}$$

结合随机积分的概念，当 $N\to\infty$ 时对式(2.66)两端取极限，则

$$\begin{aligned}\sigma^{\mathrm{d}\pm}&=\left\{1-\int_0^1 H[\epsilon^{\mathrm{e}\pm}-\Delta^{\pm}(x)]\mathrm{d}x\right\}E_{\mathrm{c}}\,\epsilon^{\mathrm{e}\pm}\\ \sigma^{\mathrm{f}\pm}&=\int_0^1 H[\epsilon^{\mathrm{e}\pm}-\Delta^{\pm}(x)]\sigma_{\mathrm{m}}^{\pm}(x)\mathrm{d}x\end{aligned} \tag{2.68}$$

考虑到前述损伤的定义，细观单元的损伤为

$$D^{\pm}(\epsilon^{\mathrm{e}\pm})=\int_0^1 H[\epsilon^{\mathrm{e}\pm}-\Delta^{\pm}(x)]\mathrm{d}x \tag{2.69}$$

代入式(2.68)，单元应力-应变关系为

$$\sigma^{\pm}=[1-D^{\pm}(\epsilon^{\mathrm{e}\pm})]E_{\mathrm{c}}\,\epsilon^{\mathrm{e}\pm}+\int_0^1 H[\epsilon^{\mathrm{e}\pm}-\Delta^{\pm}(x)]\sigma_{\mathrm{m}}^{\pm}(x)\mathrm{d}x \tag{2.70}$$

3) 单元滞回规则

式(2.70)本质上为随机损伤本构关系。为了具象地说明单元滞回规则的具体形式，以下以均值本构关系为例，说明上述微-细观模型的具体滞回规则。这类规则可以分为 3 个部分，即单调加载、加卸载和次滞回。具体每一部分的计算方法如下所述：

(1) 单调加载曲线

对于单调加载的情况，断裂单元的应力即为残余应力，将式(2.56)代入式(2.68)

中,有

$$\sigma^{f\pm}=\int_0^1 H[\epsilon^{e\pm}-\Delta^{\pm}(x)]\eta_r^{\pm}E_c\Delta^{\pm}(x)\mathrm{d}x \tag{2.71}$$

联立式(2.70)、(2.71),可得单元应力为

$$\sigma^{\pm}=[1-D^{\pm}(\epsilon^{e\pm})]E_c\epsilon^{e\pm}+\eta_r^{\pm}E_c\int_0^1 H[\epsilon^{e\pm}-\Delta^{\pm}(x)]\Delta^{\pm}(x)\mathrm{d}x \tag{2.72}$$

对上式两边求数学期望,可得到系统的应力均值

$$u_{\sigma^{\pm}}=u_{\sigma^{d\pm}}+u_{\sigma^{f\pm}}=E(\sigma^{d\pm})+E(\sigma^{f\pm}) \tag{2.73}$$

结合上文推导的细观损伤均值式(2.37),上式右边第一项为

$$u_{\sigma^{d\pm}}=E(\sigma^{d\pm})=\{1-E[D^{\pm}(\epsilon^{e\pm})]\}E_c\epsilon^{e\pm}=[1-F(\epsilon^{e\pm})]E_c\epsilon^{e\pm} \tag{2.74}$$

式(2.73)右边第二项为

$$\begin{aligned}u_{\sigma^{f\pm}}&=E(\sigma^{f\pm})=\eta_r^{\pm}E_cE\left\{\int_0^1 H[\epsilon^{e\pm}-\Delta^{\pm}(x)]\Delta^{\pm}(x)\mathrm{d}x\right\}\\&=\eta_r^{\pm}E_c\int_0^1 E\{H[\epsilon^{e\pm}-\Delta^{\pm}(x)]\Delta^{\pm}(x)\}\mathrm{d}x\\&=\eta_r^{\pm}E_c\int_0^1\int_{-\infty}^{+\infty} H[\epsilon^{e\pm}-\Delta^{\pm}]\Delta^{\pm}f(\Delta^{\pm})\mathrm{d}\Delta^{\pm}\mathrm{d}x\\&=\eta_r^{\pm}E_c\int_0^1\int_{-\infty}^{\epsilon^{e\pm}}\Delta^{\pm}f(\Delta^{\pm})\mathrm{d}\Delta^{\pm}\mathrm{d}x=\eta_r^{\pm}E_cG(\epsilon^{e\pm})\end{aligned} \tag{2.75}$$

式中,$G(\epsilon^{e\pm})=\int_{-\infty}^{\epsilon^{e\pm}}\Delta^{\pm}f(\Delta^{\pm})\mathrm{d}\Delta^{\pm}$为和断裂应变随机场相关的期望函数。

将式(2.74)—(2.75)代入(2.73),得

$$u_{\sigma^{\pm}}=[1-F(\epsilon^{e\pm})]E_c\epsilon^{e\pm}+\eta_r^{\pm}E_cG(\epsilon^{e\pm}) \tag{2.76}$$

上式即为系统在单调加载下的应力-应变关系曲线均值表达式。

(2) 卸载及再加载曲线

将微观弹簧的卸载曲线式(2.60)代入式(2.64),并进行应力积分,可得到系统的卸载曲线为

$$\sigma_{max}^{\pm}-\sigma^{\pm}=\int_0^1\phi_1(\epsilon_{max}^{e\pm}-\epsilon^{e\pm})\mathrm{d}x+\int_0^1\phi_2(\epsilon_{max}^{e\pm}-\epsilon^{e\pm})\mathrm{d}x+\int_0^1\phi_3(\epsilon_{max}^{e\pm}-\epsilon^{e\pm})\mathrm{d}x \tag{2.77}$$

其中

$$\begin{aligned}&\int_0^1\phi_1(\epsilon_{max}^{e\pm}-\epsilon^{e\pm})\mathrm{d}x=\int_0^1 H(\Delta^{\pm}-\epsilon_{max}^{e\pm})E_c(\epsilon_{max}^{e\pm}-\epsilon^{e\pm})\mathrm{d}x\\&=[1-D^{\pm}(\epsilon^{e\pm})]E_c\epsilon_{max}^{e\pm}-[1-D^{\pm}(\epsilon^{e\pm})]E_c\epsilon^{e\pm}=\sigma_{max}^{d\pm}-\sigma^{d\pm}\end{aligned} \tag{2.78}$$

上式为未断裂单元部分的贡献,考虑到整个卸载过程中系统的损伤保持不变,对式(2.78)两端取期望,并定义其为$\Phi_1(\epsilon_{max}^{e\pm}-\epsilon^{e\pm})$,则有

$$\begin{aligned}\Phi_1(\epsilon^{e\pm}_{\max}-\epsilon^{e\pm})&=E(\sigma^{d\pm}_{\max}-\sigma^{d\pm})\\&=\{1-E[D^{\pm}(\epsilon^{e\pm})]\}E_c(\epsilon^{e\pm}_{\max}-\epsilon^{e\pm})\\&=[1-F(\epsilon^{e\pm})]E_c(\epsilon^{e\pm}_{\max}-\epsilon^{e\pm})\end{aligned}\tag{2.79}$$

结合式(2.77)、式(2.78)，可得断裂单元承担的应力为

$$\sigma^{f\pm}_{\max}-\sigma^{f\pm}=\int_0^1\phi_2(\epsilon^{e\pm}_{\max}-\epsilon^{e\pm})\mathrm{d}x+\int_0^1\phi_3(\epsilon^{e\pm}_{\max}-\epsilon^{e\pm})\mathrm{d}x\tag{2.80}$$

对上式两端取期望，将其右边第一项的期望定义为 $\Phi_2(\epsilon^{e\pm}_{\max}-\epsilon^{e\pm})$，则有

$$\begin{aligned}\Phi_2(\epsilon^{e\pm}_{\max}-\epsilon^{e\pm})&=E\left[\int_0^1\phi_2(\epsilon^{e\pm}_{\max}-\epsilon^{e\pm})\mathrm{d}x\right]=\int_0^1E[\phi_2(\epsilon^{e\pm}_{\max}-\epsilon^{e\pm})]\mathrm{d}x\\&=\int_0^1E\{H(\epsilon^{e\pm}_{\max}-\Delta^{\pm})H[\Delta^{\pm}-(\epsilon^{e\pm}_{\max}-\epsilon^{e\pm})]\eta_r^{\pm}E_c(\epsilon^{e\pm}_{\max}-\epsilon^{e\pm})\}\mathrm{d}x\\&=\int_0^1\eta_r^{\pm}E_c(\epsilon^{e\pm}_{\max}-\epsilon^{e\pm})\int_{-\infty}^{+\infty}H(\epsilon^{e\pm}_{\max}-\Delta^{\pm})H[\Delta^{\pm}-(\epsilon^{e\pm}_{\max}-\epsilon^{e\pm})]f(\Delta^{\pm})\mathrm{d}\Delta^{\pm}\mathrm{d}x\\&=\int_0^1\eta_r^{\pm}E_c(\epsilon^{e\pm}_{\max}-\epsilon^{e\pm})\int_{\epsilon^{e\pm}_{\max}-\epsilon^{e\pm}}^{\epsilon^{e\pm}_{\max}}f(\Delta^{\pm})\mathrm{d}\Delta^{\pm}\mathrm{d}x\\&=\eta_r^{\pm}E_c(\epsilon^{e\pm}_{\max}-\epsilon^{e\pm})[F(\epsilon^{e\pm}_{\max})-F(\epsilon^{e\pm}_{\max}-\epsilon^{e\pm})]\end{aligned}\tag{2.81}$$

将右边第二项的期望定义为 $\Phi_3(\epsilon^{e\pm}_{\max}-\epsilon^{e\pm})$，则有

$$\begin{aligned}\Phi_3(\epsilon^{e\pm}_{\max}-\epsilon^{e\pm})&=E\left[\int_0^1\phi_3(\epsilon^{e\pm}_{\max}-\epsilon^{e\pm})\mathrm{d}x\right]=\int_0^1E[\phi_3(\epsilon^{e\pm}_{\max}-\epsilon^{e\pm})]\mathrm{d}x\\&=\int_0^1E\{H(\epsilon^{e\pm}_{\max}-\Delta^{\pm})H[(\epsilon^{e\pm}_{\max}-\epsilon^{e\pm})-\Delta^{\pm}]\eta_r^{\pm}E_c\Delta^{\pm}\}\mathrm{d}x\\&=\int_0^1\eta_r^{\pm}E_c\int_{-\infty}^{+\infty}H(\epsilon^{e\pm}_{\max}-\Delta^{\pm})H[(\epsilon^{e\pm}_{\max}-\epsilon^{e\pm})-\Delta^{\pm}]\Delta^{\pm}f(\Delta^{\pm})\mathrm{d}\Delta^{\pm}\mathrm{d}x\\&=\int_0^1\eta_r^{\pm}E_c\int_{-\infty}^{\epsilon^{e\pm}_{\max}-\epsilon^{e\pm}}\Delta^{\pm}f(\Delta^{\pm})\mathrm{d}\Delta^{\pm}\mathrm{d}x\\&=\eta_r^{\pm}E_cG(\epsilon^{e\pm}_{\max}-\epsilon^{e\pm})\end{aligned}\tag{2.82}$$

综上，卸载曲线的均值最终化为

$$\begin{aligned}E(\sigma^{\pm}_{\max}-\sigma^{\pm})&=E(\sigma^{d\pm}_{\max}-\sigma^{d\pm})+E(\sigma^{f\pm}_{\max}-\sigma^{f\pm})\\&=\Phi_1(\epsilon^{e\pm}_{\max}-\epsilon^{e\pm})+\Phi_2(\epsilon^{e\pm}_{\max}-\epsilon^{e\pm})+\Phi_3(\epsilon^{e\pm}_{\max}-\epsilon^{e\pm})\\&=\Psi(\epsilon^{e\pm}_{\max}-\epsilon^{e\pm})\end{aligned}\tag{2.83}$$

式中，$\Psi(\cdot)$为定义的抽象函数，满足 $\Psi(\cdot)=\Phi_1(\cdot)+\Phi_2(\cdot)+\Phi_3(\cdot)$。

同理，对再加载曲线采用类似的推导，可得再加载曲线的平均应力-应变关系为

$$E(\sigma^{\pm}-\sigma^{\pm}_{\min})=\Psi(\epsilon^{e\pm}-\epsilon^{e\pm}_{\min})\tag{2.84}$$

系统的单调加载、卸载及再加载曲线如图 2.2.5 所示，当再加载超过初始卸载点时，应力-应变曲线会回到单调加载曲线上。

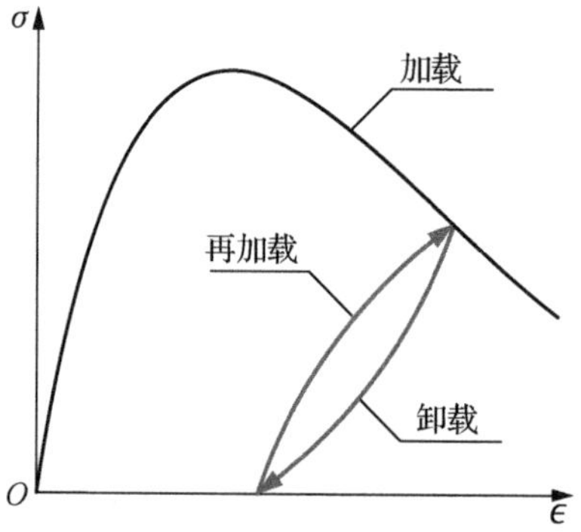

图 2.2.5　单调加载、卸载及再加载曲线

(3) 次滞回

上述推导确定了模型的基本加卸载规则，然而，在地震、风等非等幅重复荷载作用下，结构也会表现出更为复杂的响应：在本构层次出现次滞回。因此，需要引入新的准则完整描述系统在复杂荷载作用下的性能。如图 2.2.6 所示，可以采用如下准则：

i. 滞回环内：系统的应力-应变关系可由下式获得

$$\begin{cases} \sigma^{\pm}=[1-F(\epsilon^{e\pm})]E_c\,\epsilon^{e\pm}+\eta_r^{\pm}E_cG(\epsilon^{e\pm}) & \text{单调加载} \\ \sigma_*^{\pm}-\sigma^{\pm}=\Psi(\epsilon_*^{e\pm}-\epsilon^{e\pm}) & \text{卸载} \\ \sigma^{\pm}-\sigma_*^{\pm}=\Psi(\epsilon^{e\pm}-\epsilon_*^{e\pm}) & \text{再加载} \end{cases} \tag{2.85}$$

式中，$(\epsilon_*^{\pm},\sigma_*^{\pm})$为反转加载点，$\epsilon_*^{e\pm}$为该点对应的弹性应变。

ii. 滞回区间：如果根据 i 所定义的内环卸载或再加载曲线与外环曲线相交，那么后续曲线转入外环。

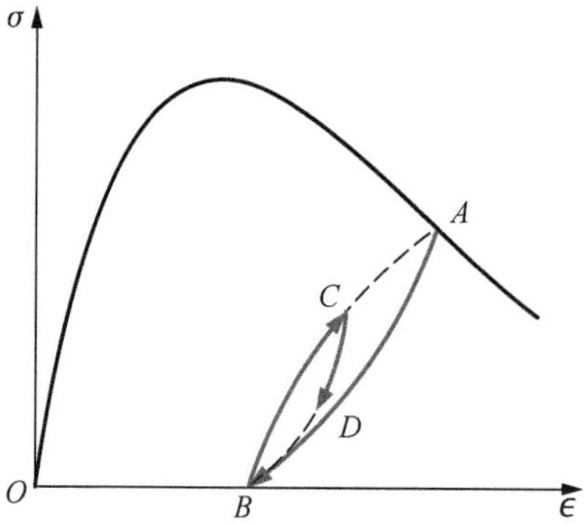

图 2.2.6　次滞回准则

准则 i 规定了系统加卸载的基本方式，而准则 ii 则体现了系统的“记忆性”，即模型会记住卸载和再加载的位置。当曲线卸载至内圈时，需要记住外圈的卸载点和反向加载点；当内圈的曲线与外圈相交时，后续曲线回到外圈，内圈的记忆性抹除。这一类记忆性称为离散记忆性，是本模型与其他类别的滞回模型[如 Bouc-Wen 模型(Bouc，1967；Wen，1976)]的最大区别。

利用上述模型对典型的混凝土反复拉压加载、非等幅重复加载等进行模拟，计算结果见图 2.2.7。其中图 2.2.7(a)给出了反复拉压加载的模拟结果，试件首先受拉并进入下降段，然后分别进行 3 次受压加载后卸载和 2 次受拉加载后卸载。可以看出：模型能较好地描述卸载后不可恢复的塑性变形，以及损伤造成的刚度退化；同时，模型还能反映受压作用下的累积损伤对材料受拉性能的影响，并且随着损伤的累积，材料的滞回耗能越来越大。图 2.2.7(b)给出了非等幅重复加载的模拟结果。可以发现，在非重复荷载作用下，模型可以记住卸载点及再加载点的位置，当内圈与外圈相交时，内圈的记忆性会抹除，但始终能回到单调加载曲线上的初始卸载点。

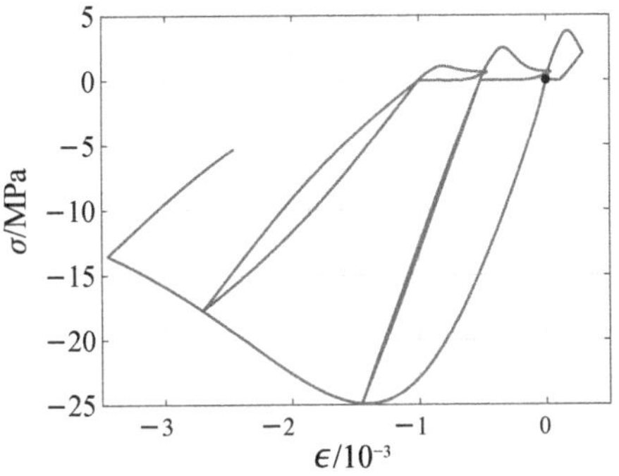

(a) 反复拉压加载

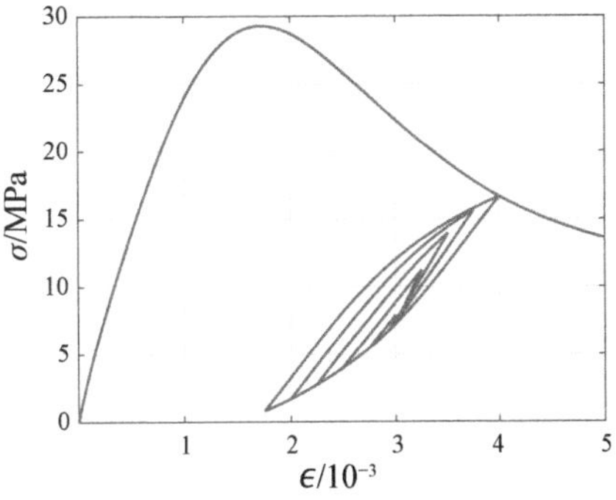

(b) 非等幅重复加载

图 2.2.7 滞回单元模拟结果

2.3 多维应力状态下的损伤

从前述两节的内容可以发现，经典损伤力学框架定义了混凝土受力行为的不可逆热力学基础，而微-细观随机断裂模型则给出了混凝土单轴受拉、受压损伤的物理机制和具体演化法则。注意到式(2.13)中的损伤变量 $d^{\pm}$ 本质上是多维应力状态的函数，因此式(2.31)并不能直接应用于式(2.13)。换句话说，需要将这种单轴应力状态的损伤表达式推广到多维应力状态。为此，Li 和 Ren(2009)提出了物理损伤一致性条件，实现了这一推广。

物理损伤一致性条件是指：如果两个应力状态的损伤能释放率相等，那么两者的损伤变量取值相等，且与两者的具体受力状态无关，如图 2.3.1 所示。这样，就可以把多维受力状态的损伤通过能量等效的方式转化为一维损伤演化过程，即

$$D^{\pm}(\epsilon_{eq}^{e\pm})=\int_0^1 H[\epsilon_{eq}^{e\pm}-\Delta^{\pm}(x)]\mathrm{d}x \tag{2.86}$$

式中，能量等效应变 $\epsilon_{eq}^{e\pm}$ 表达为

$$\begin{aligned}\epsilon_{eq}^{e+}&=\sqrt{\frac{2Y^{+}}{E_0}}\\ \epsilon_{eq}^{e-}&=\frac{1}{(\alpha-1)E_0}\sqrt{\frac{2Y^{-}}{b_0}}\end{aligned} \tag{2.87}$$

式中,E_0 为混凝土初始弹性模量。

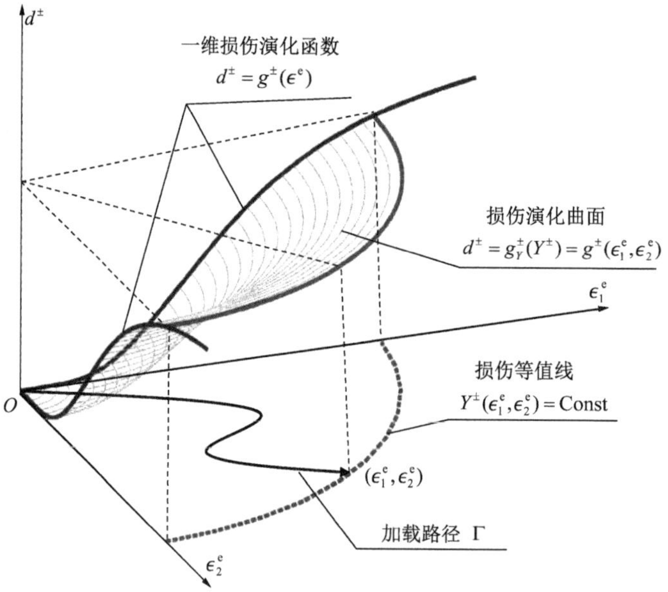

图 2.3.1　物理损伤一致性条件

注意到微弹簧的断裂应变 $\Delta^{\pm}$ 为随机场,因此损伤变量 $D^{\pm}$ 为随机变量,而其均值损伤为

$$d^{\pm}(\epsilon_{\mathrm{eq}}^{\mathrm{e}\pm})=E\left\{\int_0^1 H[\epsilon_{\mathrm{eq}}^{\mathrm{e}\pm}-\Delta^{\pm}(x)]\mathrm{d}x\right\} \tag{2.88}$$

这里 $E(\cdot)$表示取均值。

应该特别指出:在结构层次的随机非线性反应研究中,应该采用式(2.86)所示的随机损伤变量,并结合概率密度演化理论进行分析(如本书第 10 章)。但如此进行分析的结果是难以与单一的试验结果进行比较的。式(2.88)所示的均值损伤表达式,为解决这一难题提供了契机。事实上,从概率的角度,均值损伤是最可能出现的损伤,而从众多结构试验与理论分析的对比研究中可知:大多数构件研究关心的对象是力-位移关系。有意思的是,在构件层次,力-位移关系往往对材料性能随机性敏感性不高。这样的两个背景,使得可以在构件性能研究中,基于均值损伤[式(2.88)]的确定性分析来考察理论分析和试验结果的符合程度,并以此来判定理论结果的合理性与正确性。本书第 3 章和第 8 章的研究即基于这一方式。

均值损伤的计算,可以采用式(2.37)及本书第 2.2.3 节标定的参数,也可以直接采用基于试验回归的均值损伤演化公式。若采用基于试验回归的均值损伤演化公式,则可以直接应用我国规范(中国建筑科学研究院,2011)规定的形式,即

$$d^{\pm}=g^{\pm}(\epsilon_{eq}^{e\pm})=\begin{cases}1-\dfrac{\rho^{\pm}n^{\pm}}{n^{\pm}-1+(x^{\pm})^{n^{\pm}}} & x^{\pm}\leqslant 1\\ 1-\dfrac{\rho^{\pm}}{\alpha^{\pm}(x^{\pm}-1)^{2}+x^{\pm}} & x^{\pm}>1\end{cases} \tag{2.89}$$

其中

$$x^{\pm}=\frac{\epsilon_{eq}^{e\pm}}{\epsilon_{c}^{\pm}},\quad \rho^{\pm}=\frac{f_{c}^{\pm}}{E_{c}\epsilon_{c}^{\pm}},\quad n^{\pm}=\frac{E_{c}\epsilon_{eq}^{e\pm}}{E_{c}\epsilon_{c}^{\pm}-f_{c}^{\pm}} \tag{2.90}$$

式中，E_c 是混凝土的弹性模量；$f_c^{\pm}$ 和$\epsilon_c^{\pm}$ 分别是混凝土的抗拉/抗压强度和对应的峰值应变；$\alpha^{\pm}$ 为下降段参数，用以控制下降段的形状。

2.4　基于均值损伤的混凝土本构关系模型验证

选用本书作者团队所进行的混凝土单轴单调拉、压试验进行数值模拟对上述模型进行验证，模拟所用参数为：受拉试验中，弹性模量 $E_c=35$ GPa，抗拉强度 $f_c^{+}=2.2$ MPa，对应峰值应变$\epsilon_c^{+}=0.000\,1$；受压试验中，弹性模量 $E_c=35$ GPa，抗压强度 $f_c^{-}=39$ MPa，对应峰值应变$\epsilon_c^{-}=0.001\,8$，塑性系数 $\xi_p=0.1$。模拟结果及其与规范本构曲线、试验曲线的对比如图 2.4.1 所示。可以发现，模型预测的应力-应变曲线与试验曲线吻合较好，即使在下降段部分，两者也比较接近。

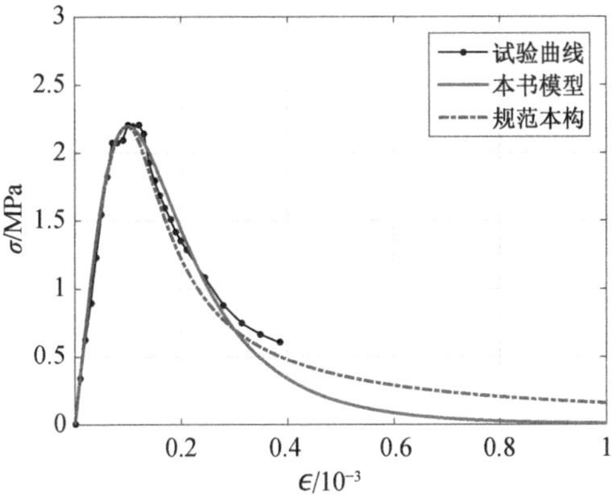

(a) 单调受拉

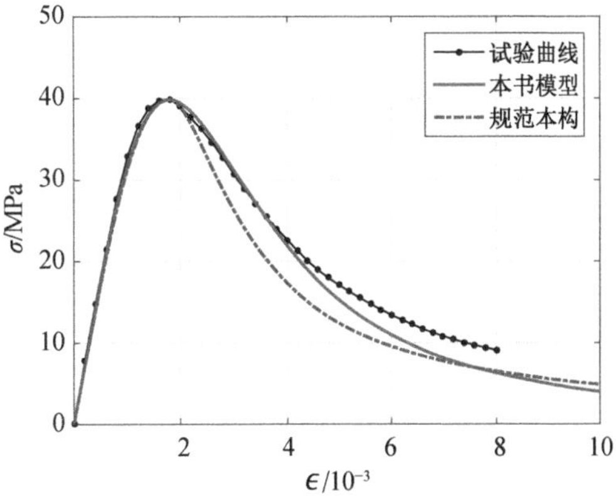

(b) 单调受压

图 2.4.1　单调加载全曲线验证结果

接着，对 Taylor(1992)的单轴重复受拉试验和 Karsan 和 Jirsa(1969)的单轴重复受压试验进行模拟。模拟的材料参数分别取为：受拉试验中，弹性模量 $E_c=36$ GPa，剪力保持因子 $\eta_s=0.1$，随机场参数 $\lambda=4.9$、$\zeta=0.22$，塑性演化参数 $\xi_p=0.4$ s、$n_p=0.3$；受压试验中，弹性模量 $E_c=32$ GPa，剪力保持因子 $\eta_s=0.15$，随机场参数 $\lambda=7.3$、$\zeta=0.45$，塑性演化参数 $\xi_p=0.4$、$n_p=0.4$。试验曲线与数值模拟的结果对比如图 2.4.2 所示。显然，无论是受拉还是受压,本模型均与试验结果吻合较好,且可以同时描述材料在重复荷载下的塑性变形、卸载刚度退化以及峰值点后的强度软化,即能综合反映损伤和滞回性能的影响。

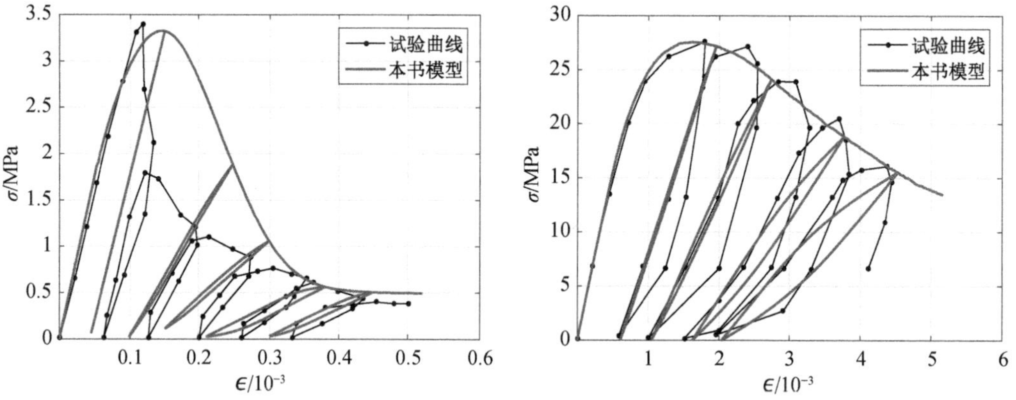

(a) 受拉滞回(Taylor,1992)　　(b) 受压滞回(Karsan & Jirsa,1969)

图 2.4.2　滞回加载验证结果

最后,模拟了 Kupfer 等(1969)进行的混凝土双轴压缩试验。材料参数为:弹性模量 $E_c=35$ GPa,抗压强度 $f_c^-=32$ MPa,对应峰值应变 $\epsilon_c^-=0.002\,4$,下降参数 $\alpha^-=1.0$,塑性系数 $\xi_p=0.1$。$\sigma_2/\sigma_1=-1/0$、$\sigma_2/\sigma_1=-1/-0.52$ 和 $\sigma_2/\sigma_1=-1/-1$ 三种加载条件下的模拟结果如图 2.4.3 所示,均与实验结果吻合较好。

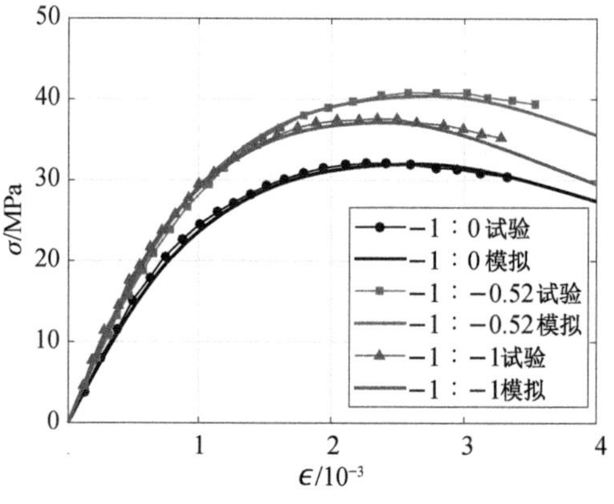

图 2.4.3　双轴受压验证结果

2.5　本章小结

混凝土的宏观损伤来源于材料细观结构的随机断裂,这是混凝土随机损伤力学的基本观点。本章介绍了基于不可逆热力学基础的弹塑性损伤本构框架和反映损伤破坏物理机制的微-细观随机断裂模型,实现了对混凝土材料非线性和随机性耦合的科学反映。同时,通过损伤一致性条件和能量等效应变,构建了完整的混凝土多维随机损伤本构模型。

第3章 钢筋-混凝土复合作用效应

实际工程中,混凝土通常和钢筋一起使用,钢筋的存在会对混凝土的宏观性能产生重大影响,且其整体性能无法通过钢筋和混凝土两者性能的简单叠加来反映。尽管上一章已经建立了素混凝土的损伤本构模型,却不能反映钢筋-混凝土复合效应,因此不能直接用于结构损伤分析。为了合理考虑钢筋-混凝土复合作用效应,前人开展了大量研究,发现不同方向的钢筋会对混凝土的不同性能带来影响。一般而言,该效应可分为受拉刚化效应、受压约束效应和受剪正交软化效应:受拉刚化效应是指纵筋通过粘结力分担了混凝土所受拉力,从而提升了构件的刚度;受压约束效应是指横向箍筋为核心区混凝土提供侧向约束力,使之处于三向围压状态,提升了混凝土的强度和延性;受剪正交软化效应是指分布钢筋的存在,使构件受剪时,主拉方向的应变可以发展到非常大的地步,降低了主压方向上的强度。本章聚焦于上述钢筋-混凝土组合使用时产生的复合效应展开详细介绍,并对混凝土损伤本构模型进行相应修正,以期更合理地对实际结构进行分析。

3.1 受拉刚化效应

钢筋对混凝土力学性能的第一个影响是受拉刚化效应。混凝土是一种抗拉强度远低于抗压强度的材料,在受拉开裂后,其拉应力会迅速降为零。然而,一旦与钢筋一起使用,配筋混凝土的抗拉性能将发生显著变化。如受弯构件开裂之后,受拉区内相邻两条裂缝之间的混凝土通过与钢筋的粘结作用分担了钢筋的受拉荷载,如图 3.1.1 所示,因此开裂后的受拉区混凝土仍对构件的抗弯刚度有一定的贡献,使得构件的刚度比受拉区仅考虑钢筋贡献得到的刚度要高。这种因钢筋-混凝土的相互作用而引起的构件刚度增加的现象称为受拉刚化效应。

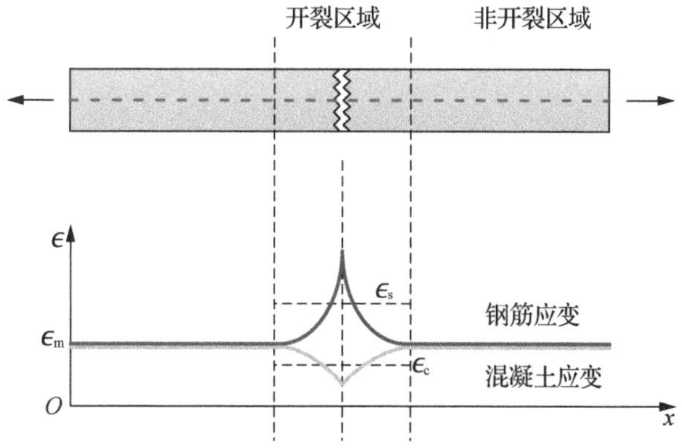

图 3.1.1 钢筋混凝土受拉刚化效应

一般而言，可以通过两种方法来考虑混凝土的受拉刚化效应：第一种是通过在钢筋和混凝土之间的界面上嵌入弹簧单元或接触单元来考虑受拉刚化的影响(Keuser & Mehlhorn, 1987)；第二种则是假定钢筋和混凝土之间不存在相对滑移，通过调整混凝土受拉应力-应变曲线的下降段来反映配筋的影响(Lin & Scordelis, 1975; Stevens et al., 1991; Belarbi & Hsu, 1995)。显然，与第一种方法相比，第二种方法相对简单方便，也可以从机理上解释受拉刚化的原因，因此是最受青睐的一种方法。实际上，第二种方法的基本思想是在一个构件的受拉区域内，计算配筋混凝土的平均应力-应变关系：混凝土受拉开裂后，裂缝处的混凝土应力迅速降为零，但由于钢筋的存在，裂缝间的混凝土仍能承受一定的拉力，因此可以通过一定范围内混凝土的平均应力与平均应变关系来描述钢筋混凝土的抗拉性能，这就必须修正素混凝土的受拉应力-应变曲线。Lin 和 Scordelis(1975)最早通过增加混凝土受拉下降段的刚度来反映受拉刚化效应；Stevens 等(1991)在钢筋混凝土材料拉伸试验的基础上，考虑配筋率和钢筋直径的影响，提出了受拉软化段的应力-应变关系；Belarbi 和 Hsu(1995)对 17 个钢筋混凝土板进行了拉伸试验，并根据试验结果提出了经验的配筋混凝土受拉应力-应变公式。

由于受拉刚化效应体现了裂缝间的混凝土对整个结构的贡献，其影响与配筋率密切相关。这里采用 Stevens 等提出的单轴计算公式，即

$$\frac{\sigma^+}{f_c^+}=(1-\theta)\exp\left[\frac{270}{\sqrt{\theta}}(\epsilon_c^+-\epsilon^+)\right]+\theta \tag{3.1}$$

式中，$\theta=0.075\rho_s/d_b$，ρ_s 为钢筋配筋率，d_b 为钢筋直径；f_c^+ 和ϵ_c^+ 分别为混凝土抗拉强度及其对应的峰值应变。

根据上式，可针对性地对损伤本构模型中的受拉损伤演化法则进行修正，以反映受拉刚化的影响，即可将式(2.89)计算的受拉损伤修正为

$$d_{ts}^+=1-\frac{\epsilon_c^+}{\epsilon^+}[(1-\theta)(1-d^+)+\theta] \tag{3.2}$$

修正后的钢筋混凝土受拉应力-应变关系与素混凝土对比如图 3.1.2(a)所示。若以 C30 混凝土为例，假定其弹性模量 $E_c=30$ GPa，抗拉强度 $f_c^+=2.5$ MPa，对应峰值应变 $\epsilon_c^+=0.000\,1$，修正后的损伤演化与素混凝土的损伤演化曲线对比如图 3.1.2(b)所示。可以发现：钢筋的存在延缓了混凝土的损伤演化发展，且随着配筋率的增加，延缓的程度增加，受拉刚化效应愈加显著。

在受拉刚化效应中，钢筋的存在会对混凝土的宏观性能产生影响，反之，周围的混凝土也会对钢筋的力学行为产生影响。与裸钢筋不同，埋在混凝土中的钢筋的应力-应变关系应为包含了若干条裂缝在内的较长一段钢筋的平均应变与平均应力之间的关系，该范围内开裂处的钢筋屈服可视为整个范围内的钢筋屈服。因而，考虑受拉刚化的钢筋屈服强度要低于裸钢筋的屈服强度。之后，随着裂缝的增多，混凝土的贡献慢慢降低，钢筋应力-应变关系又慢慢趋近于裸钢筋的应力-应变关系(Hsu & Mo, 2010)，如图 3.1.3 所示。

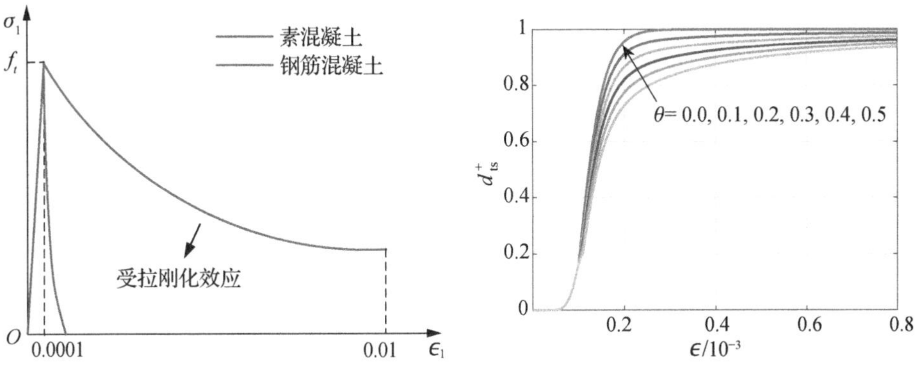

(a) 应力-应变曲线　　　　　　(b) 损伤演化曲线

图 3.1.2　混凝土受拉刚化效应

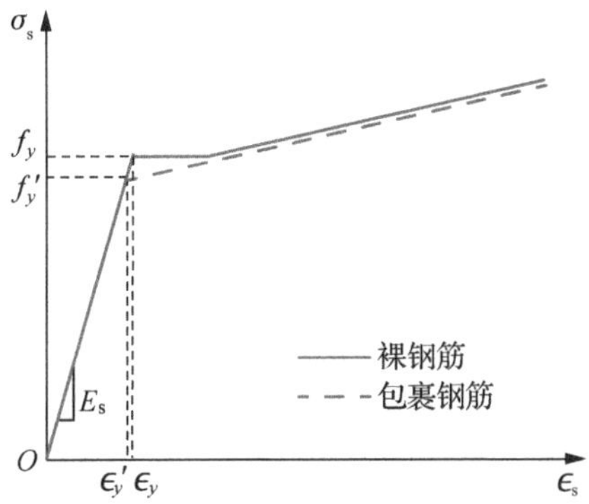

图 3.1.3　钢筋的受拉刚化效应

Belarbi 和 Hsu(1994)进行了一系列试验和分析研究，将相邻裂缝间的钢筋应力分布假定为系列余弦函数的叠加组合，基于协调条件理论推导了包裹在混凝土中的钢筋的应力-应变关系，最后认为考虑受拉刚化的钢筋本构关系满足双折线关系，并可写为

$$\sigma_s=\begin{cases} E_s\epsilon_s & \epsilon_s<\epsilon'_y \\ (0.91-2b)f'_y+(0.05+0.25b)E_s\epsilon_s & \epsilon_s\geqslant\epsilon'_y \end{cases} \tag{3.3}$$

式中，σ_s 和 ϵ_s 分别为包裹钢筋的应力和应变；f'_y 和 f_y 分别为包裹钢筋和裸钢筋的屈服强度，且满足 $f'_y=(0.93-2b)f_y$；ϵ'_y 为包裹钢筋的屈服应变；E_s 为钢筋弹性模量；$b=\dfrac{1}{\rho_s}(f_c^+/f_y)$ 为包裹钢筋的硬化参数，与配筋率和材料强度有关。

3.2　受压动态约束效应

钢筋对混凝土性能影响的第二个方面是受压约束效应。构件中存在的箍筋，为核心区混凝土提供了侧向约束力，使之处于三向围压状态，因此可以显著地提高核心区混凝土的抗压强度和延性。现有箍筋约束混凝土模型的研究，大多基于箍筋约束混凝土柱轴心受力试验,通过理论分析和数据拟合,提出经验的箍筋约束混凝土单轴应力-应变关系模型。然而,实际结构中的构件往往处于偏心受压状态,截面上的应变分布是不均匀的,非均匀受压下的箍筋约束效应与轴心受压时明显不同:截面上近偏心距一侧的约束作用更明显,远偏心距一侧的约束作用相对弱。而现有的箍筋约束模型都忽略了这种由偏心率引起的约束力的梯度分布的影响,本节即针对此问题,详细分析轴心和偏心受力作用下的约束机理,提出考虑受压动态约束效应的计算模型。

3.2.1 箍筋约束效应作用机理

3.2.1.1 轴心受压构件

混凝土在轴向压力作用下会由于泊松效应产生侧向膨胀。在轴力较小时混凝土处于弹性状态,侧向变形小,随着压力的增加总体积减小。当压力接近混凝土的抗压强度时,内部裂纹的不稳定扩散导致侧向变形迅速发展,混凝土总体积反而增大。箍筋的存在限制了混凝土的侧向变形,使其部分处于三向围压状态,从而提高了混凝土的强度和延性。与传统三轴围压试验不同,箍筋对混凝土的约束属于被动约束:在受压前期,混凝土应力相对较低,此时的横向应变较小,箍筋对混凝土几乎没有约束作用;之后,随着混凝土应力的增加,横向膨胀越来越明显,箍筋的约束力增大。值得注意的是,箍筋所产生的约束力沿截面以及柱轴向的分布都是不均匀的,这种约束力分布的不均匀性与配箍量和配箍形式密切相关。一般来说,圆形箍筋对混凝土的约束效应优于矩形箍筋:在轴向压力作用下,圆形箍筋处于环向轴心受拉状态,能形成连续的环向压力;而矩形箍筋对混凝土的约束力主要集中在箍筋角部,从而在截面内形成"拱效应",如图 3.2.1(a)、图 3.2.1(b)所示。Sheikh 和 Uzumeri(1982)

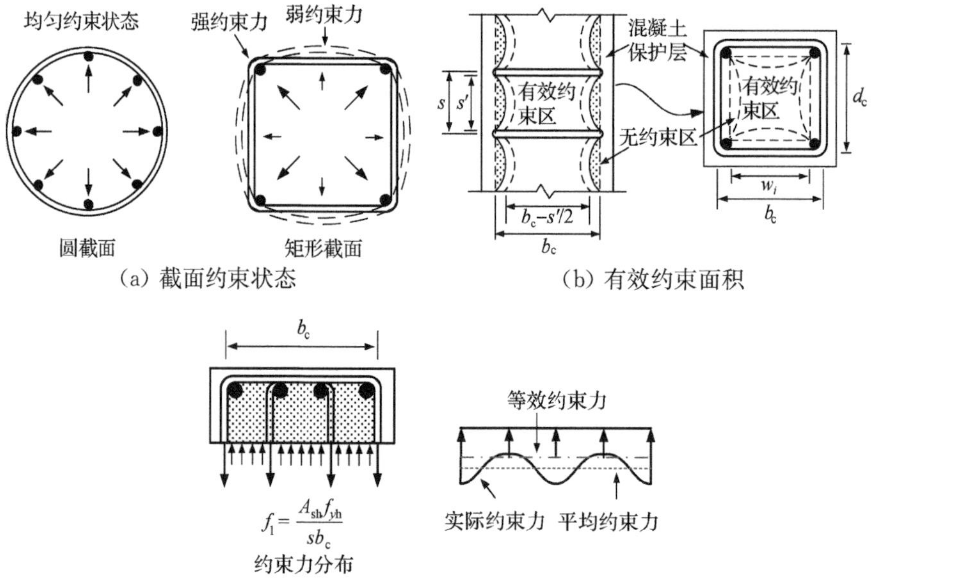

(a) 截面约束状态　　(b) 有效约束面积

(c) 等效约束力

图 3.2.1　轴心受压箍筋约束机理

首先发现了矩形截面中的“拱效应”，并提出了有效约束区的概念，即核心区中受到箍筋有效约束而未退出工作的区域可称为有效约束区。此外，由于“拱效应”的存在，箍筋对混凝土的约束力在轴向也不是均匀分布的。研究表明，可将这种非均匀分布的约束力等效为均布力，如图 3.2.1(c)所示，等效约束力可以作为描述箍筋对混凝土的约束效应的指标。有关箍筋约束混凝土本构模型的研究大多是根据钢筋混凝土柱轴压试验结果提出的，如 Scott 等(1982)，Mander 等(1988)，Saatcioglu 等(1995)。

3.2.1.2　偏心受压构件

对于轴心受压构件，截面的轴向应变处处相等，在泊松效应下，其横向膨胀程度可认为相同，因此箍筋各边的有效约束力可视为相同；而对于偏心受压构件，偏心率引起截面轴向应变呈梯度分布，因此不同截面高度处混凝土的横向膨胀程度不一致，从而导致了箍筋约束力的梯度分布。当截面其他条件相同时，偏心受压构件的最大有效约束力为轴心受压下的有效约束力。如图 3.2.2 所示，图中 f_1 为轴心受压下的有效约束力，f_{cc} 为核心区混凝土应力，ϵ_{cc} 为核心区混凝土应变，ϵ_1、ϵ_2、ϵ_3 分别为偏心受压下图示 1 区、2 区、3 区的混凝土应变。显然，在偏心受压下，约束作用有效地提高了 1 区混凝土的强度和延性，但对于 2 区和 3 区，约束作用下降[图 3.2.2(b)]。2010 年，湖南大学完成了一批圆柱的反复推覆试验，以研究非均匀受压下箍筋约束应力分布情况(刘翼，2010)。试验中，通过在柱端部区域箍筋上粘贴电阻应变计来测量箍筋应变，进而反算约束力的分布。结果表明，偏心受力下沿柱截面周长的箍筋并不能完全屈服，近压侧箍筋约束作用强，而远压侧弱，这明显与轴心受压下的箍筋

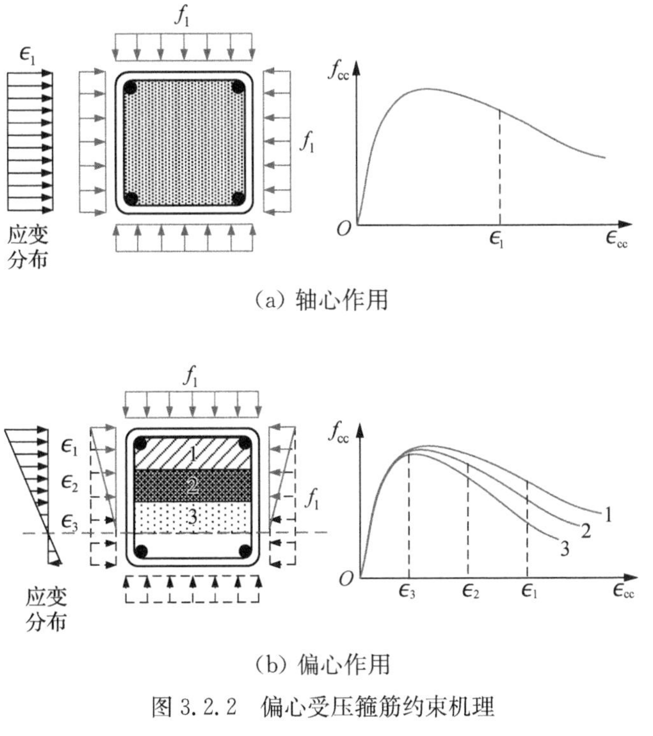

图 3.2.2　偏心受压箍筋约束机理

约束状态不同。通常的结构分析中,直接用基于轴心受压试验得到的箍筋约束混凝土模型进行分析。对于偏心率较小的情况,这样做是正确的;但当偏心率较大时,就会高估箍筋约束效应对于混凝土强度和延性的提升。

3.2.2 考虑偏心率影响的动态约束模型

3.2.2.1 基础约束混凝土模型

为了合理反映非均匀作用下的箍筋约束机理,首先需要建立均匀约束下的箍筋约束混凝土基础模型。这里采用 Mander 等(1988)提出的模型,该模型是基于一批大尺寸钢筋混凝土柱的试验结果,综合考虑配箍形式、箍筋间距、箍筋屈服强度等因素提出的。由于力学机理清晰、计算方便,该模型得到了广泛应用。图 3.2.3 给出了该模型的受压应力-应变曲线图,其数字形式通过统一的有理分式来描述,即

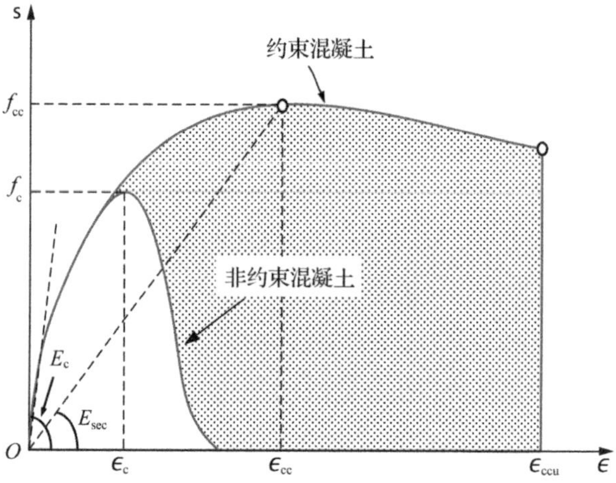

图 3.2.3 Mander 约束混凝土模型

$$\sigma^- = f_{cc}\frac{xr}{r-1+x^r}$$
$$r=\frac{E_c}{E_c-E_{sec}} \tag{3.4}$$

式中,σ^- 为约束混凝土的应力;f_{cc} 为约束混凝土的抗压强度;E_c 为无约束混凝土的弹性模量;E_{sec} 为约束混凝土的峰值割线模量;$x=\epsilon^-/\epsilon_{cc}$,$\epsilon^-$ 为混凝土的压应变,ϵ_{cc} 为混凝土抗压强度所对应的峰值应变,ϵ_{ccu} 为箍筋断裂时核心混凝土的应变,可以通过下式计算

$$\epsilon_{cc}=\epsilon_c^-\left[1+5\left(\frac{f_{cc}}{f_c^-}-1\right)\right] \tag{3.5}$$

由上述公式可知:只要知道无约束混凝土的抗压强度 f_c^-、对应峰值应变ϵ_c^- 及约束混凝土的抗压强度 f_{cc},就可以完全确定约束混凝土的应力-应变关系。为了确定相关参数,Mander 深入研究了箍筋约束机理,并引入有效约束核心区概念。以矩形截面为例,箍筋的约束使截面上存在“拱效应”,如图 3.2.1(b)所示,因此应按箍筋间的有效约束核心区的面积计算约束混凝土的抗压强度。定义箍筋的约束力为 f_1,而有效约束力为 f_1',则有

$$f_1'=k_e f_1 \tag{3.6}$$

式中,$k_e=A_e/A_{cc}$,为有效约束系数;A_e 和 A_{cc} 分别为有效约束核心区和核心混凝土的面积,可根据下述公式计算

$$A_e=\left(b_c d_c-\sum_{i=1}^{n}\frac{(\omega'_i)^2}{2}\right)\left(1-\frac{s'}{2b_c}\right)\left(1-\frac{s'}{2d_c}\right)$$
$$A_{cc}=b_c d_c(1-\rho_{cc}) \tag{3.7}$$

式中，b_c、d_c 分别为截面的长、宽；ω_i 为纵筋的净距，$i=1,2,\cdots,n$ 为纵筋根数；s'为箍筋间的净距；ρ_{cc} 为核心混凝土区的纵筋配筋率。

箍筋约束力可以根据静力平衡条件获得。构件截面上每个主轴方向(x，y)上的箍筋拉应力合力应该与该方向混凝土受到的约束力保持平衡，即

$$A_{sx}f_{yh}=f_{lx}sd_c,\quad A_{sy}f_{yh}=f_{ly}sb_c \tag{3.8}$$

式中，s 为箍筋间距；A_{sx}、A_{sy} 分别为截面 x、y 方向上箍筋的总面积；f_{yh} 则为箍筋的屈服强度。

根据上式，可直接得到截面不同主轴方向的约束力为

$$f_{lx}=\frac{A_{sx}f_{yh}}{sd_c}$$
$$f_{ly}=\frac{A_{sy}f_{yh}}{sb_c} \tag{3.9}$$

结合式(3.6)，便可以计算矩形截面不同主轴的有效约束力，并据此查表(Mander et al.，1988)以获得约束混凝土的强度提高系数 $R=f_{cc}/f_c^-$，相应的峰值应变则可由式(3.5)计算。对于圆形截面，可采用类似的平衡条件推导有效约束力，并计算强度提高系数，此处不再展开。

3.2.2.2 截面应变梯度修正系数

上述基础模型仅反映轴心受力下的箍筋约束机理。在偏心受力条件下，截面上会存在显著的应变梯度效应，因此会影响有效约束力的大小。Feng 和 Ding(2018)提出了截面应变梯度系数的计算方法，科学反映了应变梯度效应影响。

一般而言，根据平截面假定，偏心受压状态下截面的变形可以分解为由轴力引起的变形和由弯矩引起的变形，如图 3.2.4 所示，图中 N 为截面轴力，M 为截面弯矩。截面实际的应变分布与偏心距大小密切相关，偏心距较小时，截面可能全部处于受压状态，而偏心距较大时，则可能在远轴力一侧出现受拉状态。截面出现受拉状态的临界点为远轴力一侧边缘应变为零，即

$$\frac{N}{EA}=\frac{M}{EI}\frac{h}{2} \tag{3.10}$$

式中，E 为截面材料弹性模量，A、I 分别为截面面积和惯性矩，h 为截面高度。

由此可得截面出现受拉状态的临界偏心距 e_b 为

$$e_b=h/6 \tag{3.11}$$

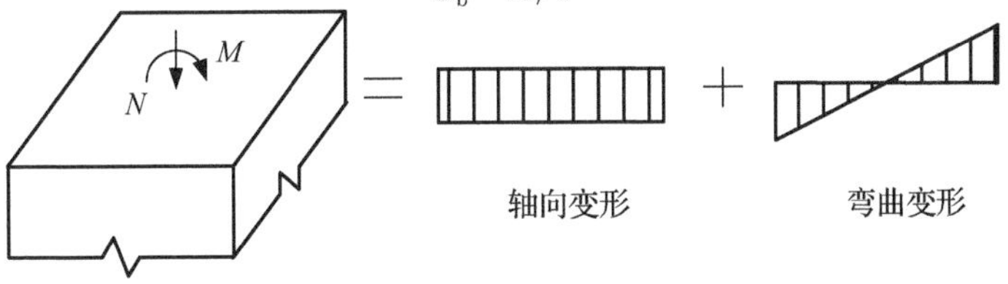

图 3.2.4 偏心作用下截面应变状态确定

因此，当 $e\leqslant h/6$ 时，截面不出现受拉状态，有效侧向约束力沿截面高度线性变化；当 $e>h/6$ 时，截面出现受拉状态，远轴力一侧的有效约束力为零，但近轴力一侧的有效约束力仍沿截面高度线性变化。考虑到即使是偏心受压，箍筋能提供的最大有效约束力也与轴心受压相同(仍为 f'_1)，可根据截面约束力的线性分布情况推断不同截面高度处的约束力大小，如图 3.2.5 所示。同时，根据截面约束体积等效的原则，可将截面不均匀约束状态等效为均匀约束状态。这样，就可以直接将考虑截面应变梯度的有效约束力代入基础箍筋约束模型，从而考虑偏心距对约束效应的影响，即

(1) 当 $e\leqslant h/6$ 时，截面不出现受拉状态，近轴力一侧的箍筋有效约束力为 f'_1，定义远轴力一侧的有效约束力为 kf'_1，其中 k 为截面应变梯度影响系数，则可根据线性插值求得

$$kf'_1=\frac{N/(EA)-M/(EI)h/2}{N/(EA)+M/(EI)h/2}f'_1=\frac{1-6e/h}{1+6e/h}f'_1 \tag{3.12}$$

引入有效约束体积等效的概念，可将截面不均匀约束状态等效为均匀约束状态，如图 3.2.5(a)所示，可推导出考虑截面应变梯度作用的有效约束力 f'_{lg} 满足

$$(f'_1+kf'_1)bh/2=f'_{\mathrm{lg}}bh \tag{3.13}$$

式中，b 为截面宽度。即可以得到

$$f'_{\mathrm{lg}}=\frac{1}{1+6e/h}f'_1 \tag{3.14}$$

(2) 当 $e>h/6$ 时，截面出现受拉状态，远轴力一侧的有效约束力为零，如图 3.2.5(b)所示。此时，中性轴的位置满足

$$\frac{M}{EI}y=\frac{N}{EA} \tag{3.15}$$

即

$$y=\frac{h^2}{12e} \tag{3.16}$$

则受压区高度 h' 为

$$h'=\frac{h}{2}+\frac{h^2}{12e} \tag{3.17}$$

根据截面约束体积等效的原则，有

$$\frac{1}{2}f'_1h'b=f'_{\mathrm{lg}}hb \tag{3.18}$$

由此得到考虑截面应变梯度作用的有效侧向约束力为

$$f'_{\mathrm{lg}}=\frac{6e/h+1}{24e/h}f'_1 \tag{3.19}$$

需要指出的是：上述推导均是在截面的 A、I 为常数的前提下进行的。事实上，当截面开裂以后，随着偏心距的增大，截面的中性轴不断向轴力一侧移动，A、I 与未开裂时不再相同，不能简单地由式(3.19)求解受压区高度。但由于此时约束混凝土应力-应变关系与受压

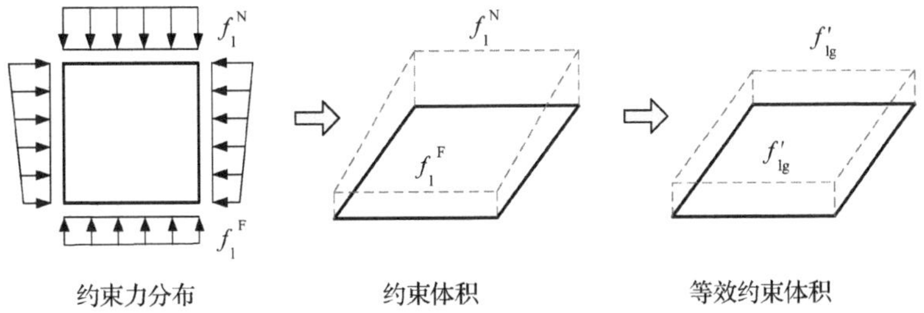

(a) 截面不出现受拉状态

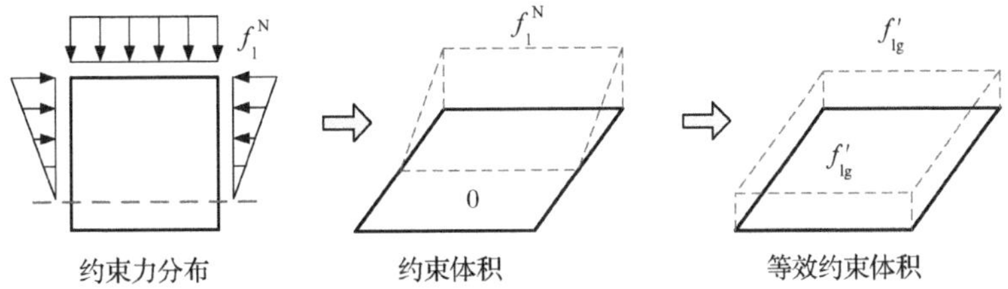

(b) 截面受拉开裂

图 3.2.5　考虑截面应变梯度的等效约束体积

区高度是相互耦合的，精确求解受压区高度是一个非常复杂的隐式迭代过程。为简便起见，可以直接对式(3.19)进行修正以考虑截面开裂后中性轴变化的影响。即：当 $e=h/6$ 时，截面未开裂，考虑截面应变梯度的有效侧向约束力可按式(3.14)计算；而当 $e\to\infty$，截面接近全部受拉，此时箍筋约束作用可以忽略不计，式(3.19)可以修正为

$$f'_{lg}=\exp\left[-\left(\frac{e}{h}-\frac{1}{6}\right)\right]\cdot\frac{6e/h+1}{24e/h}f'_1 \tag{3.20}$$

综上所述，考虑应变梯度修正后的有效约束力 f'_{lg} 即为

$$f'_{lg}=\gamma_e f'_1 \tag{3.21}$$

式中，γ_e 是截面应变梯度修正系数，为分段函数，可表述为

$$\gamma_e=\begin{cases}\dfrac{1}{1+6e/h} & \dfrac{e}{h}\leqslant\dfrac{1}{6}\\[2ex] \exp\left[-\left(\dfrac{e}{h}-\dfrac{1}{6}\right)\right]\cdot\dfrac{6e/h+1}{24e/h} & \dfrac{e}{h}>\dfrac{1}{6}\end{cases} \tag{3.22}$$

式(3.21)、式(3.22)结合基础箍筋约束模型(Mander 模型)，就可以得到偏心作用下的考虑箍筋动态约束的混凝土应力-应变关系曲线。进一步，可将计算所得的约束混凝土强度和其对应的峰值应变代入第 2 章建立的损伤本构模型中，以反映约束效应的影响。若以抗压强度为 30 MPa、对应峰值应变为 0.002、轴压下有效约束力为 2 MPa 的无约束混凝土为例，偏心作用下有效侧向约束力随偏心率 e/h 的变化以及相应的约束混凝土应力-应变关系曲线如图 3.2.6 所示。可见：随着偏心率的增加，箍筋有效约束力在截面开裂之前衰减很快，截面开裂之后，有效约束力的衰减逐步减弱。从图 3.2.6(b)所示的相应约束混凝土应力-应变曲线可以看出，在偏心作用下，箍筋对混凝土的约束作用明显减弱，且随着偏心率的

增加，减弱的程度逐步减小。

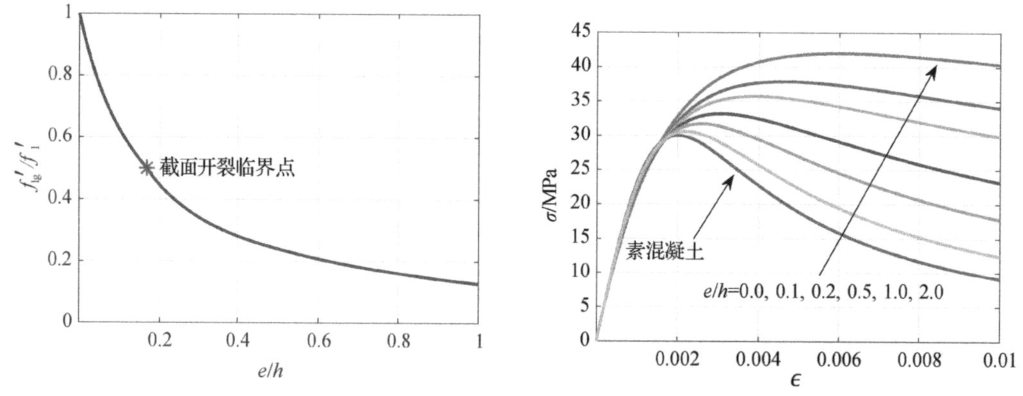

(a) 有效约束力随偏心率的变化　　(b) 不同偏心率下的约束混凝土应力-应变曲线

图 3.2.6　考虑截面应变梯度的约束混凝土模型

式(3.21)—(3.22)给出了轴心受压状态和偏心受压状态截面箍筋约束力的统一计算方法。这一研究进展，将现有的箍筋约束混凝土本构模型从轴心受压状态扩展到偏心受压状态，并给出了其应力-应变关系的统一形式。这一扩展，使得理论分析模型更加接近构件真实的受力状态，并解释了偏心约束效应的物理机制。需要指出的是，虽然上述模型是针对单向偏心受压状态进行的，但在其基础上可类似推导出考虑双向偏心受压的模型。与传统的箍筋约束本构模型相比，上述模型的输入从单一的应变转化为应变和偏心距 2 个状态量。因此，在进行结构分析时，需要在每一步加载计算中，根据不同截面的轴力和弯矩计算相应的截面偏心率，再调用相应的约束混凝土应力-应变关系，才能实现考虑偏心率动态变化的约束效应计算。

3.2.3　分析实例

3.2.3.1　偏心受压柱截面分析

为了验证上述动态箍筋约束模型的准确性，首先对 Saatcioglu 等(1995)的偏心受压柱试验中的 C4-2 和 C10-2 构件进行分析，该实例属于偏心率固定的情况。2 个柱构件截面的高和宽均为 210 mm，纵筋配筋率均为 1.81%，纵筋屈服强度为 517 MPa，偏心距为 75 mm。其中 C4-2 柱混凝土抗压强度为 35 MPa，箍筋间距为 50 mm；C10-2 柱混凝土抗压强度为 27.4MPa，箍筋间距为 100 mm。理论分析中，采用纤维截面进行计算，并分别通过 Mander 模型以及本节模型来考虑箍筋约束的影响。

计算所得的截面弯矩-曲率关系结果如图 3.2.7 所示。从图中可以发现，两类模型的计算曲线与试验曲线在前期吻合均较好，这是由于箍筋约束是一种被动约束，在混凝土应力较低时约束效应尚未发挥。但在加载后期，Mander 模型的结果明显高于试验曲线，本节模型则与试验结果吻合较好，说明对偏心构件进行分析的确需要考虑截面应变梯度对约束区混凝土性能的影响。

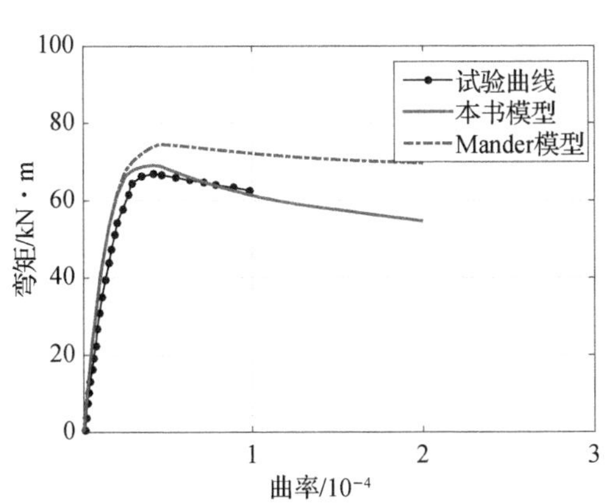

(a) C4-2　　(b) C10-2

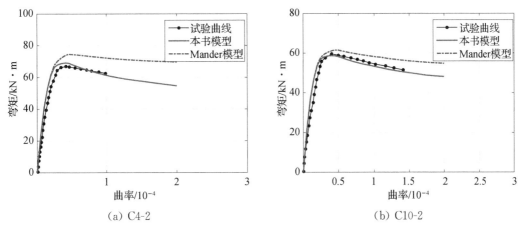

图 3.2.7　偏心柱截面弯矩-曲率关系

3.2.3.2　钢筋混凝土柱推覆分析

对 Saatcioglu 和 Grira(1999)的一组钢筋混凝土柱推覆试验进行分析，选取试件 BG-7 和 BG-8。该实例不同位置的截面偏心率各不相同，且加载过程中截面偏心率动态变化。2 个试件的几何条件均相同，只是考虑了不同的轴压比：柱高 1.645 m，截面的高和宽均为 350 mm；混凝土保护层的厚度为 29 mm；纵筋数目 12 根，直径 19.5 mm；箍筋直径 6.6 mm，间距 76 mm；轴压比分别为 0.231(试件 BG-8)和 0.462(试件 BG-7)；混凝土强度为 34 MPa；钢筋屈服强度为 455.6 MPa。

采用纤维梁单元对试件进行模拟，并在计算中考虑偏心率动态变化的影响，计算结果与试验结果对比如图 3.2.8 所示。可见，采用传统的纤维单元计算时不能反映偏心作用对约束力的削弱作用，因而分析结果明显高于试验曲线，而加入偏心率动态更新后，由于可以考虑偏心率的动态变化对约束混凝土的影响，因此计算结果与试验吻合较好。

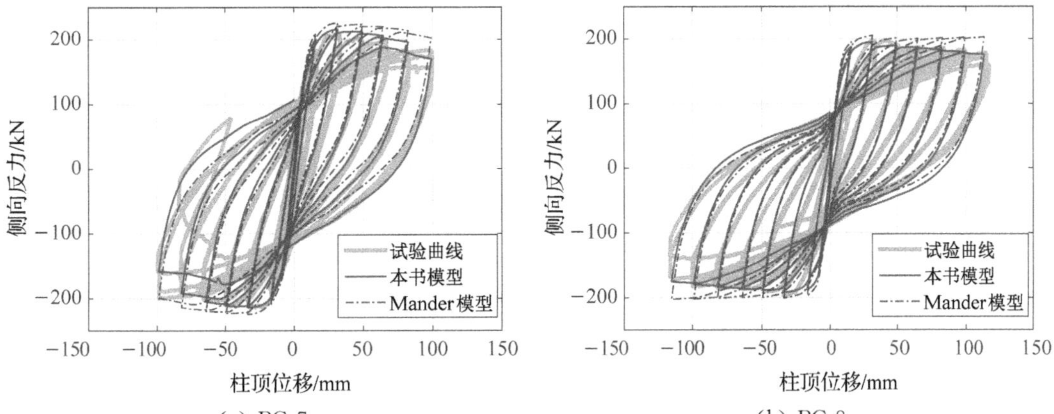

(a) BG-7　　(b) BG-8

图 3.2.8　柱推覆荷载-位移曲线

3.3 受剪正交软化效应

钢筋-混凝土复合作用效应的第三个方面是受剪正交软化效应。钢筋混凝土基本单元受剪时,可根据应力状态将其转化到主应力空间,即受到主拉应力和主压应力作用。如前所述,配置钢筋后,由于存在受拉刚化效应,混凝土开裂之后仍能承受拉应力,其拉应变可以发展到$(10\sim20)\times10^{-3}$的数量级,如图3.1.2(a)所示。这种量级的拉应变对素混凝土已没有意义,但在配筋混凝土单元中,却是可以通过试验测量得到平均拉应变。主拉方向上如此大数量级的拉应变,会使与其正交的主压方向上的混凝土强度下降,即拉-压作用下的软化效应。需要注意的是,这里的"拉-压软化"(针对钢筋混凝土)和素混凝土的"拉-压软化"并不是一个概念:素混凝土的"拉-压软化"是指在压应力作用下抗拉强度的减小,最典型的例子是Kupfer的二维强度包络图(Kupfer et al.,1969),如图3.3.1(a)所示,其典型破坏模式为一条贯通的主裂缝;而钢筋混凝土的"拉压软化"则如3.3.1(b)所示,其本质是由于钢筋的存在,钢筋混凝土单元在主拉方向上可以到达非常大程度的受拉变形,单元内出现很多平行

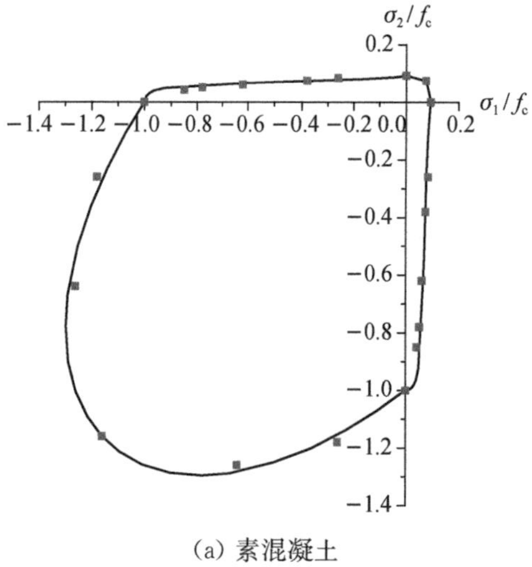

(a) 素混凝土

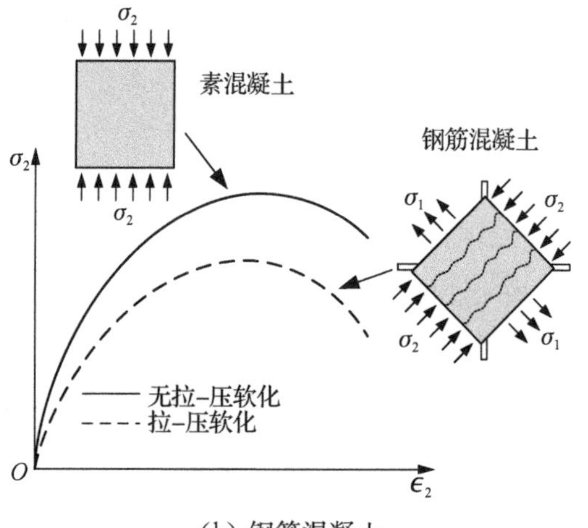

(b) 钢筋混凝土

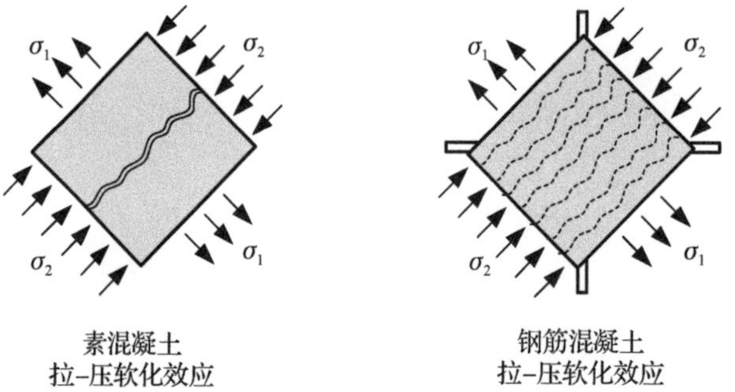

(c) 破坏模式

图3.3.1 拉-压软化效应

细裂纹，这些裂纹对主压方向上的混凝土抗压强度产生显著影响，降低了混凝土的受压强度。两种软化效应的破坏模式对比见图 3.3.1(c)。为区别两种不同的效应，同时也区别于一般文献，我们将钢筋混凝土受剪作用下这种软化效应称为“正交拉-压软化效应”。若不考虑这一效应，则不能准确计算受剪作用下的钢筋混凝土行为。前文已对受拉刚化效应建立相关模型，本节详述受剪正交软化效应的计算方法。

3.3.1　经典剪切分析理论

正交拉-压软化效应是钢筋混凝土结构受剪分析中的一个重要因素。经典的剪切分析理论中对此展开了深入研究，其中最为突出的是修正斜压场理论(MCFT)和软化桁架模型(STM)。这两类模型均属于弥散裂缝模型，即将开裂的钢筋混凝土视为一种匀质材料，钢筋和裂缝都弥散到整个单元之中，以单元平均应力和平均应变的关系建立复合材料的正交各向异性材料本构模型。以下对这两类模型加以详述。

3.3.1.1　修正斜压场理论

修正斜压场理论(MCFT)由 Vecchio 和 Collins(1986)提出。该模型假定单元中混凝土的裂缝方向与主压应力的方向相同，并随之变化。模型中的应力、应变、转角及主方向定义如图 3.3.2 所示，图中 1－2 坐标系为主拉应变-主压应变坐标系，x-y 坐标系为常规坐标系。

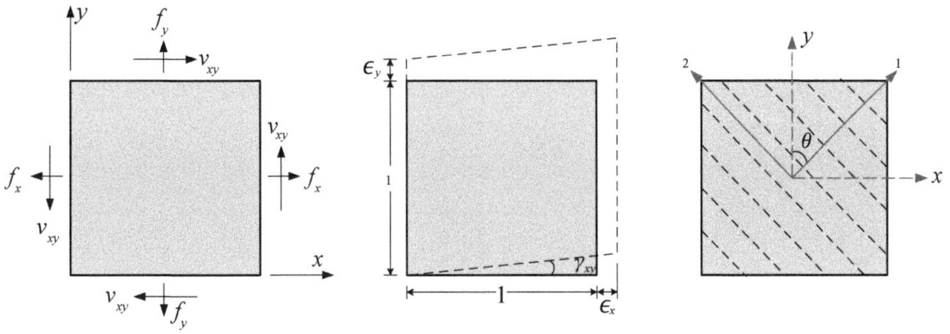

图 3.3.2　MCFT 中平面单元状态

假定已知基本单元的平面应变状态为$[\epsilon_x, \epsilon_y, \gamma_{xy}/2]^T$，式中$\epsilon_x$、$\epsilon_y$ 和 γ_{xy} 分别为常规坐标系下的 x 方向的应变、y 方向的应变和剪切应变，其应力状态的求解控制方程如下：

(1) 变形协调方程

根据应变摩尔圆，主拉应变ϵ_1 和主压应变ϵ_2 可表达为

$$\begin{cases} \epsilon_1 = \dfrac{(\epsilon_x + \epsilon_y)}{2} + \sqrt{\dfrac{(\epsilon_x - \epsilon_y)^2}{4} + \dfrac{\gamma_{xy}^2}{4}} \\ \epsilon_2 = \dfrac{(\epsilon_x + \epsilon_y)}{2} - \sqrt{\dfrac{(\epsilon_x - \epsilon_y)^2}{4} + \dfrac{\gamma_{xy}^2}{4}} \end{cases} \tag{3.23}$$

主应变方向到 x 轴的转角为

$$\tan^2\theta=\frac{\epsilon_x-\epsilon_2}{\epsilon_y-\epsilon_2}=\frac{\epsilon_1-\epsilon_y}{\epsilon_1-\epsilon_x}=\frac{\epsilon_1-\epsilon_y}{\epsilon_y-\epsilon_2}=\frac{\epsilon_x-\epsilon_2}{\epsilon_1-\epsilon_x} \tag{3.24}$$

(2) 应力平衡方程

受剪基本单元由钢筋和混凝土构成。根据图 3.3.2 中的单元应力状态,可得平衡条件

$$\begin{cases} f_x=\sigma_{cx}+\rho_{sx}\sigma_{sx} \\ f_y=\sigma_{cy}+\rho_{sy}\sigma_{sy} \\ v_{xy}=\tau_{cxy} \end{cases} \tag{3.25}$$

式中,f_x、f_y 和 v_{xy} 分别为基本单元 x 和 y 方向的正应力和剪应力;σ_{cx}、σ_{cy} 分别表示混凝土 x 和 y 方向的正应力,τ_{cxy} 表示混凝土剪应力;ρ_{sx} 和 ρ_{sy} 分别表示钢筋 x 和 y 方向的配筋率;σ_{sx} 和 σ_{sy} 分别表示钢筋 x 和 y 方向的应力。

结合应力摩尔圆条件,混凝土的正应力和剪应力可以表示为

$$\begin{cases} \sigma_{cx}=\sigma_{c1}+\tau_{cxy}/\tan\theta \\ \sigma_{cy}=\sigma_{c1}+\tau_{cxy}\tan\theta \\ \tau_{cxy}=(\sigma_{c1}-\sigma_{c2})\sin\theta\cos\theta \end{cases} \tag{3.26}$$

式中,σ_{c1} 和 σ_{c2} 分别为 1 和 2 方向的主应力,θ 为 x-y 坐标系和 1-2 坐标系的夹角。

(3) 材料本构方程

剪切受力状态明显不同于单轴受力状态,MCFT 考虑垂直于受压主方向的拉应力对受压混凝土的影响,建议用修正的单轴应力-应变关系反映复合受力状态中配筋混凝土单元的应力-应变关系,即

受拉应力-应变关系:

$$\sigma_{c1}=\begin{cases} E_c\epsilon_1 & \epsilon_1\leqslant\epsilon_{cr} \\ \dfrac{f_t}{\sqrt{1+200\epsilon_1}} & \epsilon_1>\epsilon_{cr} \end{cases} \tag{3.27}$$

受压应力-应变关系:

$$\begin{gathered} \sigma_{c2}=f_{c2,max}\left[2\frac{\epsilon_2}{\epsilon_0}-\left(\frac{\epsilon_2}{\epsilon_0}\right)^2\right] \\ \frac{f_{c2,max}}{f'_c}=\frac{1}{0.8-0.34(\epsilon_1/\epsilon_0)}\leqslant 1 \end{gathered} \tag{3.28}$$

式中,f_t 为混凝土抗拉强度;ϵ_{cr} 为抗拉强度对应的应变;f'_c 为圆柱体抗压强度;ϵ_0 为混凝土抗压强度对应的应变;$f_{c2,max}$ 为受压主方向上的最大压应力。

显然,修正后的本构方程考虑了拉应变存在导致的混凝土抗压强度的降低,也在一定程度上考虑了开裂混凝土的拉应力对抗剪的贡献。

在 MCFT 中,钢筋的应力-应变关系仍采用理想弹塑性模型,即

$$\begin{cases} \sigma_{sx}=E_{sx}\epsilon_{sx}\leqslant f_{yx} \\ \sigma_{sy}=E_{sy}\epsilon_{sy}\leqslant f_{yy} \end{cases} \tag{3.29}$$

式中，E_{sx}、ϵ_{sx}、f_{yx} 分别表示 x 方向的钢筋弹性模量、应变和屈服强度；E_{sy}、ϵ_{sy}、f_{yy} 分别表示 y 方向的钢筋弹性模量、应变和屈服强度。

结合上述各式，即可以根据单元的应变（应力）状态求解应力（应变）状态。MCFT 建立在固体力学的基础上，综合考虑了协调条件、平衡条件和物理条件，理论体系较为完备。它第一次将剪切作用下主压应力被主拉应变软化的概念定量化，是解决剪切问题的一个关键突破，为后来的混凝土结构抗剪分析与设计奠定了基础。值得注意的是，最初的 MCFT 中还涉及裂缝局部应力检查的步骤，然而，后续的研究指出这个步骤是不能严格成立的，且在分析中会与已有的方程矛盾，因此，诸多学者均建议取消这一步计算（易伟建，2012）。

3.3.1.2　软化桁架理论

与修正斜压场理论类似，软化桁架理论（Hsu，1988）也采用弥散裂缝模型的形式，并假定裂缝的方向随主应力方向的变化而变化，沿裂缝方向不存在剪应力。早期的软化桁架模型又被称为转角-软化桁架模型（RA-STM）。在这一模型中，钢筋混凝土基本单元看作由混凝土和钢筋组合而成，钢筋应力方向为 l-t 坐标系（且与常规坐标系重合），混凝土应力主方向为 d-r 坐标系，如图 3.3.3 所示。因此，其相关控制方程可写为如下形式：

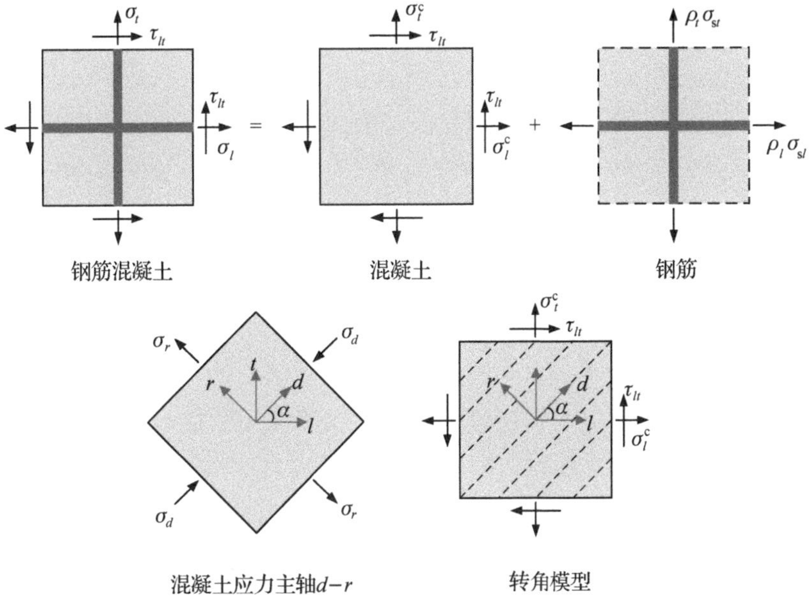

图 3.3.3　转角-软化桁架理论中的平面单元状态

(1) 变形协调方程

根据应变摩尔圆理论，可得单元在常规坐标系下的应变与混凝土主应力方向的应变关系为

$$\begin{cases}\epsilon_l=\epsilon_d\cos^2\alpha+\epsilon_r\sin^2\alpha\\ \epsilon_t=\epsilon_d\sin^2\alpha+\epsilon_r\cos^2\alpha\\ \gamma_{lt}=2(\epsilon_d-\epsilon_r)\sin\alpha\cos\alpha\end{cases}\tag{3.30}$$

式中，ϵ_l，ϵ_t 为单元 l 和 t 方向的平均应变；γ_{lt} 为单元在 l-t 坐标系下的平均剪应变；ϵ_d，ϵ_r 为混凝土 d 和 r 方向的平均主应变；α 为 l-t 坐标系和 d-r 坐标系的夹角。

(2) 应力平衡方程

单元的应力可根据混凝土、钢筋应力的叠加进行计算

$$\begin{cases}\sigma_l=\sigma_d\cos^2\alpha+\sigma_r\sin^2\alpha+\rho_l\sigma_{sl}\\ \sigma_t=\sigma_d\sin^2\alpha+\sigma_r\cos^2\alpha+\rho_t\sigma_{st}\\ \tau_{lt}=(\sigma_d-\sigma_r)\sin\alpha\cos\alpha\end{cases}\tag{3.31}$$

式中，σ_l，σ_t 为单元 l 和 t 方向的正应力；τ_{lt} 为单元在 l-t 坐标系下的剪应力；σ_d，σ_r 为混凝土 d 和 r 方向的主应力；α 表示主应力方向角；ρ_l 和 ρ_t 分别表示 l 和 t 方向的钢筋配筋率；σ_{sl} 和 σ_{st} 分别表示 l 和 t 方向的钢筋应力。

(3) 材料本构方程

类似于 MCFT，STM 同样提出了考虑正交拉-压软化效应的配筋混凝土复合材料本构关系，其具体形式为：

受拉应力-应变关系：

$$\sigma_r=\begin{cases}E_c\epsilon_r & \epsilon_1\leqslant\epsilon_{cr}\\ f_t\left(\dfrac{\epsilon_{cr}}{\epsilon_t}\right)^{0.4} & \epsilon_1>\epsilon_{cr}\end{cases}\tag{3.32}$$

受压应力-应变关系：

$$\begin{cases}\sigma_d=\zeta f'_c\left[2\left(\dfrac{\epsilon_d}{\zeta\epsilon_0}\right)-\left(\dfrac{\epsilon_d}{\zeta\epsilon_0}\right)^2\right] & \epsilon_d\leqslant\zeta\epsilon_0\\ \sigma_d=\zeta f'_c\left[1-\left(\dfrac{\epsilon_d/\epsilon_0-\zeta}{2-\zeta}\right)^2\right] & \epsilon_d>\zeta\epsilon_0\end{cases}\tag{3.33}$$

式中，ζ 为考虑主拉方向应变对主压方向应力软化作用的软化系数：

$$\zeta=\frac{1}{\sqrt{1+400\epsilon_{cr}}}\leqslant1\tag{3.34}$$

与 MCFT 不同的是，STM 中钢筋的应力-应变关系采用的是包裹在混凝土中的钢筋的平均应力-平均应变关系，即考虑受拉刚化效应的钢筋应力-应变关系式(3.1)。

式(3.30)—(3.34)给出了转化桁架理论的基本求解公式。可见：其理论体系与 MCFT 大体相同，只是根据不同的试验数据拟合出新的软化系数，并采用了包裹在混凝土中的钢筋的平均应力-应变关系，因而更加接近混凝土抗剪问题的真实状态。然而，由于假定裂缝的方向与主应力的方向一致，因而不能反映裂缝间摩擦传力所带来的“混凝土的贡献”。试验表明，RA-STM 在 $33°\leqslant\alpha\leqslant57°$ 范围内有效。实际上，实际加载中裂缝方向很可能与主应力方向不同，因此，Hsu 等在此基础上提出定角-软化桁架模型(FA-STM)(Hsu et al.，1997)，使软化桁架理论更加完善。

如图 3.3.4 所示，FA-STM 重新定义了裂缝方向 2-1 坐标系。注意，这里的 2-1 坐标系与 MCFT 中的 1-2 坐标系、RA-STM 中的 d-r 坐标系不同，后者均是混凝土主应力方向的

坐标系，而此处为裂缝方向的坐标系。由于裂缝方向坐标系与主应力方向坐标系未必重合，因此 2-1 坐标系下会增加混凝土的剪应力项，相应的平衡方程应改写为

$$\begin{cases}\sigma_l=\sigma_2^c\cos^2\alpha_2+\sigma_1^c\sin^2\alpha_2+\tau_{21}^c\sin\alpha_2\cos\alpha_2+\rho_l\sigma_{sl}\\ \sigma_t=\sigma_2^c\sin^2\alpha_2+\sigma_1^c\cos^2\alpha_2+\tau_{21}^c\sin\alpha_2\cos\alpha_2+\rho_t\sigma_{st}\\ \tau_{lt}=(\sigma_1^c-\sigma_2^c)\sin\alpha_2\cos\alpha_2+\tau_{21}^c(\cos^2\alpha_2-\sin^2\alpha_2)\end{cases}\tag{3.35}$$

式中，σ_2^c，σ_1^c 为混凝土 2 和 1 方向的正应力；τ_{21}^c 为 2-1 坐标系下的混凝土剪应力；α_2 为 2 轴对 l 轴的倾角，定义为定角。

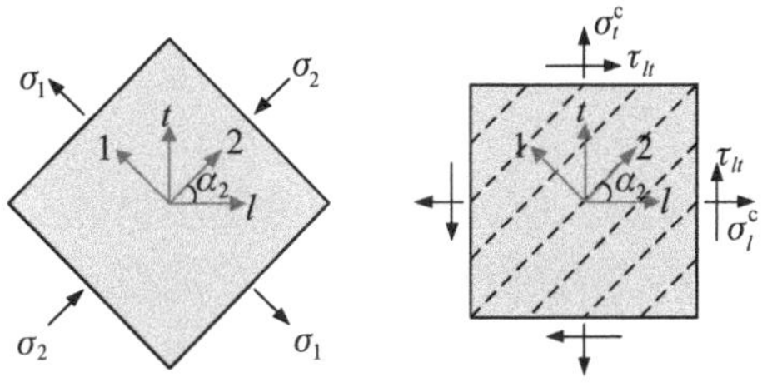

图 3.3.4　定角-软化桁架理论中的平面单元状态

应变协调方程也相应修改为

$$\begin{cases}\epsilon_l=\epsilon_2^c\cos^2\alpha_2+\epsilon_1^c\sin^2\alpha_2+\gamma_{21}^c\cdot 2\sin\alpha_2\cos\alpha_2\\ \epsilon_t=\epsilon_2^c\sin^2\alpha_2+\epsilon_1^c\cos^2\alpha_2+\gamma_{21}^c\cdot 2\sin\alpha_2\cos\alpha_2\\ \gamma_{lt}/2=(\epsilon_1^c-\epsilon_2^c)\sin\alpha_2\cos\alpha_2+\gamma_{21}^c(\cos^2\alpha_2-\sin^2\alpha_2)/2\end{cases}\tag{3.36}$$

式中，ϵ_2^c，ϵ_1^c 为混凝土 2 和 1 方向的正应变；γ_{21}^c 为 2-1 坐标系下的混凝土剪应变。

本构方程依然沿用式(3.32)—(3.34)的形式。但由于平衡方程和协调方程中增加了混凝土的剪应力和剪应变，因此 Hsu 和 Mo(2010)根据试验提出了剪切本构关系

$$\tau_{21}^c=\tau_{21}^m\left[1-\left(\frac{\gamma_{21}^c}{\gamma_{21}^o}\right)^6\right]\tag{3.37}$$

式中，τ_{21}^m 为 2-1 坐标系下的剪切强度；γ_{21}^o 为剪切强度对应的剪应变，均可依据试验确定。

FA-STM 与 MCFT、RA-STM 相同，均依据固体力学的基本原理，利用三大基本方程求解单元的应力或应变状态。与另外两类模型相比，FA-STM 在理论上更加完备，可以描述裂缝处剪应力的传递、混凝土对剪切强度的贡献等。然而，FA-STM 的计算流程相对较为复杂，且会面临剪切超强问题，这些缺陷限制了 FA-STM 的发展。理想的模型，应该既能在宏观上把握结构和构件的力学性能，又能解释其微观机理，还要计算简便以适合工程应用。

3.3.2　软化损伤模型

弥散裂缝模型通过引入拉-压状态下受压混凝土的软化效应，成为解决钢筋混凝土剪切行为模拟问题的关键性突破。然而，不管是 MCFT，还是 STM，本质上均采用了一维的混凝土本构关系经验模型。尽管后续的研究将泊松比的影响、混凝土双轴受压状态下强度的提高等因

素纳入初始的模型中,但始终没有建立起完整且理性的理论来描述钢筋混凝土结构的剪切行为。鉴于上述背景,本节试图在随机损伤本构模型中引入软化系数以反映正交拉-压软化效应。

与受拉刚化效应的修正方式不同,正交拉-压软化效应的修正是考虑受拉平均应变对受压平均应力的修正。事实上,2.1.1 节中已经说明,有效应力张量的谱分解将 $\bar{\boldsymbol{\sigma}}$ 分解为正、负分量之和,并且用有效应力的主应力方向来表达其四阶正、负投影张量 $\mathbb{P}^{\pm}$,这实际上是将问题的求解转到主应力方向上。因此,随机损伤本构中主应力方向的转动会导致主应力损伤的转动。将 MCFT 或 STM 中的软化系数引入损伤本构中,可以实现主拉方向的应力对主压方向的应力软化效应的修正。在损伤本构模型中,在受压主应力方向上,有

$$\sigma_2=(1-d^-)\bar{\sigma}_2 \tag{3.38}$$

式中,σ_2 为受压主应力;$\bar{\sigma}_2$ 为受压主有效应力;d^- 为受压损伤。

考虑受拉主应变导致的受压软化效应,可在受压主应力方向上乘以正交软化系数,由此得到钢筋混凝土复合材料单元受压主应力的表达形式为

$$\sigma_2=\beta(1-d^-)\bar{\sigma}_2 \tag{3.39}$$

式中,β 为软化系数,与受拉主方向的应变有关,其具体形式可以采用 MCFT 或者 STM 根据试验回归出来的经验公式,即

$$\begin{cases}\beta_{\text{MCFT}}=\min\left\{1,\dfrac{1}{0.8+170\,\epsilon_1}\right\}\\ \beta_{\text{STM}}=\sqrt{\dfrac{1}{1+400\,\epsilon_1}}\end{cases} \tag{3.40}$$

式中,ϵ_1 为受拉主方向的应变。

式(3.40)中的两种软化系数如图 3.3.5 所示,可以发现两者具有相同的趋势。考虑到 β_{STM} 的曲线比较光滑,因此通常采用 β_{STM} 作为软化系数。同时,为了考虑多维受力状态下的计算,以及累积损伤加卸载状态的影响,应将受拉主方向的应变 ϵ_1 替换为受拉能量等效应变 $\epsilon_{\text{eq}}^{\text{e}+}$,即

$$\beta=\sqrt{\frac{1}{(1+400\,\epsilon_{\text{eq}}^{\text{e}+})}} \tag{3.41}$$

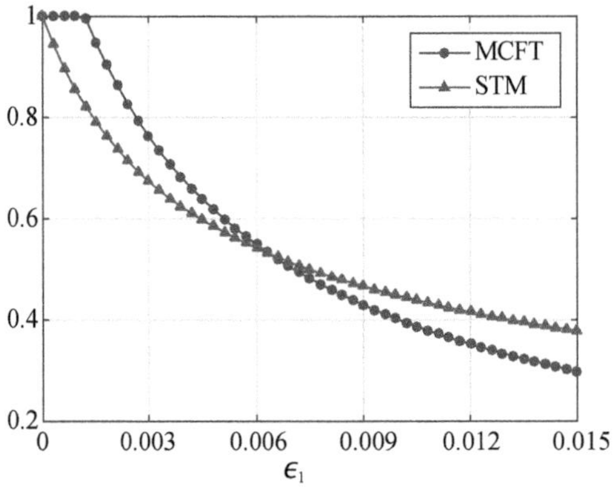

图 3.3.5　软化系数

结合式(3.39),可以得到考虑正交软化效应的主压应力表达式

$$\sigma_2=(1-d^{s-})\bar{\sigma}_2=\beta(1-d^-)\bar{\sigma}_2 \tag{3.42}$$

式中,d^{s-}为考虑受压软化的损伤变量,可称为“软化受压损伤”,其表达式为

$$d^{s-}=1-\beta(1-d^-) \tag{3.43}$$

将上式代入式(2.13),可得考虑正交软化效应的混凝土损伤本构模型为

$$\boldsymbol{\sigma}=(1-d^+)\bar{\boldsymbol{\sigma}}^+ +(1-d^{s-})\bar{\boldsymbol{\sigma}}^- =(\mathbb{I}-\mathbb{D}^s):\mathbb{E}_0:(\boldsymbol{\epsilon}-\boldsymbol{\epsilon}^p) \tag{3.44}$$

其中

$$\mathbb{D}^s=d^+\mathbb{P}^+ +[1-\beta(1-d^-)]\mathbb{P}^- \tag{3.45}$$

根据式(3.44)—(3.45),可以实现受拉主应变对受压主应力的软化效应修正,如图3.3.6所示。显然此时的随机损伤本构模型已经从素混凝土扩展到钢筋混凝土,实际上已经是一类新的本构关系模型,该模型同时适用于素混凝土和钢筋混凝土。由于考虑了正交软化效应,因此可称之为“软化损伤本构模型”。在应用这一模型进行钢筋混凝土结构分析时,钢筋可采用考虑受拉刚化效应的本构关系模拟。

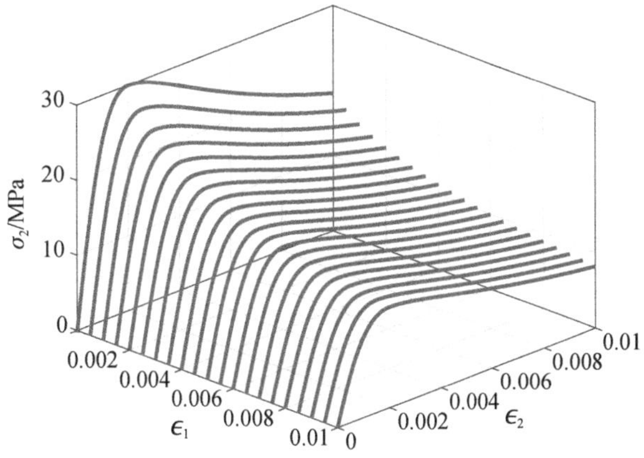

图3.3.6　软化随机损伤本构模型

3.3.3　分析实例

3.3.3.1　钢筋混凝土剪切板

为验证考虑正交软化效应本构模型的准确性,首先对休斯敦大学的经典钢筋混凝土剪切板试验进行模拟(Pang & Hsu,1995)。剪切板构造及其加载示意如图3.3.7所示,板受平面内单调增加的剪切作用,其尺寸为1.4 m×1.4 m×0.178 m,板内在两个45°方向配置等量钢筋。根据配筋率不同,剪切板分别编号为A1、A2、A3、A4,对应的配筋率分别为0.77%、1.19%、1.79%、2.98%。混凝土的抗压强度为42 MPa,钢筋的屈服强度为460 MPa。

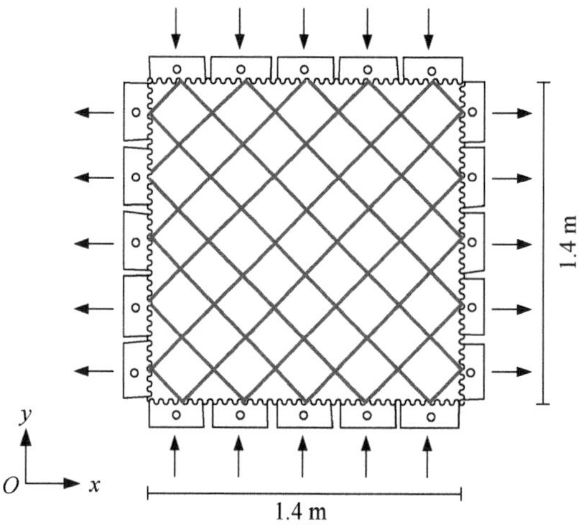

图 3.3.7　钢筋混凝土剪切板

采用 4 节点平面应力单元对剪切板进行模拟,并用 Rebar 的方式模拟分布钢筋。计算中混凝土抗压峰值强度 $f_c=42$ MPa,对应的应变为$\epsilon_c=0.005\ 2$;抗拉峰值强度 $f_t=4.0$ MPa,对应的应变为$\epsilon_t=0.000\ 1$;钢筋采用 Menegotto-Pinto 双折线模型(Mazzoni et al.,2006)并考虑受拉刚化效应,弹性模量 $E_s=2\times10^5$ MPa,屈服强度 $f_y=460$ MPa,硬化比例取 1%。

数值模拟结果如图 3.3.8(a)所示。可见:理论分析结果与试验结果吻合较好,特别是钢筋屈服时刻和剪切峰值强度都得到了较好的反映。这说明软化损伤模型能有效地模拟纯剪作用下结构的剪切行为。为了进一步对比受剪正交软化效应的影响,分别采用素混凝土损伤本构模型以及软化损伤本构模型对该剪切板试验进行模拟,结果对比如图 3.3.8(b)所

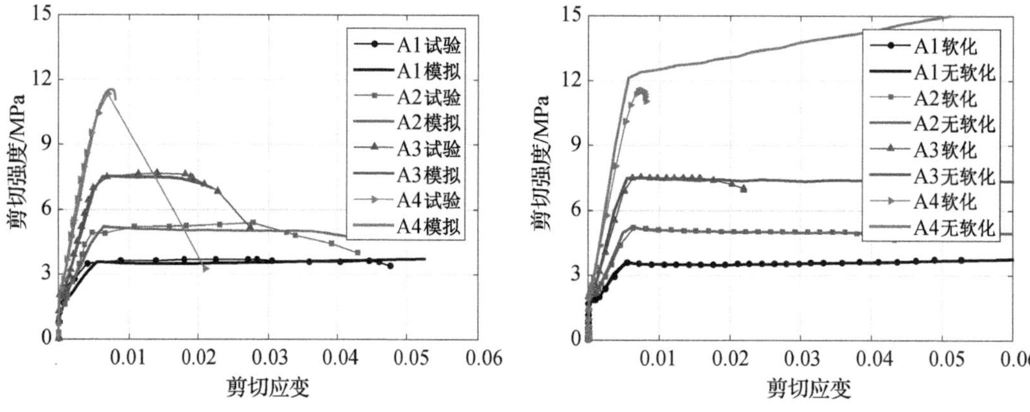

(a) 与试验结果对比　　(b) 考虑软化与否对比

图 3.3.8　钢筋混凝土剪切板模拟结果

示。可见:素混凝土损伤本构模型的模拟结果均高估了试件的剪切反应,并且随着配筋率的增加,高估的程度也增大。特别的,对于 A2～A4 这种剪切反应曲线存在下降段的试件,素混凝土损伤本构模型的下降段均不能得到反映,而软化损伤本构模型则可以较好地反映剪切反应的下降段特性。

3.3.3.2　钢筋混凝土简支梁

对 Bresler 和 Scordelis(1963)的 12 根简支梁的剪切和弯曲破坏试验进行模拟。该试验是钢筋混凝土剪切研究的经典试验。它考虑了不同截面宽度、剪跨比、配筋率等因素对简支梁抗弯、抗剪性能的影响。梁的示意图见图 3.3.9,共 3 种跨度,每种跨度 4 种截面。梁的材料特性见表 3.3.1、表 3.3.2。

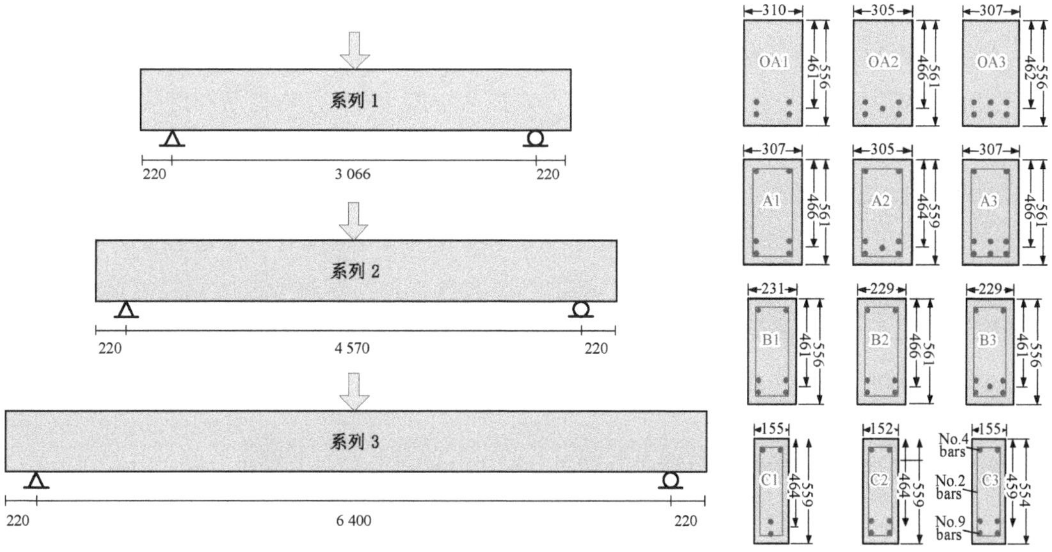

图 3.3.9　Bresler-Scordelis 简支梁试验(单位:mm)

表 3.3.1　Bresler-Scordelis 简支梁钢筋材料特性

钢筋编号	钢筋			
	直径/mm	屈服强度/MPa	极限强度/MPa	硬化率
No. 2	6.4	325	430	0.01
No. 4	12.7	345	542	0.01
No. 9	28.7	555	933	0.01

表 3.3.2　Bresler-Scordelis 简支梁混凝土材料特性

梁编号	混凝土	
	抗压强度/MPa	抗拉强度/MPa
OA1	22.6	3.97
OA2	23.7	4.34
OA3	37.6	4.14
A1	24.1	3.86
A2	24.3	3.73
A3	35.1	4.34
B1	24.8	3.99
B2	23.2	3.76
B3	38.8	4.22
C1	29.6	4.22
C2	23.8	3.93
C3	35.1	3.86

利用有限元法对该梁进行分析,其中,采用 4 节点平面应力单元模拟混凝土,采用 2 节点桁架单元模拟钢筋,并通过 embedded 的方式嵌入混凝土中,忽略钢筋和混凝土之间的粘结滑移。有限元网格划分如图 3.3.10 所示,分析结果如图 3.3.11 所示。由图可知对于不同的梁跨度、配筋率、截面形式、混凝土强度,软化损伤模型的计算结果均与试验吻合较好,说明这一模型可以良好地预测钢筋混凝土梁的剪切、弯曲、弯剪复合等全过程受力行为。模型计算的梁峰值荷载及其对应的位移与试验对比见表 3.3.3,模拟峰值荷载与试验值的比值的平均值为 1.01,变异系数为 4.01%;峰值荷载对应的位移与试验值的比值的平均值为 1.04,变异系数为 3.36%,均具有相当高的精度。

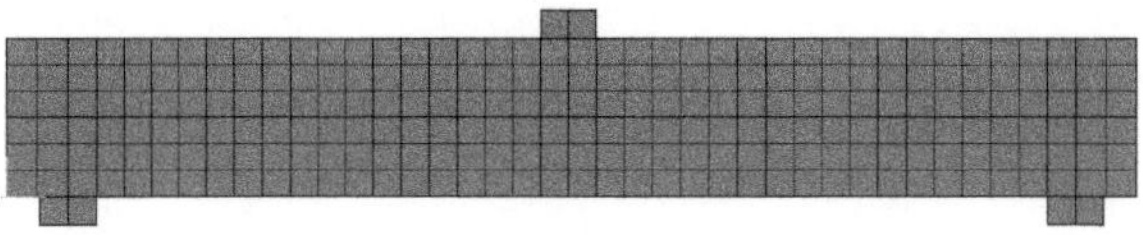

(a) 系列 1

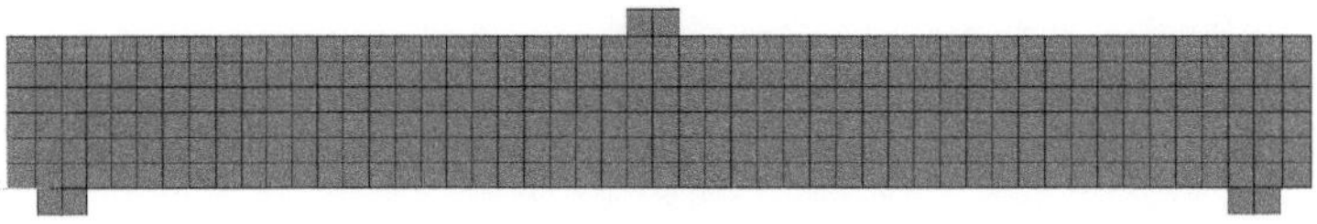

(b) 系列 2

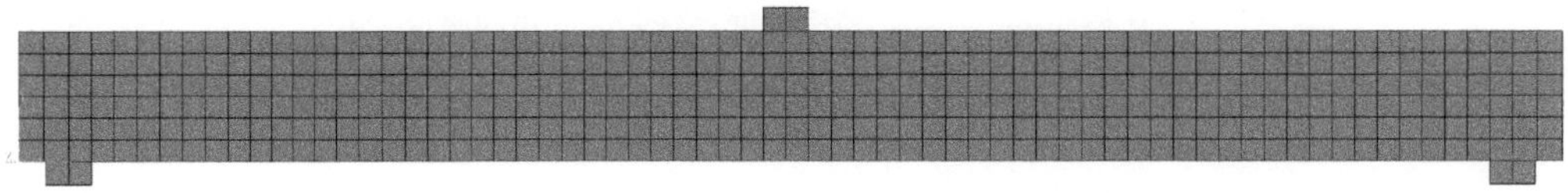

(c) 系列 3

图 3.3.10　简支梁有限元模型

同样，采用素混凝土损伤本构模型以及软化损伤本构模型分别对 A1 和 B1 试件进行模拟。两种模型的计算结果见图 3.3.12。可见：无软化损伤本构模型高估了梁的反应，而软化损伤本构模型的计算结果则与试验结果吻合较好。

3.4　本章小结

与素混凝土相比，配筋混凝土的宏观性能发生显著变化。本章在前述混凝土本构模型的基础上进行拓展，通过修正损伤演化法则反映钢筋-混凝土复合作用效应（包括受拉刚化效应、受压动态约束效应和受剪正交软化效应），实现了素混凝土本构关系在钢筋混凝土结构应用中的拓展。在分析中注重对钢筋-混凝土复合作用效应机理的分析，深度结合混凝土本构模型和试验研究中的发现，为实际工程结构分析提供了理论基础。

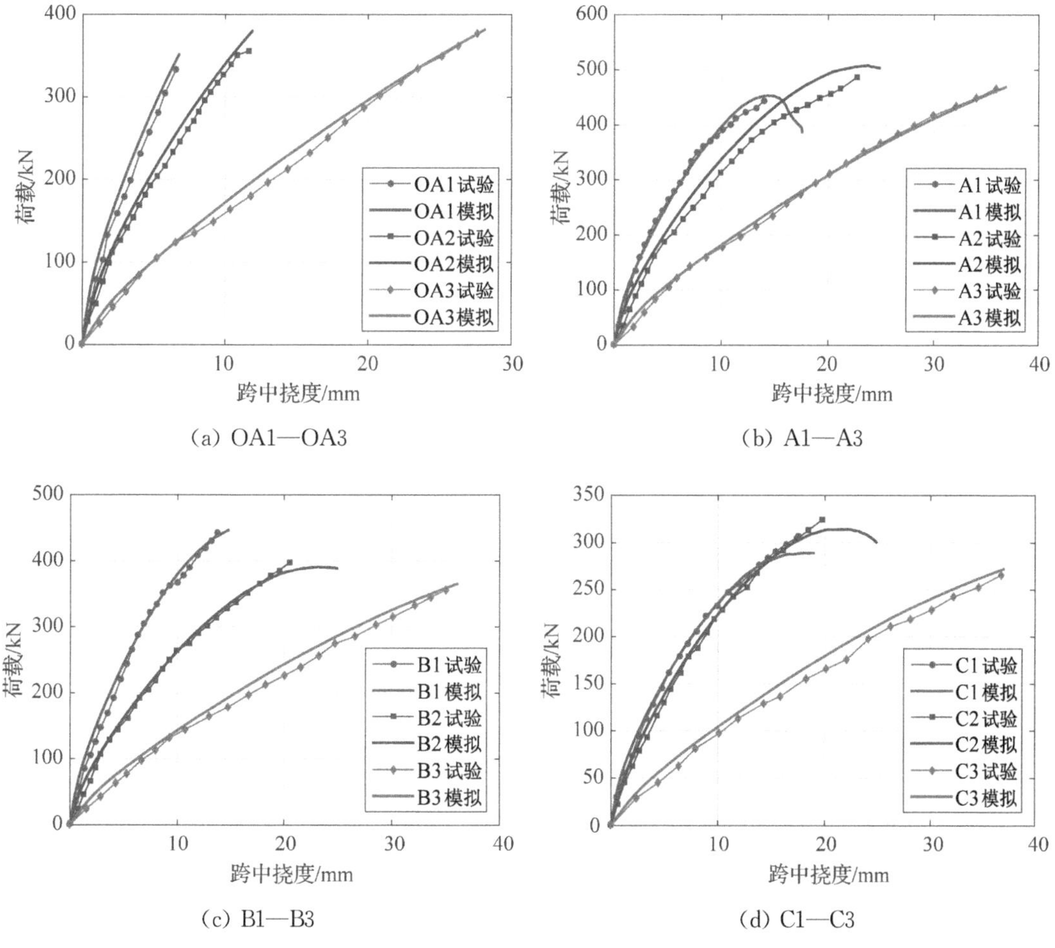

图 3.3.11　简支梁荷载-位移曲线

表 3.3.3　模拟结果与试验结果对比

梁	峰值荷载 F_u/kN		$\frac{F_{u,sim}}{F_{u,test}}$	跨中挠度 Δ_u/mm		$\frac{\Delta_{u,sim}}{\Delta_{u,test}}$
	试验	模拟		试验	模拟	
OA1	334	353	1.06	6.6	6.8	1.03
OA2	356	381	1.07	11.7	12.0	1.02
OA3	378	382	1.01	27.9	28.2	1.01
A1	467	454	0.97	14.2	14.3	1.00
A2	489	508	1.04	22.9	23.8	1.04
A3	467	470	1.01	35.8	37.0	1.03
B1	445	447	1.00	13.7	12.9	1.08
B2	400	391	0.98	20.8	23.1	1.11
B3	356	365	1.03	35.3	36.2	1.02
C1	311	289	0.93	17.8	19.1	1.07
C2	325	314	0.97	20.1	21.7	1.08
C3	269	272	1.01	36.8	37.1	1.01
平均值			1.01			1.04
变异系数/%			4.01			3.36

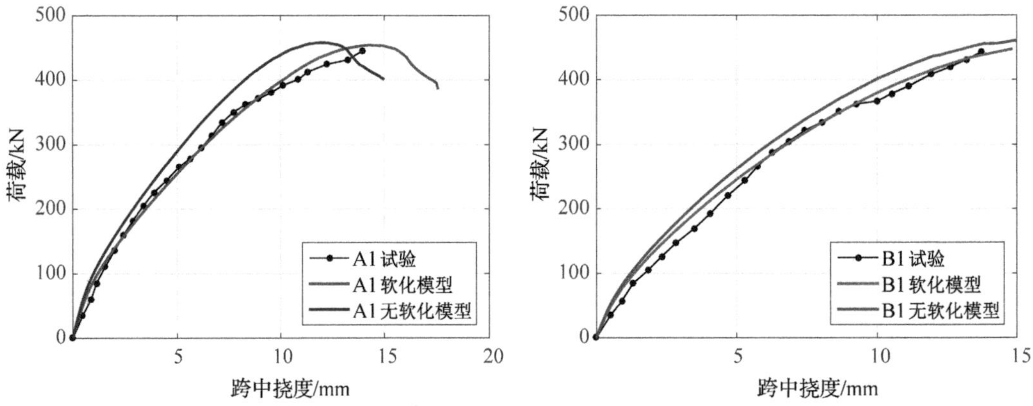

(a) A1　　(b) B1

图 3.3.12　简支梁荷载-位移曲线

第4章 基于三维有限元的精细化损伤模拟

混凝土本构模型研究的目的是服务于结构层次的受力行为分析。将前几章建立的宏-细观多尺度混凝土本构模型与一般三维结构有限元分析理论相结合，即可实现精细化、高保真的结构损伤分析。本章首先介绍了混凝土多维本构模型的数值实现途径，引入双尺度一致割线算子以提升结构分析的稳定性和收敛性。进而，为了便于随机损伤模型的工程应用，介绍有限元理论中的实体单元、分层壳单元。将有限元理论与损伤本构模型的数值算法相结合，可以实现结构层次的混凝土结构损伤行为精细化模拟。

4.1 损伤本构模型的数值实现

4.1.1 算子分离算法

混凝土损伤本构模型的控制方程实际上为偏微分方程组，需要进行数值求解才能实现具体的工程应用。采用经验的塑性演化公式，可以避免经典塑性力学中迭代求解塑性变形的过程。同时，由于本构方程的两个内变量分别在塑性空间和损伤空间演化，实现了塑性变形和损伤变量的解耦，因此可以方便地利用 Simo 和 Ju(1987)提出的算子分离算法进行本构方程的数值求解。

一般而言，进行数值分析时，分析步 t_{n+1} 时刻每个材料点上的变量$\{\boldsymbol{\sigma}_{n+1},\boldsymbol{\epsilon}_{n+1}^{\mathrm{p}},d_{n+1}^{\pm}\}$应由当前步的应变增量 $\Delta\boldsymbol{\epsilon}$ 和上一时刻(t_n)的变量$\{\boldsymbol{\sigma}_n,\boldsymbol{\epsilon}_n^{\mathrm{p}},d_n^{\pm}\}$计算确定。根据算子分离算法，本构变量的更新可以分为三步，即弹性预测、塑性修正与损伤修正：

(1) 弹性预测

首先冻结塑性和损伤，按弹性状态预测本构变量，即

$$\begin{aligned}\boldsymbol{\epsilon}_{n+1}&=\boldsymbol{\epsilon}_n+\Delta\boldsymbol{\epsilon}\\ \bar{\boldsymbol{\sigma}}_{n+1}^{\mathrm{trial}}&=\bar{\boldsymbol{\sigma}}_n+\mathbb{E}_0:\Delta\boldsymbol{\epsilon}\end{aligned}\tag{4.1}$$

式中，$\bar{\boldsymbol{\sigma}}_{n+1}^{\mathrm{trial}}$ 为按弹性状态计算的试算有效应力。将该应力进行正负分解计算 $\bar{\boldsymbol{\sigma}}_{n+1}^{\pm\mathrm{trial}}$，并代入式(2.18)，可得到当前步的试算损伤能释放率 $Y_{n+1}^{\pm\mathrm{trial}}$。

显然，按弹性计算，损伤变量 $d_n^{\pm}$ 和塑性变量 $\boldsymbol{\epsilon}_n^{\mathrm{p}}$ 均保持不变，但材料的真实状态却有可能发生塑性流动和损伤演化，因此需要对该状态变量进行进一步的修正。

(2) 塑性修正

考虑到在有效应力空间中进行谱分解时，t_{n+1} 步的有效应力张量 $\bar{\boldsymbol{\sigma}}_{n+1}$ 和试算有效应力张量 $\bar{\boldsymbol{\sigma}}_{n+1}^{\mathrm{trial}}$ 具有相同的特征值，因此可方便地计算当前步的真实有效应力

$$\bar{\boldsymbol{\sigma}}_{n+1}=\zeta_{n+1}^{\mathrm{p}}\bar{\boldsymbol{\sigma}}_{n+1}^{\mathrm{trial}} \tag{4.2}$$

式中，ζ_{n+1}^{p} 为塑性修正系数，可表示为(Ju,1989;Wu et al.,2006)

$$\zeta_{n+1}^{p}=1-\frac{\xi^{\mathrm{p}}}{\|\bar{\boldsymbol{\sigma}}_{n+1}^{\mathrm{trial}}\|}E_0H(\dot{d}_{n+1}^{-})\langle\boldsymbol{I}_{\bar{\boldsymbol{\sigma}}_{n+1}^{\mathrm{trial}}}:\Delta\boldsymbol{\epsilon}\rangle \tag{4.3}$$

式中，$\|\boldsymbol{x}\|$表示张量 $\boldsymbol{x}$ 的范数；$\boldsymbol{I}_{\bar{\boldsymbol{\sigma}}_{n+1}^{\mathrm{trial}}}$ 为试算有效应力的单位张量。

同理，可得到塑性修正后的有效应力正负分量和损伤能释放率

$$\bar{\boldsymbol{\sigma}}_{n+1}^{\pm}=\zeta_{n+1}^{\mathrm{p}}\bar{\boldsymbol{\sigma}}_{n+1}^{\pm\mathrm{trial}},\quad Y_{n+1}^{\pm}=\zeta_{n+1}^{\mathrm{p}}Y_{n+1}^{\pm\mathrm{trial}} \tag{4.4}$$

(3) 损伤修正

经过塑性修正得到损伤能释放率，可以根据损伤一致性条件计算当前步的能量等效应变$\epsilon_{\mathrm{eq},n+1}^{\mathrm{e}\pm}$，并代入损伤演化方程式(2.89)(经验损伤演化)或式(2.88)(随机损伤演化)中计算当前步的损伤变量，即

$$d_{n+1}^{\pm}=g^{\pm}(\epsilon_{\mathrm{eq},n+1}^{\mathrm{e}\pm}) \tag{4.5}$$

最后，即可更新当前步的 Cauchy 应力张量

$$\boldsymbol{\sigma}_{n+1}=(1-d_{n+1}^{+})\bar{\boldsymbol{\sigma}}_{n+1}^{+}+(1-d_{n+1}^{-})\bar{\boldsymbol{\sigma}}_{n+1}^{-} \tag{4.6}$$

4.1.2 双尺度一致割线刚度算法

上述算子分离算法给出了本构方程应力更新的基本格式。由于采用了经验的塑性演化方程，因此避免了迭代计算，大大简化了本构层次的状态更新流程。事实上，将本构方程应用于结构非线性分析时，通常采用增量法求解结构层次的非线性方程组。由于问题的非线性性质，即便对于步长较短的增量，也需要从目标增量步的初始状态出发，经过若干次迭代而逼近最终的结构平衡状态，由此构成求解结构非线性方程组的增量-迭代算法。常用的迭代算法是 Newton-Raphson 迭代算法(即切线刚度算法)，这一算法需要计算材料层次的算法一致切线刚度矩阵。虽然该算法具有无条件稳定特性且具有最高的二阶收敛速度，但对于某些特定的问题，如材料拉压性质的不对称性等，Newton-Raphson 算法往往会遇到收敛性问题。考虑到材料层次的算法一致切线模量的推导十分繁琐，且混凝土的拉压耦合效应会引起损伤面的不对称性和内凹性，本节介绍了一种适用于多维应力状态的双尺度一致割线刚度算法(Ren & Li,2018)，以解决混凝土结构损伤分析时的计算收敛性及稳定性问题。

一般来讲，静力情况下的非线性有限元方程组可以写为

$$\boldsymbol{R}=\boldsymbol{f}^{\mathrm{ext}}-\boldsymbol{f}^{\mathrm{int}}(\tilde{\boldsymbol{u}})=\boldsymbol{0} \tag{4.7}$$

式中，$\boldsymbol{f}^{\text{ext}}$ 为系统的外力；$\boldsymbol{f}^{\text{int}}$ 为系统的内力；$\tilde{\boldsymbol{u}}$ 为节点位移。为了求解式(4.7)，通常对该式进行时间离散，并构造如下迭代流程

$$\begin{cases}\boldsymbol{K}_m \Delta\tilde{\boldsymbol{u}}_{m+1}=\boldsymbol{f}_{m+1}^{\text{ext}}-\boldsymbol{f}_{m+1}^{\text{int}}(\tilde{\boldsymbol{u}}_{m+1}) \\ \tilde{\boldsymbol{u}}_{m+1}=\tilde{\boldsymbol{u}}_m+\Delta\tilde{\boldsymbol{u}}_{m+1}\end{cases} \tag{4.8}$$

式中，$\tilde{\boldsymbol{u}}_m$ 为第 m 步节点位移向量；$\Delta\tilde{\boldsymbol{u}}_{m+1}$ 为第 $m+1$ 步节点位移增量；$\boldsymbol{K}_m$ 为第 m 步迭代刚度矩阵，在 Newton-Raphson 算法中，$\boldsymbol{K}_m$ 为切线刚度矩阵。

为了构造割线刚度算法，可定义参照系统

$$\boldsymbol{f}^{\text{int}}(\tilde{\boldsymbol{u}}^{\text{ref}})=\boldsymbol{f}^{\text{ref}} \tag{4.9}$$

式中，$\tilde{\boldsymbol{u}}^{\text{ref}}$ 和 $\boldsymbol{f}^{\text{ref}}$ 分别为参照系统的位移和外力向量。

结合式(4.7)，有

$$\boldsymbol{f}^{\text{int}}(\tilde{\boldsymbol{u}})-\boldsymbol{f}^{\text{int}}(\tilde{\boldsymbol{u}}^{\text{ref}})=\boldsymbol{f}^{\text{ext}}-\boldsymbol{f}^{\text{ref}} \tag{4.10}$$

定义割线刚度方程为

$$\boldsymbol{f}^{\text{int}}(\tilde{\boldsymbol{u}})-\boldsymbol{f}^{\text{int}}(\tilde{\boldsymbol{u}}^{\text{ref}})=\boldsymbol{K}^{\text{sec}}(\tilde{\boldsymbol{u}}-\tilde{\boldsymbol{u}}^{\text{ref}}) \tag{4.11}$$

式中，$\boldsymbol{K}^{\text{sec}}$ 为割线刚度模量，将上式代入式(4.10)，可得

$$\boldsymbol{K}^{\text{sec}}(\tilde{\boldsymbol{u}}-\tilde{\boldsymbol{u}}^{\text{ref}})=\boldsymbol{f}^{\text{ext}}-\boldsymbol{f}^{\text{ref}} \tag{4.12}$$

将上式的 $\boldsymbol{K}^{\text{sec}}$ 代入式(4.8)中，便构造出一类割线刚度迭代算法，其本质是 quasi-Newton 迭代法。

割线算法的迭代形式有多种，其中 Broyden-Fletcher-Goldfarb-Shannon(BFGS)(Dennis & Schnabel，1996)算法被证明是最高效、最稳定的算法之一，其迭代方程为

$$\begin{cases}\boldsymbol{K}_m^{\text{sec}} \Delta\tilde{\boldsymbol{u}}_{m+1}=\Delta\boldsymbol{f}_{m+1}^{\text{ext}} \\ \tilde{\boldsymbol{u}}_{m+1}=\tilde{\boldsymbol{u}}_m+\Delta\tilde{\boldsymbol{u}}_{m+1} \\ \boldsymbol{f}_{m+1}^{\text{ext}}=\boldsymbol{f}_m^{\text{ext}}+\Delta\boldsymbol{f}_{m+1}^{\text{ext}}\end{cases} \tag{4.13}$$

上式中的割线模量 $\boldsymbol{K}^{\text{sec}}$ 的具体形式可由多种方法获得。Matthies 和 Strang(1979)针对 BFGS 算法，提出一类结构层次的算法割线模量表达式(M-S 割线模量)，即

$$\begin{cases}(\boldsymbol{K}_{m+1}^{\text{sec}})^{-1}=\boldsymbol{\Pi}_{m+1}(\boldsymbol{K}_m^{\text{sec}})^{-1}\boldsymbol{\Pi}_{m+1}+\rho_{m+1}\Delta\tilde{\boldsymbol{u}}_{m+1}(\Delta\tilde{\boldsymbol{u}}_{m+1})^{\text{T}} \\ \boldsymbol{\Pi}_{m+1}=\boldsymbol{\Lambda}-\rho_{m+1}\Delta\boldsymbol{f}_{m+1}^{\text{ext}}(\Delta\tilde{\boldsymbol{u}}_{m+1}) \\ \rho_{m+1}=(\Delta\tilde{\boldsymbol{u}}_{m+1})^{\text{T}}\Delta\boldsymbol{f}_{m+1}^{\text{ext}}\end{cases} \tag{4.14}$$

式中，$\boldsymbol{\Lambda}$ 为单位矩阵张量。

M-S 割线模量给出了 $\boldsymbol{K}^{\text{sec}}$ 的显式表达式，并且与算法 BFGS 数值一致，因此可称为结构层次的“一致割线模量”。这一表达式大大提高了计算效率。然而，其对初始迭代模量 $\boldsymbol{K}_0^{\text{sec}}$ 的选择并没有明确的说明，在一般的通用有限元软件中，均选择切线刚度作为初始迭代模量，这一方面又涉及切线刚度的导出，增加了难度；另一方面又与割线算法(BFGS)数值不一

致。同时，采用式(4.14)进行多次迭代会增加求解矩阵的带宽和计算量。为解决上述问题，我们建议从材料层次出发构造相应的割线模量，从而形成双尺度一致割线刚度算法。

根据有限元方法，材料层次的割线刚度拼装的割线模量$\mathbb{K}^{sec}$可表达为

$$\mathbb{K}^{sec}=\int_{\Omega}\boldsymbol{B}^{T}\,\mathbb{S}\,\boldsymbol{B}\mathrm{d}\Omega \tag{4.15}$$

式中，Ω为问题域；$\boldsymbol{B}$为有限元插值函数；$\mathbb{S}$为材料层次割线刚度矩阵，可由材料应力-应变关系求得，如

$$\boldsymbol{\sigma}=\mathbb{S}:\boldsymbol{\epsilon} \tag{4.16}$$

然而，并不是所有的材料本构模型都可以写成上述方程，如对于本书中的混凝土损伤本构模型，就不能得到类似上式的显式表达。因此，应构造 BFGS 形式的材料割线刚度矩阵

$$\mathbb{S}^{BFGS}=\mathbb{E}_0+\frac{\boldsymbol{\sigma}\otimes\boldsymbol{\sigma}}{\boldsymbol{\sigma}:\boldsymbol{\epsilon}}-\frac{(\mathbb{E}_0:\boldsymbol{\epsilon})\otimes(\boldsymbol{\epsilon}:\mathbb{E}_0)}{\boldsymbol{\epsilon}:\mathbb{E}_0:\boldsymbol{\epsilon}} \tag{4.17}$$

基于材料层次的割线模量$\mathbb{K}^{sec}$是根据应变全量$\boldsymbol{\epsilon}$推导出来的，因此，其卸载路径是指向原点的。由于混凝土材料具有明显的不可恢复变形(即塑性变形)，因此式(4.17)仅仅适用于单调加载的情况，对于反复或重复加载，会存在加卸载过程中的指向性问题。基于此，应对式(4.17)进行塑性偏移修正，用应变的弹性分量替换应变全量，以使卸载路径指向塑性变形点，从而适用于反复加载，即

$$\mathbb{S}^{BFGS}=\mathbb{E}_0+\frac{\boldsymbol{\sigma}\otimes\boldsymbol{\sigma}}{\boldsymbol{\sigma}:\boldsymbol{\epsilon}^{e}}-\frac{(\mathbb{E}_0:\boldsymbol{\epsilon}^{e})\otimes(\boldsymbol{\epsilon}^{e}:\mathbb{E}_0)}{\boldsymbol{\epsilon}^{e}:\mathbb{E}_0:\boldsymbol{\epsilon}^{e}} \tag{4.18}$$

结合式(4.15)和式(4.18)，即可以获得材料层次的割线刚度模量。该模量携带了丰富的材料层次信息，因此可以更好地描述结构的行为，并与材料层次的信息一致。因此，式(4.18)可以称为材料层次的“一致割线模量”。不巧的是，这一表达式与结构层次的割线损伤算法并不一致，因此计算效率和稳定性都相比式(4.14)低。为结合基于结构层次的一致割线模量与基于材料层次的一致割线模量各自的优势，可以采用如图 4.1.1 所示的双尺度迭代算法。其中初始迭代采用基于材料层次的割线模量$\mathbb{K}^{sec}$，以更好地描述结构的行为；后续的迭代采用基于结构层次的割线模量$\boldsymbol{K}^{sec}$，以与 BFGS 算法保持一致，并提高计算效率和稳定性。在计算过程中，每隔一定的迭代次数，更新$\mathbb{K}^{sec}$重新开始迭代，以降低计算中的误差累积，减小带宽。研究实践表明，这类双尺度一致割线刚度算法在计算效率和计算精度之间取得了最佳的平衡(Ren & Li，2018)。

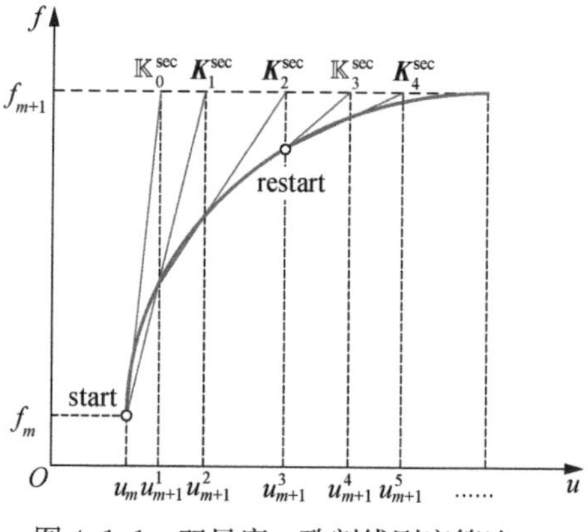

图 4.1.1　双尺度一致割线刚度算法

4.2　三维有限单元简述

将混凝土本构模型进行数值实现，便可以结合精细化有限元进行结构损伤分析。以下对应用中的三维有限单元理论进行简要介绍。

4.2.1　实体单元

三维固体结构分析中，问题的本质是求解给定边界和初始条件下结构在外部作用下各时刻同时满足三大方程的响应量。这三类方程是

- 几何方程

$$\boldsymbol{\epsilon}(\boldsymbol{x},t)=\frac{1}{2}[\nabla \boldsymbol{u}(\boldsymbol{x},t)+\nabla^{\mathrm{T}}\boldsymbol{u}(\boldsymbol{x},t)] \tag{4.19}$$

式中，$\boldsymbol{u}(\boldsymbol{x},t)$和$\boldsymbol{\epsilon}(\boldsymbol{x},t)$分别为结构空间 Ω 内坐标为 $\boldsymbol{x}$ 的任意一点在某时刻 t 的位移场和应变场，$\nabla(\cdot)=\partial(\cdot)/\partial\boldsymbol{x}$ 为空间梯度算子。

- 静/动力平衡方程

$$\mathrm{div}\boldsymbol{\sigma}+\rho\boldsymbol{b}^{*}=\rho\ddot{\boldsymbol{u}}+\eta\dot{\boldsymbol{u}} \tag{4.20}$$

式中，$\boldsymbol{\sigma}$ 为该空间内与应变场$\boldsymbol{\epsilon}(\boldsymbol{x},t)$对应的 $\boldsymbol{x}$ 点处的应力场；$\dot{\boldsymbol{u}}$ 和 $\ddot{\boldsymbol{u}}$ 分别为与位移场 $\boldsymbol{u}(\boldsymbol{x},t)$对应的速度场和加速度场；$\boldsymbol{b}^{*}$ 为单位体积的结构均布体力向量；$\mathrm{div}(\cdot)$为散度算子，ρ 和 η 分别为结构材料密度和等效线性粘性阻尼系数。注意到，若考虑静力问题，则有 $\dot{\boldsymbol{u}}=\ddot{\boldsymbol{u}}=0$。

- 材料本构方程

$$\dot{\boldsymbol{\sigma}}(\boldsymbol{x},t)=\hat{\dot{\boldsymbol{\sigma}}}[\dot{\boldsymbol{\epsilon}}(\boldsymbol{x},t),\dot{\boldsymbol{\alpha}}(\boldsymbol{x},t)] \tag{4.21}$$

式中，$\hat{\dot{\boldsymbol{\sigma}}}$ 为本构模型的具体形式，且此处写为增量型格式；$\boldsymbol{\alpha}(\boldsymbol{x},t)$为本构模型中的内变量(损伤、塑性变量等)。

由于问题的复杂性，一般无法对式(4.19)—式(4.21)进行解析求解，需要借助有限元等数值方法进行求解。有限元方法首先将上述微分方程组根据能量原理转换为积分弱形式，然后通过计算区域内的空间离散进行分片积分以得到真实响应的数值解。根据虚功原理，有限元的积分弱形式可以表示为

$$\begin{aligned}&\int_{\Omega}\boldsymbol{\sigma}:\delta\boldsymbol{\epsilon}(u)\mathrm{d}\Omega+\int_{\Omega}\rho\ddot{\boldsymbol{u}}\cdot\delta\boldsymbol{u}\mathrm{d}\Omega+\int_{\Omega}\eta\dot{\boldsymbol{u}}\cdot\delta\boldsymbol{u}\mathrm{d}\Omega\\&=\int_{\Omega}\rho\boldsymbol{b}^{*}\cdot\delta\boldsymbol{u}\mathrm{d}\Omega+\int_{\partial_t\Omega}\boldsymbol{t}^{*}\cdot\delta\boldsymbol{u}\mathrm{d}S\end{aligned} \tag{4.22}$$

式中，$\delta\boldsymbol{u}$ 为容许虚位移，$\boldsymbol{t}^{*}$ 为边界$\partial_t\Omega$ 上的面力。

对于三维固体结构化有限元分析，可采用三维 8 节点单元进行空间离散，如图 4.2.1 所示。在每个单元上，位移场通过节点位移 $\boldsymbol{d}(t)$ 插值确定，同时利用等参元的方式，有

$$\begin{aligned}\boldsymbol{u}(\boldsymbol{x},t)&=\boldsymbol{N}(\boldsymbol{\xi})\boldsymbol{d}(t)\\ \delta\boldsymbol{u}(\boldsymbol{x},t)&=\boldsymbol{N}(\boldsymbol{\xi})\delta\boldsymbol{d}(t)\end{aligned} \tag{4.23}$$

式中，$\boldsymbol{d}(t)$ 包含了单元中 8 个节点的三个方向的节点位移，$\delta\boldsymbol{d}(t)$ 为其虚位移形式；$\boldsymbol{N}(\boldsymbol{\xi})$ 为插值函数，可根据需要进行构造；$\boldsymbol{x}$ 和 $\boldsymbol{\xi}$ 分别为几何空间坐标和等参空间 $\bar{\Omega}$ 坐标，满足一定的映射关系。

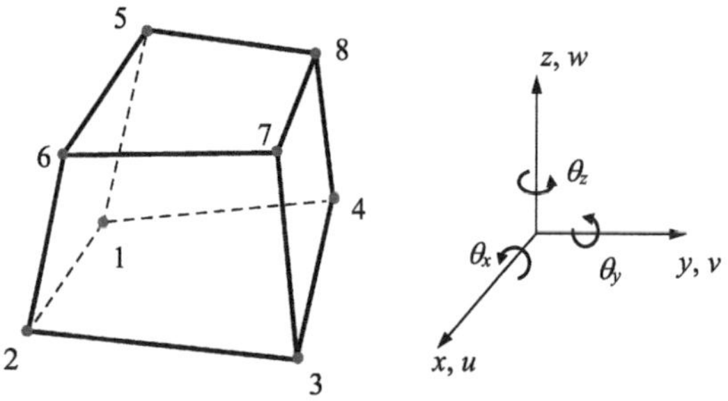

图 4.2.1　三维 8 节点实体单元

相应的，单元的应变场可根据几何方程计算

$$\boldsymbol{\epsilon}(\boldsymbol{x},t)=\boldsymbol{B}(\boldsymbol{x})\boldsymbol{d}(t) \tag{4.24}$$

式中，$\boldsymbol{B}(\boldsymbol{x})$ 为应变-位移协调矩阵，可根据插值函数对空间坐标求偏导计算。

将上式代入虚功原理式(4.22)中，即可得到有限元的控制方程

$$\boldsymbol{M}\ddot{\boldsymbol{d}}+\boldsymbol{C}\dot{\boldsymbol{d}}+\boldsymbol{f}^{\text{int}}=\boldsymbol{f}^{\text{ext}} \tag{4.25}$$

其中

$$\begin{aligned}&\boldsymbol{M}=\mathop{\mathsf{A}}_{e=1}^{n_{\text{ele}}}\int_{\bar{\Omega}}\rho\boldsymbol{N}^{\mathrm{T}}\boldsymbol{N}|\boldsymbol{J}|\,\mathrm{d}\bar{\Omega},\quad \boldsymbol{C}=\mathop{\mathsf{A}}_{e=1}^{n_{\text{ele}}}\int_{\bar{\Omega}}\eta\boldsymbol{N}^{\mathrm{T}}\boldsymbol{N}|\boldsymbol{J}|\,\mathrm{d}\bar{\Omega}\\ &\boldsymbol{f}^{\text{int}}=\mathop{\mathsf{A}}_{e=1}^{n_{\text{ele}}}\int_{\bar{\Omega}}\boldsymbol{B}^{\mathrm{T}}\boldsymbol{\sigma}|\boldsymbol{J}|\,\mathrm{d}\bar{\Omega}\\ &\boldsymbol{f}^{\text{ext}}=\mathop{\mathsf{A}}_{e=1}^{n_{\text{ele}}}\left(\int_{\bar{\Omega}}\rho\boldsymbol{N}^{\mathrm{T}}\boldsymbol{b}^{*}\,|\boldsymbol{J}|\,\mathrm{d}\bar{\Omega}+\int_{\partial_t\bar{\Omega}}\boldsymbol{N}^{\mathrm{T}}\boldsymbol{t}^{*}|\boldsymbol{J}|\,\mathrm{d}S\right)\end{aligned} \tag{4.26}$$

式中，$\boldsymbol{M}$ 和 $\boldsymbol{C}$ 分别为结构的质量矩阵和阻尼矩阵；$\boldsymbol{f}^{\text{int}}$ 和 $\boldsymbol{f}^{\text{ext}}$ 分别为结构的内力和外力向量矩阵；符号 $\mathop{\mathsf{A}}_{e=1}^{n_{\text{ele}}}$ 表示有限元将 n_{ele} 个单元进行组装的过程；$|\boldsymbol{J}|$ 为等参单元向几何空间的映射 Jacobi 矩阵，且有 $\boldsymbol{J}=\partial\boldsymbol{x}/\partial\boldsymbol{\xi}$。

显然，只需要求解满足式(4.25)的所有节点位移，结合几何方程、材料本构方程，即可得到结构所有单元的位移场、应变场和应力场。同时，由于该控制方程涉及强烈非线性行为，因此需要结合迭代算法进行控制方程求解。

在静力加载条件下，结构的加速度和速度导致的惯性力和阻尼力可忽略不计，因此控制

方程退化为

$$\boldsymbol{R}=\boldsymbol{f}^{\text{ext}}-\boldsymbol{f}^{\text{int}}(\boldsymbol{\sigma})=\boldsymbol{0} \tag{4.27}$$

式中，$\boldsymbol{R}$ 为内-外力的残差。此时，结合 4.1.2 节中的双尺度一致割线刚度算法，即可实现有限元迭代求解。

4.2.2　分层壳单元

实际混凝土结构分析中，墙板类构件厚度方向上的尺寸远小于另两个方向上的尺寸，因此可采用分层壳单元进行模拟，而无须采用三维实体单元。典型的分层壳单元如图 4.2.2 所示。通常，单元有 4 个节点，每个节点有 6 个自由度，即 3 个平移自由度和 3 个旋转自由度。该单元可将混凝土墙板构件分成若干层，且将分布的钢筋弥散为等效的钢片层。对于混凝土层，局部坐标系的选择与主应力方向一致；而对于钢筋层，则选择 x 轴与钢筋方向一致，并以此为第一主轴方向。

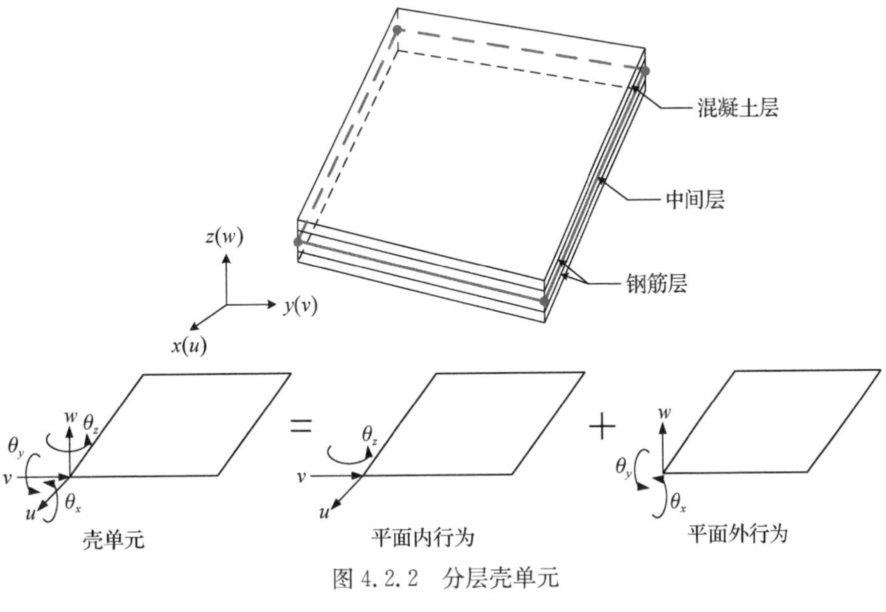

图 4.2.2　分层壳单元

从力学原理上讲，分层壳单元实际由两部分组成，即分层的膜单元和分层的板单元。膜单元描述了单元在轴向变形和面内剪切变形下的面内行为，板单元则定义了单元与弯曲变形和面外剪切变形有关的面外行为。事实上，每部分单元计算流程与经典的有限元计算流程一致，仅仅是单元激活的自由度存在区别。膜单元激活的是 4 个节点各自的平面内 x 和 y 方向的平动自由度和绕 z 方向的转动自由度，而板单元激活的则是每个节点平面外 z 方向的平动自由度和绕 x、y 方向的转动自由度。基于这一假定，可完全类似上一节中标准有限元推导过程分别建立膜单元、板单元的刚度矩阵 $\boldsymbol{K}_{\text{m}}$ 和 $\boldsymbol{K}_{\text{p}}$，即

$$\boldsymbol{K}_{\mathrm{m}}=\sum_{l=1}^{n}\int_{\Omega}\boldsymbol{B}_{\mathrm{m}}^{\mathrm{T}}\boldsymbol{E}_{\mathrm{m},l}\boldsymbol{B}_{\mathrm{m}}\,|\boldsymbol{J}|\,\mathrm{d}\overline{\Omega}$$
$$\boldsymbol{K}_{\mathrm{p}}=\sum_{l=1}^{n}\int_{\Omega}\boldsymbol{B}_{\mathrm{p}}^{\mathrm{T}}\boldsymbol{E}_{\mathrm{p},l}\boldsymbol{B}_{\mathrm{p}}\,|\boldsymbol{J}|\,\mathrm{d}\overline{\Omega}\tag{4.28}$$

式中，$\boldsymbol{B}_{\mathrm{m}}$ 和 $\boldsymbol{B}_{\mathrm{p}}$ 分别为膜单元和板单元的插值函数；$\boldsymbol{E}_{\mathrm{m},l}$ 和 $\boldsymbol{E}_{\mathrm{p},l}$ 分别为第 l 层对应于膜单元和板单元激活自由度的材料切线刚度矩阵；n 为划分层数。

上述两部分进行组合即可得到分层壳单元的整体刚度矩阵，兹不赘述。

分层壳单元的计算流程可分为三步。首先，计算中间层单元的应变和曲率等，并根据平面截面假设，同时确定其他层的应变和曲率。其次，得到各层的应变信息之后，即可根据材料本构模型分别更新膜单元各层和板单元各层的应力结果和刚度矩阵。最后，通过对各层的集合，即可建立最终的分层壳单元计算公式，有效地描述钢筋混凝土墙板结构面内/面外耦合弯曲、面内剪切等行为。

4.3 精细化损伤分析案例

基于上述混凝土损伤本构的理论模型和数值算法，利用通用有限元软件 ABAQUS 的用户子程序接口 UMAT 进行二次开发，可对混凝土构件层次和结构层次的典型非线性行为进行分析。

4.3.1 混凝土构件力学行为模拟

结合 ABAQUS 软件，建立装配式混凝土节点区的精细化三维模型。其中，预制混凝土梁、柱以及后浇混凝土采用 8 节点实体单元，钢筋采用 2 节点桁架单元，钢筋通过嵌入连接在混凝土中。在预制混凝土构件与后浇混凝土之间，采用 10 mm 厚的界面层以反映新-旧混凝土间的界面效应(Feng et al.，2018c；Feng et al.，2020a)。采用损伤本构模型模拟混凝土，节点区的钢筋以及梁端塑铰区的钢筋采用考虑粘结滑移的修正钢筋本构模型(具体修正方法可见本书 6.1.3 节)，而其余位置的钢筋采用原始的钢筋本构模型。具体建模策略见图 4.3.1。

首先，选择 2 个弯曲破坏型装配式梁柱中节点(试件 S2 和 S3)进行分析，节点尺寸及设计如图 4.3.2 所示，具体材料参数可见表 4.3.1(Guan et al.，2016)。分析过程中，加载方案分为两阶段：第一阶段是柱顶轴力加载，通过力控制；第二阶段是侧向低周反复加载，通过位移控制。数值模拟结果与试验结果的对比如图 4.3.3 所示。这里为了简便起见，仅对比了每一次滞回加载的第一圈结果曲线。从图中可以看出，数值结果与试验结果取得了较好的一致性，很好地预测了该节点的强度、刚度及滞回行为。相对而言，试验结果体现出更加显著的捏缩效应，这很可能是由于加载中对于每一个位移角采用三圈的加载方式，导致了低周疲劳。同时，采用 ABAQUS 中经典的损伤塑性模型(CDP)进行 S2 试件的分析，结果见图 4.3.3(a)。可见，CDP 模型得到的响应比试验高，且不能很好地反映节点的捏缩效应。这

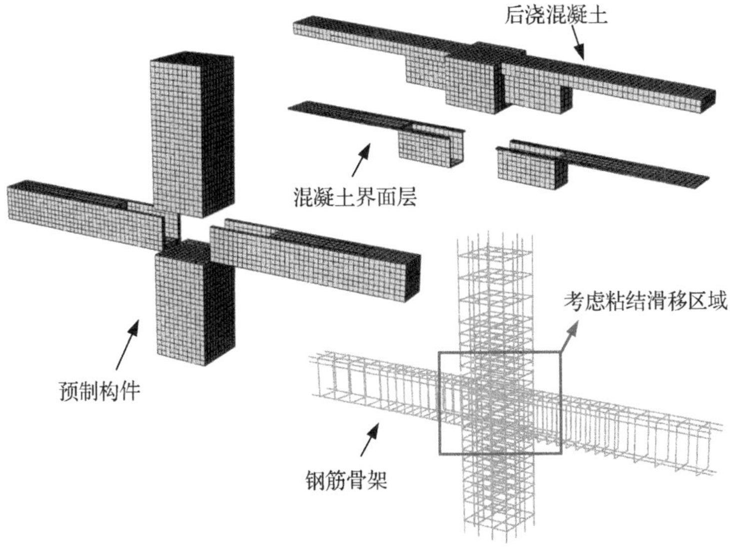

图 4.3.1　装配式钢筋混凝土节点建模策略

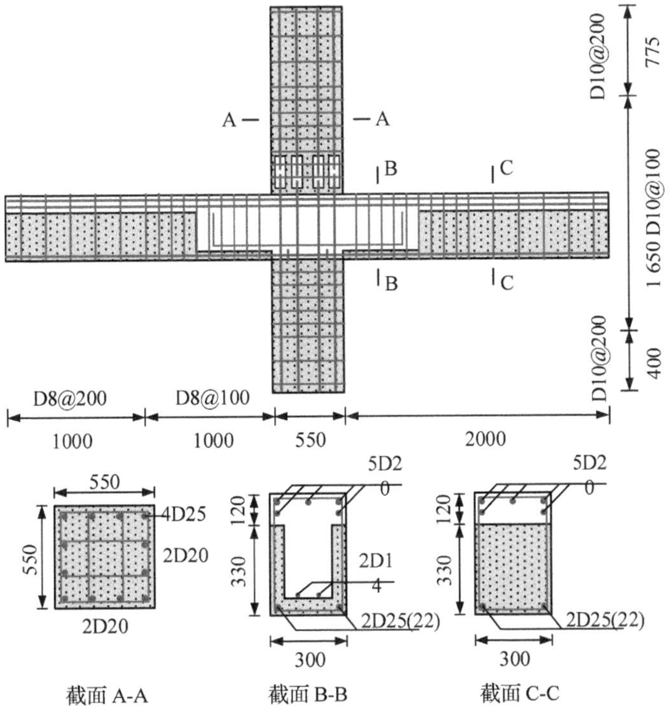

图 4.3.2　弯曲破坏型装配式梁柱节点(单位:mm)

表 4.3.1　弯曲破坏型装配式梁柱节点材料参数

混凝土属性					
混凝土区域	预制柱		预制梁		后浇区
抗压强度 f_c'/MPa	55.5		51.4		56.1
钢筋属性					
直径/mm	D8	D10	D20	D22	D25
面积/mm^2	50.2	78.5	314.0	379.9	490.6
弹性模量 E_s/MPa	2×10^5	2×10^5	2×10^5	2×10^5	2×10^5
屈服强度 f_y/MPa	448	433	448	450	429
屈服应变 ε_y	0.002 24	0.002 16	0.002 24	0.002 25	0.002 14
极限强度 f_u/MPa	646	598	617	624	607
硬化率 b	0.01	0.01	0.01	0.01	0.01

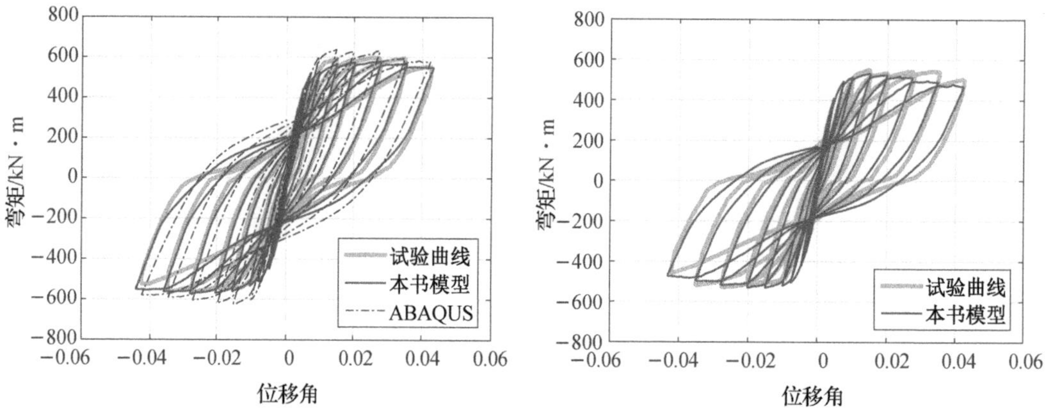

(a) 试件 S2　　(b) 试件 S3

图 4.3.3　弯曲破坏型装配式梁柱节点模拟结果

是由于 CDP 模型并未考虑混凝土的受压软化效应，因此混凝土的剪切行为无法得到准确表述。

对试验与模拟滞回曲线的定量特征，如刚度退化、能量耗散等，通过图 4.3.4 进行展示。其中刚度退化通过割线刚度计算，定义为每级加载正负向峰值点连线的斜率。可以看出，数值模拟得到的刚度退化与试验结果大体一致，数值模拟在一定程度上高估了节点的初始刚度，这可能是由于试件的实际边界条件无法精确模拟。对于能量耗散，数值结果则与试验结果具有较好的一致性。

图 4.3.5 比较了试验和数值模拟中分别得到的试件破坏模式。显然，数值模型的损伤云图和实际构件的破坏分布取得了较好的一致性：试件 S2 和 S3 均在梁端产生裂缝，然后沿梁逐渐扩展，最后梁端混凝土压碎导致试件破坏，即弯曲型破坏。数值模型均很好地捕捉到了这些特征。

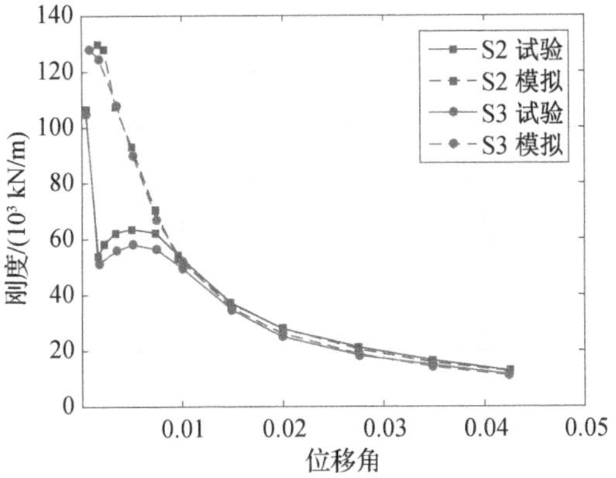

(a) 刚度退化

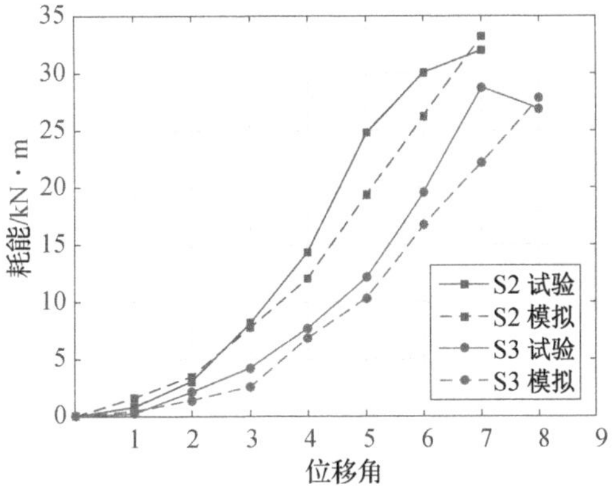

(b) 能量耗散

图 4.3.4　滞回曲线量化分析

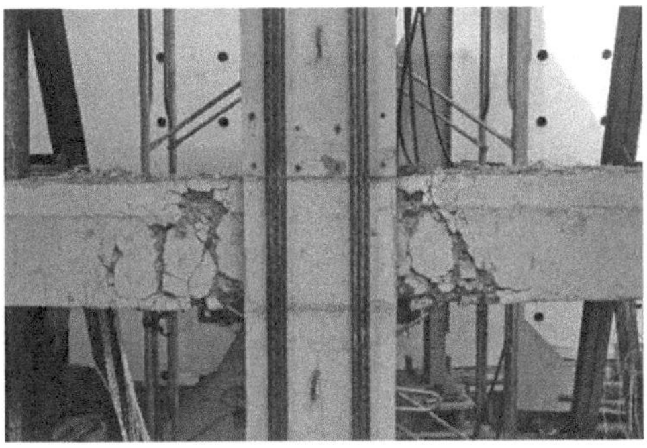

(a) S2 试验

(b) S2 模拟

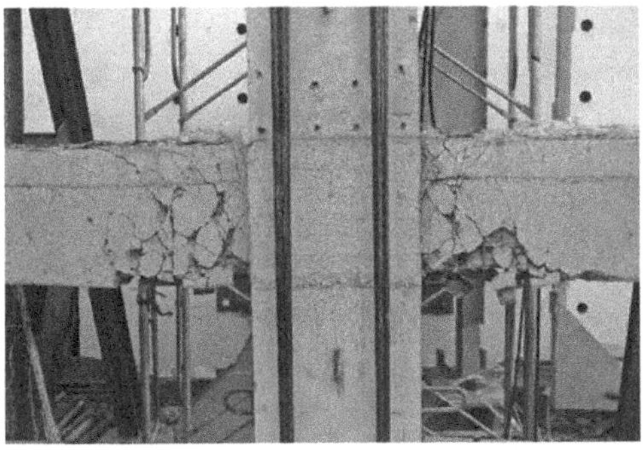

(c) S3 试验

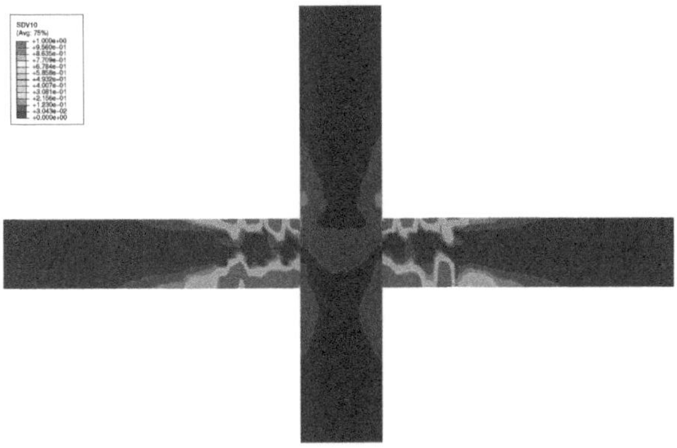

(d) S3 模拟

图 4.3.5　试件 S2 和 S3 的试验及模拟破坏模式对比

其次,选择 2 个剪切/滑移破坏型装配式梁柱中节点(试件 SP3 和 SP4),节点尺寸及设计如图 4.3.6 所示,具体材料参数可见表 4.3.2(Im et al.,2013)。两个试件唯一的区别是纵向钢筋的配筋率,试件的加载方式与上一案例相同。数值模拟与试验得到的荷载-位移曲线对比如图 4.3.7 所示。显然,数值模拟结果与试验结果取得了较好的一致性,计算所得的

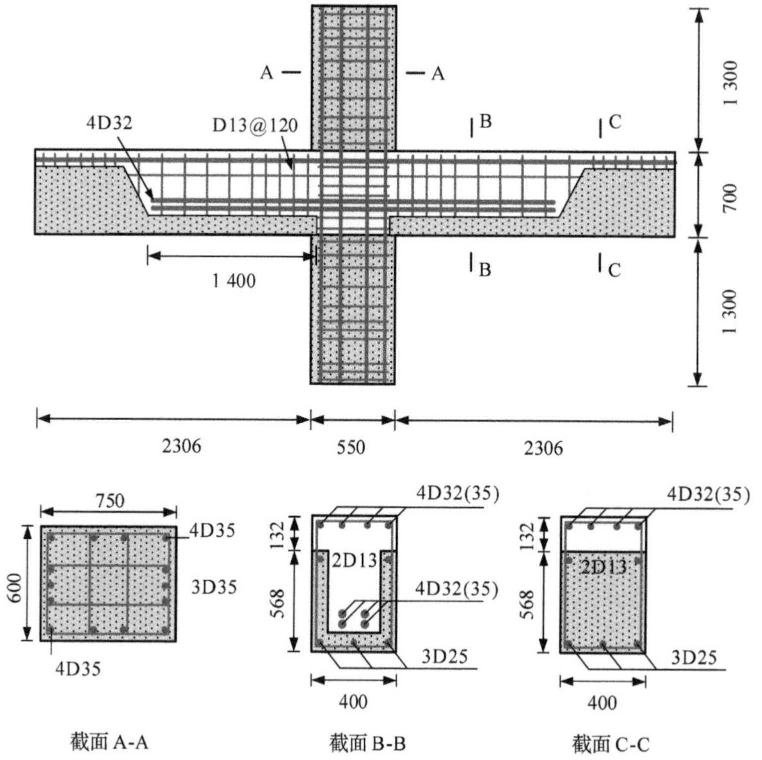

图 4.3.6 剪切/滑移破坏型装配式梁柱节点(单位:mm)

表 4.3.2 剪切/滑移破坏型装配式梁柱节点材料参数

混凝土属性			
混凝土区域	预制柱	预制梁	后浇区
混凝土强度 f'_c/MPa	47.5	35.1	34.9

钢筋属性					
直径/mm	D13	D16	D25	D32	D35
面积/mm^2	127	199	507	794	957
弹性模量 E_s/MPa	2×10^5	2×10^5	2×10^5	2×10^5	2×10^5
屈服强度 f_y/MPa	503	434	463	468	493
屈服应变 ε_y	0.002 51	0.002 17	0.002 31	0.002 34	0.002 46
极限强度 f_u/MPa	583	585	630	599	605
硬化率 b	0.01	0.01	0.01	0.01	0.01

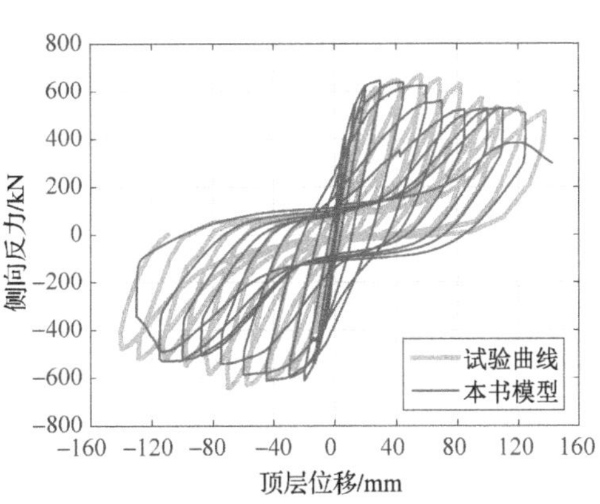

(a) 试件 SP3

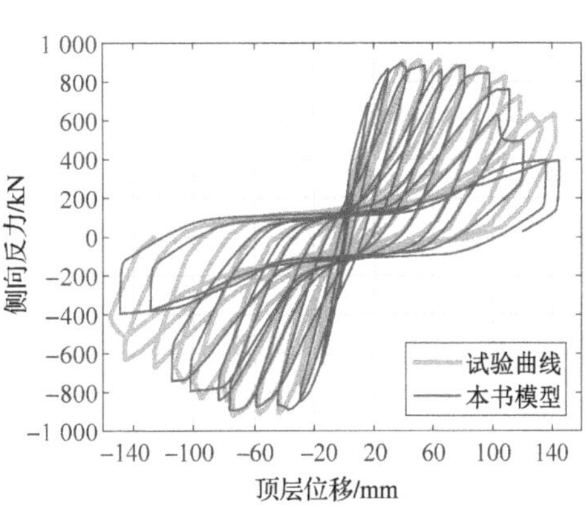

(b) 试件 SP4

图 4.3.7　剪切/滑移破坏型装配式梁柱节点模拟结果

试件承载能力、加-卸载刚度、残余位移、能量耗散等，都与试验结果吻合良好。试验测到的构件 SP3 和 SP4 的峰值承载力分别为 667.8 kN 和 926.8 kN，而模拟结果分别为 645.8 kN 和 897.9 kN，两者的最大误差仅为 3.3%。值得注意的是，SP3 和 SP4 的捏缩现象比前述弯曲破坏型的试件(S2 和 S3)更为严重，这是因为节点区存在更加明显的剪切效应(试验中发现了节点的交叉斜裂缝)。同时，由于梁端混凝土的压溃，粘结滑移现象显著。由于考虑了混凝土受压软化效应以及钢筋的粘结滑移效应，本书所建立的模型可以较好地反映结构的捏缩特征。图 4.3.8 进一步对比了试验与模拟所得到的试件破坏模式。显然，通过损伤云图

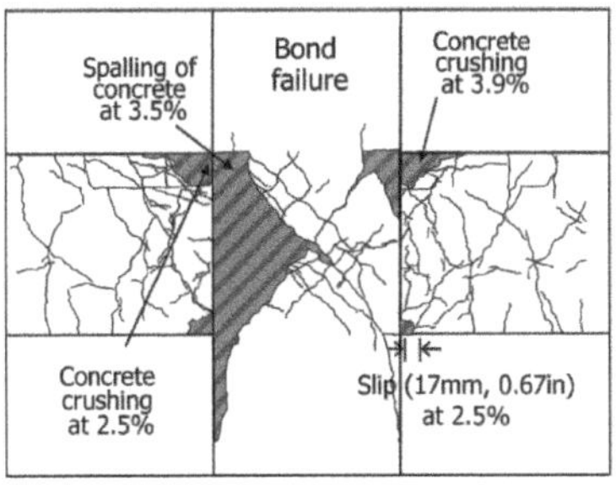

(a) SP3 试验

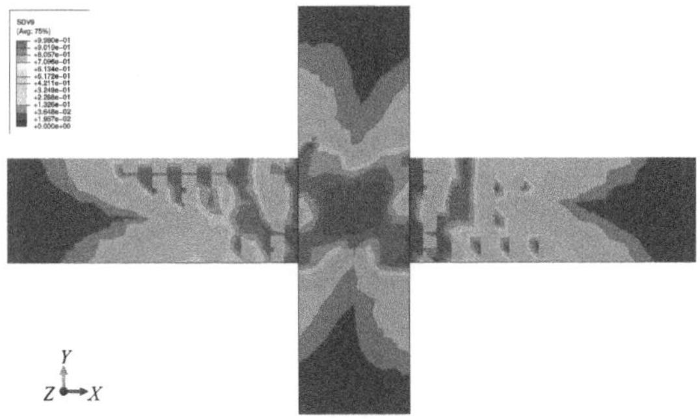

(b) SP3 模拟

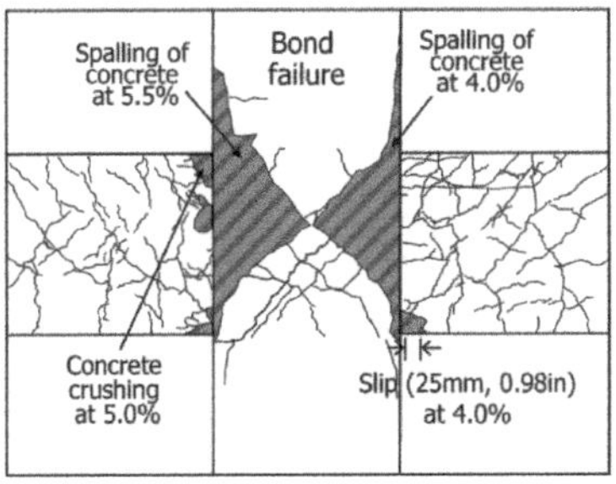

(c) SP4 试验

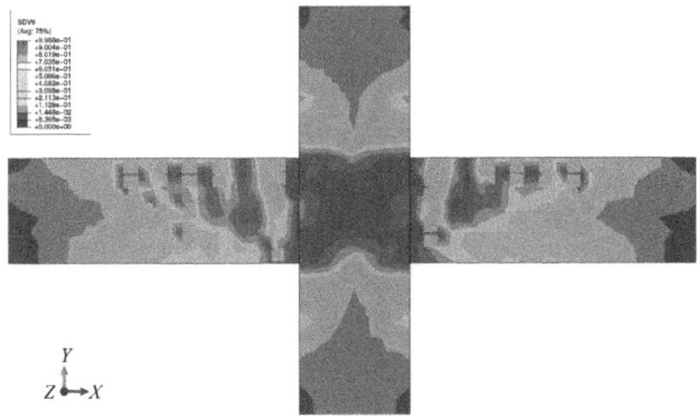

(d) SP4 模拟

图 4.3.8　试件 SP3 和 SP4 的试验及模拟破坏模式对比

可以发现,该类试件节点区的交叉斜裂缝破坏模式可以被合理反映,同时裂缝分布以及梁端混凝土压溃区域也可以被精确预测。

4.3.2 混凝土结构力学行为模拟

钢筋混凝土薄壁U形剪力墙是一类典型的钢筋混凝土结构。由于U形剪力墙存在两个方向的抗剪强度和刚度,因此在地震作用下的力学性能比较复杂,各个截面的剪力分布及荷载传递方式尚不清晰。本节选用 Constantin 和 Beyer(2016)的U形薄壁剪力墙双向反复加载试验(试件 TUC)进行分析。试件的详细尺寸如图 4.3.9 所示,墙体部分高 2 650 mm,翼缘与腹板的宽度分别为 1 050 mm 和 1 300 mm,墙厚均为 100 mm,轴压比为 0.06。该试验为了研究两侧翼缘竖向钢筋分布对抗震性能的影响,西侧竖向钢筋主要集中在边界处,而腹板及东侧翼缘竖向钢筋分布则相对均匀,翼缘和腹板两端均设置约束区。混凝土强度为 38.1 MPa,D6、D8 和 D12 钢筋的屈服强度分别为 492 MPa、563 MPa 和 529 MPa(Constantin & Beyer,2016)。

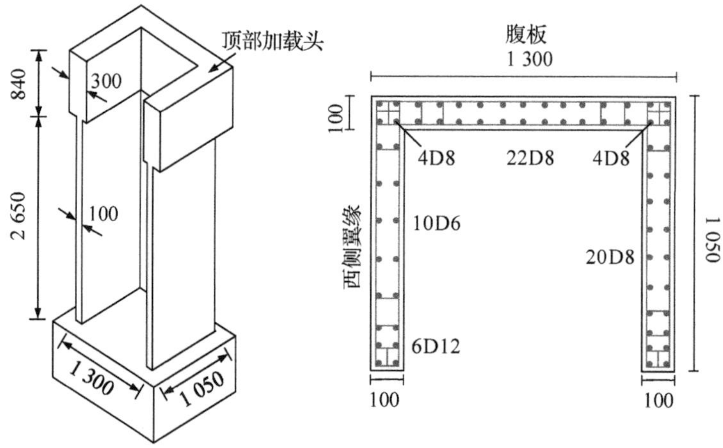

图 4.3.9 U形剪力墙(单位:mm)

试验中加载制度为双向反复加载,共由 3 个水平作动器加载:东西向作动器作用在腹板高 3.35 m 处,两个南北向作动器分别作用在两侧翼缘高 2.95 m 处。水平加载由位移控制,竖向荷载则保持常数。东西向和南北向作动器的水平加载制度可见原文献,两个方向的加载形成沿墙截面对角线方向的反复作用力。

采用分层壳单元对试件进行建模:模型尺寸以中心线为准;墙体采用分层壳,上部加载头为弹性,底部固结;墙内分布钢筋为分层壳钢筋层;为模拟角部约束区域集中分布钢筋,将其等效为暗柱的形式,与剪力墙采用共节点的方式连接。如此建立的有限元模型见图 4.3.10。

从整体滞回曲线和局部破坏特征两个方面对数值模拟结果展开分析。图 4.3.11 给出了构件沿东西加载向、南北加载向及对角线合力方向的荷载-位移曲线对比结果。可见,数值

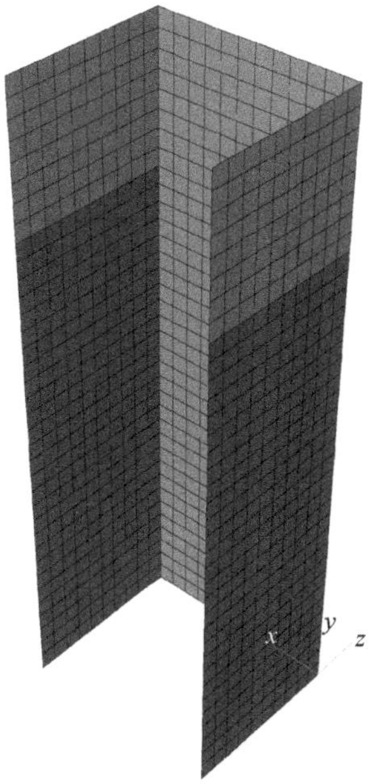

图 4.3.10　剪力墙有限元模型

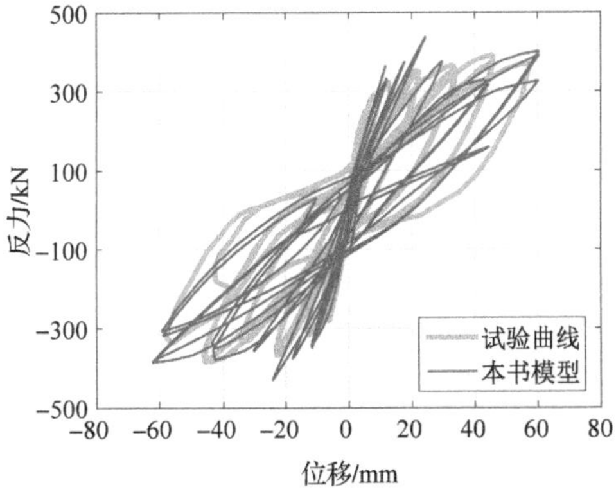

(a) 东西加载向

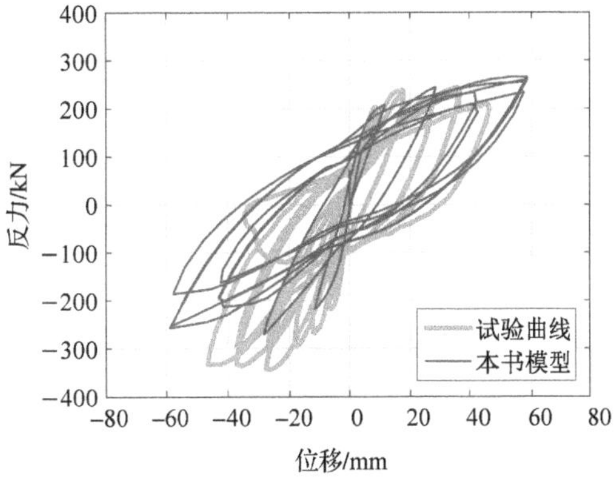

(b) 南北加载向

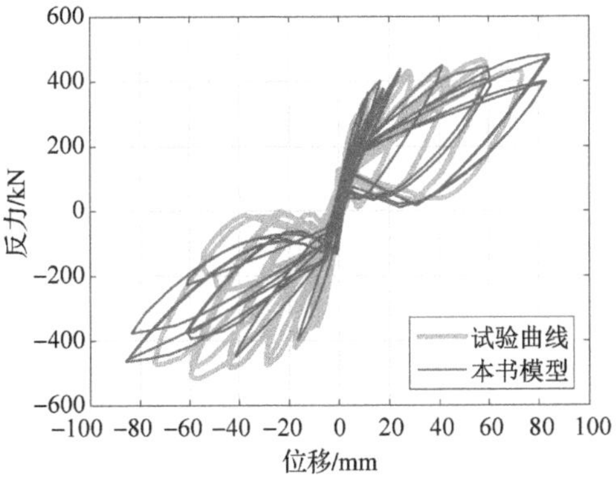

(c) 对角线合力向

图 4.3.11　U 形剪力墙荷载-位移曲线

模拟结果不仅能反映出U形剪力墙的强捏拢特征,还能模拟出滞回曲线回升等局部细节。这从整体层次上证明了采用分层壳单元及损伤本构模型进行分析的有效性。

试验过程中,试件TUC最终发生西侧翼缘面外失稳破坏,如图4.3.12(a)所示,西侧翼

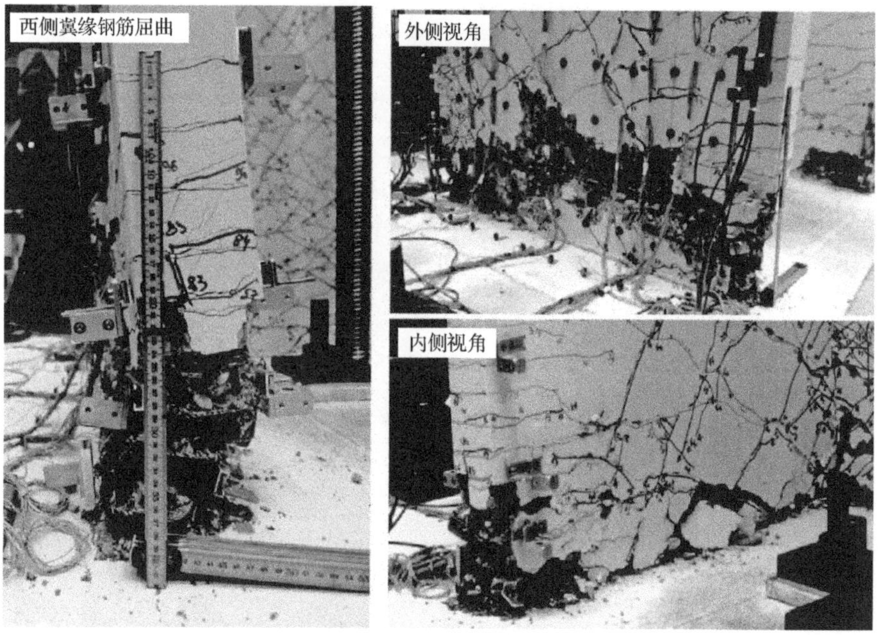

(a) 实际破坏图

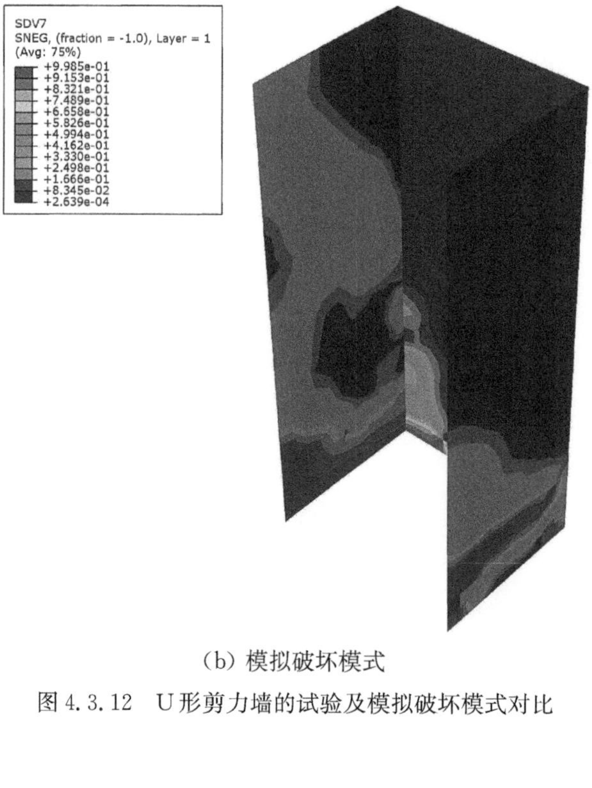

(b) 模拟破坏模式

图4.3.12 U形剪力墙的试验及模拟破坏模式对比

缘底部形成一条较大的水平裂缝。因为沿东西向反复加载时，西侧翼缘外部区域主要受拉压反复荷载作用，裂缝开展主要呈水平分布，此时钢筋产生受拉塑性应变，卸载后裂缝无法完全闭合，所以反向加载时薄壁剪力墙在水平裂缝处面外刚度突然减小，易发生失稳。在数值结果中同样也出现了西侧翼缘的面外失稳破坏现象[图 4.3.12(b)]，并且最终破坏时受压损伤主要分布在西侧翼缘的底部区域，受拉损伤主要分布在腹板及翼缘底部区域，损伤分布情况与试验结果基本一致。

通过上述两个方面的对比分析可见，基于损伤力学的混凝土本构模型以及精细化有限元分析方法不仅能够在宏观层面反映复杂U形剪力墙的荷载-位移反应，而且能体现剪力墙在复杂加载下的局部破坏特征，证明了损伤本构关系的有效性和优越性。

4.4 本章小结

本章给出了混凝土损伤模型的数值实现流程，创新提出了双尺度一致割线刚度算法，大大提升了计算收敛性。与三维有限元理论结合，构建了精细化的结构损伤分析途径。实际分析案例表明，结合损伤本构模型与有限元分析方法可以有效模拟复杂受力状态下的混凝土结构损伤力学行为、非线性反应及破坏特征。

第5章 结构高性能分析梁单元

基于三维有限元理论的建模方式可以高保真地再现结构受力后的状态，获得精细化的结构非线性力学行为。然而，该方式所建立的模型自由度数多，面临计算效率和计算稳定性问题。相比而言，对于以梁、柱为主的结构，基于一维杆系单元的建模方式将结构的基本构件简化成梁柱单元，结合纤维截面模型，不仅可以高效地计算材料-截面-单元-结构等尺度上的结构响应，而且大大减少了模型的自由度，提高了分析效率，因此得到了广泛的研究与应用。传统的一维杆系纤维梁柱单元往往针对材料非线性问题，且基于 Bernoulli 梁理论（忽略剪切）建立，本章则详细阐述作者所发展的综合反映几何、材料非线性的 Timoshenko 梁单元理论。同时，根据单元刚度矩阵形成方式的不同，还介绍了位移插值单元和力插值单元的基本概念和增强型有限元格式。

5.1 考虑材料和几何非线性的 Timoshenko 梁单元理论

5.1.1 Timoshenko 梁单元

Timoshenko 梁考虑了梁中剪力对结构变形的影响。考虑二维 Timoshenko 梁单元，单元具有 2 个节点，每个节点具有 3 个自由度（即 2 个方向平动、1 个方向转动），如图 5.1.1 所示。值得指出的是，通过进一步增加每个节点的自由度，该二维单元可以很方便地拓展为三维单元，且单元的总体框架不变。若定义单元节点位移向量为 $\boldsymbol{U}$、节点力向量为 $\boldsymbol{P}$，则可以表示为

$$\boldsymbol{U}=[U_1 \quad U_2 \quad U_3 \quad U_4 \quad U_5 \quad U_6]^{\mathrm{T}}, \quad \boldsymbol{P}=[P_1 \quad P_2 \quad P_3 \quad P_4 \quad P_5 \quad P_6]^{\mathrm{T}} \tag{5.1}$$

式中，U_i、P_i，$i=1,2,\cdots,6$ 分别为全局坐标系下的节点位移、节点力分量。2 个节点共 6 个自由度，因此位移和力均有 6 个分量。其中，$U_1 \sim U_3$ 和 $U_4 \sim U_6$ 分别为左端节点和右端节点的水平位移、竖向位移和转动；$P_1 \sim P_3$ 和 $P_4 \sim P_6$ 则分别为左端和右端节点的水平力、竖向力和弯矩。

若将单元相关向量从全局坐标系转换至局部坐标系，并略去刚体变形，则可得到单元基础坐标系下的单元变形向量 $\boldsymbol{q}$ 和单元力向量 $\boldsymbol{Q}$

$$\boldsymbol{q}=[q_1 \quad q_2 \quad q_3]^{\mathrm{T}}, \quad \boldsymbol{Q}=[Q_1 \quad Q_2 \quad Q_3]^{\mathrm{T}} \tag{5.2}$$

式中，q_1 为单元的轴向伸长量；q_2 和 q_3 分别为单元两端节点的转动；对应的，Q_1 为单元轴向力，Q_2 和 Q_3 分别为单元两端节点的弯矩。

在截面层次，位置为 x 处的截面变形向量 $\boldsymbol{d}(x)$ 和截面力向量 $\boldsymbol{D}(x)$ 可以表示为

$$\boldsymbol{d}(x)=[\varepsilon(x)\quad \kappa(x)\quad \gamma(x)]^{\mathrm{T}},\quad \boldsymbol{D}(x)=[N(x)\quad M(x)\quad V(x)]^{\mathrm{T}} \tag{5.3}$$

式中，$\varepsilon(x)$、$\kappa(x)$ 和 $\gamma(x)$ 分别为截面轴向变形、曲率和剪切变形；$N(x)$、$M(x)$、$V(x)$ 分别为截面轴力、弯矩和剪力。

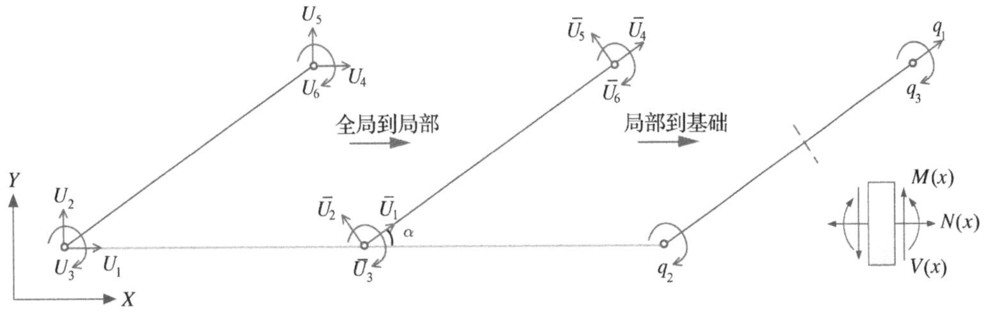

图 5.1.1　梁单元坐标系转换

5.1.2　共轭转动梁单元

为了在 Timoshenko 单元基础上同时考虑材料和几何的非线性效应，可以采用共轭转动梁单元(De Souza，2000)，这也是考虑大变形有限元分析的常用方法之一。由上一节可知，将全局坐标系中的单元节点位移 $\boldsymbol{U}$(或节点力 $\boldsymbol{P}$)首先转换为局部坐标系中的节点位移 $\overline{\boldsymbol{U}}$(或节点力 $\overline{\boldsymbol{P}}$)，然后消除刚体运动、转换为基础坐标系下的单元变形 $\boldsymbol{q}$(或单元力 $\boldsymbol{Q}$)。全局到局部的转换，可通过下式实现

$$\overline{\boldsymbol{U}}=\boldsymbol{R}\boldsymbol{U},\quad \boldsymbol{P}=\boldsymbol{R}^{\mathrm{T}}\overline{\boldsymbol{P}} \tag{5.4}$$

式中，$\boldsymbol{R}$ 是全局到局部的转换矩阵，可表示为

$$\boldsymbol{R}=\begin{bmatrix} \cos\alpha & \sin\alpha & 0 & 0 & 0 & 0 \\ -\sin\alpha & \cos\alpha & 0 & 0 & 0 & 0 \\ 0 & 0 & 1 & 0 & 0 & 0 \\ 0 & 0 & 0 & \cos\alpha & \sin\alpha & 0 \\ 0 & 0 & 0 & -\sin\alpha & \cos\alpha & 0 \\ 0 & 0 & 0 & 0 & 0 & 1 \end{bmatrix} \tag{5.5}$$

式中，α 是全局坐标轴与局部坐标轴之间的夹角。

如图 5.1.2 所示，若考虑大变形效应，基于局部坐标系下的单元变形，基础坐标系中单元的基本变形可以按下式计算

$$\boldsymbol{q}=\begin{bmatrix}q_1\\q_2\\q_3\end{bmatrix}=\begin{bmatrix}L_n-L\\\bar{U}_3-\psi\\\bar{U}_6-\psi\end{bmatrix}\tag{5.6}$$

式中,ψ 为单元的刚体转动;L_n 为变形后的单元长度,可分别表示为

$$\begin{aligned}\psi&=\arctan\left(\frac{\bar{U}_5-\bar{U}_2}{L+\bar{U}_4-\bar{U}_1}\right)\\L_n&=\sqrt{(L+\bar{U}_4-\bar{U}_1)^2+(\bar{U}_5-\bar{U}_2)^2}\end{aligned}\tag{5.7}$$

式中,L 是单元的初始长度。注意,对于线性几何情况(即小变形假定),有 $\psi\approx\tan\psi\approx\dfrac{\bar{U}_5-\bar{U}_2}{L}$ 和 $L_n\approx L+\bar{U}_4-\bar{U}_1$。

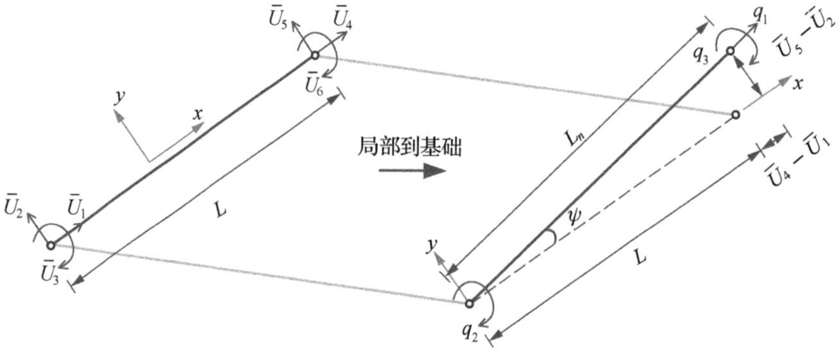

图 5.1.2 梁运动关系

基础坐标系下的单元基本力 $\boldsymbol{Q}$ 与局部坐标系下的单元力 $\bar{\boldsymbol{P}}$ 满足

$$\bar{\boldsymbol{P}}=\boldsymbol{\Gamma}^{\mathrm{T}}\boldsymbol{Q}\tag{5.8}$$

式中,$\boldsymbol{\Gamma}$ 是单元局部坐标系到基础坐标系的变换矩阵,可以写成

$$\boldsymbol{\Gamma}=\begin{bmatrix}-\cos\psi & -\sin\psi & 0 & \cos\psi & \sin\psi & 0\\-\sin\psi/L_n & \cos\psi/L_n & 1 & \sin\psi/L_n & -\cos\psi/L_n & 0\\-\sin\psi/L_n & \cos\psi/L_n & 0 & \sin\psi/L_n & -\cos\psi/L_n & 1\end{bmatrix}\tag{5.9}$$

因此,基础坐标系下的单元刚度矩阵 $\boldsymbol{K}_{\mathrm{ele}}$ 可以通过计算单元力向量 $\boldsymbol{P}$ 对单元变形向量 $\boldsymbol{U}$ 的偏导数求得,即

$$\boldsymbol{K}_{\mathrm{ele}}=\frac{\partial\boldsymbol{P}}{\partial\boldsymbol{U}}=\frac{\partial\boldsymbol{P}}{\partial\bar{\boldsymbol{P}}}\frac{\partial\bar{\boldsymbol{P}}}{\partial\bar{\boldsymbol{U}}}\frac{\partial\bar{\boldsymbol{U}}}{\partial\boldsymbol{U}}=\boldsymbol{R}^{\mathrm{T}}\bar{\boldsymbol{K}}_{\mathrm{ele}}\boldsymbol{R}\tag{5.10}$$

式中,$\bar{\boldsymbol{K}}_{\mathrm{ele}}$ 为局部坐标系下的单元刚度矩阵,可进一步写为

$$\bar{\boldsymbol{K}}_{\mathrm{ele}}=\frac{\partial\bar{\boldsymbol{P}}}{\partial\bar{\boldsymbol{U}}}=\frac{\partial\boldsymbol{\Gamma}^{\mathrm{T}}}{\partial\bar{\boldsymbol{U}}}\boldsymbol{Q}+\boldsymbol{\Gamma}^{\mathrm{T}}\frac{\partial\boldsymbol{Q}}{\partial\boldsymbol{q}}\frac{\partial\boldsymbol{q}}{\partial\bar{\boldsymbol{U}}}=\bar{\boldsymbol{K}}_{\mathrm{G}}+\bar{\boldsymbol{K}}_{\mathrm{M}}\tag{5.11}$$

式中,右边第一项 $\bar{\boldsymbol{K}}_{\mathrm{G}}$ 为反映几何非线性的几何刚度矩阵;第二项 $\bar{\boldsymbol{K}}_{\mathrm{M}}$ 为反映材料非线性的

材料刚度矩阵，两者的 $ij(i,j=1,2,\cdots,6)$ 分量可以分别表示为

$$\bar{K}_{\mathrm{G}_{ij}}=\sum_{m=1}^{3}\frac{\partial\Gamma_{mi}Q_m}{\partial\bar{U}_j}$$
$$\bar{K}_{\mathrm{M}_{ij}}=\sum_{m=1}^{3}\sum_{n=1}^{3}\frac{\Gamma_{mi}K_{mn}\partial q_n}{\partial\bar{U}_j}\tag{5.12}$$

式中，K_{mn} 为基础坐标系下单元刚度矩阵 $\boldsymbol{K}=\frac{\partial\boldsymbol{Q}}{\partial\boldsymbol{q}}$ 的 mn 分量，$m,n=1,2,3$。

将式(5.6)至式(5.9)代入式(5.12)中，可得到几何刚度矩阵为

$$\bar{\boldsymbol{K}}_{\mathrm{G}}=\frac{1}{L_n^2}[L_n\boldsymbol{A}\boldsymbol{A}^{\mathrm{T}}Q_1+(\boldsymbol{A}\boldsymbol{B}^{\mathrm{T}}+\boldsymbol{B}\boldsymbol{A}^{\mathrm{T}})Q_2+(\boldsymbol{A}\boldsymbol{B}^{\mathrm{T}}+\boldsymbol{B}\boldsymbol{A}^{\mathrm{T}})Q_3]\tag{5.13}$$

式中

$$\boldsymbol{A}=[\sin\psi\quad -\cos\psi\quad 0\quad -\sin\psi\quad \cos\psi\quad 0]$$
$$\boldsymbol{B}=[-\cos\psi\quad -\sin\psi\quad 0\quad \cos\psi\quad \sin\psi\quad 0]\tag{5.14}$$

而材料刚度矩阵 $\bar{\boldsymbol{K}}_{\mathrm{M}}$ 为

$$\bar{\boldsymbol{K}}_{\mathrm{M}}=\boldsymbol{\Gamma}^{\mathrm{T}}\boldsymbol{K}\boldsymbol{\Gamma}\tag{5.15}$$

显然，上述公式给出了能同时考虑材料和几何非线性的 Timoshenko 梁单元理论框架。其中，单元几何刚度矩阵可直接根据每一步下的单元变形状态计算获得；而单元材料刚度矩阵则需要求解单元基础刚度矩阵 $\boldsymbol{K}$，这就需要构造相关方法计算单元基本力 $\boldsymbol{Q}$ 与基本变形 $\boldsymbol{q}$ 之间的关系。事实上，如图 5.1.3 所示，构造基础坐标系下的单元刚度矩阵的本质是建立单元基本力 $\boldsymbol{Q}$ 和单元基本变形 $\boldsymbol{q}$ 之间的关系，可通过多种方式来构造：若以单元变形 $\boldsymbol{q}$ 为驱动，则称之为位移插值单元；反之，若以单元力 $\boldsymbol{Q}$ 为驱动，则称之为力插值单元，如以下两节所述。

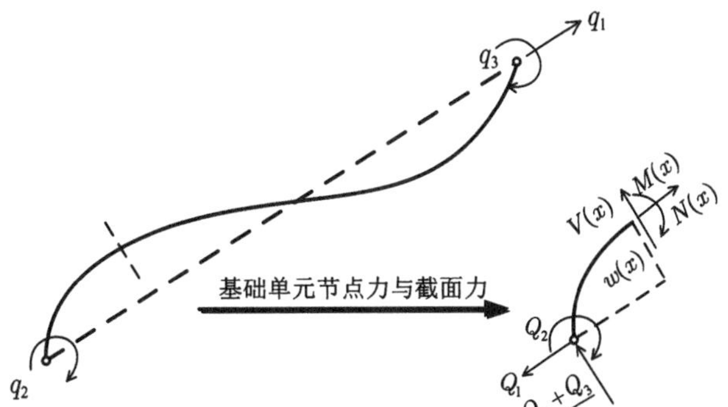

图 5.1.3　基础坐标系运动关系

需要指出，为简便计算，本章单元构造过程中均不考虑单元中分布力的影响。若存在分布力，则可通过等效节点荷载的方式进行处理，此处不再展开。

5.2 位移插值梁单元及其增强型格式

5.2.1 位移插值单元

位移插值单元一般以单元变形为基础构造单元刚度矩阵。基础坐标系下的单元的变形场可以基于节点变形进行插值计算,其中,轴向变形 $u(x)$和转角 $\theta(x)$可以采用线性插值;而横向变形 $w(x)$相对复杂,为避免"剪切锁闭"问题,可采用高阶插值函数,即

$$\boldsymbol{u}(x)=\begin{bmatrix}u(x)\\ \theta(x)\\ w(x)\end{bmatrix}=\begin{bmatrix}N_1(x)q_1\\ N_2(x)q_2+N_1(x)q_3\\ N_3(x)q_2+N_4(x)q_3\end{bmatrix}=\boldsymbol{N}(x)\boldsymbol{q} \tag{5.16}$$

式中,$\boldsymbol{N}(x)$为位移插值函数,定义了线性分布的轴向变形和转角,以及二次分布的挠度,可表述为

$$\boldsymbol{N}(x)=\begin{bmatrix}N_1(x) & 0 & 0\\ 0 & N_2(x) & N_1(x)\\ 0 & N_3(x) & N_4(x)\end{bmatrix}=\begin{bmatrix}x/L & 0 & 0\\ 0 & 1-x/L & x/L\\ 0 & x/2(1-x/L) & -x/2(1-x/L)\end{bmatrix} \tag{5.17}$$

Timoshenko 梁理论中,截面变形和单元变形的关系可以通过几何关系确定,即

$$\boldsymbol{d}(x)=\begin{bmatrix}\varepsilon(x)\\ \kappa(x)\\ \gamma(x)\end{bmatrix}=\begin{bmatrix}\dfrac{\partial u}{\partial x}\\ \dfrac{\partial \theta}{\partial x}\\ \dfrac{\partial w}{\partial x}-\theta\end{bmatrix}=\mathcal{L}\boldsymbol{u}(x)=\mathcal{L}\boldsymbol{N}(x)\boldsymbol{q} \tag{5.18}$$

式中,$\mathcal{L}$为拉普拉斯算子,即

$$\mathcal{L}=\begin{bmatrix}\dfrac{\partial}{\partial x} & 0 & 0\\ 0 & \dfrac{\partial}{\partial x} & 0\\ 0 & -1 & \dfrac{\partial}{\partial x}\end{bmatrix} \tag{5.19}$$

因此,任一截面处的变形可写为

$$\boldsymbol{d}(x)=\boldsymbol{B}_{\mathrm{d}}(x)\boldsymbol{q} \tag{5.20}$$

式中,$\boldsymbol{B}_{\mathrm{d}}(x)=\mathcal{L}\,\boldsymbol{N}(x)$为位移协调矩阵,可根据式(5.18)求得,具体表示为

$$\boldsymbol{B}_{\mathrm{d}}(x)=\begin{bmatrix}1 & 0 & 0\\0 & x/L-1 & x/L\\0 & 1/2 & 1/2\end{bmatrix} \tag{5.21}$$

根据虚功原理，单元平衡条件的弱形式为

$$\delta\boldsymbol{q}^{\mathrm{T}}\boldsymbol{Q}=\int_L \delta\boldsymbol{d}^{\mathrm{T}}(x)\boldsymbol{D}(x)\mathrm{d}x=\int_L \delta\boldsymbol{q}^{\mathrm{T}}\boldsymbol{B}_{\mathrm{d}}^{\mathrm{T}}(x)\boldsymbol{D}(x)\mathrm{d}x \tag{5.22}$$

因此，可得到基础坐标系下的单元力为

$$\boldsymbol{Q}=\int_L \boldsymbol{B}_{\mathrm{d}}^{\mathrm{T}}(x)\boldsymbol{D}(x)\mathrm{d}x \tag{5.23}$$

对上式求关于单元变形的偏导数，可得到单元刚度矩阵 $\boldsymbol{K}$，即

$$\begin{aligned}\boldsymbol{K}=\frac{\partial\boldsymbol{Q}}{\partial\boldsymbol{q}}&=\int_L \boldsymbol{B}_{\mathrm{d}}^{\mathrm{T}}(x)\frac{\partial\boldsymbol{D}(x)}{\partial\boldsymbol{q}}\mathrm{d}x=\int_L \boldsymbol{B}_{\mathrm{d}}^{\mathrm{T}}(x)\frac{\partial\boldsymbol{D}(x)}{\partial\boldsymbol{d}(x)}\frac{\partial\boldsymbol{d}(x)}{\partial\boldsymbol{q}}\mathrm{d}x\\&=\int_L \boldsymbol{B}_{\mathrm{d}}^{\mathrm{T}}(x)\boldsymbol{k}_{\mathrm{sec}}(x)\boldsymbol{B}_{\mathrm{d}}(x)\mathrm{d}x\end{aligned} \tag{5.24}$$

式中，$\boldsymbol{k}_{\mathrm{sec}}$ 为截面刚度矩阵，可根据纤维截面模型计算。式(5.23)以及式(5.24)中的积分可以用数值积分的方法来求解，一般采用两点 Gauss-Legendre 积分法。

显然，位移插值单元的整体思路与经典的有限单元法一致，因此单元的构造过程简单且方便嵌入通用有限元程序。然而，由于通过节点变形插值给出单元的位移分布，而真实的位移分布往往与这一假定的情况存在偏差，因此通常需要密集划分单元来逼近真实的位移场(对于梁柱构件来说，一般需要 4—6 个单元)，从而增加了模型的自由度，降低了计算效率。

值得注意的是，若不考虑共轭转动大变形框架，则位移插值单元同样可以直接基于整体坐标系下的单元位移进行构造，整体推导过程类似，仅式(5.16)需要替换成整体坐标系下的单元位移和对应的位移插值函数，具体可见 Feng 等(2017)，Feng 和 Xu(2018)，此处不再赘述。

5.2.2　轴向平衡位移插值单元格式

对于上一节中的位移插值单元，单元的平衡条件是弱形式满足的，见式(5.23)，即截面力和单元力之间的关系是在积分的意义上满足的。这就会导致单元的局部响应(如截面轴力)并不能严格满足平衡条件。Koutromanos 和 Bowers(2016)，Tarquini 等(2017)均指出，基于常规的位移插值单元计算所得的截面轴力与外加轴力并不相等，而且由于轴力会显著影响截面的弯矩-曲率关系，因此可能导致误差的进一步传递。为了解决这一问题，需要对单元的截面变形进行增强，以避免平衡条件是弱形式满足的(Feng & Wu，2020)。

在 Timoshenko 单元框架内，可对截面的轴向变形进行增强，增强后截面变形可以表示为

$$\bar{\boldsymbol{d}}(x)=\boldsymbol{d}(x)+\hat{\boldsymbol{d}}(x) \tag{5.25}$$

式中，$\boldsymbol{d}(x)$为截面的标准变形部分；$\hat{\boldsymbol{d}}(x)$为增强变形部分，可表示为

$$\hat{\boldsymbol{d}}(x)=(e(1-2x/L),\quad 0,\quad 0)^{\mathrm{T}} \tag{5.26}$$

式中,e 为增强常数。

上述的截面增强变形需要满足以下两个条件

$$\int_L \bar{\varepsilon}(x)\mathrm{d}x=q_1,\quad \int_L \hat{\boldsymbol{d}}^{\mathrm{T}}(x)\boldsymbol{D}(x)\mathrm{d}x=0 \tag{5.27}$$

式中,$\bar{\varepsilon}(x)$为增强后截面变形向量的第一个分量,即截面轴向变形;q_1 为整个单元的轴向伸长。

上式的两个条件意味着进行截面变形增强后,轴向的变形协调条件仍然满足(积分意义上),且截面增强变形向量与截面力向量正交。因此,单元的虚功原理可继续表示为

$$\delta\boldsymbol{q}^{\mathrm{T}}\boldsymbol{Q}=\int_L \delta\bar{\boldsymbol{d}}^{\mathrm{T}}(x)\boldsymbol{D}(x)\mathrm{d}x=\int_L \delta\boldsymbol{d}^{\mathrm{T}}(x)\boldsymbol{D}(x)\mathrm{d}x \tag{5.28}$$

可见,进行了截面变形增强后,并没有改变单元的协调条件和能量原理。事实上,由于增强项 $e(1-2x/L)$是奇函数,因此相应的积分消失,式(5.27)中的第一个条件是自动满足的;另外,将式(5.26)代入式(5.27),第二个条件可简化为

$$\int_L (1-2x/L)N(x)\mathrm{d}x=0 \tag{5.29}$$

上式即为单元在状态确定过程中必须满足的条件。

若对截面轴向力以插值方式进行计算,即

$$N(x)=(1-x/L)\cdot N|_{x=0}+x/L\cdot N|_{x=L} \tag{5.30}$$

则代入式(5.29),第二个条件即为

$$\int_L (1-2x/L)N(x)\mathrm{d}x=\frac{1}{6}(N|_{x=0}-N|_{x=L})=0\Rightarrow N|_{x=0}=N|_{x=L} \tag{5.31}$$

由式(5.31)可知,变形增强使单元两端截面轴向力相同。同时,式(5.30)中任意截面在 x 位置处的轴向力变为

$$N(x)=(1-x/L)\cdot N|_{x=0}+x/L\cdot N|_{x=L}=N|_{x=0}=N|_{x=L} \tag{5.32}$$

上式表明增强后单元的轴向平衡不仅在平均意义上满足,而且对任意截面都成立。结合传统位移插值单元的构造方式及式(5.24),增强单元的刚度矩阵可进一步写为

$$\begin{aligned}\boldsymbol{K}&=\int_L \boldsymbol{B}_{\mathrm{d}}^{\mathrm{T}}(x)\frac{\partial\boldsymbol{D}(x)}{\partial\boldsymbol{q}}\mathrm{d}x=\int_L \boldsymbol{B}_{\mathrm{d}}^{\mathrm{T}}(x)\frac{\partial\boldsymbol{D}(x)}{\partial\bar{\boldsymbol{d}}(x)}\frac{\partial\bar{\boldsymbol{d}}(x)}{\partial\boldsymbol{q}}\mathrm{d}x\\&=\int_L \boldsymbol{B}_{\mathrm{d}}^{\mathrm{T}}(x)\boldsymbol{k}_{\mathrm{sec}}(x)\left[\frac{\partial\boldsymbol{d}(x)}{\partial\boldsymbol{q}}+\frac{\partial\hat{\boldsymbol{d}}(x)}{\partial\boldsymbol{q}}\right]\mathrm{d}x\\&=\int_L \boldsymbol{B}_{\mathrm{d}}^{\mathrm{T}}(x)\boldsymbol{k}_{\mathrm{sec}}(x)[\boldsymbol{B}_{\mathrm{d}}(x)+\boldsymbol{a}\boldsymbol{B}_{\mathrm{ed}}(x)]\mathrm{d}x\end{aligned} \tag{5.33}$$

式中,$\boldsymbol{a}=\partial\hat{\boldsymbol{d}}(x)/\partial e=(1-2x/L\quad 0\quad 0)^{\mathrm{T}}$ 是增强变形向量;$\boldsymbol{B}_{\mathrm{ed}}(x)=\partial e/\partial\boldsymbol{q}$,可根据参数 e 进行求解。

5.2.3　轴向变形增强计算方法

由上述单元格式可见，变形增强计算的核心在于常数 e 的确定，这可以通过截面的轴向平衡条件来确定。根据截面的力-变形关系，单元任一截面处的轴向力可表示为

$$N(x)=\boldsymbol{k}_{\mathrm{sec},1}(x)\bar{\boldsymbol{d}}(x)=\boldsymbol{k}_{\mathrm{sec},1}(x)[\boldsymbol{B}_{\mathrm{d}}(x)\boldsymbol{q}+\hat{\boldsymbol{d}}(x)] \tag{5.34}$$

式中，$\boldsymbol{k}_{\mathrm{sec},1}(x)$为截面刚度矩阵 $\boldsymbol{k}_{\mathrm{sec}}(x)$的第一行。

对上述关系进行展开，并结合平衡条件 $N|_{x=0}=N|_{x=L}$，得到

$$e=\frac{\boldsymbol{k}_{\mathrm{sec},1}\boldsymbol{B}_{\mathrm{d}}|_{x=L}-\boldsymbol{k}_{\mathrm{sec},1}\boldsymbol{B}_{\mathrm{d}}|_{x=0}}{\boldsymbol{k}_{\mathrm{sec},11}|_{x=L}+\boldsymbol{k}_{\mathrm{sec},11}|_{x=0}}\boldsymbol{q} \tag{5.35}$$

式中，$\boldsymbol{k}_{\mathrm{sec},11}$ 是 $\boldsymbol{k}_{\mathrm{sec},1}$ 的第一个分量。

因此，单元刚度矩阵式(5.33)中的 $\boldsymbol{B}_{ed}(x)$可表示为

$$\boldsymbol{B}_{\mathrm{ed}}(x)=\frac{\partial e}{\partial \boldsymbol{q}}=\frac{\boldsymbol{k}_{\mathrm{sec},1}\boldsymbol{B}_{\mathrm{d}}|_{x=L}-\boldsymbol{k}_{\mathrm{sec},1}\boldsymbol{B}_{\mathrm{d}}|_{x=0}}{\boldsymbol{k}_{\mathrm{sec},11}|_{x=L}+\boldsymbol{k}_{\mathrm{sec},11}|_{x=0}} \tag{5.36}$$

可以发现，上述求解过程中涉及单元两端截面的轴力信息。若仍然采用 Gauss-Legendre 积分求解单元刚度矩阵，积分点与端部节点不一致，则需要增加计算端部节点的截面信息；而若采用 Gauss-Lobatto 积分，积分点虽然设置在截面端部，但是为了积分精度仍然需要计算单元内部的截面信息。因此，为了提升计算效率，本节采用一种改进的积分策略(Feng & Wu，2020)：直接利用端部截面信息进行插值求解单元刚度矩阵，即

$$\begin{aligned}
&\boldsymbol{Q}=\int_L \boldsymbol{B}_{\mathrm{d}}^{\mathrm{T}}(x)\left[\left(1-\frac{x}{L}\right)\boldsymbol{D}|_{x=0}+\frac{x}{L}\boldsymbol{D}|_{x=L}\right]\mathrm{d}x\\
&\boldsymbol{K}=\int_L \boldsymbol{B}_{\mathrm{d}}^{\mathrm{T}}(x)\left\{\left(1-\frac{x}{L}\right)[\boldsymbol{k}_{\mathrm{sec}}(\boldsymbol{B}_{\mathrm{d}}+\boldsymbol{a}\boldsymbol{B}_{\mathrm{ed}})]\Big|_{x=0}+\frac{x}{L}[\boldsymbol{k}_{\mathrm{sec}}(\boldsymbol{B}_{\mathrm{d}}+\boldsymbol{a}\boldsymbol{B}_{\mathrm{ed}})]\Big|_{x=L}\right\}\mathrm{d}x
\end{aligned} \tag{5.37}$$

采用上述近似，只需要端部的截面信息，而积分的求解可采用 Gauss-Legendre 积分或 Gauss-Lobatto 积分，两者计算精度类似。实际上，上述线性插值本质上是基于内力的插值，因此可认为是精确的。

参数 e 的求解还需要进行迭代。考虑一个典型的加载时间步 n，给定的单元节点位移向量用 $\boldsymbol{q}^n$ 表示，迭代从 $j=0$ 开始，总体步骤如下：

1. 首先对 e^j 进行初步猜测，可直接设为上一步的值，即 $e^j=e^{j-1}$，则增强截面变形计算为

$$\begin{aligned}
&\bar{\boldsymbol{d}}^n(x)=\boldsymbol{B}_{\mathrm{d}}(x)\boldsymbol{q}^n+\hat{\boldsymbol{d}}^{n,j}(x)\\
&\hat{\boldsymbol{d}}^{n,j}(x)=(e^j(1-2x/L),0,0)
\end{aligned} \tag{5.38}$$

2. 对于端部截面，利用纤维截面模型计算，由增强变形 $\bar{\boldsymbol{d}}^n(x)$计算出两端的截面内力向量$\boldsymbol{D}^n|_{x=0,L}$ 和截面刚度矩阵 $\boldsymbol{k}_{\mathrm{sec}}^n|_{x=0,L}$。

3. 检查截面轴向平衡是否满足，即$|N^n|_{x=0}-N^n|_{x=L}|<\mathrm{Tol.}$，其中 Tol. 为收敛容差。如果满足该条件，那么执行步骤 4；否则，使用下述更新后的截面增强变形返回步骤 2 重新

计算。

$$e^{j+1}=e^{j}-\frac{N^{n}|_{x=0}-N^{n}|_{x=L}}{\boldsymbol{k}_{\mathrm{sec},11}^{n}|_{x=0}+\boldsymbol{k}_{\mathrm{sec},11}^{n}|_{x=L}} \tag{5.39}$$

4. 采用 $\boldsymbol{D}^{n}|_{x=0,L}$ 和 $\boldsymbol{k}_{\mathrm{sec}}^{n}|_{x=0,L}$,根据式(5.37)更新单元内力 $\boldsymbol{Q}^{n}$ 和刚度 $\boldsymbol{K}^{n}$。

5.3 力插值梁单元及其增强型格式

5.3.1 力插值单元

与位移插值单元不同,力插值单元以单元力作为基础构造。与单元位移分布相比,单元力分布更加简单和稳定(例如轴力和弯矩均为线性分布),因此不需要对单元进行精细划分以逼近力场。而且,力插值单元在整个计算过程中的静力平衡条件始终满足,保证了计算的精度,允许采用一个单元就可以进行一般构件的损伤分析。

在单元基础坐标系下,任一截面力与单元力满足

$$\boldsymbol{D}(x)=\boldsymbol{B}_{\mathrm{f}}(x)\boldsymbol{Q} \tag{5.40}$$

式中,$\boldsymbol{B}_{\mathrm{f}}(x)$ 为力插值函数,定义了沿单元长度 L 方向的常轴力、剪力,以及线性分布的弯矩,可表示为(Spacone et al.,1996;Scott & Fenves,2006)

$$\boldsymbol{B}_{\mathrm{f}}(x)=\begin{bmatrix}1 & 0 & 0\\ 0 & x/L-1 & x/L\\ 0 & -1/L & -1/L\end{bmatrix} \tag{5.41}$$

根据虚功原理,单元的协调条件可以表示为

$$\delta\boldsymbol{Q}^{\mathrm{T}}\boldsymbol{q}=\int_{L}\delta\boldsymbol{D}^{\mathrm{T}}(x)\boldsymbol{d}(x)\mathrm{d}x=\int_{L}\delta\boldsymbol{Q}^{\mathrm{T}}\boldsymbol{B}_{\mathrm{f}}^{\mathrm{T}}(x)\boldsymbol{d}(x)\mathrm{d}x \tag{5.42}$$

因此,可得到单元基础坐标系下的变形为

$$\boldsymbol{q}=\int_{L}\boldsymbol{B}_{\mathrm{f}}^{\mathrm{T}}(x)\boldsymbol{d}(x)\mathrm{d}x \tag{5.43}$$

对上式求关于单元力的偏导数,即得到单元的基础柔度 $\boldsymbol{F}$,即

$$\begin{aligned}\boldsymbol{F}=\frac{\partial\boldsymbol{q}}{\partial\boldsymbol{Q}}&=\int_{L}\boldsymbol{B}_{\mathrm{f}}^{\mathrm{T}}(x)\frac{\partial\boldsymbol{d}(x)}{\partial\boldsymbol{Q}}\mathrm{d}x=\int_{L}\boldsymbol{B}_{\mathrm{f}}^{\mathrm{T}}(x)\frac{\partial\boldsymbol{d}(x)}{\partial\boldsymbol{D}(x)}\frac{\partial\boldsymbol{D}(x)}{\partial\boldsymbol{Q}}\mathrm{d}x\\&=\int_{L}\boldsymbol{B}_{\mathrm{f}}^{\mathrm{T}}(x)\boldsymbol{f}_{\mathrm{sec}}(x)\boldsymbol{B}_{\mathrm{f}}(x)\mathrm{d}x\end{aligned} \tag{5.44}$$

式中,$\boldsymbol{f}_{\mathrm{sec}}=\dfrac{\partial\boldsymbol{d}(x)}{\partial\boldsymbol{D}(x)}=\boldsymbol{k}_{\mathrm{sec}}^{-1}$ 为截面柔度矩阵,可通过对截面刚度矩阵 $\boldsymbol{k}_{\mathrm{sec}}$ 求逆计算获得,而截面刚度矩阵同样可以通过纤维截面模型进行计算。

综上,力插值单元的刚度矩阵为

$$\boldsymbol{K}=\boldsymbol{F}^{-1} \tag{5.45}$$

上述式中涉及的积分同样可以通过高斯积分进行求解。通常，考虑到单元力的最大值往往发生在单元端部，因此采用 Gauss-Lobatto 积分进行求解。该积分在单元端部设置了积分点，可以捕捉单元力的极值状态(Scott & Fenves，2006)。该积分方法具有 $2N_p-3$ 阶精度(N_p 为积分点数目)，因此每个单元设置 4～6 个积分点便可满足一般分析精度需求(Neuenhofer & Filippou，1997)。

应该指出，尽管力插值单元严格满足平衡条件、精度较高，但其以单元力为驱动，使得其与传统的基于位移的有限元程序不一致，所以一般在确定单元状态时需要根据结构层次输入的单元位移迭代求解单元刚度矩阵，这加大了单元构造的难度，也是力插值单元的主要局限。

5.3.2　曲率-剪切位移插值(CSBDI)增强的力插值单元格式

对于上一节中的力插值单元，通过共轭转动框架，可以将“大位移”效应从基础坐标系分离，但却无法考虑基础坐标系中的“大变形”效应(Scott & Jafari，2017)。因此，在模拟一些单元局部变形较大的情况时，式(5.41)定义的力插值函数不再准确，需要进一步细划分单元网格，这就丧失了力插值单元的原有优势(整个构件仅采用 1 个单元来模拟)。为此，需要考虑更加精细化的力插值函数(Feng et al.，2023)。

将式(5.40)改写为

$$\boldsymbol{D}(x)=\boldsymbol{B}_{\mathrm{f}}[x,w(x)]\boldsymbol{Q} \tag{5.46}$$

其中

$$\boldsymbol{B}_{\mathrm{f}}[x,w(x)]=\begin{bmatrix} 1 & 0 & 0 \\ w(x) & x/L_n-1 & x/L_n \\ -w'(x) & -1/L_n & -1/L_n \end{bmatrix} \tag{5.47}$$

式中，$\boldsymbol{B}_{\mathrm{f}}[x,w(x)]$即为考虑基础坐标系中“大变形”效应的增强型力插值函数；$w(x)$为截面的横向挠度场，$w'(x)$为其一阶微分。

基于 Hellinger-Reissner(HR)二场变分原理(Hjelmstad & Taciroglu，2005；Jafari et al.，2010)，单元的虚功方程可写为

$$\delta\boldsymbol{Q}^{\mathrm{T}}\boldsymbol{q}=\int_{L_n}\delta\boldsymbol{D}^{\mathrm{T}}(x)\boldsymbol{d}(x)\mathrm{d}x=\int_{L_n}\delta\boldsymbol{Q}^{\mathrm{T}}\boldsymbol{B}_{\mathrm{f}}^{*}[x,w(x)]^{\mathrm{T}}\boldsymbol{d}(x)\mathrm{d}x \tag{5.48}$$

则单元的协调条件可以表示为

$$\boldsymbol{q}=\int_{L_n}\boldsymbol{B}_{\mathrm{f}}^{*}[x,w(x)]^{\mathrm{T}}\boldsymbol{d}(x)\mathrm{d}x \tag{5.49}$$

式中

$$\boldsymbol{B}_{\mathrm{f}}^{*}[x,w(x)]=\begin{bmatrix} 1 & 0 & 0 \\ w(x)/2 & x/L_n-1 & x/L_n \\ -w'(x)/2 & -1/L_n & -1/L_n \end{bmatrix} \tag{5.50}$$

这里的横向挠度场的系数 1/2 是由于进行 HR 变分计算获得的。

单元的柔度矩阵 $\boldsymbol{F}$ 同样可以通过对 $\boldsymbol{q}$ 求关于 $\boldsymbol{Q}$ 的偏导数得到，即

$$\begin{aligned}\boldsymbol{F}=\frac{\partial \boldsymbol{q}}{\partial \boldsymbol{Q}}&=\int_{L_n}\left\{\frac{\partial \boldsymbol{B}_{\mathrm{f}}^{*}[x,w(x)]^{\mathrm{T}}}{\partial \boldsymbol{Q}}\boldsymbol{d}(x)+\boldsymbol{B}_{\mathrm{f}}^{*}[x,w(x)]^{\mathrm{T}}\boldsymbol{f}_{\sec}(x)\frac{\partial \boldsymbol{D}(x)}{\partial \boldsymbol{Q}}\right\}\mathrm{d}x\\&=\int_{L_n}\{\boldsymbol{\Pi}(x)\boldsymbol{d}(x)+\boldsymbol{B}_{\mathrm{f}}^{*}[x,w(x)]^{\mathrm{T}}\boldsymbol{f}_{\sec}(x)\boldsymbol{\Theta}(x)\}\mathrm{d}x\end{aligned} \tag{5.51}$$

显然，只需要确定上式中的 $\boldsymbol{\Pi}(x)$ 和 $\boldsymbol{\Theta}(x)$，便可以得到完整的单元柔度矩阵。注意到力插值函数 $\boldsymbol{B}_{\mathrm{f}}[x,w(x)]$ 可以分解为两部分

$$\boldsymbol{B}_{\mathrm{f}}[x,w(x)]=\boldsymbol{B}_{\mathrm{f1}}[x,w(x)]+\boldsymbol{B}_{\mathrm{f2}}[x,w'(x)] \tag{5.52}$$

式中

$$\boldsymbol{B}_{\mathrm{f1}}[x,w(x)]=\begin{bmatrix}1 & 0 & 0\\ w(x) & x/L_n-1 & x/L_n\\ 0 & -1/L_n & -1/L_n\end{bmatrix},\quad \boldsymbol{B}_{\mathrm{f2}}[x,w'(x)]=\begin{bmatrix}0 & 0 & 0\\ 0 & 0 & 0\\ -w'(x) & 0 & 0\end{bmatrix} \tag{5.53}$$

所以，$\boldsymbol{\Theta}(x)$ 可以表示为

$$\begin{aligned}\boldsymbol{\Theta}(x)&=\frac{\partial \boldsymbol{D}(x)}{\partial \boldsymbol{Q}}=\frac{\partial\{\boldsymbol{B}_{\mathrm{f}}[x,w(x)]\boldsymbol{Q}\}}{\partial \boldsymbol{Q}}\\&=\boldsymbol{B}_{\mathrm{f}}[x,w(x)]+\left\{\frac{\partial \boldsymbol{B}_{\mathrm{f1}}[x,w(x)]}{\partial w(x)}\frac{\partial w(x)}{\partial \boldsymbol{Q}}+\frac{\partial \boldsymbol{B}_{\mathrm{f2}}[x,w'(x)]}{\partial w'(x)}\frac{\partial w'(x)}{\partial \boldsymbol{Q}}\right\}\boldsymbol{Q}\end{aligned} \tag{5.54}$$

式中

$$\frac{\partial \boldsymbol{B}_{\mathrm{f1}}[x,w(x)]}{\partial w(x)}=\begin{bmatrix}0 & 0 & 0\\ 1 & 0 & 0\\ 0 & 0 & 0\end{bmatrix},\quad \frac{\partial \boldsymbol{B}_{\mathrm{f2}}[x,w'(x)]}{\partial w'(x)}=\begin{bmatrix}0 & 0 & 0\\ 0 & 0 & 0\\ -1 & 0 & 0\end{bmatrix} \tag{5.55}$$

类似的，$\boldsymbol{B}_{\mathrm{f}}^{*}[x,w(x)]^{\mathrm{T}}$ 也可以分为两部分，因而 $\boldsymbol{\Pi}(x)$ 可以写为

$$\begin{aligned}\boldsymbol{\Pi}(x)&=\frac{\partial \boldsymbol{B}_{\mathrm{f}}^{*}[x,w(x)]^{\mathrm{T}}}{\partial \boldsymbol{Q}}\\&=\frac{\partial \boldsymbol{B}_{\mathrm{f1}}^{*}[x,w(x)]^{\mathrm{T}}}{\partial w(x)}\frac{\partial w(x)}{\partial \boldsymbol{Q}}+\frac{\partial \boldsymbol{B}_{\mathrm{f2}}^{*}[x,w'(x)]^{\mathrm{T}}}{\partial w'(x)}\frac{\partial w'(x)}{\partial \boldsymbol{Q}}\end{aligned} \tag{5.56}$$

式中

$$\frac{\partial \boldsymbol{B}_{\mathrm{f1}}^{*}[x,w(x)]^{\mathrm{T}}}{\partial w(x)}=\begin{bmatrix}0 & 1/2 & 0\\ 0 & 0 & 0\\ 0 & 0 & 0\end{bmatrix},\quad \frac{\partial \boldsymbol{B}_{\mathrm{f2}}^{*}[x,w'(x)]^{\mathrm{T}}}{\partial w'(x)}=\begin{bmatrix}0 & 0 & -1/2\\ 0 & 0 & 0\\ 0 & 0 & 0\end{bmatrix} \tag{5.57}$$

将上述式(5.54)—式(5.57)代入式(5.51)，可得到单元柔度矩阵的最终表达式为

$$\begin{aligned}\boldsymbol{F}&=\int_{L_n}\{\boldsymbol{\Pi}(x)\boldsymbol{d}(x)+\boldsymbol{B}_{\mathrm{f}}^{*}[x,w(x)]^{\mathrm{T}}\boldsymbol{f}_{\sec}(x)\boldsymbol{\Theta}(x)\}\mathrm{d}x\\&=\int_{L_n}\left\{\frac{\partial \boldsymbol{B}_{\mathrm{f1}}^{*}[x,w(x)]^{\mathrm{T}}}{\partial w(x)}\frac{\partial w(x)}{\partial \boldsymbol{Q}}+\frac{\partial \boldsymbol{B}_{\mathrm{f2}}^{*}[x,w'(x)]^{\mathrm{T}}}{\partial w'(x)}\frac{\partial w'(x)}{\partial \boldsymbol{Q}}\right\}\boldsymbol{d}(x)\mathrm{d}x+\end{aligned} \tag{5.58}$$

$$\int_{L_n}\boldsymbol{B}_{\mathrm{f}}^{*}[x,w(x)]^{\mathrm{T}}\boldsymbol{f}_{\mathrm{sec}}(x)\boldsymbol{B}_{\mathrm{f}}[x,w(x)]\mathrm{d}x+$$

$$\int_{L_n}\boldsymbol{B}_{\mathrm{f}}^{*}[x,w(x)]^{\mathrm{T}}\boldsymbol{f}_{\mathrm{sec}}(x)\left\{\frac{\partial\boldsymbol{B}_{\mathrm{f1}}[x,w(x)]}{\partial w(x)}\frac{\partial w(x)}{\partial\boldsymbol{Q}}+\frac{\partial\boldsymbol{B}_{\mathrm{f2}}[x,w'(x)]}{\partial w'(x)}\frac{\partial w'(x)}{\partial\boldsymbol{Q}}\right\}\boldsymbol{Q}\mathrm{d}x$$

显然，除 $\partial w(x)/\partial\boldsymbol{Q}$ 和 $\partial w'(x)/\partial\boldsymbol{Q}$ 之外，上式其他项均可以直接计算获得，将之代入式(5.45)中，便可以得到增强型单元的刚度矩阵，且此过程中涉及的积分同样可以利用高斯积分进行求解。

5.3.3　CSBDI 函数计算

为了求解单元柔度矩阵式(5.58)中的未知项 $\partial w(x)/\partial\boldsymbol{Q}$ 和 $\partial w'(x)/\partial\boldsymbol{Q}$，需要构造额外的位移插值函数进行求解，可称之为曲率-剪切位移插值函数(CSBDI，curvature-shear-based displacement interpolation)(Scott & Jafari，2017；Feng et al.，2023；Jafari et al.，2010)。在这一分析中，由于采用高斯积分求解柔度矩阵和单元变形向量，因此计算过程中可以方便地获取每个积分点处截面的变形 $\boldsymbol{d}(x)$。假设单元全长设置了 n 个积分点，可以通过一个补充的 Lagrange 插值来计算任意位置(与积分点位置无关)的截面曲率和剪切变形，即

$$\kappa(x)=\sum_{i=1}^{n}l_i(\xi)\kappa(\xi_i)$$
$$\gamma(x)=\sum_{i=1}^{n}l_i(\xi)\gamma(\xi_i) \tag{5.59}$$

式中，$\kappa(\cdot)$和 $\gamma(\cdot)$分别为曲率和剪切变形；$\xi=x/L_n$ 为归一化后的截面位置，$\xi_i=x_i/L_n$ 为归一化后的第 i 个积分点位置；$l_i(\xi)$为 Lagrange 插值函数的第 i 项，可由下式计算

$$l_i(\xi)=\frac{\prod_{j=1,j\neq i}^{n}(\xi-\xi_j)}{\prod_{j=1,j\neq i}^{n}(\xi_i-\xi_j)} \tag{5.60}$$

考虑梁横向挠度 $w(x)$、截面曲率 $\kappa(x)$和剪切变形 $\gamma(x)$之间的协调关系，有

$$w''(x)=\kappa(x)+\gamma'(x)$$
$$w'(x)=\int\kappa(x)\mathrm{d}x+a_1+\gamma(x)+b_1 \tag{5.61}$$
$$w(x)=\iint\kappa(x)\mathrm{d}x+a_1x+a_2+\int\gamma(x)\mathrm{d}x+b_1x+b_2$$

将式(5.59)代入式(5.61)，可得到各个积分点处的横向挠度向量及其一阶导数为

$$\boldsymbol{w}=\boldsymbol{L}_{\kappa}^{*}\boldsymbol{\kappa}+\boldsymbol{L}_{\gamma}^{*}\boldsymbol{\gamma}$$
$$\boldsymbol{w}'=\boldsymbol{L}_{\kappa}^{*\prime}\boldsymbol{\kappa}+\boldsymbol{L}_{\gamma}^{*\prime}\boldsymbol{\gamma} \tag{5.62}$$

式中，向量 $\boldsymbol{w}$，$\boldsymbol{\kappa}$ 和 $\boldsymbol{\gamma}$ 包含了各积分点截面处的挠度、曲率和剪切变形，即

$$\boldsymbol{w}=[w(\xi_1)\quad w(\xi_2)\quad\cdots\quad w(\xi_n)]^{\mathrm{T}}$$
$$\boldsymbol{\kappa}=[\kappa(\xi_1)\quad\kappa(\xi_2)\quad\cdots\quad\kappa(\xi_n)]^{\mathrm{T}} \tag{5.63}$$
$$\boldsymbol{\gamma}=[\gamma(\xi_1)\quad\gamma(\xi_2)\quad\cdots\quad\gamma(\xi_n)]^{\mathrm{T}}$$

$\boldsymbol{L}_{\kappa}^{*}$,$\boldsymbol{L}_{\gamma}^{*}$,$\boldsymbol{L}_{\kappa}^{*\prime}$和$\boldsymbol{L}_{\gamma}^{*\prime}$为 CSBDI 中的曲率-剪切影响矩阵,可表示为

$$\boldsymbol{L}_{\kappa}^{*}=L^{2}\begin{bmatrix}\frac{(\xi_1^2-\xi_1)}{2} & \frac{(\xi_1^3-\xi_1)}{6} & \cdots & \frac{(\xi_1^{n+1}-\xi_1)}{n(n+1)}\\ \vdots & \vdots & \ddots & \vdots\\ \frac{(\xi_n^2-\xi_n)}{2} & \frac{(\xi_n^3-\xi_n)}{6} & \cdots & \frac{(\xi_n^{n+1}-\xi_n)}{n(n+1)}\end{bmatrix}\boldsymbol{G}^{-1}$$

$$\boldsymbol{L}_{\kappa}^{*\prime}=L\begin{bmatrix}\xi_1-\frac{1}{2} & \frac{\xi_1^2}{2}-\frac{1}{6} & \cdots & \frac{\xi_1^n}{n}-\frac{1}{n(n+1)}\\ \vdots & \vdots & \ddots & \vdots\\ \xi_n-\frac{1}{2} & \frac{\xi_n^2}{2}-\frac{1}{6} & \cdots & \frac{\xi_n^n}{n}-\frac{1}{n(n+1)}\end{bmatrix}\boldsymbol{G}^{-1} \tag{5.64}$$

$$\boldsymbol{L}_{\gamma}^{*}=L\begin{bmatrix}0 & \frac{(\xi_1^2-\xi_1)}{2} & \cdots & \frac{(\xi_1^n-\xi_1)}{n}\\ \vdots & \vdots & \ddots & \vdots\\ 0 & \frac{(\xi_n^2-\xi_n)}{2} & \cdots & \frac{(\xi_n^n-\xi_n)}{n}\end{bmatrix}\boldsymbol{G}^{-1}$$

$$\boldsymbol{L}_{\gamma}^{*\prime}=\begin{bmatrix}0 & \xi_1-\frac{1}{2} & \cdots & \xi_1^{n-1}-\frac{1}{n}\\ \vdots & \vdots & \ddots & \vdots\\ 0 & \xi_n-\frac{1}{2} & \cdots & \xi_n^{n-1}-\frac{1}{n}\end{bmatrix}\boldsymbol{G}^{-1}$$

式中

$$\boldsymbol{G}=\begin{bmatrix}1 & \xi_1 & \cdots & \xi_1^{n-1}\\ \vdots & \vdots & \ddots & \vdots\\ 1 & \xi_n & \cdots & \xi_n^{n-1}\end{bmatrix} \tag{5.65}$$

因此,$\boldsymbol{w}$ 和 $\boldsymbol{w}'$相对于$\boldsymbol{Q}$ 的导数可写为

$$\begin{aligned}\frac{\partial \boldsymbol{w}}{\partial \boldsymbol{Q}}&=\boldsymbol{L}_{\kappa}^{*}\sum_{j=1}^{n}\frac{\partial \boldsymbol{\kappa}}{\partial \boldsymbol{D}(\xi_j)}\frac{\partial \boldsymbol{D}(\xi_j)}{\partial \boldsymbol{Q}}+\boldsymbol{L}_{\gamma}^{*}\sum_{j=1}^{n}\frac{\partial \boldsymbol{\gamma}}{\partial \boldsymbol{D}(\xi_j)}\frac{\partial \boldsymbol{D}(\xi_j)}{\partial \boldsymbol{Q}}\\ \frac{\partial \boldsymbol{w}'}{\partial \boldsymbol{Q}}&=\boldsymbol{L}_{\kappa}^{*\prime}\sum_{j=1}^{n}\frac{\partial \boldsymbol{\kappa}}{\partial \boldsymbol{D}(\xi_j)}\frac{\partial \boldsymbol{D}(\xi_j)}{\partial \boldsymbol{Q}}+\boldsymbol{L}_{\kappa}^{*\prime}\sum_{j=1}^{n}\frac{\partial \boldsymbol{\gamma}}{\partial \boldsymbol{D}(\xi_j)}\frac{\partial \boldsymbol{D}(\xi_j)}{\partial \boldsymbol{Q}}\end{aligned} \tag{5.66}$$

上式中,$\frac{\partial \boldsymbol{\kappa}}{\partial \boldsymbol{D}(\xi_j)}$和$\frac{\partial \boldsymbol{\gamma}}{\partial \boldsymbol{D}(\xi_j)}$为截面柔度矩阵的对角元素,而$\frac{\partial \boldsymbol{D}(\xi_j)}{\partial \boldsymbol{Q}}$已在式(5.54)中给出。将该系列公式代入上式,可得两未知项$\frac{\partial \boldsymbol{w}}{\partial \boldsymbol{Q}}$和$\frac{\partial \boldsymbol{w}'}{\partial \boldsymbol{Q}}$的表达式为

$$
\begin{bmatrix} \dfrac{\partial \boldsymbol{w}}{\partial \boldsymbol{Q}} \\ \dfrac{\partial \boldsymbol{w}'}{\partial \boldsymbol{Q}} \end{bmatrix} = \left(\begin{bmatrix} \boldsymbol{I} & \boldsymbol{0} \\ \boldsymbol{0} & \boldsymbol{I} \end{bmatrix} - Q_1 \begin{bmatrix} \boldsymbol{\Phi}_{11} & \boldsymbol{\Phi}_{12} \\ \boldsymbol{\Phi}_{21} & \boldsymbol{\Phi}_{22} \end{bmatrix} \right)^{-1} \begin{bmatrix} \boldsymbol{\Lambda}_1 \\ \boldsymbol{\Lambda}_2 \end{bmatrix} \boldsymbol{B}_{\mathrm{f,all}} \tag{5.67}
$$

式中

$$
\boldsymbol{\Phi}_{11} = \boldsymbol{L}_{\kappa}^{*} \boldsymbol{F}_{\kappa \mathrm{M}} + \boldsymbol{L}_{\gamma}^{*} \boldsymbol{F}_{\gamma \mathrm{M}}, \quad \boldsymbol{\Phi}_{12} = -\boldsymbol{L}_{\kappa}^{*} \boldsymbol{F}_{\kappa \mathrm{V}} - \boldsymbol{L}_{\gamma}^{*} \boldsymbol{F}_{\gamma \mathrm{V}}
$$

$$
\boldsymbol{\Phi}_{21} = \boldsymbol{L}_{\kappa}^{*\prime} \boldsymbol{F}_{\kappa \mathrm{M}} + \boldsymbol{L}_{\gamma}^{*\prime} \boldsymbol{F}_{\gamma \mathrm{M}}, \quad \boldsymbol{\Phi}_{22} = -\boldsymbol{L}_{\kappa}^{*\prime} \boldsymbol{F}_{\kappa \mathrm{V}} - \boldsymbol{L}_{\gamma}^{*\prime} \boldsymbol{F}_{\gamma \mathrm{V}}
$$

$$
\boldsymbol{\Lambda}_1 = \boldsymbol{L}_{\kappa}^{*} \boldsymbol{F}_{\kappa \mathrm{sec}} + \boldsymbol{L}_{\gamma}^{*} \boldsymbol{F}_{\gamma \mathrm{sec}}, \quad \boldsymbol{\Lambda}_2 = \boldsymbol{L}_{\kappa}^{*\prime} \boldsymbol{F}_{\kappa \mathrm{sec}} + \boldsymbol{L}_{\gamma}^{*\prime} \boldsymbol{F}_{\gamma \mathrm{sec}} \tag{5.68}
$$

$$
\begin{aligned}
&\boldsymbol{F}_{\kappa \mathrm{M}} = \mathrm{diag}[\partial \boldsymbol{\kappa}(\xi_1)/\partial M(\xi_1), \partial \boldsymbol{\kappa}(\xi_2)/\partial M(\xi_2), \cdots, \partial \boldsymbol{\kappa}(\xi_n)/\partial M(\xi_n)] \\
&\boldsymbol{F}_{\gamma \mathrm{M}} = \mathrm{diag}[\partial \gamma(\xi_1)/\partial M(\xi_1), \partial \gamma(\xi_2)/\partial M(\xi_2), \cdots, \partial \gamma(\xi_n)/\partial M(\xi_n)] \\
&\boldsymbol{F}_{\kappa \mathrm{V}} = \mathrm{diag}[\partial \boldsymbol{\kappa}(\xi_1)/\partial V(\xi_1), \partial \boldsymbol{\kappa}(\xi_2)/\partial V(\xi_2), \cdots, \partial \boldsymbol{\kappa}(\xi_n)/\partial V(\xi_n)] \\
&\boldsymbol{F}_{\gamma \mathrm{V}} = \mathrm{diag}[\partial \gamma(\xi_1)/\partial V(\xi_1), \partial \gamma(\xi_2)/\partial V(\xi_2), \cdots, \partial \gamma(\xi_n)/\partial V(\xi_n)] \\
&\boldsymbol{F}_{\kappa \mathrm{sec}} = \mathrm{diag}[f_{\kappa \mathrm{sec}1}, f_{\kappa \mathrm{sec}2}, \cdots, f_{\kappa \mathrm{sec}n}] \\
&\boldsymbol{F}_{\gamma \mathrm{sec}} = \mathrm{diag}[f_{\gamma \mathrm{sec}1}, f_{\gamma \mathrm{sec}2}, \cdots, f_{\gamma \mathrm{sec}n}]
\end{aligned} \tag{5.69}
$$

式中，$\boldsymbol{I}$ 为单位矩阵，$\boldsymbol{0}$ 为零元矩阵；$\boldsymbol{B}_{\mathrm{f,all}} = (\boldsymbol{B}_{\mathrm{f}}[\xi_1, w(\xi_1)], \boldsymbol{B}_{\mathrm{f}}[\xi_2, w(\xi_2)], \cdots, \boldsymbol{B}_{\mathrm{f}}[\xi_n, w(\xi_n)])^{\mathrm{T}}$ 包含了所有截面的力插值函数；$\boldsymbol{F}_{\kappa \mathrm{M}}$ 和 $\boldsymbol{F}_{\gamma \mathrm{M}}$ 分别为截面柔度矩阵中弯矩相对于曲率和剪切变形偏导数的对角矩阵；$\boldsymbol{F}_{\kappa \mathrm{V}}$ 和 $\boldsymbol{F}_{\gamma \mathrm{V}}$ 分别为截面柔度矩阵中剪力相对于曲率和剪切变形偏导数的对角矩阵；$\boldsymbol{F}_{\kappa \mathrm{sec}}$ 和 $\boldsymbol{F}_{\gamma \mathrm{sec}}$ 为截面柔度矩阵中对应于曲率和剪切的 $n \times 3n$ 的对角矩阵。

5.4　本章小结

常规的结构分析一维杆系单元由于简化和假定太多，因此存在诸多局限，应用范围受到限制。本章在 Timoshenko 梁单元的基础上，引入共轭转动框架，建立了能综合反映几何非线性和材料非线性的高性能梁单元，并分别从位移插值和力插值的角度给出了该单元的有限元格式及其增强形式，解决了传统杆系单元中的固有缺陷问题，提升了单元的性能，为高效率结构分析奠定了基础。

第6章 基于一维杆系单元的高效化损伤模拟

基于上一章的高性能梁单元，可高效地进行结构损伤模拟。这与第4章内容相呼应，形成了更加完整的混凝土结构损伤分析途径。然而，实际结构分析中往往存在一些特殊的结构效应，如剪切、粘结滑移等，直接应用梁单元进行分析，在一些情况下会带来较大的误差，需要在单元层次进行进一步的修正。本章基于上一章的高性能梁单元，在截面层次引入剪切变形，并直接从材料层次考虑弯剪耦合和粘结滑移，以提升梁单元的工程适用性。与此同时，结合通用有限元软件，本章给出了典型位移插值单元和力插值单元的一般二次开发流程，以便于读者自行编制本书提出的分析单元。最后，给出了一系列典型混凝土构件复杂受力行为分析案例，以说明本章所提出的损伤分析途径的有效性。

6.1 梁单元中特殊效应的考虑

一般而言，有三种方式建立梁单元分析中的截面模型：一是直接采用经验的恢复力模型，但该模型不能考虑轴力变化等因素；二是基于塑性力学，利用多屈服面准则建立宏观的截面力-变形间的理论关系，但这样的分析不能反映软化段的影响，计算流程也非常复杂；三是采用纤维截面模型，将截面划分为一系列纤维，每根纤维赋予相应的本构关系，由之可以自适应地反映轴力-弯矩耦合效应。显然，纤维截面模型更加先进，且符合“从本构到结构”的思想。但是，传统的纤维截面模型假定每根纤维处于单轴受力状态且无相对运动，因此无法考虑剪切效应和粘结滑移效应，本节针对这些问题，对纤维截面模型进行修正。

6.1.1 修正纤维截面模型

考虑剪切变形时，梁中混凝土纤维处于多轴受力状态。假定截面的剪切变形沿高度均匀分布，且仅由混凝土纤维承担，结合第2、3章的混凝土损伤本构模型，可直接从材料层次反映正应力和剪应力的耦合作用，从而实现截面层次的轴力-弯矩-剪切耦合分析。此时，钢筋纤维仍处于单轴受力状态，只要将钢筋的变形进一步分解为自身变形和滑移变形两部分，并对本构关系进行修正，便可以间接地反映粘结滑移效应。

需要指出，截面真实的剪切变形分布是非常复杂的、不均匀的，精确地进行求解需要一个复杂的迭代过程(Kagermanov & Ceresa，2017)，简化的做法是预先假定剪切变形的分布，如抛物线型分布和均匀分布等。根据 Vecchio 和 Collins（1988）以及 Petrangeli 等（1999）的研究，这两类假设在应用中具有非常接近的准确度。因此，为简便起见，本节直接采用均匀型截面剪切变形分布。

根据上述假定，位置为 x 处截面的 y 高度上纤维的应变 $\boldsymbol{\epsilon}(x,y)$ 可表示为

$$\boldsymbol{\epsilon}(x,y)=\boldsymbol{I}(y)\boldsymbol{d}(x) \tag{6.1}$$

式中，$\boldsymbol{I}(y)$ 为定位矩阵，取决于纤维的类型（混凝土或者钢筋），即

$$\boldsymbol{I}_{\mathrm{c}}(y)=\begin{bmatrix}1 & -y & 0\\ 0 & 0 & 1\end{bmatrix},\quad \boldsymbol{I}_{\mathrm{s}}(y)=\begin{bmatrix}1 & -y & 0\\ 0 & 0 & 0\end{bmatrix} \tag{6.2}$$

式中，变量的下标“c”代表混凝土纤维，而“s”代表钢筋纤维。因此，不同纤维的应变分量可以表示为

$$\boldsymbol{\epsilon}_{\mathrm{c}}(x,y)=\begin{bmatrix}\epsilon_{xx}\\ \gamma_{xy}\end{bmatrix}=\begin{bmatrix}\varepsilon(x)-y\kappa(x)\\ \gamma(x)\end{bmatrix},\quad \boldsymbol{\epsilon}_{\mathrm{s}}(x,y)=\begin{bmatrix}\epsilon_{xx}\\ \gamma_{xy}\end{bmatrix}=\begin{bmatrix}\varepsilon(x)-y\kappa(x)\\ 0\end{bmatrix} \tag{6.3}$$

式中，ϵ_{xx} 为纤维的轴向应变；γ_{xy} 为纤维的切向应变（如有）。

根据上述应变，对不同材料调用相应的本构关系，就可以得到纤维的应力 $\boldsymbol{\sigma}(x,y)$ 和切线刚度 $\boldsymbol{E}(x,y)$，即

$$\begin{aligned}\boldsymbol{\sigma}(x,y)&=\begin{bmatrix}\sigma_{xx}\\ \tau_{xy}\end{bmatrix}=\hat{\boldsymbol{\sigma}}\{\boldsymbol{\epsilon}(x,y)\}\\ \boldsymbol{E}(x,y)&=\frac{\partial\boldsymbol{\sigma}(x,y)}{\partial\boldsymbol{\epsilon}(x,y)}=\frac{\partial\hat{\boldsymbol{\sigma}}}{\partial\boldsymbol{\epsilon}}\{\boldsymbol{\epsilon}(x,y)\}=\begin{bmatrix}\partial\sigma_{xx}/\partial\epsilon_{xx} & \partial\sigma_{xx}/\partial\gamma_{xy}\\ \partial\tau_{xy}/\partial\epsilon_{xx} & \partial\tau_{xy}/\partial\gamma_{xy}\end{bmatrix}\end{aligned} \tag{6.4}$$

式中，$\hat{\boldsymbol{\sigma}}\{\cdot\}$ 和 $\dfrac{\partial\hat{\boldsymbol{\sigma}}}{\partial\boldsymbol{\epsilon}}\{\cdot\}$ 取决于相关材料的本构关系；σ_{xx} 和 τ_{xy} 为纤维的轴向和切向应力。

对全截面的纤维进行集成，可以得到截面的抗力 $\boldsymbol{D}_{\mathrm{R}}(x)$，即

$$\begin{aligned}\boldsymbol{D}_{\mathrm{R}}(x)&=\boldsymbol{D}_{\mathrm{R}}^{\mathrm{c}}(x)+\boldsymbol{D}_{\mathrm{R}}^{\mathrm{s}}(x)=\begin{bmatrix}N^{\mathrm{c}}(x)\\ M^{\mathrm{c}}(x)\\ V^{\mathrm{c}}(x)\end{bmatrix}+\begin{bmatrix}N^{\mathrm{s}}(x)\\ M^{\mathrm{s}}(x)\\ V^{\mathrm{s}}(x)\end{bmatrix}\\ &=\begin{bmatrix}\sum_{i=1}^{\mathrm{mc}}\sigma_{xxi}A_{\mathrm{c}i}\\ \sum_{i=1}^{\mathrm{mc}}-y_i\sigma_{xxi}A_{\mathrm{c}i}\\ \sum_{i=1}^{\mathrm{mc}}\tau_{xyi}A_{\mathrm{c}i}\end{bmatrix}+\begin{bmatrix}\sum_{i=1}^{\mathrm{mc}}\sigma_{xxi}A_{\mathrm{s}i}\\ \sum_{i=1}^{\mathrm{mc}}-y_i\sigma_{xxi}A_{\mathrm{s}i}\\ 0\end{bmatrix}\\ &=\sum_{i=1}^{\mathrm{mc}}\boldsymbol{I}_{\mathrm{c}}^{\mathrm{T}}(y_i)\boldsymbol{\sigma}_{\mathrm{c}}(x,y_i)A_{\mathrm{c}i}+\sum_{i=1}^{\mathrm{ms}}\boldsymbol{I}_{\mathrm{s}}^{\mathrm{T}}(y_i)\boldsymbol{\sigma}_{\mathrm{s}}(x,y_i)A_{\mathrm{s}i}\end{aligned} \tag{6.5}$$

式中，$\boldsymbol{D}_{\mathrm{R}}^{\mathrm{c}}(x)$ 和 $\boldsymbol{D}_{\mathrm{R}}^{\mathrm{s}}(x)$ 分别为混凝土和钢筋对于抗力的贡献；$A_{\mathrm{c}i}$ 和 $A_{\mathrm{s}i}$ 分别为第 i 根混凝

土或钢筋纤维的面积；mc 和 ms 分别为混凝土和钢筋纤维的数目。

进一步，截面刚度矩阵可表示为

$$\begin{aligned}\boldsymbol{k}_{\text{sec}}(x)&=\frac{\partial \boldsymbol{D}_{\text{R}}(x)}{\partial \boldsymbol{d}(x)}=\frac{\partial \boldsymbol{D}_{\text{R}}^{\text{c}}(x)}{\partial \boldsymbol{d}(x)}+\frac{\partial \boldsymbol{D}_{\text{R}}^{\text{s}}(x)}{\partial \boldsymbol{d}(x)}=\boldsymbol{k}_{\text{sec}}^{\text{c}}(x)+\boldsymbol{k}_{\text{sec}}^{\text{s}}(x)\\&=\sum_{i=1}^{\text{mc}}\boldsymbol{I}_{\text{c}}^{\text{T}}(y_i)\frac{\partial \boldsymbol{\sigma}_{\text{c}}(x,y_i)}{\partial \boldsymbol{\epsilon}_{\text{c}}(x,y_i)}\frac{\partial \boldsymbol{\epsilon}_{\text{c}}(x,y_i)}{\partial \boldsymbol{d}(x)}A_{\text{c}i}+\sum_{i=1}^{\text{ms}}\boldsymbol{I}_{\text{s}}^{\text{T}}(y_i)\frac{\partial \boldsymbol{\sigma}_{\text{s}}(x,y_i)}{\partial \boldsymbol{\epsilon}_{\text{s}}(x,y_i)}\frac{\partial \boldsymbol{\epsilon}_{\text{s}}(x,y_i)}{\partial \boldsymbol{d}(x)}A_{\text{s}i}\\&=\sum_{i=1}^{\text{mc}}\boldsymbol{I}_{\text{c}}^{\text{T}}(y_i)\boldsymbol{E}_{\text{c}}(x,y_i)\boldsymbol{I}_{\text{c}}(y_i)A_{\text{c}i}+\sum_{i=1}^{\text{ms}}\boldsymbol{I}_{\text{s}}^{\text{T}}(y_i)\boldsymbol{E}_{\text{s}}(x,y_i)\boldsymbol{I}_{\text{s}}(y_i)A_{\text{s}i}\end{aligned}\tag{6.6}$$

式中，$\boldsymbol{k}_{\text{sec}}^{\text{c}}(x)$和 $\boldsymbol{k}_{\text{sec}}^{\text{s}}(x)$分别为混凝土纤维和钢筋纤维对于截面刚度矩阵的贡献。

6.1.2 弯剪耦合效应

从式(6.3)和式(6.4)可以看出，对于混凝土纤维而言，正应力和剪应力是直接耦合的，因此截面层次的轴力-弯矩-剪切相互作用可以直接从材料层面得到反映。由于混凝土纤维处于多轴应力状态，因此需要采用多维本构模型来描述混凝土的应力状态，本节直接采用 3.3.2 节的混凝土软化损伤本构模型。值得注意的是，纤维截面模型仅为混凝土纤维提供了两个应变分量：轴向应变ϵ_{xx} 和剪切应变$\epsilon_{xy}=\gamma_{xy}/2$，如图 6.1.1 所示。然而，对于软化损伤本构模型，描述二维受力状态还需要一个应变，即横向应变ϵ_{yy}。为了确定未知应变ϵ_{yy}，还需要补充一个内部平衡条件，即纤维的横向应力分量 $\sigma_{yy}=0$。

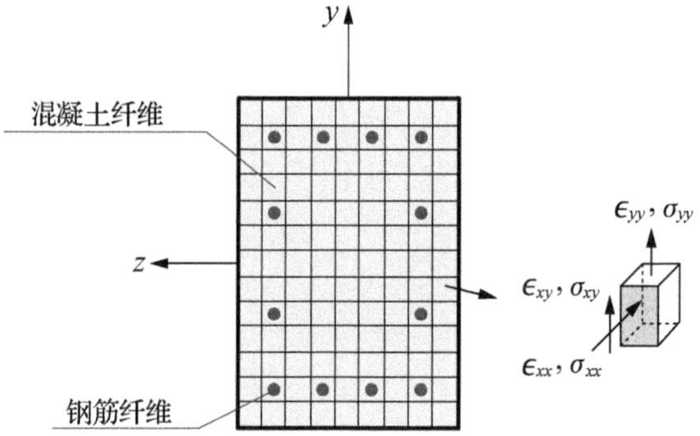

图 6.1.1 纤维截面模型

根据软化损伤本构模型，其应力-应变关系的一般增量形式可以表示为

$$\begin{Bmatrix}\Delta\sigma_{xx}\\\Delta\sigma_{yy}\\\Delta\sigma_{xy}\end{Bmatrix}=\begin{bmatrix}E_{11}&E_{12}&E_{13}\\E_{21}&E_{22}&E_{23}\\E_{31}&E_{32}&E_{33}\end{bmatrix}\begin{Bmatrix}\Delta\epsilon_{xx}\\\Delta\epsilon_{yy}\\\Delta\epsilon_{xy}\end{Bmatrix}\tag{6.7}$$

式中，E_{ij}，i，$j=1,2,3$ 表示材料刚度矩阵的分量。

由于 $\Delta\sigma_{yy}=0$，故 $\Delta\epsilon_{yy}$ 可由式(6.7)进行静力凝聚计算得到

$$\Delta\epsilon_{yy}=-\frac{\Delta\epsilon_{xx}E_{21}+\Delta\epsilon_{xy}E_{23}}{E_{22}}\tag{6.8}$$

因此，式(6.7)的应力-应变关系可以重写为

$$\begin{Bmatrix}\Delta\sigma_{xx}\\\Delta\sigma_{xy}\end{Bmatrix}=\begin{bmatrix}K_{11}&K_{12}\\K_{21}&K_{22}\end{bmatrix}\begin{Bmatrix}\Delta\epsilon_{xx}\\\Delta\epsilon_{xy}\end{Bmatrix}\tag{6.9}$$

式中

$$K_{11}=E_{11}-E_{12}E_{21}/E_{22}, K_{12}=E_{13}-E_{12}E_{23}/E_{22}$$
$$K_{21}=E_{31}-E_{32}E_{21}/E_{22}, K_{22}=E_{33}-E_{32}E_{23}/E_{22} \tag{6.10}$$

显然，上述静力凝聚过程需要进行迭代，迭代的基本目的是求出各混凝土纤维的未知横向应变分量ϵ_{yy}，使对应的应力 $\sigma_{yy}=0$。可以采用常规的 Newton-Raphson 方法实现这一目的。

对于迭代步 k，首先假定横向应变增量的初值 $\Delta\epsilon_{yy}$ 为上一步的收敛值，即

$$\Delta\epsilon_{yy}^{k}=\Delta\epsilon_{yy}^{k-1} \tag{6.11}$$

接着根据纤维截面模型计算获得的其他两个应变增量分量 $\Delta\epsilon_{xx}^{k}$ 和 $\Delta\epsilon_{xy}^{k}$，更新混凝土纤维的应变张量

$$\boldsymbol{\epsilon}^{k}=\boldsymbol{\epsilon}^{k-1}+\Delta\boldsymbol{\epsilon}^{k} \tag{6.12}$$

随后调用多维本构关系，计算得到纤维的应力张量 $\boldsymbol{\sigma}^{k}$ 和刚度矩阵 $\boldsymbol{E}^{k}$。若此时应力分量 σ_{yy}^{k} 满足预先设定容差(如 10^{-6})，则迭代过程终止，凝聚后的刚度矩阵按式(6.9)计算；否则，横向应变增量按下式计算进一步进行迭代

$$\Delta\epsilon_{yy}^{k+1}=\Delta\epsilon_{yy}^{k}-\Delta\sigma_{yy}^{k}/E_{22}^{k} \tag{6.13}$$

上述迭代应持续进行，直至横向应力满足容差要求。

6.1.3 粘结滑移效应

纤维截面模型遵循平截面假设，因此忽略了钢筋-混凝土间的粘结滑移效应。对于梁柱中部等区域，粘结滑移效应对构件性能影响较小；而对于梁柱节点、柱基础等关键部位，粘结滑移效应有较强的影响(Feng et al.，2018d)。为了合理考虑关键部位的粘结滑移效应，本节提出一种间接方法：通过修正钢筋应力-应变关系，实现粘结滑移效应的科学反映(Feng & Xu，2018)。在这一方法中，将钢筋的变形分为自身变形和锚固滑移两部分，并将滑移均匀弥散到关键区域的单元上，即

$$\epsilon_{s}'=\epsilon_{s}+\frac{s}{L_{e}} \tag{6.14}$$

式中，ϵ_{s}'为修正后的钢筋总应变；ϵ_{s} 为钢筋自身应变；s 为锚固滑移；L_{e} 为关键区域的单元长度。

因此，若推导出关键区域的锚固滑移，则可以直接根据式(6.14)修正钢筋的应力-应变关系以反映粘结滑移的影响。为此，假定：① 锚固在混凝土中的钢筋具有单调的双线性应力-应变关系(钢筋的硬化率可根据3.1节中的受拉刚化效应确定)；② 钢筋的粘结应力呈阶梯状分布，如图6.1.2所示，其中弹性部分粘结力为 $u_{e}=1.0\sqrt{f_{c}'}$，塑性部分粘结力为 $u_{y}=0.5\sqrt{f_{c}'}$，f_{c}'为混凝土抗压强度；③ 忽略粘结滑移在循环作用下的退化。据此，根据图6.1.2，对整个粘结发展长度 L_{d} 进行积分，就可以得到整体的滑移量，即

$$s=\int_{0}^{L_{d}}\epsilon_{s}(x)\mathrm{d}x \tag{6.15}$$

式中，$\epsilon_s(x)$为钢筋应变，可根据平衡条件和双线性应力-应变关系确定。

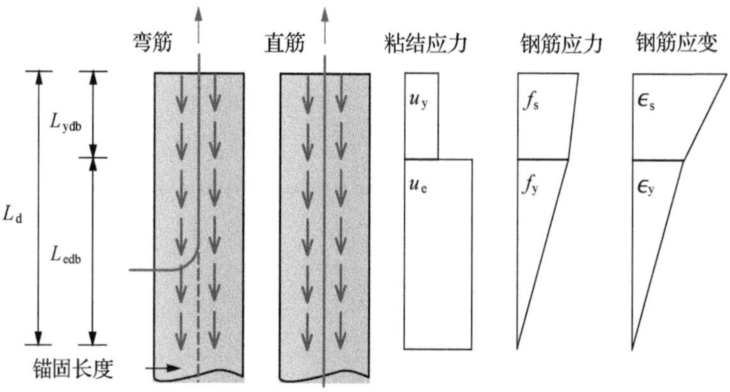

图 6.1.2　钢筋的粘结滑移分布

当钢筋的锚固长度足够长时，粘结应力能充分发展，其充分发展长度为(Feng & Xu，2018)

$$L_d=L_{ed}+L_{yd}=\frac{f_y d_b}{4u_e}+\frac{(f_u-f_y)d_b}{4u_y} \tag{6.16}$$

式中，L_{ed} 和 L_{yd} 分别为弹性和塑性发展长度；f_y、f_u 为钢筋的屈服应力和极限应力；d_b 为钢筋的直径。

为了综合考虑不同锚固形式(连续钢筋或锚固钢筋)、不同锚固长度(足够或不足够)和不同形状(直锚或弯锚)的钢筋滑移规律，以下根据钢筋实际长度 L_{embd} 和充分发展长度 L_d(及其分量)之间的关系，推导滑移的详细表达式。

首先规定：对于连续钢筋，锚固长度可视为节点宽度加上塑性铰长度；对于直锚钢筋，锚固长度为实际长度；而对于弯锚钢筋，锚固长度为等效长度，即 $L_{embd}=L_s+5d_b$(Sezen & Setzler，2008；Yu & Tan，2014)，其中 L_s 为弯锚钢筋的直段长度。据此，可分三种情况来推导相应的滑移量：

(1) $L_{embd}>L_d$，如图 6.1.3(a)所示。

这种情况下，粘结应力可以充分发展，整个过程分为两个阶段，即弹性阶段和塑性阶段。对于每个阶段，根据平衡条件得到发展的粘结长度 L_{db} 为

$$L_{db}=\begin{cases} L_{edb}=\dfrac{\sigma_s d_b}{4u_e} & \epsilon_s\leqslant\epsilon_y \\ L_{ed}+L_{ydb}=\dfrac{f_y d_b}{4u_e}+\dfrac{(\sigma_s-f_y)d_b}{4u_y} & \epsilon_s>\epsilon_y \end{cases} \tag{6.17}$$

式中，σ_s 为钢筋的应力。

对式(6.15)进行积分，可以得到滑移量：

$$s=\begin{cases} \dfrac{\epsilon_s}{2}L_{edb} & \epsilon_s\leqslant\epsilon_y \\ \dfrac{\epsilon_y}{2}L_{ed}+\dfrac{(\epsilon_y+\epsilon_s)}{2}L_{ydb} & \epsilon_s>\epsilon_y \end{cases} \tag{6.18}$$

(2) $L_{d}>L_{embd}>L_{ed}$,如图 6.1.3(b)所示。

这种情况下,锚固钢筋的粘结应力可以发展到弹性长度 L_{ed},但不能达到充分发展长度 L_{d},因此,粘结发展过程的前两个阶段与情况(1)相同,但还存在第三个阶段,即钢筋应力发展至自由端,该阶段相应的弹、塑性粘结发展长度 L_{edb} 和 L_{ydb} 分别为

$$L_{ydb}=\frac{(\sigma_{s}-f_{ydb})}{4u_{y}},\quad L_{edb}=L_{embd}-L_{ydb} \tag{6.19}$$

同时,连续钢筋和锚固钢筋在第三个阶段的边界条件不一样,如图 6.1.3(b)所示。首先,锚固钢筋的自由端应变为零,应变曲线应修改为图 6.1.3(b)中的虚线;其次,锚固钢筋可能发生自由端滑移,而连续钢筋无自由端滑移。因此,可将钢筋滑移量归纳为:

- 连续钢筋:

$$s=\begin{cases}\dfrac{\epsilon_{s}}{2}L_{edb} & \epsilon_{s}\leqslant\epsilon_{y},L_{edb}=\dfrac{\sigma_{s}d_{b}}{4u_{e}}\\ \dfrac{\epsilon_{y}}{2}L_{ed}+\dfrac{(\epsilon_{y}+\epsilon_{s})}{2}L_{ydb} & \epsilon_{s}>\epsilon_{y},L_{ydb}\leqslant L_{embd}-L_{ed}\\ \dfrac{\epsilon_{end}+\epsilon_{y}}{2}(L_{embd}-L_{ydb})+\dfrac{(\epsilon_{y}+\epsilon_{s})}{2}L_{ydb} & \epsilon_{s}>\epsilon_{y},L_{ydb}>L_{embd}-L_{ed}\end{cases} \tag{6.20}$$

式中,ϵ_{end} 为自由端应变,可以通过相似三角形求解。

- 锚固钢筋:

$$s=\begin{cases}\dfrac{\epsilon_{s}}{2}L_{edb} & \epsilon_{s}\leqslant\epsilon_{y},L_{edb}=\dfrac{\sigma_{s}d_{b}}{4u_{e}}\\ \dfrac{\epsilon_{y}}{2}L_{ed}+\dfrac{(\epsilon_{y}+\epsilon_{s})}{2}L_{ydb} & \epsilon_{s}>\epsilon_{y},L_{ydb}\leqslant L_{embd}-L_{ed}\\ s_{0}+\dfrac{\epsilon_{y}}{2}(L_{embd}-L_{ydb})+\dfrac{(\epsilon_{y}+\epsilon_{s})}{2}L_{ydb} & \epsilon_{s}>\epsilon_{y},L_{ydb}>L_{embd}-L_{ed}\end{cases} \tag{6.21}$$

式中,s_{0} 为自由端滑移,可计算为(Alsiwat & Saatcioglu,1992)

$$s_{0}=\left(\frac{30}{f'_{c}}\right)^{1.75}\left[\frac{\sigma_{s}d_{b}}{4L_{edb}(20-d_{b}/4)}\right]^{2.5} \tag{6.22}$$

(3) $L_{embd}<L_{ed}$,如图 6.1.3(c)所示。

这种情况下,即使在弹性阶段,钢筋的应力也会发展到自由端,相应的弹性发展粘结长度为

$$L_{edb}=\min\left\{\frac{\sigma_{s}d_{b}}{4u_{e}},\quad L_{embd}\right\} \tag{6.23}$$

若此阶段未发生拔出破坏,则第三阶段与式(6.20)、式(6.21)相同。与情况(2)相似,滑移量为

- 连续钢筋:

$$s=\begin{cases}\dfrac{\epsilon_s}{2}L_{edb} & \epsilon_s\leqslant\epsilon_y, L_{edb}<L_{embd}\\ \dfrac{\epsilon_{end}+\epsilon_y}{2}L_{embd} & \epsilon_s\leqslant\epsilon_y\\ \dfrac{\epsilon_{end}+\epsilon_y}{2}(L_{embd}-L_{ydb})+\dfrac{\epsilon_y+\epsilon_s}{2}L_{ydb} & \epsilon_s>\epsilon_y\end{cases} \tag{6.24}$$

• 锚固钢筋:

$$s=\begin{cases}\dfrac{\epsilon_s}{2}L_{edb} & \epsilon_s\leqslant\epsilon_y, L_{edb}<L_{embd}\\ s_0+\dfrac{\epsilon_s}{2}L_{embd} & \epsilon_s\leqslant\epsilon_y\\ s_0+\dfrac{\epsilon_y}{2}(L_{embd}-L_{ydb})+\dfrac{\epsilon_y+\epsilon_s}{2}L_{ydb} & \epsilon_s>\epsilon_y\end{cases} \tag{6.25}$$

上述不同情况下的钢筋应力-滑移关系可以通过图 6.1.4 所示的流程图具体分析。

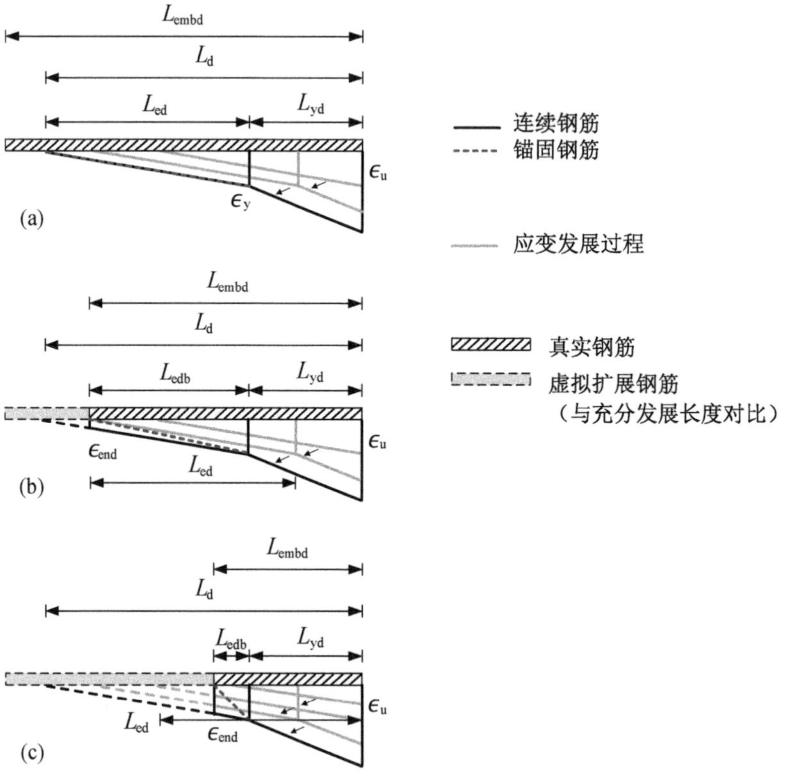

图 6.1.3　粘结钢筋应力发展过程

为了验证该模型,将本节模型的分析结果与 Ueda 等(1986)的钢筋拉拔试验结果进行对比,共选取了 4 根直筋锚固和 2 根弯筋锚固的构件,相关构件信息可见 Ueda 等(1986)的论文。试验数据与本节模型分析结果的对比如图 6.1.5 所示。显然,对于各种情况的构件,两者结果均非常一致,从而证明了本节模型的可靠性。

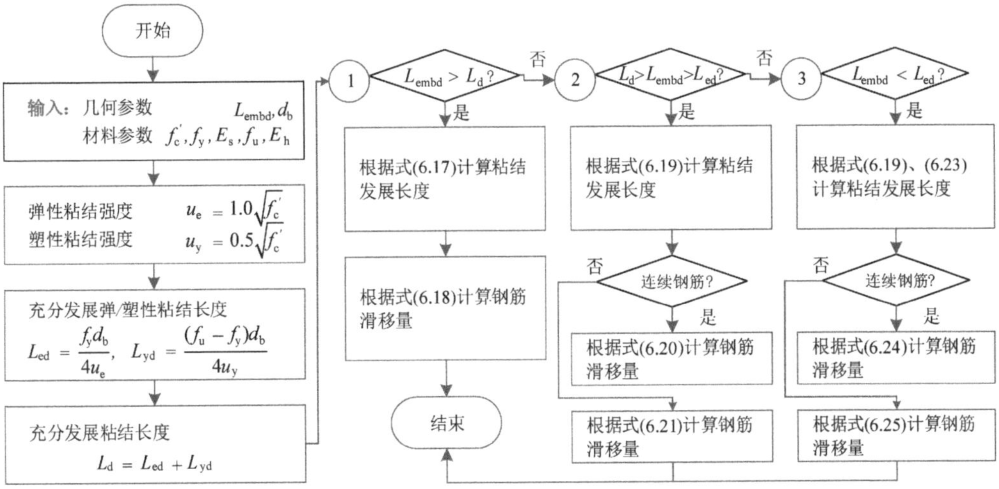

图 6.1.4　钢筋应力-滑移关系确定流程

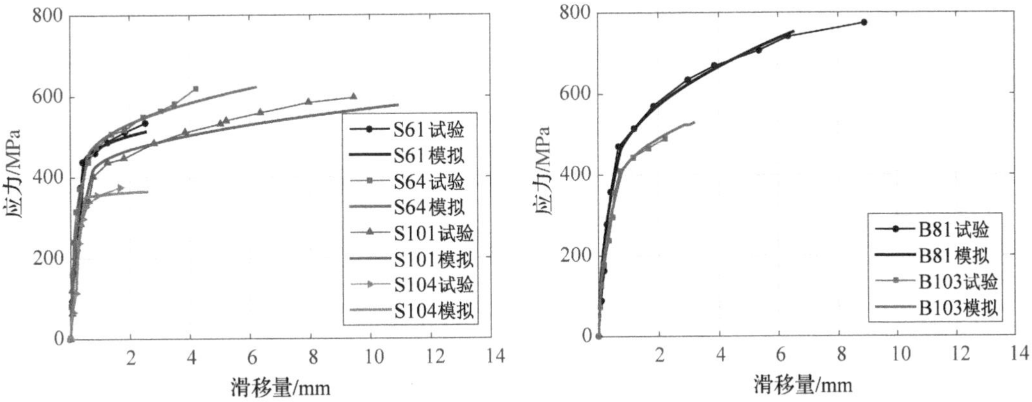

(a) 直锚钢筋　　(b) 弯锚钢筋

图 6.1.5　应力-滑移模型验证

根据上述钢筋应力-滑移关系，可以根据式(6.14)修正关键区域单元中的钢筋应力-应变关系以考虑粘结滑移效应。此时钢筋的应力-应变关系仍保持双线性，因此，在应力-应变关系的屈服点(弹性阶段结束)，屈服强度可表示为

$$f_y = E_s \epsilon_y = E_s' \epsilon_y' \tag{6.26}$$

式中，ϵ_y 和 E_s 分别为原始钢筋本构模型的屈服应变和弹性模量；ϵ_y' 和 E_s' 分别为修正钢筋本构模型的屈服应变和弹性模量。由此可得修正弹性模量为

$$E_s' = \frac{E_s \epsilon_s}{\epsilon_s'} = \frac{E_s}{1 + s/(\epsilon_s L_e)} \tag{6.27}$$

在硬化阶段的应力-应变关系中，钢筋应力可表示为

$$\sigma_s = f_y + bE_s(\epsilon_s - \epsilon_y) = f_y + b'E_s'(\epsilon_s' - \epsilon_y') \tag{6.28}$$

式中，b、b' 分别为原始模型和修正模型的钢筋硬化率，其中 b' 可进一步推导为

$$b'=\frac{bE_{s}(\epsilon_{s}-\epsilon_{y})}{E'_{s}(\epsilon'_{s}-\epsilon'_{y})}=b\,\frac{1+s/(\epsilon_{s}L_{e})}{1+(s-s_{y})/(\epsilon_{s}L_{e}-\epsilon_{y}L_{e})} \tag{6.29}$$

综上，修正模型中的钢筋拉伸单调曲线为

$$\sigma_{s}=\begin{cases}E'_{s}\epsilon'_{s} & \epsilon'_{s}\leqslant\epsilon'_{y}\\ f_{y}+b'E'_{s}(\epsilon'_{s}-\epsilon'_{y}) & \epsilon'_{s}>\epsilon'_{y}\end{cases} \tag{6.30}$$

需要指出的是，由于在以往的试验中未发现钢筋在单轴受压作用下的滑移情况（Adibi et al.，2017），因此这里认为受压作用下钢筋无滑移，应力-应变曲线与原模型保持一致。钢筋应力-应变关系的滞回规律采用著名的 Menegotto-Pinto 模型（Menegotto，1973），即用两条渐近线来确定卸载和重新加载路径。在受拉状态下，两条渐近线的刚度分别为 E'_{s} 和 $b'E'_{s}$，而在受压状态下，两条渐近线的刚度与原模型相同，即 E_{s} 和 bE_{s}。原始模型和修正模型如图 6.1.6 所示。

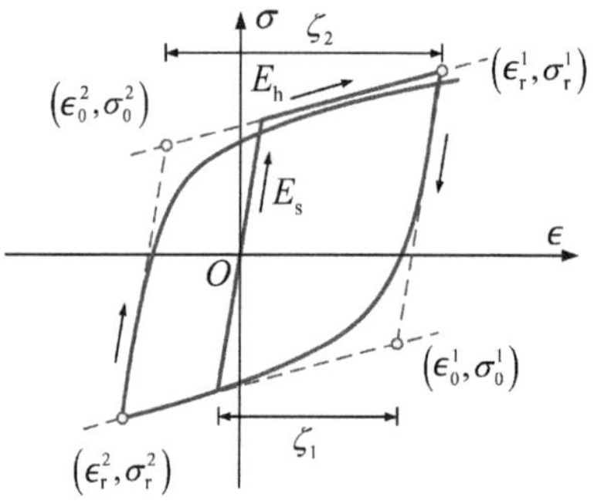

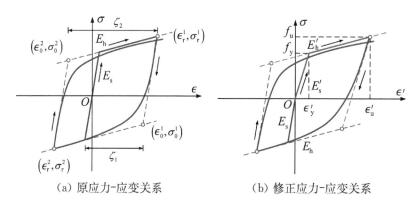

(a) 原应力-应变关系　　(b) 修正应力-应变关系

图 6.1.6　考虑粘结滑移的钢筋应力-应变模型

根据上述修正的钢筋单轴应力-应变关系，可以间接但非常方便地考虑粘结滑移效应。值得注意的是，粘结滑移效应并不是对混凝土结构所有部分都有很强的影响，因此，在结构建模时需要进行针对性修改。一般来说，粘结滑移效应仅在梁柱节点、柱基础等关键区域有显著影响，所以只需在这些单元中采用修正的钢筋应力-应变模型，而其他单元仍采用原应力-应变模型（Pan et al.，2017）。

如图 6.1.7 所示，对于钢筋混凝土柱，仅在接近基础的单元（位移插值单元）或积分点截面（力插值单元）中使用修正的钢筋模型，而上部仍然采用原模型；类似的，对于钢筋混凝土梁柱节点，仅在靠近节点的梁端单元（位移插值单元）或积分点截面（力插值单元）采用修正后的模型。

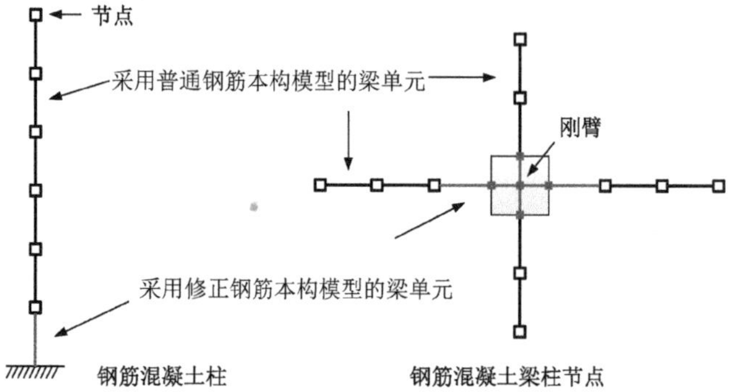

图 6.1.7　考虑粘结滑移的建模策略

6.2　单元状态确定

为了应用上述高性能梁单元进行实际结构分析，需要进行自主编程或二次开发。本节以 ABAQUS 用户子程序 User-defined Element（UEL）的二次开发为例，详细介绍梁单元的状态确定流程。通过 UEL，仅需要聚焦于单元层次，根据 ABAQUS 传入的结构层次的信息确定单元刚度矩阵，便可实现单元开发。结构层次仍采用传统的 Newton-Raphson 求解策略。对于任一分析步 k，ABAQUS 传入整体坐标系下的单元的位移向量增量 $\Delta\boldsymbol{U}^k$，通过式(5.4)—(5.7)，便可计算出基础坐标系下的单元变形增量 $\Delta\boldsymbol{q}^k$；进而根据 5.2～5.3 节中的内容确定基础坐标系下的刚度矩阵；最后，根据式(5.11)转换回整体坐标系。可见，单元状态确定的主要流程是计算基础坐标系下的刚度矩阵。以下分别针对位移插值单元和力插值单元介绍单元状态确定方法。

6.2.1　位移插值单元

位移插值单元的状态确定与基于位移的有限单元法一致。根据传入的基础坐标系下的单元变形增量 $\Delta\boldsymbol{q}^k$，可确定每个积分点处的截面变形增量 $\Delta\boldsymbol{d}^k(x)$，即

$$\Delta\boldsymbol{d}^k(x)=\boldsymbol{B}_{\mathrm{d}}(x)\Delta\boldsymbol{q}^k \tag{6.31}$$

则截面变形可更新为

$$\boldsymbol{d}^k(x)=\boldsymbol{d}^{k-1}(x)+\Delta\boldsymbol{d}^k(x) \tag{6.32}$$

式中，$\boldsymbol{d}^{k-1}(x)$是上一个迭代步骤中的截面变形。

根据本步的截面变形 $\boldsymbol{d}^k(x)$及增量 $\Delta\boldsymbol{d}^k(x)$，结合 6.1.1 节中的纤维截面模型，可得到截面抗力 $\boldsymbol{D}_{\mathrm{R}}^{k-1}(x)$和截面刚度矩阵 $\boldsymbol{k}_{\mathrm{sec}}^{k-1}(x)$。对所有截面进行积分，便可得到本步的单元力向量和刚度矩阵，即

$$\begin{aligned}\boldsymbol{Q}^k&=\sum_{i=1}^{N_{\mathrm{p}}}\boldsymbol{B}_{\mathrm{d}}^{\mathrm{T}}(\xi_i)\boldsymbol{D}_{\mathrm{R}}^k(\xi_i)w_i\\ \boldsymbol{K}^k&=\sum_{i=1}^{N_{\mathrm{p}}}\boldsymbol{B}_{\mathrm{d}}^{\mathrm{T}}(\xi_i)\boldsymbol{k}_{\mathrm{sec}}^k(\xi_i)\boldsymbol{B}_{\mathrm{d}}(\xi_i)w_i\end{aligned} \tag{6.33}$$

式中，N_{p} 为积分点的数量，ξ_i 和 w_i 分别为第 i 个积分点的位置和权重。

最后，上述基础坐标系内的单元力和刚度矩阵可通过式(5.15)转换至局部坐标系，并且可通过式(5.13)计算单元几何刚度矩阵，最终得到单元局部坐标系下的力向量和刚度矩阵，即

$$\overline{\boldsymbol{P}}^k=\boldsymbol{\Gamma}^{\mathrm{T}}\boldsymbol{Q}^k,\quad \overline{\boldsymbol{K}}_{\mathrm{ele}}^k=\overline{\boldsymbol{K}}_{\mathrm{M}}^k+\overline{\boldsymbol{K}}_{\mathrm{G}}^k=\boldsymbol{\Gamma}^{\mathrm{T}}\boldsymbol{K}^k\boldsymbol{\Gamma}+\overline{\boldsymbol{K}}_{\mathrm{G}}^k \tag{6.34}$$

类似的，将上述局部坐标系下的单元变量进一步转换至整体坐标系，可得到单元力向量和刚度矩阵，即

$$\boldsymbol{P}^k=\boldsymbol{R}^{\mathrm{T}}\overline{\boldsymbol{P}}^k,\quad \boldsymbol{K}_{\mathrm{ele}}^k=\boldsymbol{R}^{\mathrm{T}}\overline{\boldsymbol{K}}_{\mathrm{ele}}^k\boldsymbol{R} \tag{6.35}$$

上述步骤给出了一般位移插值单元的状态确定过程，具体见算法流程 1。在这一过程中，并未考虑截面轴向变形增强。若结合 5.2.2 节内容，可在上述基础上拓展，实现轴向平衡位移插值单元的状态确定，此处不再赘述。

算法 1：位移插值梁单元状态确定流程

输入：全局坐标系下的单元节点位移增量 $\Delta \boldsymbol{U}^k$

输出：全局坐标系下的单元刚度矩阵 $\boldsymbol{K}^k_{\text{ele}}$、单元节点力 $\boldsymbol{P}^k$

begin

  /* 计算基础坐标系下的单元变形增量 */

  全局坐标系转换到基础坐标系：$\Delta \bar{\boldsymbol{U}}^k \leftarrow \boldsymbol{R} \Delta \boldsymbol{U}^k$， $\Delta \boldsymbol{q}^k \leftarrow \Delta \bar{\boldsymbol{U}}^k$ 基于式(5.4)—式(5.6)；

  /* 遍历所有积分点截面 */

  for 积分点 $i \leftarrow 1 : n$ do

    计算截面变形增量：$\Delta \boldsymbol{d}^k_i \leftarrow \boldsymbol{B}_{\text{d},i} \Delta \boldsymbol{q}^k$；

    更新截面变形：$\boldsymbol{d}^k_i \leftarrow \boldsymbol{d}^{k-1}_i + \Delta \boldsymbol{d}^k_i$；

    调用纤维截面模型，计算截面抗力 $\boldsymbol{D}^k_{\text{R},i}$、截面刚度矩阵 $\boldsymbol{k}^k_{\text{sec},i}$；

    更新单元基础力：$\boldsymbol{Q}^k \leftarrow \boldsymbol{Q}^k + \sum_i^n \boldsymbol{B}^{\text{T}}_{\text{d},i} \boldsymbol{D}^k_{\text{R},i} w_i$；

    更新单元基础刚度矩阵：$\boldsymbol{K}^k \leftarrow \boldsymbol{K}^k + \sum_i^n \boldsymbol{B}^{\text{T}}_{\text{d},i} \boldsymbol{k}^k_{\text{sec},i} \boldsymbol{B}_{\text{d},i} w_i$；

  end

  /* 计算全局坐标系下的单元刚度矩阵和单元力 */

  单元基础力转换到全局坐标系：$\bar{\boldsymbol{P}}^k \leftarrow \boldsymbol{\Gamma}^{\text{T}} \boldsymbol{Q}^k$， $\boldsymbol{P}^k \leftarrow \boldsymbol{R}^{\text{T}} \bar{\boldsymbol{P}}^k$；

  单元基础刚度矩阵转换到全局坐标系：$\bar{\boldsymbol{K}}^k_{\text{ele}} \leftarrow \boldsymbol{\Gamma}^{\text{T}} \boldsymbol{K}^k \boldsymbol{\Gamma} + \bar{\boldsymbol{K}}^k_{\text{G}}$，$\boldsymbol{K}^k_{\text{ele}} \leftarrow \boldsymbol{R}^{\text{T}} \bar{\boldsymbol{K}}^k_{\text{ele}} \boldsymbol{R}$；

end

6.2.2 力插值单元

相比于位移插值单元，力插值单元的状态确定比较复杂。这是因为这类单元以单元力作为驱动，与传统的基于位移的有限单元法不一致。一般而言，力插值单元的状态确定方法可分为迭代法和非迭代法(Neuenhofer & Filippou，1998)。迭代法为了消除插值计算的力和截面抗力之间的偏差，在单元内部进行迭代；而非迭代法则将两者的偏差视为单元残值，传递至结构层次再进行迭代，因此简化了单元内部的状态确定。前人研究指出，对于一般混凝土结构的模拟，两者计算精度接近(Neuenhofer & Filippou，1998)。因此，本节采用非迭代法进行单元状态确定。

同样考虑 ABAQUS 传入的基础坐标系下的单元变形增量 $\Delta \boldsymbol{q}^k$，首先预估单元力增量 $\Delta \boldsymbol{Q}^k$，即

$$\Delta \boldsymbol{Q}^k = \Delta \boldsymbol{K}^{k-1} \Delta \boldsymbol{q}^k \tag{6.36}$$

式中，$\Delta \boldsymbol{K}^{k-1}$ 为上一增量步的单元刚度矩阵。

根据力插值关系，可得到积分点截面处的截面力增量 $\Delta \boldsymbol{D}^k(x)$，即

$$\Delta \boldsymbol{D}^k(x) = \boldsymbol{B}_{\text{f}}(x) \Delta \boldsymbol{Q}^k + \tilde{\boldsymbol{D}}^{k-1}(x) \tag{6.37}$$

式中，$\Delta \tilde{\boldsymbol{D}}^{k-1}(x)$为上一增量步中的截面不平衡力。

根据截面的力-变形关系，可知本步的截面变形增量为

$$\Delta \boldsymbol{d}^k(x) = \boldsymbol{f}^{k-1}_{\text{sec}}(x) \Delta \boldsymbol{D}^k(x) \tag{6.38}$$

截面变形可更新为

$$\boldsymbol{d}^k(x) = \boldsymbol{d}^{k-1}(x) + \Delta \boldsymbol{d}^k(x) \tag{6.39}$$

将上述截面变形及其增量代入纤维截面模型，可计算得到本步的截面抗力 $\boldsymbol{D}^k_{\text{R}}(x)$和截面刚度矩阵 $\boldsymbol{k}^k_{\text{sec}}(x)$，截面柔度矩阵即为 $\boldsymbol{f}^k_{\text{sec}}(x) = [\boldsymbol{k}^k_{\text{sec}}(x)]^{-1}$。考虑到式(6.37)中插值计算的截面力和纤维截面模型计算的截面力可能不一致，截面不平衡带来的变形残值为

$$\boldsymbol{\rho}^k(x)=\boldsymbol{f}_{\mathrm{sec}}^k(x)[\boldsymbol{D}^{k-1}(x)+\Delta\boldsymbol{D}^k(x)-\boldsymbol{D}_{\mathrm{R}}^k(x)] \tag{6.40}$$

综上，单元柔度矩阵可计算为

$$\boldsymbol{F}^k=\sum_{i=1}^{N_{\mathrm{p}}}\boldsymbol{B}_{\mathrm{f}}^{\mathrm{T}}(\xi_i)\boldsymbol{f}_{\mathrm{sec}}^k(\xi_i)\boldsymbol{B}_{\mathrm{f}}(\xi_i)w_i \tag{6.41}$$

对上式进行求逆，便可得到单元刚度矩阵 $\boldsymbol{K}^k=(\boldsymbol{F}^k)^{-1}$。而单元层次的变形残值为

$$\boldsymbol{R}_{\mathrm{e}}^k=\sum_{i=1}^{N_{\mathrm{p}}}\boldsymbol{B}_{\mathrm{f}}^{\mathrm{T}}(\xi_i)\boldsymbol{\rho}^k(\xi_i)w_i \tag{6.42}$$

消除变形残值，本步的单元力向量可更新为

$$\boldsymbol{Q}^k=\boldsymbol{Q}^{k-1}+\Delta\boldsymbol{Q}^k-\boldsymbol{K}^k\boldsymbol{R}_{\mathrm{e}}^k \tag{6.43}$$

同时，下一步中截面的不平衡力为

$$\widetilde{\boldsymbol{D}}^k(x)=\boldsymbol{B}_{\mathrm{f}}(x)\Delta\boldsymbol{Q}^k-\boldsymbol{D}_{\mathrm{R}}^k(x) \tag{6.44}$$

结合式(6.34)和(6.35)，可以得到整体坐标系下的单元力向量和刚度矩阵，具体可见算法流程 2。

算法 2：力插值梁单元状态确定流程

输入：全局坐标系下的单元节点位移增量 $\Delta\boldsymbol{U}^k$

历史状态变量：基础坐标系下的单元变量 $\boldsymbol{K}^{k-1}$，$\boldsymbol{Q}^{k-1}$，$\boldsymbol{D}_{\mathrm{R},i}^{k-1}$，$\widetilde{\boldsymbol{D}}_i^{k-1}$，$\boldsymbol{d}_i^{k-1}$，$\boldsymbol{k}_{\mathrm{sec},i}^{k-1}$

输出：全局坐标系下的单元刚度矩阵 $\boldsymbol{K}_{\mathrm{ele}}^k$、单元节点力 $\boldsymbol{P}^k$

begin
- /* 计算基础坐标系下的单元变形增量 */
- 全局坐标系转换到基础坐标系：$\Delta\bar{\boldsymbol{U}}^k\leftarrow\boldsymbol{R}\Delta\boldsymbol{U}^k$，$\Delta\boldsymbol{q}^k\leftarrow\Delta\bar{\boldsymbol{U}}^k$ 基于式(5.4)—式(5.6)；
- 单元基础力增量：$\Delta\boldsymbol{Q}^k\leftarrow\boldsymbol{K}^{k-1}\Delta\boldsymbol{q}^k$；
- /* 遍历所有积分点截面 */
- for　积分点 $i\leftarrow1:n$ do
  - 计算截面力增量：$\Delta\boldsymbol{D}_i^k\leftarrow\boldsymbol{B}_{\mathrm{f},i}\Delta\boldsymbol{Q}^k+\widetilde{\boldsymbol{D}}_i^{k-1}$；
  - 计算截面变形增量：$\Delta\boldsymbol{d}_i^k\leftarrow\boldsymbol{f}_{\mathrm{sec},i}^{k-1}\Delta\boldsymbol{D}_i^k$；
  - 更新截面变形：$\boldsymbol{d}_i^k\leftarrow\boldsymbol{d}_i^{k-1}+\Delta\boldsymbol{d}_i^k$；
  - 调用纤维截面模型，计算截面抗力 $\boldsymbol{D}_{\mathrm{R},i}^k$、截面刚度矩阵 $\boldsymbol{k}_{\mathrm{sec},i}^k$；
  - 计算截面柔度矩阵：$\boldsymbol{f}_{\mathrm{sec},i}^k\leftarrow(\boldsymbol{k}_{\mathrm{sec},i}^k)^{-1}$；
  - 计算截面变形残值：$\boldsymbol{\rho}_i^k\leftarrow\boldsymbol{f}_{\mathrm{sec},i}^k(\Delta\boldsymbol{D}_{\mathrm{R},i}^{k-1}+\Delta\boldsymbol{D}_i^k-\boldsymbol{D}_{\mathrm{R},i}^k)$；
  - 更新单元基础变形残值：$\boldsymbol{R}_{\mathrm{e}}^k\leftarrow\boldsymbol{R}_{\mathrm{e}}^k+\sum_i^n\boldsymbol{B}_{\mathrm{f},i}^{\mathrm{T}}\boldsymbol{\rho}_i^k w_i$；
  - 更新单元基础柔度矩阵：$\boldsymbol{F}^k\leftarrow\boldsymbol{F}^k+\sum_i^n\boldsymbol{B}_{\mathrm{f},i}^{\mathrm{T}}\boldsymbol{f}_{\mathrm{sec},i}^k\boldsymbol{B}_{\mathrm{f},i}w_i$；
- end
- /* 计算基础坐标系下的单元刚度矩阵和单元力 */
- 确定单元基础刚度矩阵：$\boldsymbol{K}^k\leftarrow(\boldsymbol{F}^k)^{-1}$；
- 确定单元基础力：$\boldsymbol{Q}^k\leftarrow\boldsymbol{Q}^{k-1}+\Delta\boldsymbol{Q}^k-\boldsymbol{K}^k\boldsymbol{R}_{\mathrm{e}}^k$；
- /* 遍历所有积分点截面 */
- for　积分点 $i\leftarrow1:n$ do
  - 计算截面不平衡力：$\widetilde{\boldsymbol{D}}_i^k\leftarrow\boldsymbol{B}_{\mathrm{f},i}\boldsymbol{Q}^k-\boldsymbol{D}_{\mathrm{R},i}^k$；
- end
- /* 计算全局坐标系下的单元刚度矩阵和单元力 */
- 单元基础力转换到全局坐标系：$\bar{\boldsymbol{P}}^k\leftarrow\boldsymbol{\Gamma}^{\mathrm{T}}\boldsymbol{Q}^k$，　$\boldsymbol{P}^k\leftarrow\boldsymbol{R}^{\mathrm{T}}\bar{\boldsymbol{P}}^k$；
- 单元基础刚度矩阵转换到全局坐标系：$\bar{\boldsymbol{K}}_{\mathrm{ele}}^k\leftarrow\boldsymbol{\Gamma}^{\mathrm{T}}\boldsymbol{K}^k\boldsymbol{\Gamma}+\bar{\boldsymbol{K}}_G^k$，$\boldsymbol{K}_{\mathrm{ele}}^k\leftarrow\boldsymbol{R}^{\mathrm{T}}\bar{\boldsymbol{K}}_{\mathrm{ele}}^k\boldsymbol{R}$；

end

需要指出，上述过程给出了一般力插值单元的状态确定过程，但并未考虑CSBDI增强。考虑CSBDI增强的力插值单元状态确定整体流程和上述过程类似，仅需要根据不同的力插值函数修改相关步骤，具体可见Feng等(2023)。

6.3 高效化损伤分析案例

为了验证基于高性能杆系单元的高效化损伤模拟途径的实用性，本节通过3个典型的钢筋混凝土结构分析案例进行详细说明。案例均通过ABAQUS进行分析，材料模型均采用本书第2、3章中提出的本构关系。

6.3.1 钢筋混凝土受弯柱

首先进行以受弯为主的钢筋混凝土柱的反复加载分析。选取Saatcioglu和Grira(1999)试验中的BG-8试件，如图6.3.1所示，柱高1 645 mm，截面尺寸为350 mm×350 mm，混凝土保护层厚度为29 mm。纵筋采用12根直径为19.5 mm的带肋钢筋，横向钢筋直径为6.6 mm，间距为76 mm。混凝土材料参数为：弹性模量E_c=32.5 GPa，抗压强度f_c=34 MPa，对应峰值应变ϵ_c=0.002；钢筋材料参数为：弹性模量E_s=20 GPa，屈服强度f_y=455.6 MPa，硬化系数b=0.01。试验的加载过程分为两步，首先通过力控制在柱顶施加961 kN的轴向荷载，然后通过位移控制施加循环的侧向荷载。

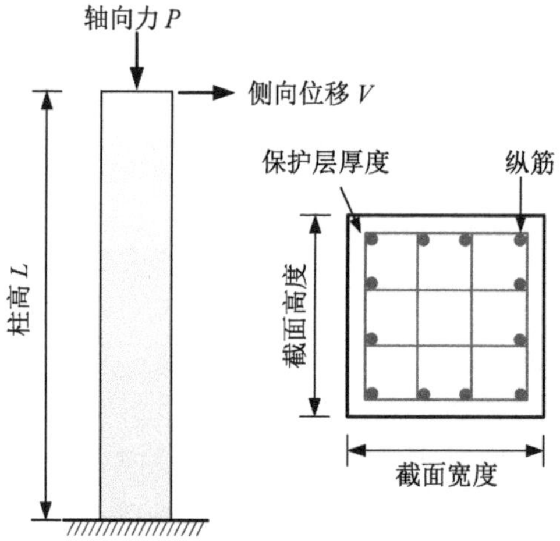

图6.3.1 钢筋混凝土柱分析案例

首先采用位移插值单元对该柱进行分析，模拟结果和试验结果的对比如图6.3.2所示，其中图6.3.2(a)为标准位移插值单元的结果，图6.3.2(b)为增强型位移插值单元的结果。可见，虽然两种单元的模拟结果都会随着单元数目的增加而趋于收敛，但对于增强型位移插值单元，仅设置1个单元就可以得到和试验数据吻合较好的结果，而对于常规位移插值单元，需要 4 个以上的单元才能得到理想的结果。图 6.3.3(a)展示了两种单元的柱底截面轴向力的演化。从图中可以看出，对于常规位移插值单元，即使细划分了网格，柱底截面的轴向力也表现出很大的波动，而且与外加荷载不同；相比而言，增强型位移插值单元计算得到的轴向力与外加荷载相同(961 kN)，证明增强后可以满足局部的平衡条件。图 6.3.3(b)给出了常规位移插值单元计算的柱顶截面和柱底截面的轴向力，可以发现，虽然两截面的平均轴向力等于外部施加荷载，但轴向力的演化呈现出严重的振荡，证明常规的位移插值单元仅能从积分意义上(弱形式)满足平衡条件。

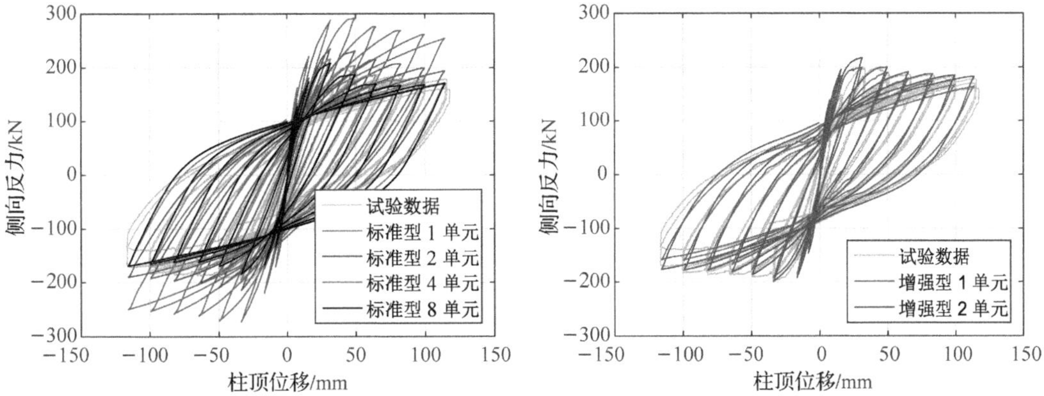

(a) 标准型单元　　(b) 增强型单元

图 6.3.2　受弯柱荷载-位移曲线(位移插值单元)

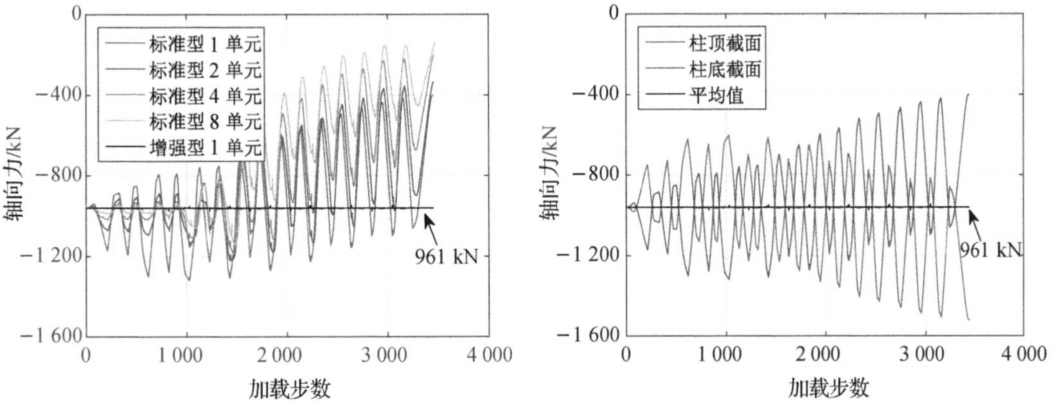

(a) 底部截面轴向力演化　　(b) 不同截面轴向力演化

图 6.3.3　受弯柱轴向力演化

然后采用力插值单元对该柱进行分析，计算结果如图 6.3.4 所示。相比于常规位移插值单元，1 个力插值单元的计算结果就已经与试验结果吻合较好，证明了力插值单元的优势。图 6.3.4 同时给出了是否考虑弯剪耦合以及是否考虑粘结滑移的计算结果对比。可见，由于该柱剪跨比较大，因此剪切变形不显著，考虑弯剪耦合与否的计算结果没有明显区别。然而，由于柱底钢筋在反复加载过程中存在“应变渗透”现象(Zhao & Sritharan，2007)，忽略粘结滑移效应就无法反映柱底的固端转动,因此会高估荷载-位移曲线的初始刚度和卸载刚度。采用本章提出的粘结滑移方法,可以得到更接近试验曲线的结果,证明了该方法的有效性。

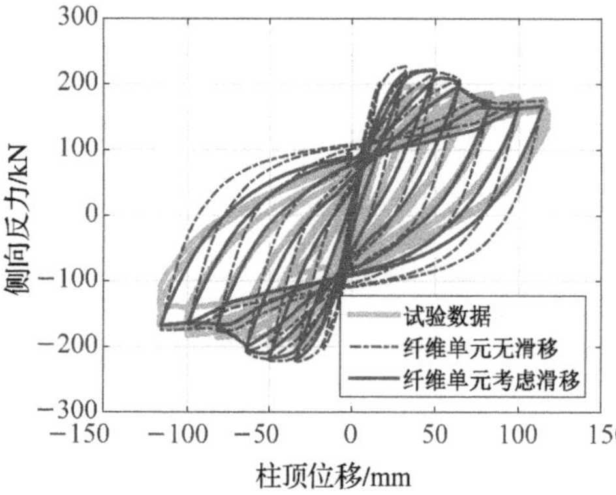

(a) 常规纤维单元

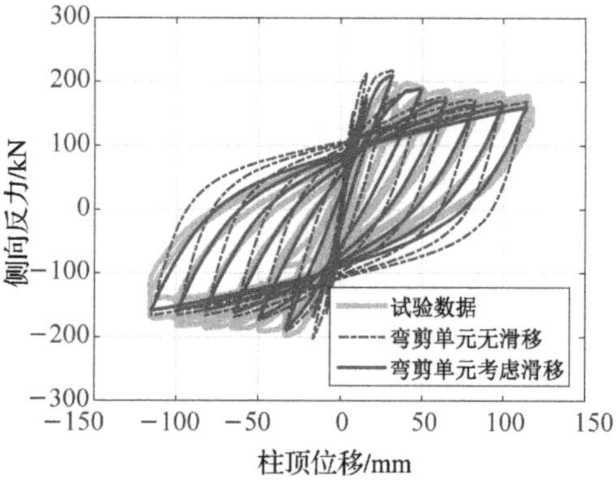

(b) 力插值单元

图 6.3.4　受弯柱荷载-位移曲线(力插值单元)

6.3.2　钢筋混凝土受剪柱

第二个例子为 Arakawa 等(1989)的剪切破坏钢筋混凝土柱试验。试件示意图同图 6.3.1,柱高 225 mm,截面高和宽均为 180 mm,混凝土保护层的厚度为 10 mm。钢筋由 8 根直径为 12.7 mm 的纵筋和直径为 4 mm、间距为 64.3 mm 的箍筋组成。混凝土材料参数为:弹性模量 $E_c=32.5$ GPa,抗压强度 $f_c=33$ MPa,峰值应变$\epsilon_c=0.002$;钢筋材料参数为:弹性模量 $E_s=200$ GPa,屈服强度 $f_y=340$ MPa,硬化率 $b=0.01$。加载步骤与上一个案例相同,其中施加的轴向荷载为 476 kN。

分别采用常规纤维单元(不考虑弯剪耦合)、力插值单元、常规位移插值单元和增强型位移插值单元对该柱进行模拟,计算所得的侧向荷载位移曲线如图 6.3.5 所示。可见:与第一个案例类似,增强型位移插值单元和力插值单元可以在较少的单元数量下得到和试验数据吻合较好的结果,而常规位移插值单元需要细划分网格才能得到较为精确的结果。同时,由于本案例剪跨比较小,截面剪切变形明显,因此若采用不考虑弯剪耦合的常规纤维单元,则计算结果大大高估了柱子的承载力、加载/卸载刚度和耗能能力。

本章所述的高性能梁单元同样可以获得构件的局部响应。图 6.3.6 给出了柱顶位移分别为 2.75 mm 和−2.82 mm 时,柱底截面的应力分布情况。可见,截面上各纤维应力状态的横向平衡条件得到了很好的满足;同时,虽然假定截面的剪切应变均匀分布,但计算出的剪切应力却是非均匀分布的,而且正如预期一样,最大剪应力出现在截面中心附近。

本章所述高性能梁单元基于 Timoshenko 理论,在截面层次进行静力凝聚需要迭代计算,而且增强型位移插值单元进行截面轴向增强变形时也需要迭代计算。因此,这里也对比了不同单元的计算效率。采用具备相同硬件参数的便携式计算机进行分析(CPU 为

i7-2.40 GHz，RAM 为 8 GB)，采用 1 个传统纤维单元进行分析的计算时长为 37 s，采用 1 个力插值单元进行分析的计算时长为 40 s，采用 1 个增强型位移插值单元进行分析的计算时长为 60 s，采用 4 个常规位移插值单元进行分析的计算时长为 59 s，可见总体计算时长均较低。其中增强型位移插值单元因为涉及 2 轮迭代，因此耗时最久。图 6.3.7 还分别给出了力插值单元分析中柱底截面中某一纤维进行静力凝聚过程的迭代情况以及增强型位移插值单元分析中截面轴向增强参数的迭代情况。可以看出，在大多数步骤中，2～4 次迭代就足以得到收敛结果，说明本章所述的高性能单元具有较高的计算效率。

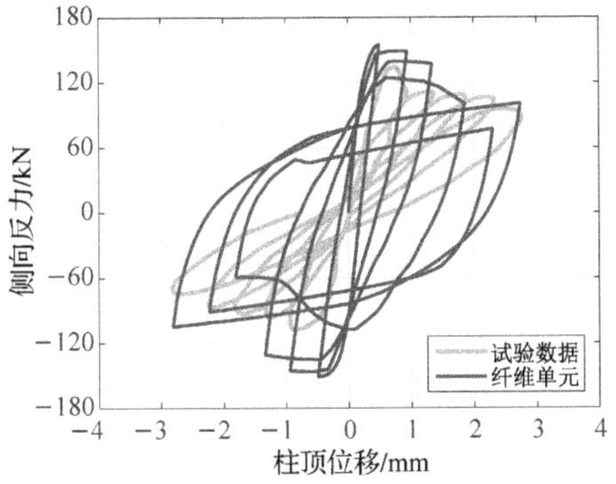

(a) 常规纤维单元

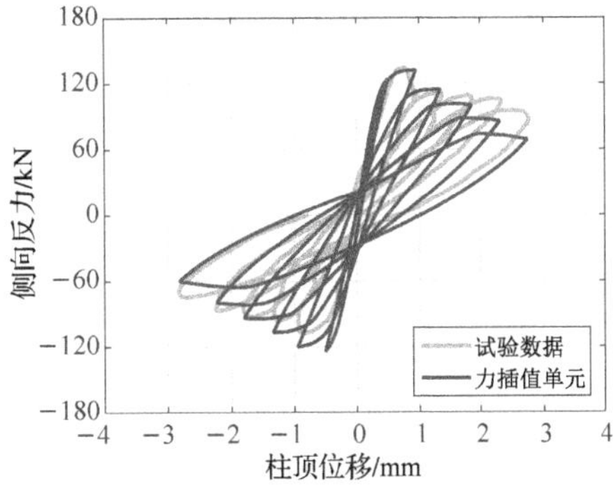

(b) 1 个力插值单元

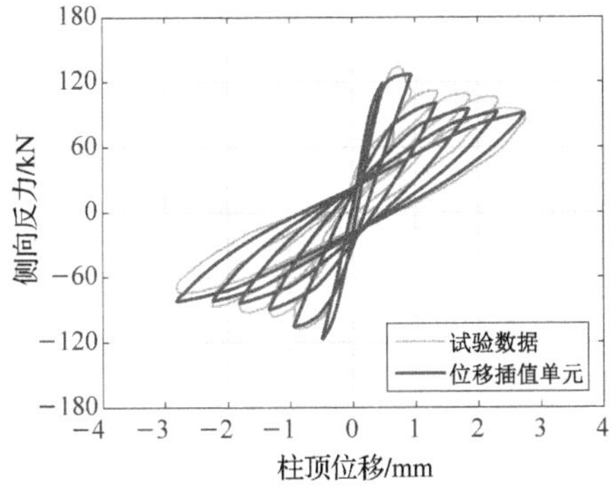

(c) 4 个常规位移插值单元

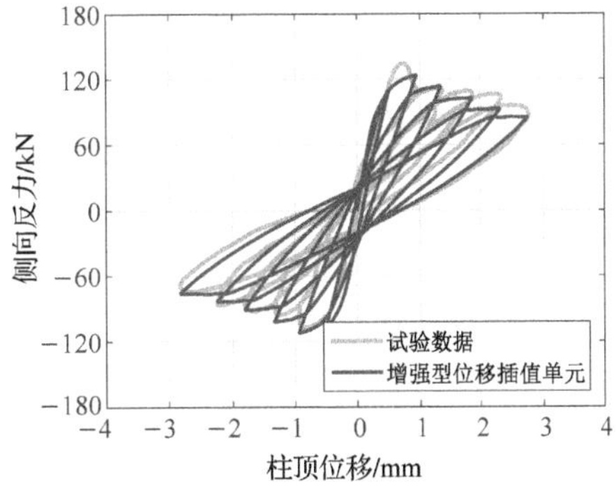

(d) 1 个增强型位移插值单元

图 6.3.5　受剪柱荷载-位移曲线

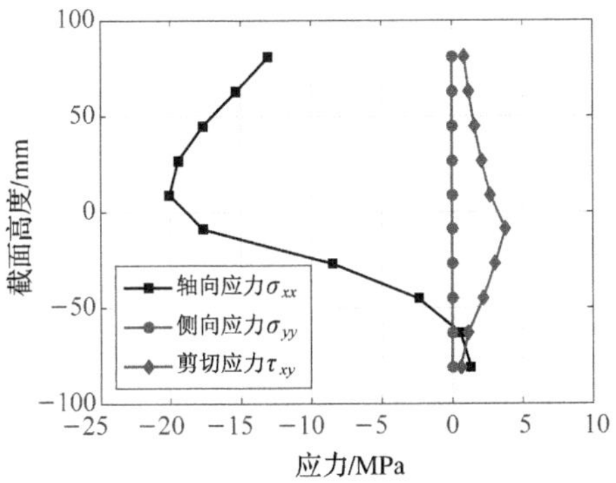

(a) 柱顶位移为 2.75 mm

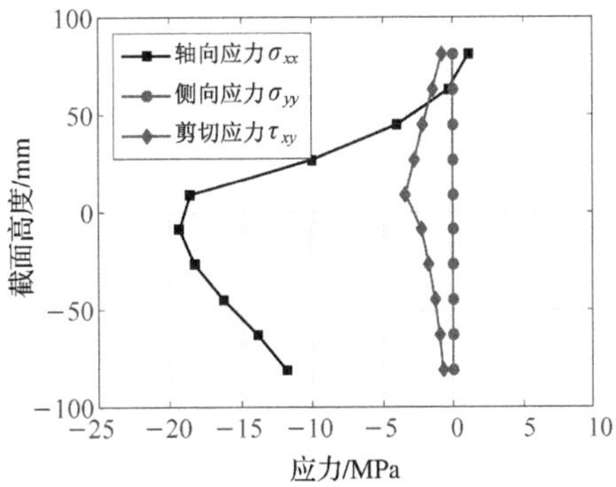

(b) 柱顶位移为－2.82 mm

图 6.3.6　受剪柱截面应力分布

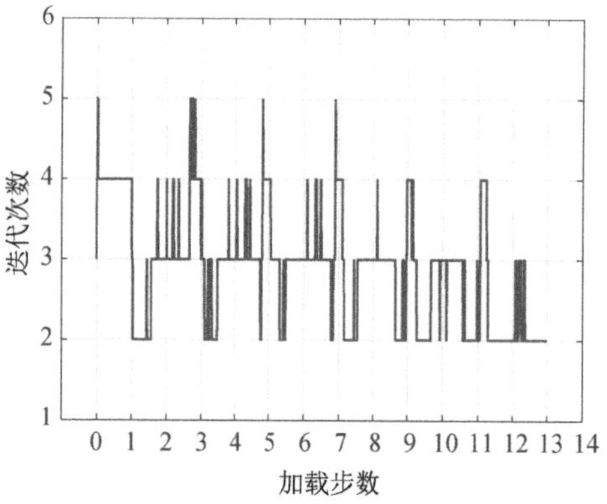

(a) 力插值单元静力凝聚迭代

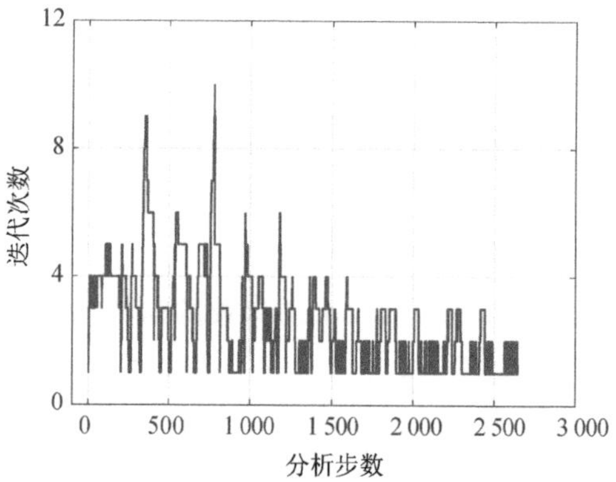

(b) 增强型位移插值单元轴向增强迭代

图 6.3.7 单元计算效率分析

6.3.3 钢筋混凝土剪力墙

本章所述模型虽然属于梁单元模型，但由于引入了剪切变形影响，因而在本质上可以反映二维应力状态。基于这一情景，采用考虑钢筋作用的损伤本构模型。因此，本章所述模型同样可用于剪力墙构件的模拟。为此，以钢筋混凝土剪力墙结构的反复加载分析为例，进一步说明本章所述模型在模拟墙类结构时的可行性。

选取 Tran 和 Wallace(2015)的剪力墙反复加载试验中的典型试件 RW-A20-P10-S63 和 RW-A15-P10-S78，试件尺寸和示意图见图 6.3.8。两种试件的主要区别为墙高和配筋率，而截面尺度相同。试件 RW-A20-P10-S63 的高宽比为 2.0 而试件 RW-A15-P10-S78 的高宽比为 1.5，设计轴压比分别为 0.073 和 0.064。如此设计的墙体在反复加载下会产生明显的剪切效应。墙体截面分为三个部分，即墙腹和两个边界加强区，墙腹可采用素混凝土材料属性模拟，而边界加强区采用约束混凝土材料属性模拟。墙体材料参数为：混凝土强度分别为 48.6 MPa(RW-A20-P10-S63)和 55.8 MPa(RW-A15-P10-S78)；钢筋纵向强度分别为

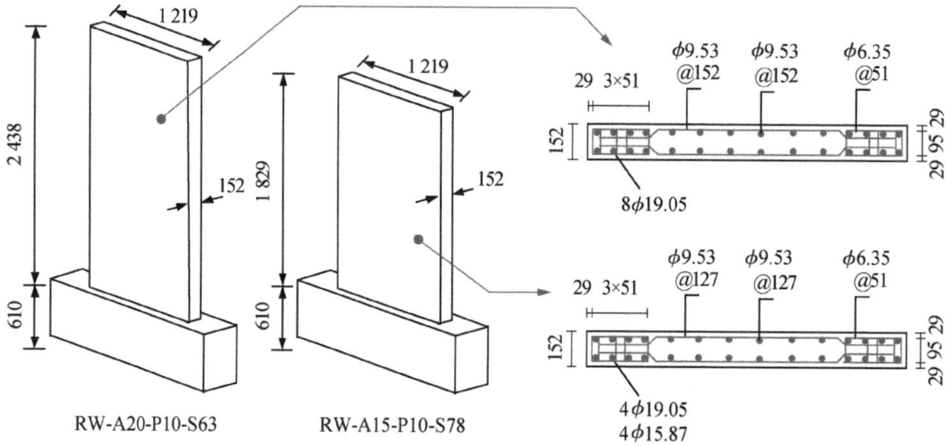

图 6.3.8 钢筋混凝土剪力墙反复加载案例(单位：mm)

474 MPa(直径 19.05 mm)和 477 MPa(直径 15.87 mm);分布钢筋强度分别为 443 MPa(直径 9.53 mm)和 450 MPa(直径 6.35 mm)。

与钢筋混凝土柱的例子类似,使用 1 个力插值单元进行分析(位移插值单元的分析情况类似,不再展开)。首先在墙顶施加轴向载荷,然后施加循环的侧向位移。作为对比,同样采用了普通纤维单元和 Kolozvari 等(2019)最新提出的考虑弯剪耦合的多垂杆墙单元(SFI-MVLEM)对试件进行了模拟,三种单元的计算结果与试验结果的对比见图 6.3.9。可以发

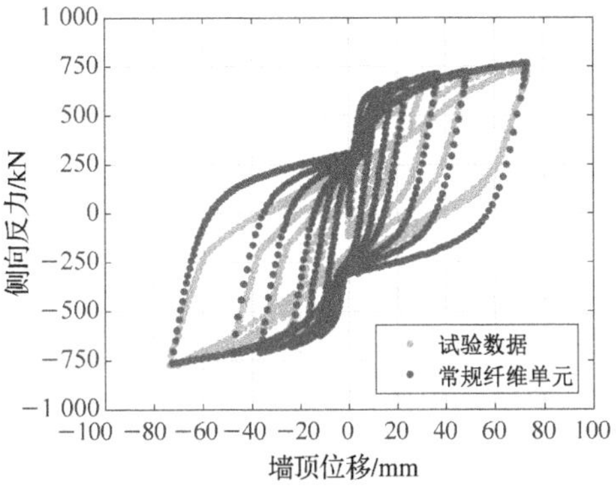

(a) RW-A20-P10-S63 常规纤维单元

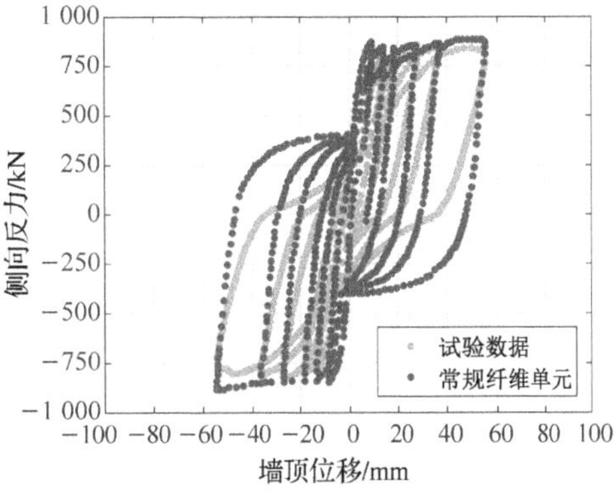

(b) RW-A15-P10-S78 常规纤维单元

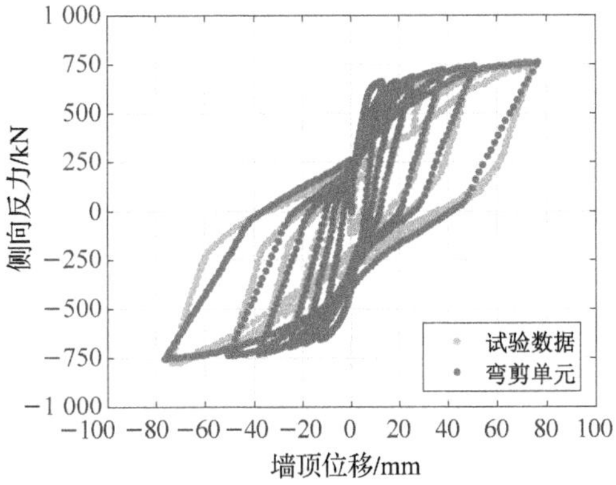

(c) RW-A20-P10-S63 本节弯剪单元

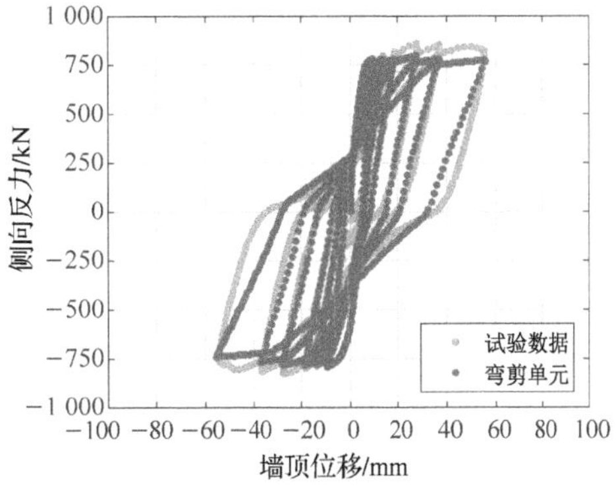

(d) RW-A15-P10-S78 本节弯剪单元

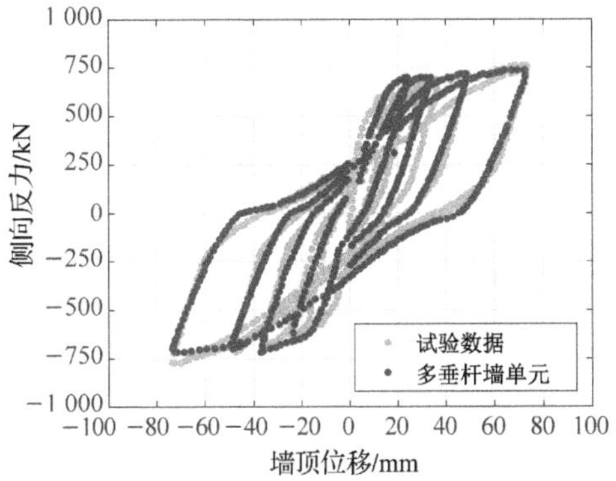

(e) RW-A20-P10-S63 多垂杆墙单元

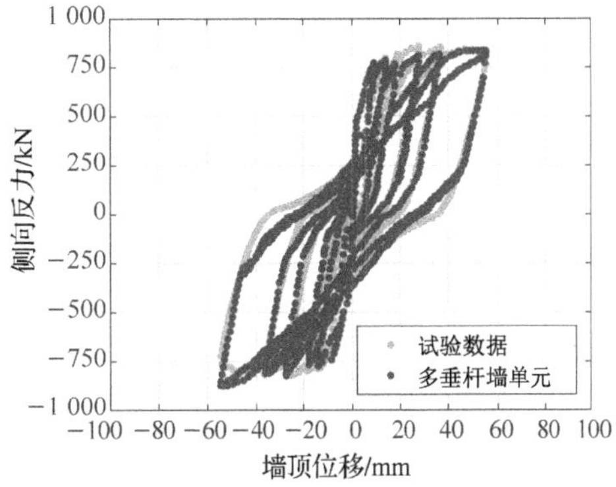

(f) RW-A15-P10-S78 多垂杆墙单元

图 6.3.9　剪力墙荷载-位移曲线

现,对于试件 RW-A20-P10-S63,传统纤维单元忽略了剪切变形,因此高估了试件的强度和耗能。相反,本章所述单元和 SFI-MVLEM 单元都能较好地预测试件的滞回行为,滞回环的峰值强度、初始刚度、卸载刚度以及残余变形均与试验结果吻合较好。与 SFI-MVLEM 模型相比较,本章所述单元只需要一个单元就能得到理想的结果,且更为清晰、准确地反映了问题的物理本质。

对于试件 RW-A15-P10-S78,也可以得出类似的结论。由于该试件高宽比较小,剪切效应更加明显,因此传统纤维单元计算结果失真,而本章所述单元和 SFI-MVLEM 单元均准确地模拟了墙体行为。

6.4 本章小结

结合上一章所提出的高性能梁单元,本章建立了混凝土梁、柱构件和剪力墙的高效化损伤-破坏模拟途径。在截面层次上,对传统的纤维模型进行修正,将第 2～3 章建立的混凝土多维本构关系赋予混凝土纤维,实现了轴-弯-剪耦合效应的综合反映;将钢筋变形视为自身变形和粘结滑移之和,通过钢筋应力-滑移关系的推导,修正了钢筋应力-应变关系,实现了粘结滑移效应的反映。进而,分别给出了位移插值型和力插值型单元的状态确定过程,通过二次开发嵌入通用有限元软件,实现了典型钢筋混凝土梁、柱、剪力墙等构件的复杂滞回行为模拟。

第7章 结构分析的无条件稳定显式积分算法

除本构关系、分析单元之外，要实现混凝土结构在外部灾害性动力作用下的损伤分析，还需要高效稳定的结构求解算法。结构层次的动力分析算法有很多种，但和现代有限元方法结合最紧密、应用范围最广的是直接积分法。该方法将整体结构(实际为一复杂的多自由度体系)的控制方程进行时域离散化，通过时间步的逐步叠加和推动，实现结构行为(位移、速度和加速度)的求解。根据其离散格式的区别，直接积分法又可以分为隐式和显式两类。在隐式积分算法(典型的为 Newmark-β 算法簇中的常加速度法)中，当前步的结构响应信息与上一步耦合，因此需要进行迭代求解。这类方法虽然具有较高的精度且是无条件稳定的，但对于强非线性、接触碰撞等极端行为，隐式算法往往会面临收敛困难与计算效率低下的问题。而在显式积分算法(典型的为中心差分法)中，当前步的结构响应完全由上一步信息确定，因此不需要进行迭代计算，更适用于大型结构和极端破坏问题的分析。然而，传统的显式积分算法是条件稳定的，需要将分析时间步长设定为非常小的值(如 10^{-6} s 级)才能得到不发散的计算结果。近年来，关于无条件稳定的显式算法的研究逐渐引起了关注，本章主要介绍一类无条件稳定显式积分 KR-α 算法(Kolay & Ricles, 2014)及其在结构静、动力损伤分析中的应用。

7.1 无条件稳定显式积分 KR-α 算法

KR-α 算法构造了类似于广义-α 法(Chung & Hulbert, 1993)的时域离散格式，并引入数值阻尼来控制求解的稳定性，利用离散控制理论确定求解过程中的积分参数，最终实现了无条件稳定和采用大步长求解的目的。

如前所述，经有限元离散，结构动力方程可表述为

$$\boldsymbol{M}\ddot{\boldsymbol{U}}(t)+\boldsymbol{C}\dot{\boldsymbol{U}}(t)+\boldsymbol{R}[\boldsymbol{U}(t),\dot{\boldsymbol{U}}(t)]=\boldsymbol{F}(t) \tag{7.1}$$

式中，$\boldsymbol{M}$ 和 $\boldsymbol{C}$ 分别为结构质量矩阵和阻尼矩阵；$\boldsymbol{U}(t)$、$\dot{\boldsymbol{U}}(t)$、$\ddot{\boldsymbol{U}}(t)$、$\boldsymbol{R}(t)$、$\boldsymbol{F}(t)$ 分别为结构的位移向量、速度向量、加速度向量、抗力向量和外力向量；t 为时间。

上式可采用诸多积分算法进行求解，如经典的 Newmark-β、中心差分法、HHT-α 法、广义-α 法等，可根据其求解属性分为隐式算法和显式算法，不同类别算法的优劣如前所述。此外，一般算法中还会引入一定的数值阻尼来滤除虚假的高频振型对系统响应的影响。其中，

广义-α 法被认为是具有最优的数值耗散算法，且具有二阶精度。考虑到该算法是一类隐式算法，式(7.1)可以通过构造类似广义-α 法的速度及位移更新格式进行显式求解，即

$$\begin{aligned}\dot{\boldsymbol{X}}_{i+1}&=\dot{\boldsymbol{X}}_i+\Delta t\boldsymbol{\alpha}_1\ddot{\boldsymbol{X}}_i\\ \boldsymbol{X}_{i+1}&=\boldsymbol{X}_i+\Delta t\dot{\boldsymbol{X}}_i+\Delta t^2\boldsymbol{\alpha}_2\ddot{\boldsymbol{X}}_i\end{aligned}\tag{7.2}$$

式中，$\boldsymbol{X}_i$、$\dot{\boldsymbol{X}}_i$ 以及 $\ddot{\boldsymbol{X}}_i$ 表示第 i 时间步的位移、速度及加速度向量；$\boldsymbol{\alpha}_1$ 和 $\boldsymbol{\alpha}_2$ 为积分参数矩阵；Δt 为积分时间步长。

则结构动力方程离散形式可改写为

$$\boldsymbol{M}\hat{\ddot{\boldsymbol{X}}}_{i+1}+\boldsymbol{C}\dot{\boldsymbol{X}}_{i+1-\alpha_f}+\boldsymbol{R}_{i+1-\alpha_f}=\boldsymbol{F}_{i+1-\alpha_f}\tag{7.3}$$

式中，$\hat{\ddot{\boldsymbol{X}}}$、$\dot{\boldsymbol{X}}_{i+1-\alpha_f}$ 分别为等效加速度向量和等效速度向量；$\boldsymbol{R}_{i+1-\alpha_f}$、$\boldsymbol{F}_{i+1-\alpha_f}$ 分别为等效抗力向量和等效外力向量，其具体表达形式分别为

$$\hat{\ddot{\boldsymbol{X}}}_{i+1}=(\boldsymbol{I}-\boldsymbol{\alpha}_3)\ddot{\boldsymbol{X}}_{i+1}+\boldsymbol{\alpha}_3\ddot{\boldsymbol{X}}_i\tag{7.4}$$

$$\begin{aligned}\dot{\boldsymbol{X}}_{i+1-\alpha_f}&=(1-\alpha_f)\dot{\boldsymbol{X}}_{i+1}+\alpha_f\dot{\boldsymbol{X}}_i\\ \boldsymbol{R}_{i+1-\alpha_f}&=(1-\alpha_f)\boldsymbol{R}_{i+1}+\alpha_f\boldsymbol{R}_i\\ \boldsymbol{F}_{i+1-\alpha_f}&=(1-\alpha_f)\boldsymbol{F}_{i+1}+\alpha_f\boldsymbol{F}_i\end{aligned}\tag{7.5}$$

式中，$\boldsymbol{I}$ 为单位矩阵；$\boldsymbol{\alpha}_3$ 为第 3 个积分参数矩阵；α_f 为积分参数标量；$\boldsymbol{R}_i$、$\boldsymbol{F}_i$ 分别为第 i 步的抗力向量和外力向量；$\boldsymbol{R}_{i+1}$、$\boldsymbol{F}_{i+1}$ 分别为第 $i+1$ 步的抗力向量和外力向量。

基于上述离散形式，接下来的关键任务是确定积分参数 $\boldsymbol{\alpha}_1$、$\boldsymbol{\alpha}_2$、$\boldsymbol{\alpha}_3$ 的具体表达式，使之继承广义-α 方法的数值能量耗散特性和无条件稳定特性。Kolay 和 Ricles(2014)通过设定 KR-α 方法的特征值及放大矩阵与广义-α 法相同，得到如下前述积分参数矩阵具体表达式

$$\begin{aligned}\boldsymbol{\alpha}_1&=[\boldsymbol{M}+\gamma\Delta t\boldsymbol{C}+\beta\Delta t^2\boldsymbol{K}]^{-1}\boldsymbol{M}\\ \boldsymbol{\alpha}_2&=\left(\frac{1}{2}+\gamma\right)\boldsymbol{\alpha}_1\\ \boldsymbol{\alpha}_3&=[\boldsymbol{M}+\gamma\Delta t\boldsymbol{C}+\beta\Delta t^2\boldsymbol{K}]^{-1}[\alpha_m\boldsymbol{M}+\alpha_f\gamma\Delta t\boldsymbol{C}+\alpha_f\beta\Delta t^2\boldsymbol{K}]\end{aligned}\tag{7.6}$$

式中，$\boldsymbol{K}$ 为初始刚度矩阵；参数 γ、β、α_m、α_f 均为高频谱半径 ρ_∞ 的函数，其计算公式为

$$\begin{aligned}&\gamma=\frac{1}{2}-\alpha_m+\alpha_f,\quad \beta=\frac{1}{2}(1-\alpha_m+\alpha_f)^2\\ &\alpha_m=\frac{2\rho_\infty-1}{\rho_\infty+1},\quad \alpha_f=\frac{\rho_\infty}{\rho_\infty+1}\end{aligned}\tag{7.7}$$

由式(7.6)—式(7.7)可见，KR-α 算法仅有一个使用者自定义参数，即高频谱半径 ρ_∞。该参数的取值范围为 0—1，$\rho_\infty=1$ 意味着不引入数值阻尼(即无数值能量耗散)，随着 ρ_∞ 的减小，该方法的数值阻尼增大，直至 $\rho_\infty=0$ 时，数值阻尼达到最大。ρ_∞ 的取值与实际问题以及时间步长相关，较大的 ρ_∞ 可能引起结构内力的高频振荡，这种振荡可以通过减小时间步长或者减小 ρ_∞ 来消除；但减小时间步长通常会降低这类显式方法的计算效率。通常采用试算法确定 ρ_∞，即 ρ_∞ 值可以从 1 开始减小直至得到稳定的计算结果。需要指出的是，一旦得

到稳定的结果后，ρ_∞ 便不可减小，因为太多的数值阻尼会影响低阶模态的结果（Feng et al.，2019a）。

KR-α 算法已经被集成到知名专业有限元软件 OpenSees 中。与前述本构关系、单元模型相结合，可以直接开展混凝土结构的损伤分析。

7.2　基于 KR-α 算法的结构静力分析

尽管 KR-α 算法是一个动力分析算法，通过合理地设置加载方案，也可以将其应用于静力非线性分析之中，以解决静力非线性分析中可能面临的计算收敛性难题。

7.2.1　结构静力非线性分析的拟动力加载方案

传统的静力非线性结构分析，外部荷载是通过力控制方案或位移控制方案施加的。在大多数情况下，位移控制方案是首选，因为它可以更准确地预测结构的极限状态、捕捉结构进入下降段之后的行为。在位移控制方案中，首先将目标位移施加给特定的节点，如剪力墙顶部节点或梁中部节点，如图 7.2.1 所示，然后可以采用常规的逐步增量变刚度法进行静力分析。这个过程通常会涉及迭代计算，因此可能会遇到计算不收敛问题。

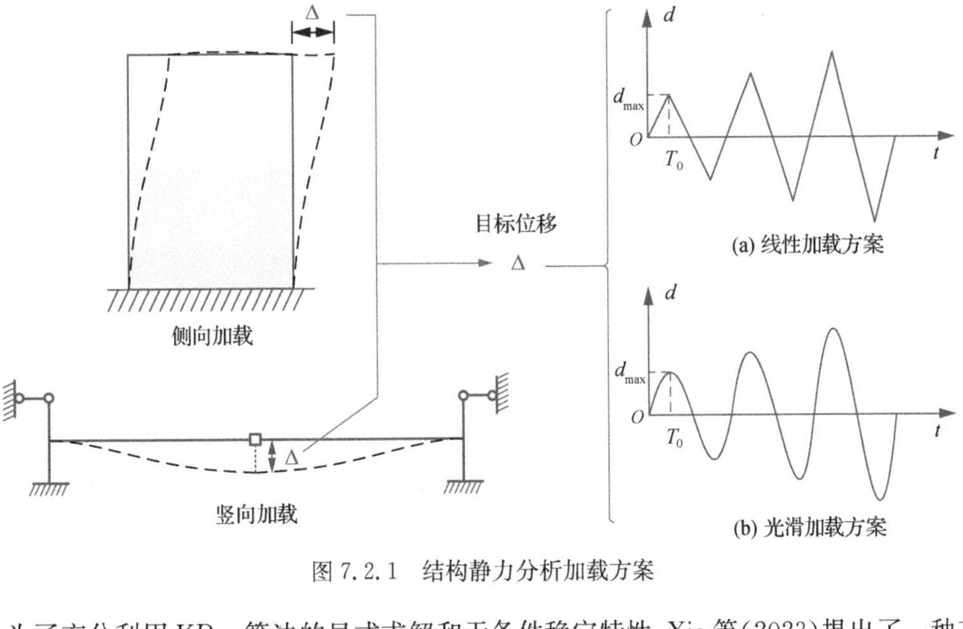

图 7.2.1　结构静力分析加载方案

为了充分利用 KR-α 算法的显式求解和无条件稳定特性，Xie 等（2023）提出了一种基于动力算法的静力分析加载方案，实现了以 KR-α 算法为基础的结构静力非线性分析。

事实上，在 OpenSees 的动力计算模块中，外部激励采用一致激励模式（所有基础节点受到相同输入激励作用）或多点激励模式（可以指定不同节点受到不同的输入激励作用）进行加载，如地震分析中，通常通过一致激励或者多点激励将地震动输入给基底的节点。在一致激励模式中，输入的外部激励只能是地面运动的加速度时程，且只能施加于基础节点；而多点激励模式则还允许在结构的不同节点输入指定的位移时程。因此，虽然直接类似静力分析在节点上施加位移不容易实现，但可以采用多点激励模式将位移时程施加到相关节点上，如图 7.2.1 所示。

不同的位移时程代表不同的加载方案，由于此处采用动力算法求解静力问题，因此有可能带来一定的动力效应。为此，探究了两类典型的位移加载方案，即线性加载方案和平滑加载方案（Xie et al.，2023）。线性加载方案如图 7.2.1(a)所示，某一个循环荷载可视为几个单调荷载的组合，对于第 k 个单调荷载，线性加载方案可表示为

$$d(t)=d_{\mathrm{ini},k}+\frac{t-T_{\mathrm{ini},k}}{T_{\mathrm{end},k}-T_{\mathrm{ini},k}}(d_{\mathrm{end},k}-d_{\mathrm{ini},k}) \tag{7.8}$$

式中，$d(t)$为 t 时刻的位移；$T_{\mathrm{ini},k}$ 和 $T_{\mathrm{end},k}$ 分别为第 k 个单调荷载的初始时间和结束时间；$d_{\mathrm{ini},k}$ 和 $d_{\mathrm{end},k}$ 分别为第 k 个单调荷载的初始位移和目标位移；$t=T_{\mathrm{ini},k}+n\cdot \mathrm{d}t$，$n=1,2,\cdots,N_{\mathrm{step},k}$，$\mathrm{d}t$ 为生成的位移序列中的时间间隔，$N_{\mathrm{step},k}=(T_{\mathrm{end},k}-T_{\mathrm{ini},k})/\mathrm{d}t$ 为第 k 个单调荷载中的加载步长数。

平滑加载方案如图 7.2.1(b)所示，可表示为（Chen et al.，2015）

$$d(t)=d_{\mathrm{ini},k}+\left[1+\cos\left(\frac{t-T_{\mathrm{ini},k}}{T_{\mathrm{end},k}-T_{\mathrm{ini},k}}\pi+\pi\right)\right](d_{\mathrm{end},k}-d_{\mathrm{ini},k})/2 \tag{7.9}$$

式中的参数含义与式(7.8)相同。

在纯粹单调加载情况下，即 $d_{\mathrm{ini},k}=0$，$d_{\mathrm{end},k}=d_{\max}$，$T_{\mathrm{ini},k}=0$，$T_{\mathrm{end},k}=T_0$，其中 T_0 为加载总时间，$d_{\max}$ 为目标位移，式(7.8)和式(7.9)可简化为

$$d(t)=\begin{cases} t/T_0\cdot d_{\max} & \text{线性加载方案} \\ [1+\cos(t/T_0\cdot\pi+\pi)]d_{\max}/2 & \text{平滑加载方案} \end{cases} \tag{7.10}$$

需要指出的是，位移时程有多种构造方式，这里仅展示了两种最典型的方法，还有更多的方法可以尝试。本节内容的目的是采用 KR-α 算法进行静力分析以避免收敛性问题，因此不过多展开。

在 OpensSees 中，上述采用多点激励施加节点位移荷载的典型命令流为：

```
pattern MultipleSupport $patternTag {
dispSeries $dispTag Plain -disp $tsTag;
imposedDisp $nodeTag $dirn $dispTag;
}
```

其中 `dispSeries` 和 `imposedDisp` 分别表示生成的位移时程以及将其施加到结构模型上；`$dispTag` 为所生成的时程的标签，并用`-disp` 表示为位移类时程；`$tsTag` 为由前述式(7.8)—式(7.10)定义的具体时程标签；`$nodeTag` 为施加位移时程的节点号；`$dirn` 为施加位移时程的具体自由度方向。更多细节可参考 OpenSees 用户手册。

7.2.2　分析实例

为了验证 KR-α 算法在结构静力非线性分析中的精度与效率，本节给出了两个典型的分析案例。第一个为钢筋混凝土子结构的 Pushdown 倒塌分析，第二个为钢筋混凝土剪力墙的反复加载分析。这两个案例均涉及混凝土的复杂应力状态或钢筋断裂等极端行为。

7.2.2.1　钢筋混凝土子结构 Pushdown 分析

首先对 Lew 等(2011)完成的钢筋混凝土试件抽柱后的 Pushdown 试验进行分析。试验构件如图 7.2.2 所示，梁跨为 6 069 mm，截面为 508 mm×711 mm，其他配筋等细节见图。试件的混凝土抗压强度为 32 MPa，合计采用两种纵筋：8 号钢筋，其屈服强度和断裂应变分别为 476 MPa 和 21%；9 号钢筋，其屈服强度和断裂应变分别为 462 MPa 和 18%。

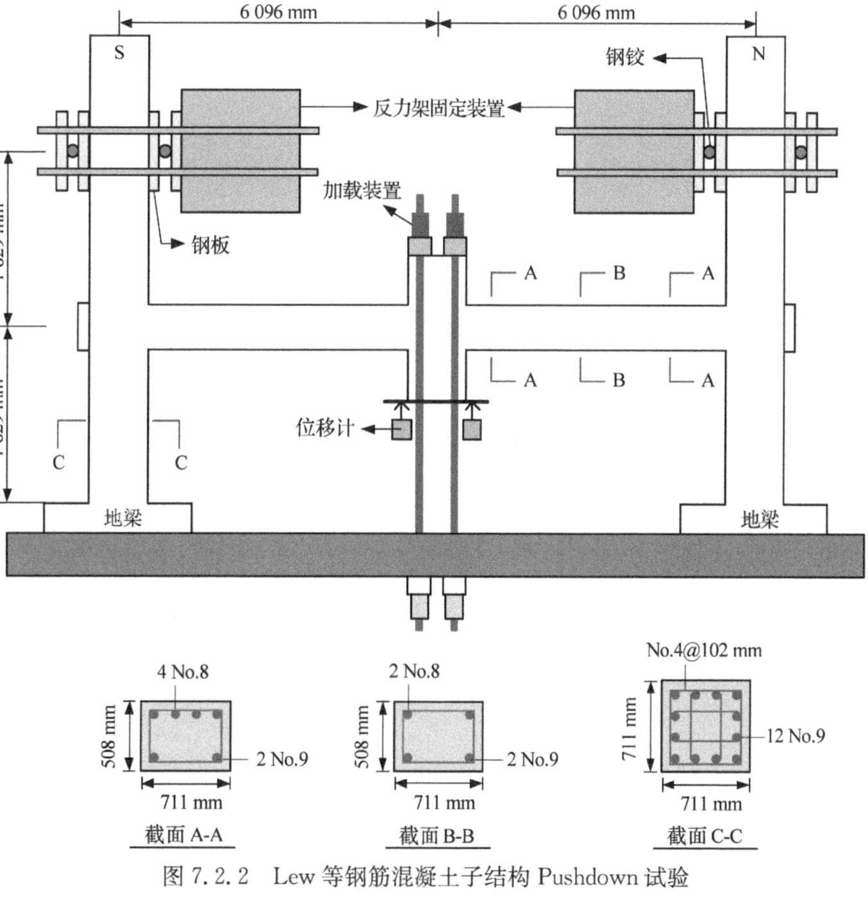

图 7.2.2　Lew 等钢筋混凝土子结构 Pushdown 试验

采用纤维单元对该试件进行模拟，有限元模型如图 7.2.3 所示。每个梁、柱构件均采用 1 个力插值纤维单元模拟，柱的下端固定于地面，上端采用弹簧模拟顶部的约束(Feng et al.，2019d)。整个构件采用 2 500 kg/m^3 的密度集成总体质量矩阵。模型的一阶振动周期为 0.07 s。

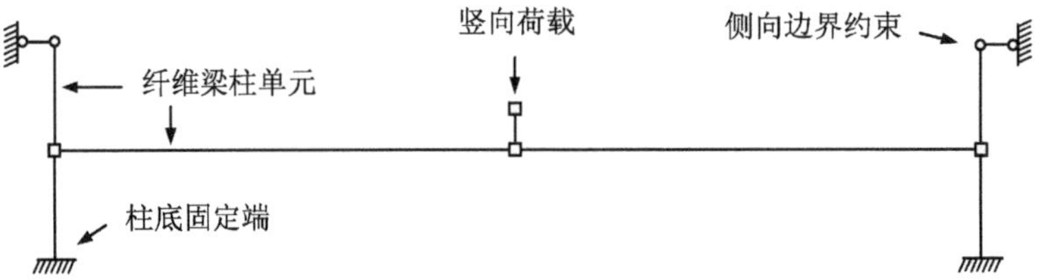

图 7.2.3　钢筋混凝土子结构 Pushdown 模拟有限元模型

分别采用常规静力分析和 KR-α 动力分析两种方法进行模拟。常规静力分析中，采用位移控制的方法直接在柱中间节点逐步施加 1 100 mm 的竖向位移，并采用 Newton-Raphson 法进行迭代求解，求解位移增量为 0.1 mm，迭代的收敛容差按能量范数设为 10^{-6}；在动力分析中，采用 KR-α 方法，选择光滑加载方案生成多点激励模式的位移时程。总加载时间设为 1 s，时间间隔设为 0.01 s，分析时间步长设为 0.007 s，约为一阶振动周期的 1/10。采用基于质量矩阵和切线刚度矩阵的瑞利阻尼模型，并将其系数分别设为对应于第一、三阶模态的 5%。

图 7.2.4(a)和图 7.2.4(b)分别为试验获得的以及计算获得的试件在竖直方向和水平方向的荷载-位移曲线对比。由试验结果可以发现，钢筋混凝土子结构在拆柱后的 Pushdown 分析中，其荷载-位移曲线可分为典型的三个阶段：在开始阶段，子结构的行为类似于一个三点弯曲的梁，因此此阶段又称为梁机制阶段；此后，中柱附近梁底截面和边柱附近的梁顶截面出现裂缝，从而形成“压拱”，产生典型的压拱作用(compressive arch action，CAA)，如图 7.2.4(a)所示曲线的第一个峰值，此阶段称为压拱机制阶段；随着荷载进一步增加，梁端的混凝土被压碎，并形成塑性铰，荷载主要由梁中的钢筋拉结抵抗，这也被称为受拉悬链线作用(tensile catenar yaction，TCA)，对应于图 7.2.4(a)中曲线的第二个峰值，此后钢筋断裂、结构失效。分析计算结果表明，无论是静力分析方法还是动力分析方法，数值计算的结果都可以很好地反映上述三个基本的试验阶段特征，荷载-位移曲线与试验结果吻合较好。试验得出的 CAA 阶段实际承载力为 296.2 kN，静力分析和动力分析的计算结果均为 310.4 kN，误差仅为 4.79%。而对于 TCA 阶段的承载力，试验结果为 541.2 kN，静力分析方法计算结果为 544.6 kN，动力分析方法计算结果为 538.5 kN，两种方法的误差分别为 0.63%和−0.5%，这表明静力和动力分析方法都能较好地预测 TCA 阶段的承载力。同样，对于水平方向的承载力，动力分析方法也显示出与静力分析方法相同的精度。可见，基于动力算法的结构静力分析是非常可靠的，而其计算稳定性与计算效率也大大提高。

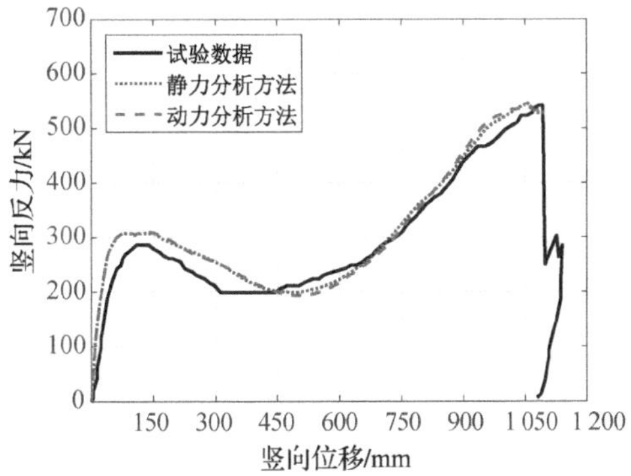

(a) 竖向荷载-位移曲线

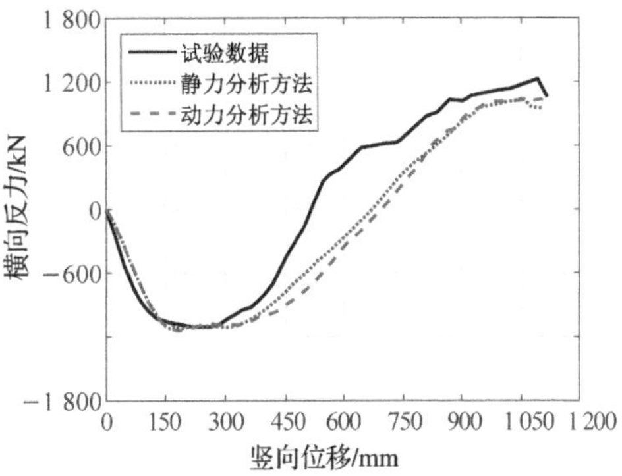

(b) 侧向荷载-位移曲线

图 7.2.4　钢筋混凝土子结构 Pushdown 模拟结果

7.2.2.2　钢筋混凝土剪力墙反复加载分析

为了更好地验证所提出的方法，本节进行钢筋混凝土剪力墙结构的侧向反复加载分析。选取 Tran(2012)的剪力墙试验中的试件 RW-A20-P10-S38 作为分析对象。如图 7.2.5(a)所示，试件墙体高度为 2 438.4 mm，宽度为 1 219.2 mm，厚度为 152.4 mm，即墙体高宽比仅为 2.0。侧向荷载作用于墙体顶部，轴向荷载为 $0.1A_g f'_c$，其中 A_g 为墙体截面面积，f'_c 为混凝土抗压强度。

显然，该墙为典型的矮墙，会产生明显的剪切效应。采用 OpenSees 中的分层壳模型进行有限元建模，建立的有限元模型如图 7.2.5(b)所示，合计 32 个单元。墙体底部节点固定于地面，顶部中间节点施加轴向荷载和侧向位移时程。采用 Menegotto-Pinto 模型描述钢筋的性能，采用多维混凝土损伤模型描述混凝土的性能。混凝土抗压强度为 47.1 MPa，抗拉强度设为 2.0 MPa。墙中共有三种直径的钢筋，分别为 ϕ6.35、ϕ9.53 和 ϕ12.7，其屈服强度分别为 423 MPa、472 MPa 和 450 MPa。所建立模型的第一阶振型的周期为 0.065 s。

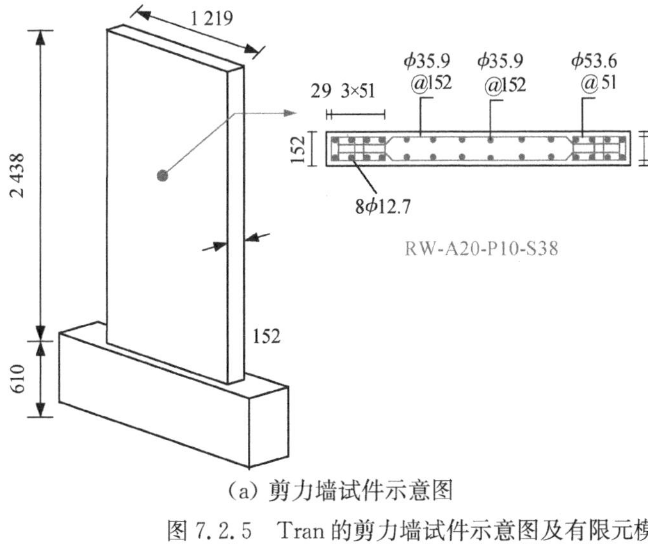

(a) 剪力墙试件示意图

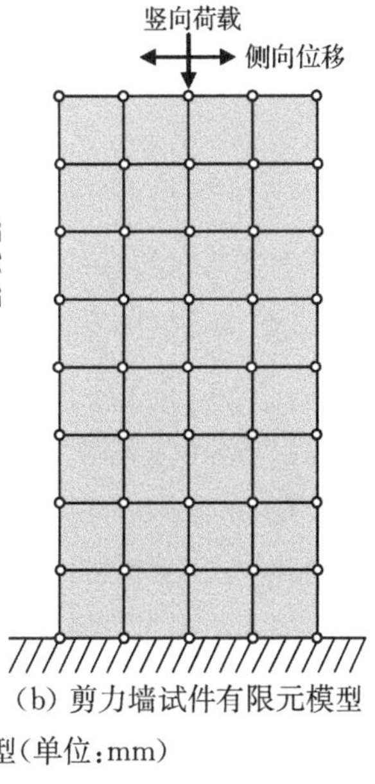

(b) 剪力墙试件有限元模型

图 7.2.5　Tran 的剪力墙试件示意图及有限元模型(单位：mm)

采用三种方法对该剪力墙试件进行模拟：一是传统的静力分析方法，二是隐式 Newmark-β 动力分析方法（迭代方法采用 Newton-Krylov 算法来增强收敛性），三是显式 KR-α 算法。在静力分析方法中，采用位移控制加载，加载位移步长为 0.01 mm，收敛容差按能量范数设置为 10^{-5}；动力分析方法中，总加载时间 T_0 设为 20 s，生成位移时程的时间间隔设为 0.005 s，动力分析的时间步长设为 0.002 s，均采用瑞利阻尼，阻尼比设为 5%。对于隐式 Newmark-β 法，每步迭代次数最大值设为 800，收敛准则设为能量范数 10^{-5}；对于显式 KR-α 算法，根据第 7.1 节提到的方法，取 $\rho_\infty=0.8$。

图 7.2.6 给出了三种方法得到的剪力墙构件的侧向荷载-位移滞回曲线。可见，传统的静力分析方法在加载到屈服之后不久就产生了不收敛现象，因此无法获得剪力墙的极限承载力；采用 Newmark-β 算法的动力分析方法比传统的静力分析方法表现稍优，可以计算至接近极限承载力的状态，但是仍然出现了不收敛的问题；与之相比，基于 KR-α 算法的动力分析方法可以准确计算整个滞回全过程，不会出现任何收敛问题，且与试验结果吻合良好。

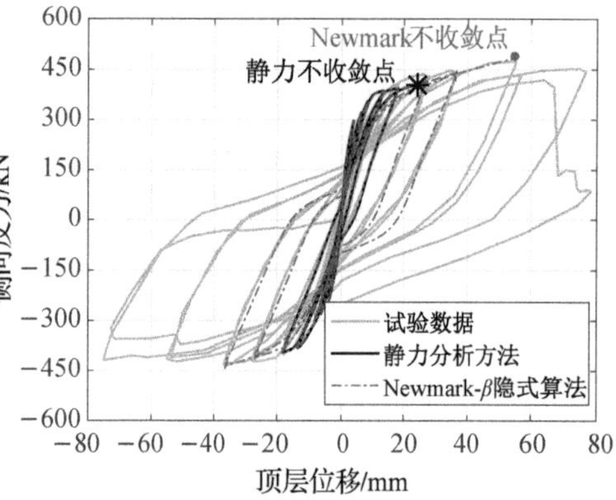

(a) Newmark-β 算法

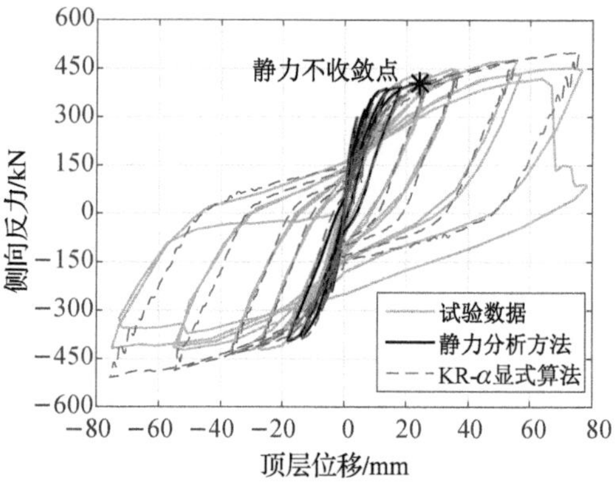

(b) KR-α 算法

图 7.2.6 钢筋混凝土剪力墙反复加载模拟结果

7.2.3 动力算法参数敏感性分析

通过上述算例的分析，证明了基于动力算法的静力分析方法的有效性。但同时应该指出：加载方案、加载总时间、位移时程间隔、分析时间步长和阻尼比等算法参数都会影响最终计算结果。为此，本节采用 7.2.2.1 节中的钢筋混凝土子结构 Pushdown 案例进行参数分析，以甄别不同算法参数对结果的影响，从而为参数的设置提供建议。分析中，共选取 5 种典型的参数，具体为：(1) 加载点的不同加载方案；(2) 总加载时间 T_0；(3) 生成位移时程的时间间隔 dt；(4) 分析时间步长 δt；(5) 阻尼比 ξ。

图 7.2.7 给出了光滑加载方案和线性加载方案的计算结果。如图 7.2.7 所示，两种加载方案的结果基本相同，但光滑加载方案比线性加载方案能更准确地预测 TCA 阶段的承载力，这是因为光滑加载方案采用了更平缓的加载速率，在加载后期结构已经产生较大损伤时

效果会更好。因此，在动力法中推荐采用光滑加载方案。

总加载时间对荷载-位移曲线的影响如图 7.2.8 所示。总加载时间决定了施加位移的速度。可以发现，总加载时间过短，会导致模拟不准确，因为可能会引起相当大的动力振荡效应。同时，过长的加载时间会低估 TCA 阶段的响应。因此，选择合适的加载时间是必要的。通常，可先将加载时间设置为一个较小的值(如 1 s)，然后逐步延长，直到动力效应影响消失。

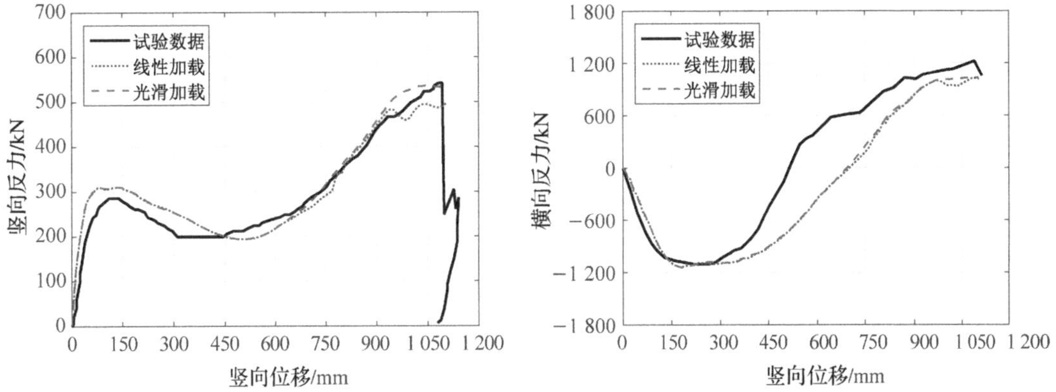

(a) 竖向荷载-位移曲线　　(b) 侧向荷载-位移曲线

图 7.2.7　加载方案的影响

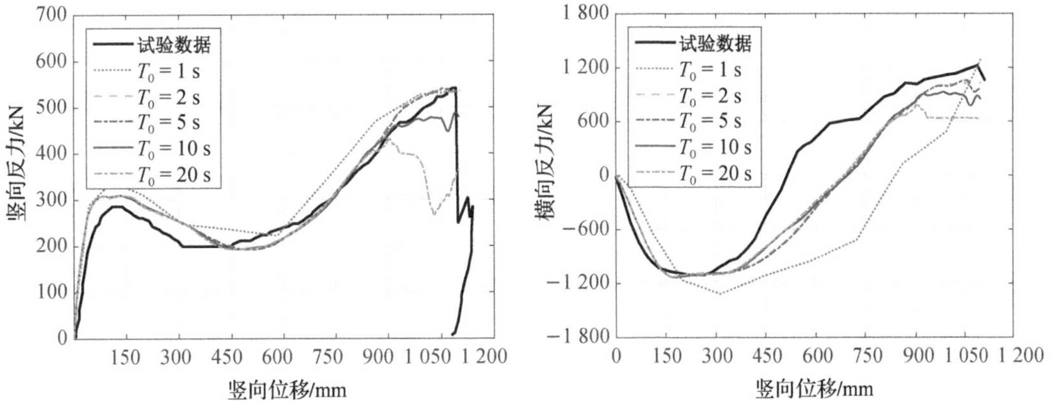

(a) 竖向荷载-位移曲线　　(b) 侧向荷载-位移曲线

图 7.2.8　总加载时间的影响

图 7.2.9 显示了位移时程时间间隔 dt 对计算结果的影响。可见这一参数基本对模拟没有影响。图 7.2.10 显示了分析时间步长的影响。在传统的地震分析中，分析时间步长应小于地震记录中的时间间隔 dt，以及系统的一阶自振周期 T_1 的 1/10。这里研究了五种不同的比值，即 $\delta t/T_1=1, 1/2, 1/10, 1/20, 1/50$。从图 7.2.10 中可以看出，当 $\delta t/T_1$ 大于 1/10 时，无法得到准确的预测结果，当 $\delta t/T_1$ 小于等于 1/10 时，三种预测结果没有明显差异。因此，可取分析时间步长 δt 小于系统的一阶振动周期 T_1 的 1/10。图 7.2.11 显示了阻尼比的影响，可见这一参数对结果基本没有影响。

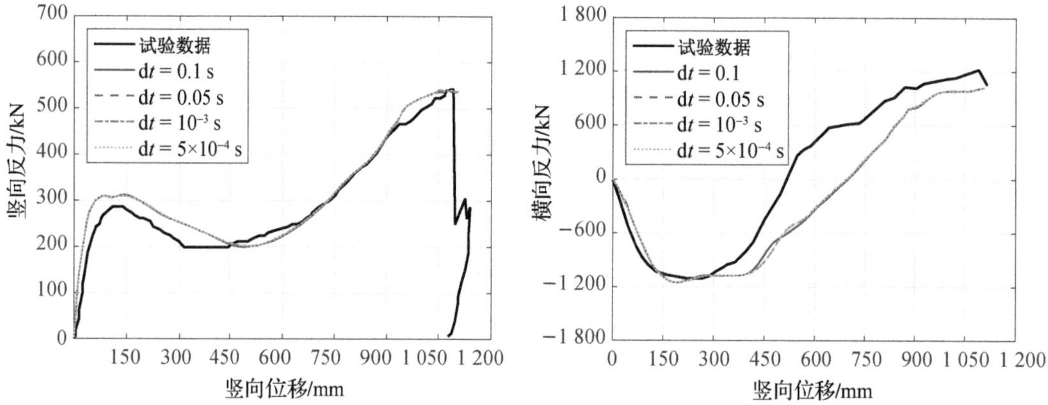

(a) 竖向荷载-位移曲线　　(b) 侧向荷载-位移曲线

图 7.2.9　加载时程时间间隔的影响

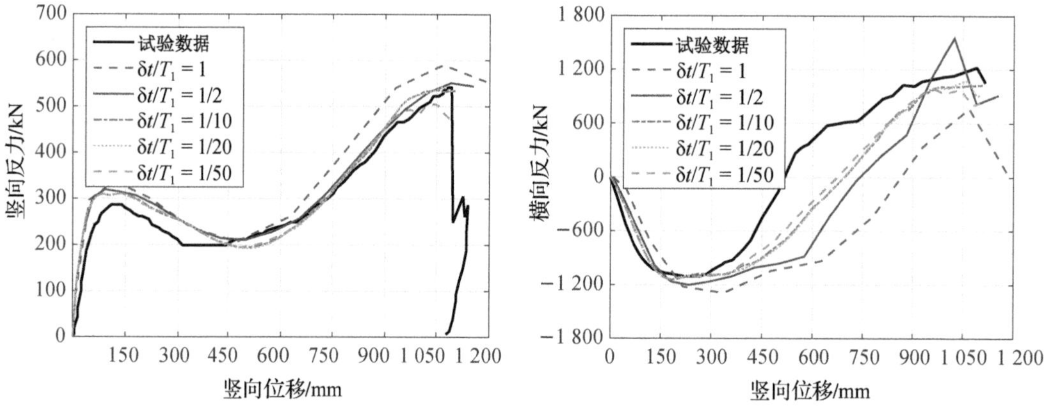

(a) 竖向荷载-位移曲线　　(b) 侧向荷载-位移曲线

图 7.2.10　分析时间步长的影响

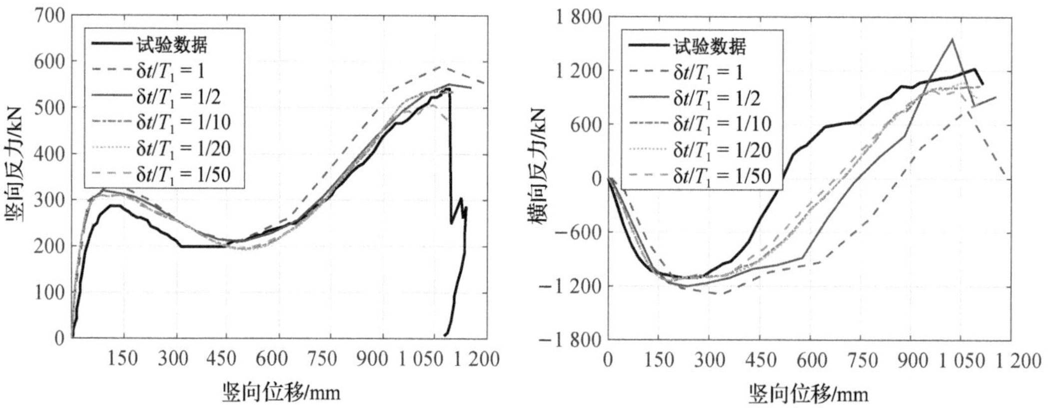

(a) 竖向荷载-位移曲线　　(b) 侧向荷载-位移曲线

图 7.2.11　阻尼比的影响

7.3　基于 KR-α 算法的结构动力分析

事实上，基于 KR-α 算法进行结构动力分析与传统的显式动力分析并没有显著区别。因此，本节集中展示利用该算法进行不同的结构极端行为(如：结构倒塌)分析的优势。分析中，选用了 2 个典型的案例，第一个案例为钢筋混凝土框架结构的动力连续倒塌分析，第二个案例为高层钢筋混凝土建筑的地震倒塌分析。

分析均结合 OpenSees 软件进行，分析模块的典型命令流为：

```
- integrator KRAlphaExplicit $ρ∞
- algorithm Linear
- system FullGeneral
- analysis Transient
```

应该注意，与 KR-α 算法相结合的分析中需采用集中质量模型，并且质量矩阵非奇异(即应避免 0 元素，可用一极小值代替)。

7.3.1　钢筋混凝土框架结构动力连续倒塌分析

连续倒塌是指结构在偶然荷载作用下发生局部构件失效，从而引起整体结构破坏甚至垮塌的现象。对于钢筋混凝土结构而言，连续倒塌会引起混凝土破碎、剥落，钢筋拔出甚至断裂。因此，钢筋混凝土结构的连续倒塌涉及诸多极端材料非线性行为，采用常规的动力分析方法会面临计算收敛性(隐式)或者稳定性(显式)问题。本节利用 KR-α 算法进行一典型钢筋混凝土框架结构的动力连续倒塌分析。按照我国《混凝土结构设计规范》设计一榀 10 层的钢筋混凝土框架原型结构，该框架位于Ⅱ类场地，抗震设防烈度为 7 度，设计基本地震加速度值为 0.10g。框架的几何尺寸和配筋信息如图 7.3.1 所示。楼板恒载为 5 kN/m^2，屋面恒载为 7 kN/m^2，楼板和屋面活载均为 2 kN/m^2。框架所采用的材料属性为：混凝土抗压强度 f'_c=26.7 MPa，对应峰值应变 ϵ_c=0.002；抗拉强度 f_t=2.6 MPa，对应峰值应变 ϵ_t=0.000 1。钢筋采用 Menegotto-Pinto 模型，弹性模量 $E_s=2\times10^5$ MPa，屈服强度 f_y=400 MPa，硬化系数 b=0.01。

采用拆除构件法进行结构的连续倒塌分析，即首先将竖向的重力荷载(1.2×恒荷载+0.5×活荷载)施加于结构，然后在很短的时间内将关键构件移除(如底部柱子)，通过分析剩余结构的动力响应来判断结构的抗连续倒塌性能。分析中，设置时间步长为 0.001 s，ρ_∞=0.5。

具体进行两种工况的分析：拆除底层靠边的单柱和双柱(先前的研究发现，拆除边柱引起结构倒塌的概率要高于拆除中柱)。图 7.3.2 给出了拆除单柱 A 后的结构响应，即 A 柱上节点的位移时程和剩余柱、梁的轴力时程。可以看出，A 柱拆除后，上部节点的竖向位移会突然下降到 71 mm，然后沿竖向发生自由振动，直到位移 65 mm 左右达到稳定状态。显然，在这种情况下，左侧剩余结构能够承受重力荷载，结构不会发生倒塌。另外，A 柱拆除后，重力荷载对剩余结构产生倾覆效应，B 柱的轴向力从−1 160 kN 急剧增加到−2 100 kN，F 柱的轴向力从−600 kN 减少到−340 kN，其他柱的轴力几乎不变。AB 梁的轴力也有较大的变化，从 10 kN 发展到−90 kN。通常情况下，尽管外部柱 A 被拆除，框架仍可以提供足够的备用路径来承受重力荷载，拆除单柱不会导致框架倒塌。

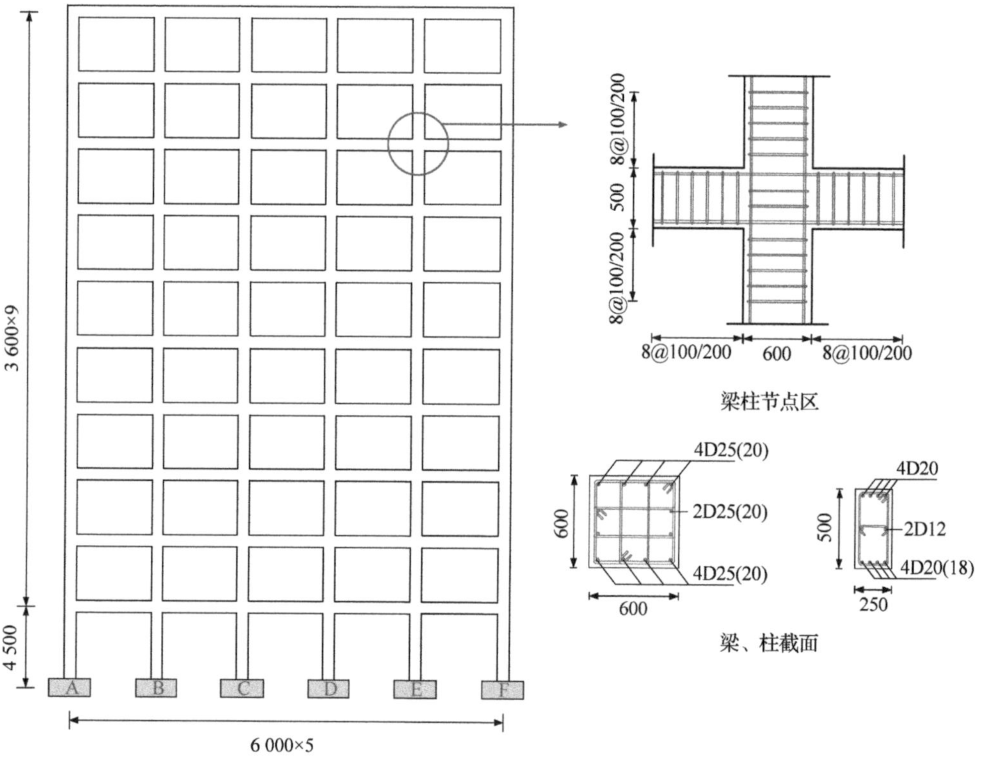

图 7.3.1　10 层的钢筋混凝土平面框架（单位：mm）

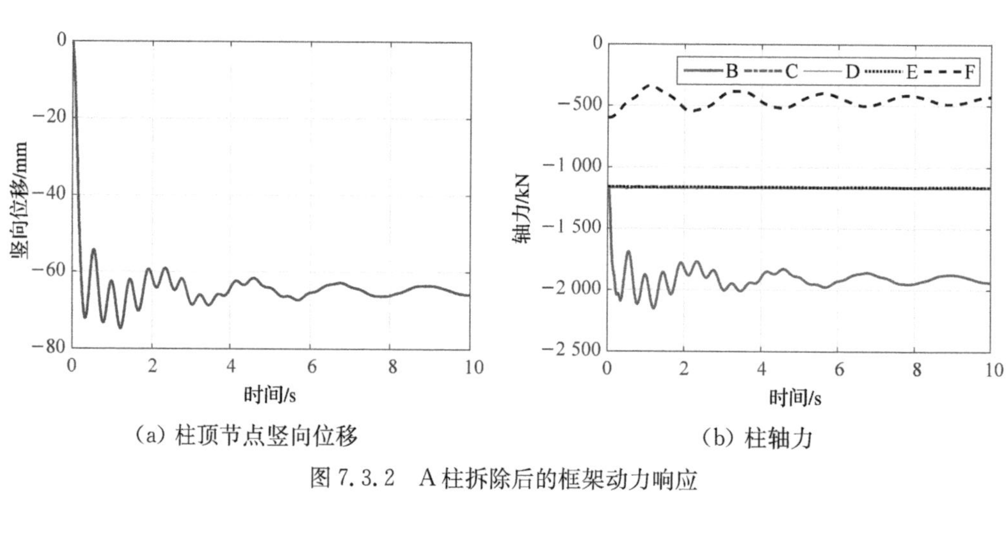

图 7.3.2　A 柱拆除后的框架动力响应

同时拆除A、B柱的结果如图7.3.3所示。与拆除单柱不同，B柱上部节点竖向位移迅速发展（仅1.5 s）至3 000 mm，框架第二层已经垮塌至地面，结构发生倒塌。其倾覆效应比拆除单柱严重得多，C柱轴力受压可发展到3 000 kN，F柱轴力受拉可发展到150 kN。AB梁和BC梁的轴力先受压增加，然后逐渐过渡到受拉，在此过程中会发生杆断裂，曲线出现振荡。计算结果表明，拆除双柱后，框架失稳，最终发生连续倒塌。

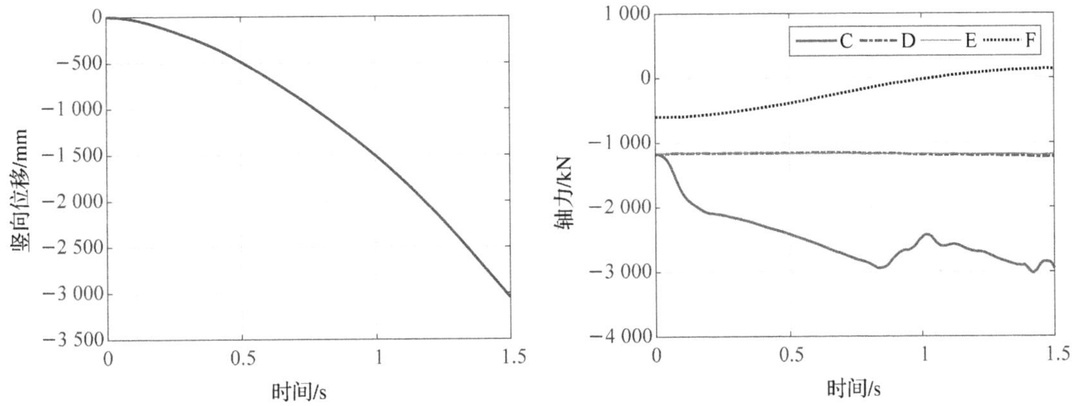

(a) 柱顶节点竖向位移　　(b) 柱轴力

图7.3.3　A、B柱拆除后的框架动力响应

进一步，采用隐式Newmark-β算法和显式KR-α算法进行计算结果的比较。分析时间步长统一为0.001 s。拆除A柱后的节点位移和构件轴力响应如图7.3.4(a)(b)所示，可见，两种方法的计算结果是一致的，但显式KR-α算法的计算时间仅为184 s，而隐式Newmark-β算法的计算时间为304 s。图7.3.4(c)(d)为同时拆除A、B柱的框架响应。由于剩余框架的不稳定性，隐式Newmark-β算法在0.7 s处发散，无法继续计算；显式KR-α算法可计算到1.5 s，此时框架的第二层竖向位移达到3 000 mm，结构倒塌。显然，显式KR-α算法能够捕捉到更多、更全面的结构倒塌过程信息。

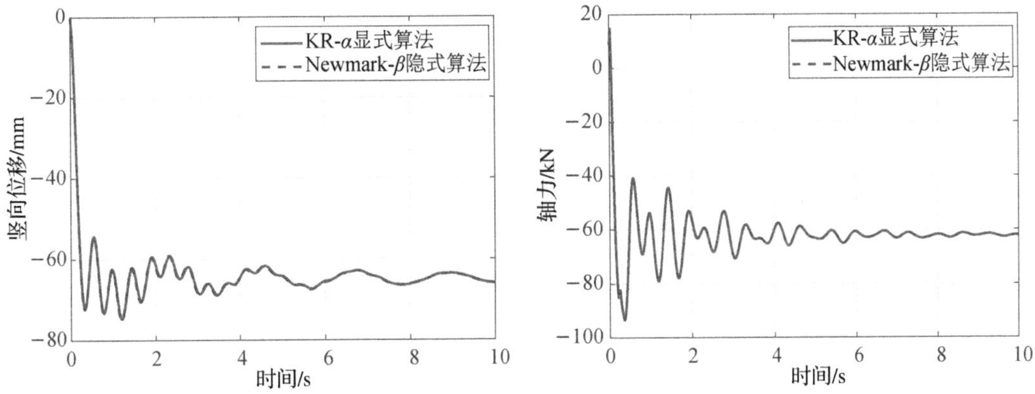

(a) 柱顶节点竖向位移（A柱拆除）　　(b) AB梁轴力（A柱拆除）

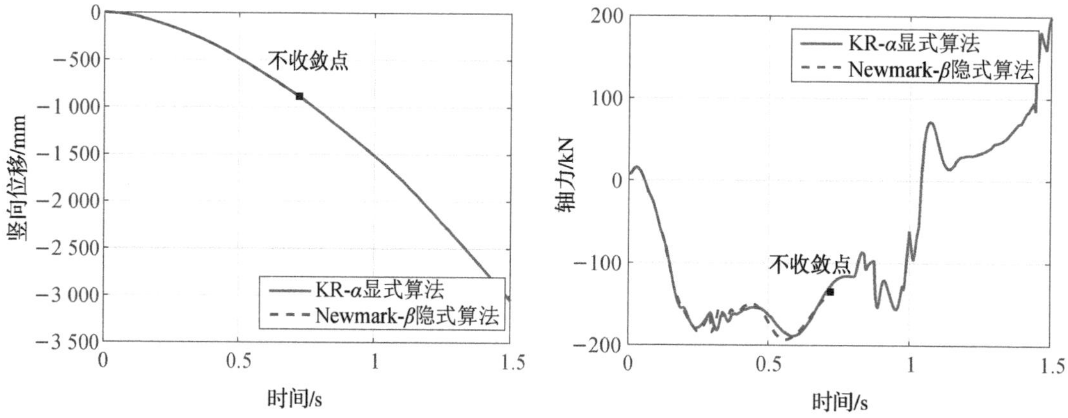

(c) 柱顶节点竖向位移(A、B柱拆除)　　(d) BC梁轴力(A、B柱拆除)

图 7.3.4　动力算法分析对比

7.3.2　钢筋混凝土框架结构强震倒塌分析

采用 KR-α 方法对某一 10 层钢筋混凝土框架结构进行地震作用下的倒塌分析。框架根据《混凝土结构设计规范》设计，建筑场地类别为Ⅱ类，抗震设防烈度为 8 度，设计基本地震加速度值为 0.20g。结构示意图如图 7.3.5 所示，首层层高 4.5 m，其余层高 3.5 m。框架梁、柱截面尺寸及配筋见表 7.3.1。

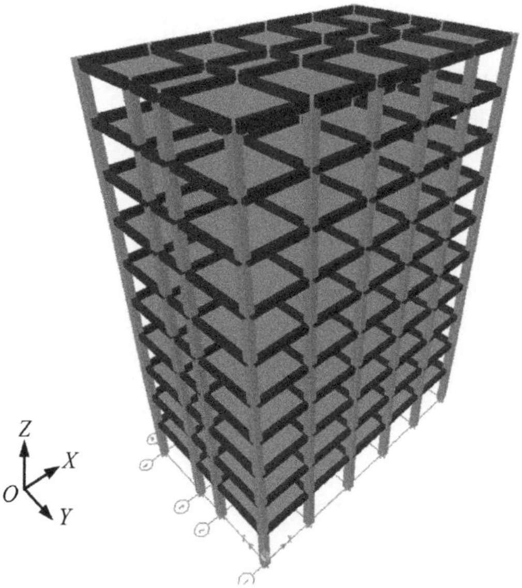

图 7.3.5　10 层的钢筋混凝土空间框架

表 7.3.1　空间框架梁、柱截面尺寸及配筋

楼层	外部梁		内部梁		柱	
	截面/mm	配筋/mm²	截面/mm	配筋/mm²	截面/mm	配筋/mm²
1—4	300×600	2 274	250×500	2 274	600×600	3 768
5—10	300×600	2 035	250×500	2 035	600×600	3 768

采用 OpenSees 对该框架进行建模，梁、柱构件均采用纤维单元模拟，每根构件仅使用 1 个单元，整个模型共 1 584 个自由度。分析中，混凝土采用随机损伤本构模型，抗压强度 $f'_c=36$ MPa，对应峰值应变 $\epsilon_c=0.002$；抗拉强度 $f_t=3.6$ MPa，对应峰值应变 $\epsilon_t=0.000\ 1$。钢筋采用 Menegotto-Pinto 模型，弹性模量 $E_s=2\times10^5$ MPa，屈服强度 $f_y=510$ MPa，硬化系数 $b=0.01$。

框架受双向地震动作用，采用 El-Centro 波南-北分量沿 X 向输入，东-西分量沿 Y 向输入，地震动峰值加速度均调幅至 0.90 g。采用隐式 Newmark-β 算法和显式 KR-α 算法进行分析，时间步长取为 0.005 s，$\rho_\infty=0.5$。两种方法计算所得结构顶层位移如图 7.3.6 所示，结构变形如图 7.3.7 所示。从中可以发现，虽然在前期隐式 Newmark-β 算法的计算结果与 KR-α 算法的计算结果吻合较好，然而，隐式 Newmark-β 算法计算到 25 s 时开始不收敛，不能判断该结构在此之后是否具有抵抗地震和重力作用的能力。而 KR-α 算法则可以计算到结构地震响应全过程直至结构完全倒塌。事实上，分析发现在 27 s 时，由于地震的反复加载作用，一层角柱混凝土发生严重损伤，导致重力载荷在第一层的其他柱子之间进行重新分配；随着地震持续作用，柱子的累积损伤导致混凝土破碎和钢筋屈服，角柱发生完全破坏；接着在地震荷载、重力荷载和 P-Δ 效应的综合作用下发生整体倒塌，第二层在 28 s 到达地面。

上述结果表明，较隐式 Newmark-β 算法，KR-α 算法能更全面地进行倒塌分析。

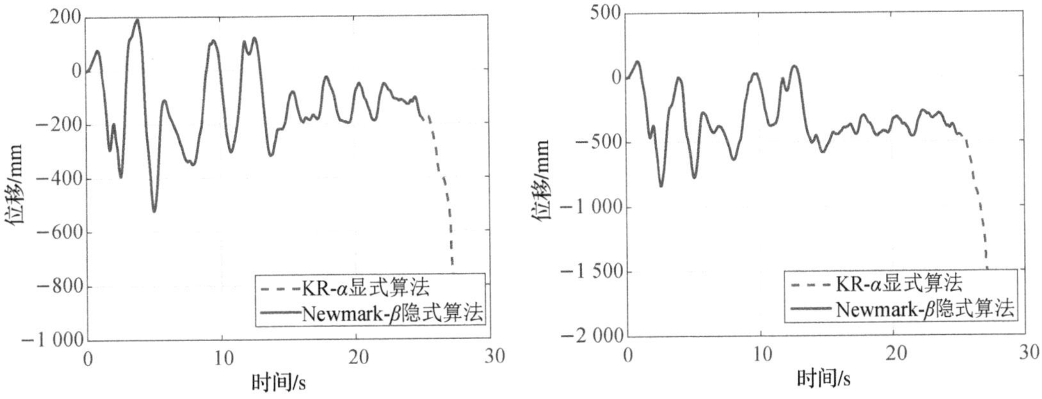

(a) X 方向　　(b) Y 方向

图 7.3.6　地震作用下框架顶层位移时程

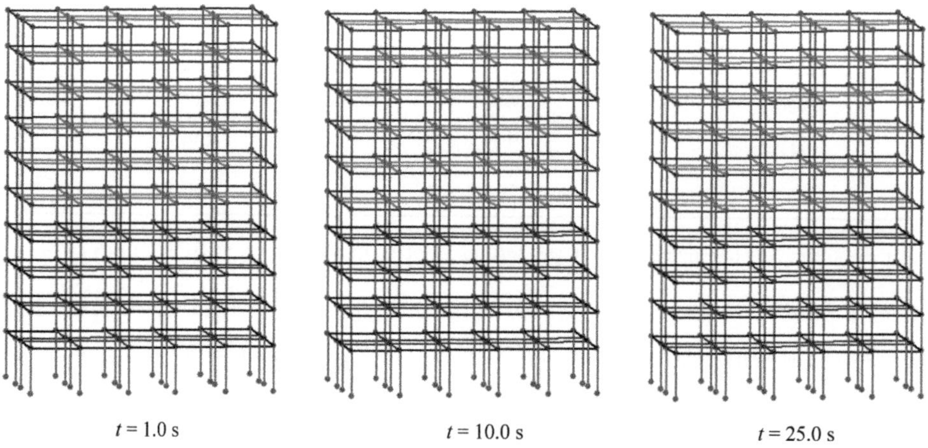

(a) Newmark-β 算法

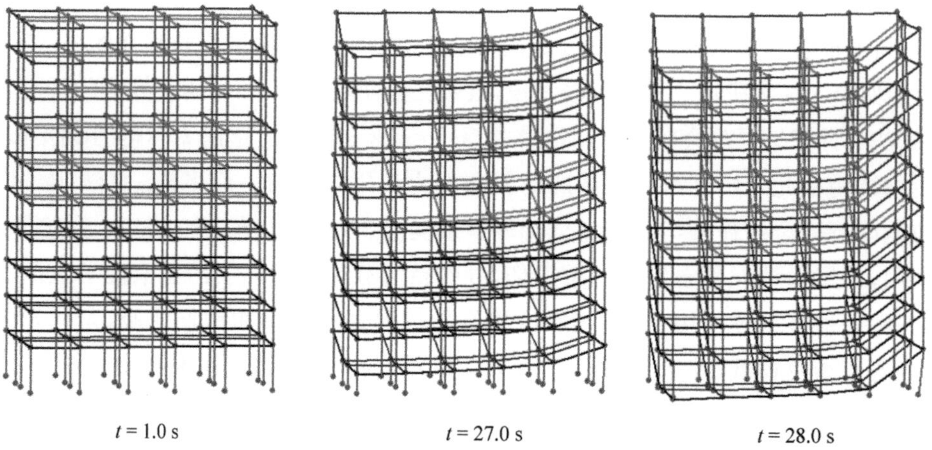

(b) KR-α 算法

图 7.3.7　地震作用下框架变形图

7.4　本章小结

显式积分算法能有效避免结构动力分析计算过程中的收敛性问题，获取更完整的结构损伤和破坏全过程。本章介绍了一类无条件稳定的显式积分算法，相比传统显式算法，可实现采用大时间步长进行分析的目的。本章给出了采用该算法进行静、动力分析的步骤和参数取值建议；通过一系列案例，说明了该算法相对传统静、动力分析方法的优势。

第 8 章 混凝土应变局部化效应及其正则化

基于前述混凝土本构关系、单元模型和结构分析算法，可以有效地反映外力作用下的材料损伤和结构破坏机理，科学地分析、预测结构在各种作用下的响应。然而，由于混凝土是一种典型的应变软化材料，在进行结构分析时可能会面临“应变局部化”问题，即数值结果依赖于有限元网格的划分[也称为“网格敏感性”问题(Bažant et al.，1987)]。其原因在于传统的数值分析方法均采用局部的本构模型进行分析。在本构模型中，材料中的某一点应力仅与该点的应变与内变量有关，根据均匀性假定，将宏观的力-位移关系以简单平均的方式反映为材料的局部应力-应变关系。显然，这类本构模型不能反映混凝土的细观非均匀性，更不能反映这种非均匀性作用的范围，造成数值分析中的模拟结果随网格尺寸的变化而变化，由此导致网格敏感性。

在过去三十年间，已有诸多方法被提出来以解决应变局部化问题，如裂缝带模型(Bažant，1976；Bažant & Oh，1983)、非局部模型(Eringen & Edelen，1972)、梯度增强模型(Peerlings et al.，2001)、强不连续性模型(Ehrlich & Armero，2005)等，其核心均是在材料层面引入特征长度以描述混凝土的细观非均匀特性(Feng et al.，2019b)。然而，这些工作一般针对素混凝土材料，没有考虑配筋所带来的局部化机理的不同。本章针对钢筋混凝土，详细阐述其局部化机理与素混凝土的异同，并以梁单元为载体，介绍三类新的正则化单元。

8.1 钢筋混凝土应变局部化效应的机理

如前所述，既有的应变局部化研究及正则化方法大多针对素混凝土，并将其结论直接应用于钢筋混凝土分析，而没有对钢筋混凝土构件的应变局部化问题进行具体的机理分析。事实上，由于钢筋的存在，钢筋混凝土构件的应变局部化与素混凝土存在显著不同：钢筋将分散的混凝土连接在一起，并传递了部分外力，从而使混凝土的损伤在一定程度上相互连接，这使得钢筋混凝土的行为不只是由一个材料点决定。基于这一背景，本节以简单的单轴受拉构件为例，从应变能的角度推导普通混凝土构件和钢筋混凝土构件的应变局部化机理，并提出一种新的基于能量等效的正则化方法，以解决钢筋混凝土结构的网格敏感性问题。

8.1.1 基于应变能的局部化机理

8.1.1.1 素混凝土

首先推导素混凝土构件的应变局部化机理。考虑长度为 L、截面面积为 A 的一维素混凝土构件受单轴拉力，如图 8.1.1 所示。假定混凝土为线性软化应力-应变行为、钢筋为理想弹塑性应力-应变行为(图 8.1.2)，则构件中任一点的应变可以表示为

$$\epsilon=\frac{\Delta L+c}{L} \tag{8.1}$$

式中，ΔL 为构件变形；c 是裂缝宽度。

由式(8.1)可以清晰地发现，若不发生混凝土开裂($c=0$)，则整个构件处于弹性阶段；若混凝土裂缝出现($c\neq 0$)，则裂缝处截面混凝土进入下降段而其他部分弹性卸载，因此式(8.1)可写为

$$\epsilon=\frac{\Delta L+c}{L}=\frac{\sigma}{E_c}+\frac{\mathcal{F}(\sigma)}{L} \tag{8.2}$$

式中，σ 为构件的应力；E_c 为混凝土弹性模量；$\mathcal{F}(\cdot)$为确定裂缝宽度的函数。

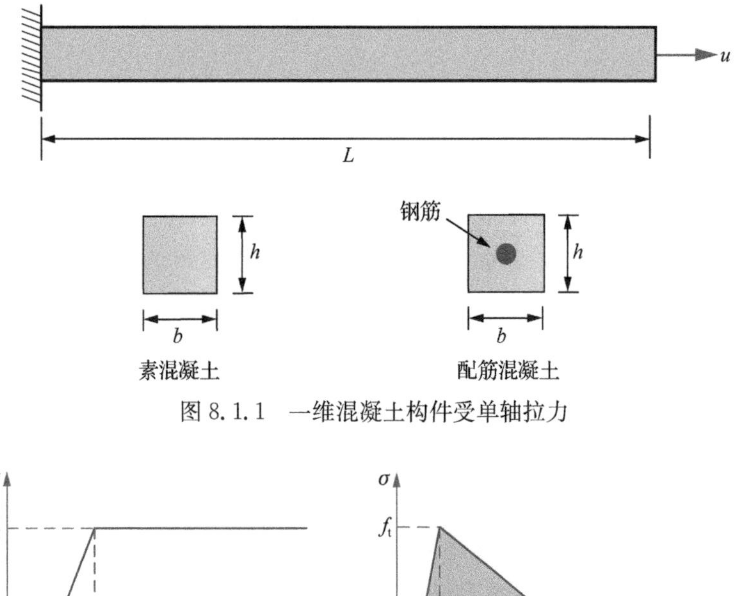

图 8.1.1 一维混凝土构件受单轴拉力

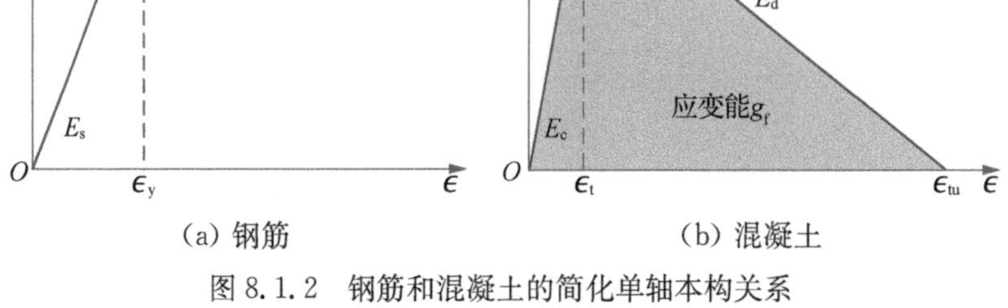

图 8.1.2 钢筋和混凝土的简化单轴本构关系

构件受力全过程的混凝土应变能 G 可以表示为

$$
\begin{aligned}
G &= AL\int_0^{+\infty}\sigma\,\mathrm{d}\epsilon = AL\int_0^{+\infty}\sigma\,\mathrm{d}\left[\frac{\sigma}{E_c}+\frac{\mathcal{F}(\sigma)}{L}\right] \\
&= \underbrace{A(L-L_{ch})\int_0^{+\infty}\sigma\,\mathrm{d}\frac{\sigma}{E_c}}_{\text{未开裂部分}} + \underbrace{AL_{ch}\int_0^{+\infty}\sigma\,\mathrm{d}\left[\frac{\sigma}{E_c}+\frac{\mathcal{F}(\sigma)}{L_{ch}}\right]}_{\text{开裂部分}} \qquad (8.3)\\
&= AL_{ch}\,g_f
\end{aligned}
$$

式中，g_f 为混凝土受拉断裂能密度，为一常数；L_{ch} 为描述局部化范围的特征长度。

注意到，在上式推导过程中，随着加载应变趋于无穷，右边第一项未开裂部分应力卸载至 0，因此其对应的应变能为 0。

采用有限元方法对该问题进行分析，并将构件划分为 N 个等长的单元，即单元长度为 $L_e=\dfrac{L}{N}$，一旦某一个单元开裂(进入应力软化段)，其他单元弹性卸载。进一步，将开裂单元应变定义为ϵ_1，未开裂单元应变定义为ϵ_2，则构件的平均应变$\bar{\epsilon}$可表示为

$$
\bar{\epsilon}=\epsilon_1\frac{L_e}{L}+\epsilon_2\frac{(N-1)L_e}{L}=\frac{\epsilon_1+(N-1)\epsilon_2}{N} \qquad (8.4)
$$

类似的，数值模拟所得的应变能 G_{FE} 为

$$
\begin{aligned}
G_{FE} &= AL\int_0^{+\infty}\sigma\,\mathrm{d}\bar{\epsilon} = AL\int_0^{+\infty}\sigma\,\mathrm{d}\left[\frac{\epsilon_1+(N-1)\epsilon_2}{N}\right] \\
&= AL\int_0^{+\infty}\sigma\,\mathrm{d}\frac{\epsilon_1}{N}+AL\int_0^{+\infty}\sigma\,\mathrm{d}\frac{(N-1)\epsilon_2}{N} \qquad (8.5)\\
&= \frac{AL}{N}\int_0^{+\infty}\sigma\,\mathrm{d}\epsilon_1=\frac{AL}{N}g_f
\end{aligned}
$$

对比式(8.3)和(8.5)可以发现，数值模拟的结果存在显著的网格敏感性：受力全过程的应变能会随着单元数目 N 的增加而减小，当 $N\to\infty$ 时，G_{FE} 趋于零。这显然与真实物理背景是相悖的！只有当单元长度 L_e 与特征长度 L_{ch} 相等时$\left(L_e=\dfrac{L}{N}=L_{ch}\right)$，有限元分析的应变能才和真实的应变能相等。事实上，采用局部的材料模型进行有限元分析，应变会集中于某一个单元，限制了损伤的扩展，从而引起网格敏感性(Feng & Ren，2023)。

8.1.1.2　钢筋混凝土

考虑同样单轴受力的一维钢筋混凝土构件。由于混凝土中配置了钢筋，钢筋实际上类似一个连接元件，将混凝土连接在一起，因此不同部分的混凝土的损伤在一定程度上是相关的。因此，随着配筋率的提高，钢筋混凝土构件的网格敏感性问题将得到缓解。考虑与上一节尺寸相同的构件，其配筋率为 $\rho=A_s/(A_s+A_c)$，其中 A_c 和 A_s 分别为混凝土和钢筋的面积。当构件的某一截面进入软化阶段(开裂)时，其他部分将发生弹性卸载。然而，由于钢筋的存在，它们不会卸载到零，而是卸载到某个应变 ε_{rc}。因此，构件的应变能将表示为

$$
\begin{aligned}
G' &= AL\int_0^{+\infty}\sigma\mathrm{d}\epsilon = AL\int_0^{+\infty}\sigma\mathrm{d}\left[\frac{\sigma}{E_c}+\frac{\mathcal{F}(\sigma)}{L}\right] \\
&= \underbrace{A(L-L_{ch})\int_0^{\epsilon_{rc}}\sigma\mathrm{d}\frac{\sigma}{E_c}}_{\text{未开裂部分}} + \underbrace{AL_{ch}\int_0^{+\infty}\sigma\mathrm{d}\left[\frac{\sigma}{E_c}+\frac{\mathcal{F}(\sigma)}{L_{ch}}\right]}_{\text{开裂部分}} \\
&= A(L-L_{ch})\frac{E_c\epsilon_{rc}^2}{2}+AL_{ch}g_f
\end{aligned} \tag{8.6}
$$

需要注意的是,式(8.6)中并没有考虑钢筋的存在带来的受拉刚化效应,因此需要考虑利用3.1节的方式进行修正。同时,考虑到3.1节中考虑受拉刚化效应的混凝土应力-应变关系为曲线形式,因此可以采用断裂能密度等效的方式将其转化为图8.1.2(b)中的双折线形式。基于此,考虑配筋修正的混凝土断裂能密度g_f'为

$$
g_f' = \mathcal{T}(\rho)g_f \tag{8.7}
$$

式中,$\mathcal{T}(\cdot)$为考虑受拉刚化效应的尺度因子,与配筋率大小相关。

因此,钢筋混凝土构件的应变能[式(8.6)]可以进一步表示为

$$
G' = A(L-L_{ch})\frac{E_c\epsilon_{rc}^2}{2}+AL_{ch}g_f' \tag{8.8}
$$

在有限元分析中,钢筋混凝土构件的平均应变可表示为

$$
\bar{\epsilon} = \bar{\epsilon}_1\frac{L_e}{L}+\epsilon_2\frac{(N-1)L_e}{L} = \frac{\epsilon_1+(N-1)\epsilon_2}{N} \tag{8.9}
$$

式中,ϵ_1和ϵ_2分别是开裂部分和未开裂部分的应变。

因此,数值模拟中计算的混凝土应变能为

$$
\begin{aligned}
G_{FE}' &= AL\int_0^{+\infty}\sigma\mathrm{d}\bar{\epsilon} = \frac{AL}{N}\int_0^{+\infty}\sigma\mathrm{d}\epsilon_1+\frac{(N-1)AL}{N}\int_0^{+\infty}\sigma\mathrm{d}\epsilon_2 \\
&= \frac{AL}{N}\int_0^{\epsilon_{tu}}\sigma\mathrm{d}\epsilon_1+\frac{(N-1)AL}{N}\int_0^{\epsilon_{rc}}\sigma\mathrm{d}\epsilon_2 \\
&= \underbrace{\frac{AL}{N}g_f'}_{\text{开裂单元}} + \underbrace{\frac{(N-1)AL}{N}\frac{E_c\epsilon_{rc}^2}{2}}_{\text{其他单元}} \\
&= A\left(L-\frac{L}{N}\right)\frac{E_c\epsilon_{rc}^2}{2}+\frac{AL}{N}g_f'
\end{aligned} \tag{8.10}
$$

式中,ϵ_{tu}为混凝土的极限应变;ϵ_{rc}为混凝土的极限卸载应变,可以通过以下平衡条件计算获得

$$
f_yA_s = \epsilon_{rc}E_sA_s+\epsilon_{rc}E_cA_c \Rightarrow \epsilon_{rc} = \frac{f_y\rho}{E_s\rho+E_c(1-\rho)} \tag{8.11}
$$

式中,E_s和f_y分别为钢筋的弹性模量和屈服强度。

从式(8.8)—式(8.10)中容易发现,与素混凝土相比,钢筋混凝土的应变能多了一项未开裂单元的贡献,即使$N\to\infty$,G_{FE}'也不会趋于零。事实上,因为钢筋的存在,未开裂单元不

会卸载至 0 应力。同时，随着配筋率 ρ 的增大，ϵ_{rc} 和 G'_{FE} 都在增大，因此单元数目 N 的影响减小，网格敏感性降低。

可以想象，当配筋率达到足够大时，ϵ_{rc} 将大于混凝土极限应变ϵ_{tu}，因此所有单元都进入软化阶段而没有任何弹性卸载，如图 8.1.3 所示。注意到钢筋的理想弹塑性假定，构件的总体拉应力不能高于开裂后的钢筋屈服应力，即混凝土的应变不能超过钢筋的屈服应变。因此，在钢筋屈服之前，构件中混凝土部分均进入软化阶段并达到极限应变，因此混凝土部分的应变能可表示为

$$\begin{aligned} G'_{FE} &= AL\int_0^{+\infty}\sigma \mathrm{d}\bar{\epsilon} = \frac{AL}{N}\int_0^{+\infty}\sigma \mathrm{d}\epsilon_1 + \frac{(N-1)AL}{N}\int_0^{+\infty}\sigma \mathrm{d}\epsilon_2 \\ &= \frac{AL}{N}\int_0^{\epsilon_{tu}}\sigma \mathrm{d}\epsilon_1 + \frac{(N-1)AL}{N}\int_0^{\epsilon_{tu}}\sigma \mathrm{d}\epsilon_2 \\ &= AL\, g'_f \end{aligned} \tag{8.12}$$

显然，这种情况下计算的应变能与单元数目 N 无关，即网格敏感性问题消失。

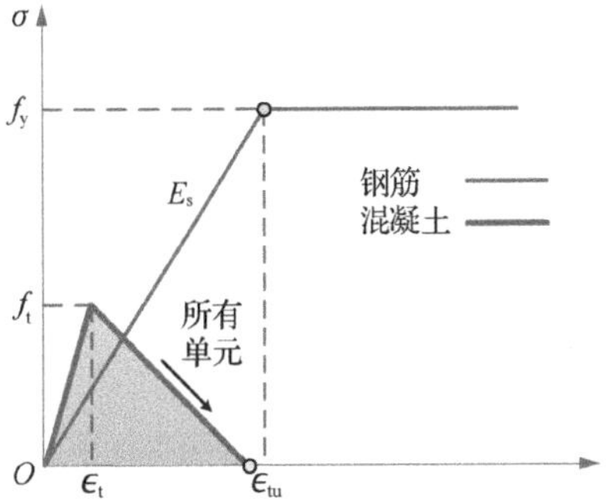

图 8.1.3　配筋混凝土加载后内力分布情况

8.1.1.3　临界配筋率

由上述推导可知，钢筋混凝土构件存在一个临界配筋率 ρ_{cr}，超过这个临界值，网格敏感性问题可以大大缓解甚至完全消失。事实上，这也可以用素混凝土和钢筋混凝土受力作用下的不同破坏模式来解释。如图 8.1.4 所示，对于素混凝土或少量配筋混凝土构件，单轴受拉下的破坏模式为一条局部的主裂缝，即仅有局部区域进入软化段，其余区域弹性卸载以保持静力平衡，构件被局部裂缝分裂成两部分。而对于大量配筋混凝土构件，由于钢筋的连接作用，破坏模式从局部的主裂缝转变为沿构件分布的细小裂纹，构件中大部分混凝土都可以进入软化段，构件变成由钢筋串联的分散混凝土段。

因此，临界配筋率 ρ_{cr} 的计算可以通过假设是否存在应变局部化来实现。根据构件的平衡条件，存在以下等式

$$A_s E_s \epsilon_1 + A_c[f_t - E_d(\epsilon_1 - \epsilon_t)] = A_s E_s \epsilon_2 + A_c E_c \epsilon_2 \tag{8.13}$$

式中，$f_t = E_c \epsilon_t$ 为混凝土抗拉强度；E_d 为混凝土下降段的刚度。

上式也可以转化为

$$A_sE_s(\epsilon_1-\epsilon_t)-A_cE_d(\epsilon_1-\epsilon_t)=A_sE_s(\epsilon_2-\epsilon_t)+A_cE_c(\epsilon_2-\epsilon_t) \tag{8.14}$$

进一步得到

$$\epsilon_2-\epsilon_t=\frac{A_sE_s-A_cE_d}{A_sE_s+A_cE_c}(\epsilon_1-\epsilon_t) \tag{8.15}$$

显然，若$\epsilon_2-\epsilon_t<0$，则只有一个单元开裂(进入下降段)并导致网格敏感性；若$\epsilon_2-\epsilon_t>0$，所有单元都开裂，网格敏感性得到缓解。因此，临界配筋率为

$$A_sE_s-A_cE_d=0\Rightarrow\rho_{cr}=\frac{A_s}{A_s+A_c}=\frac{E_d}{E_d+E_s} \tag{8.16}$$

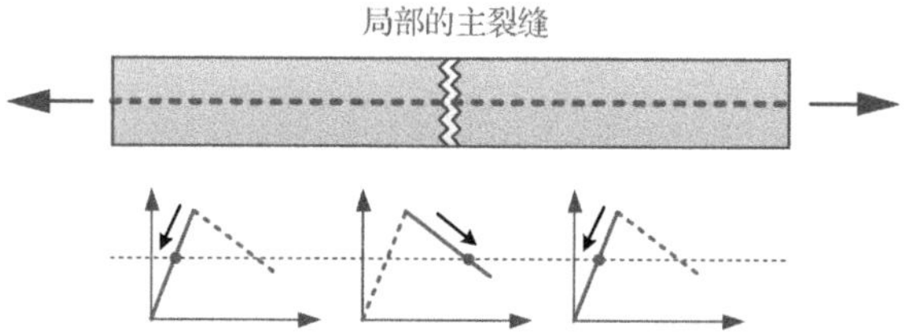

(a) 素混凝土或少量配筋混凝土

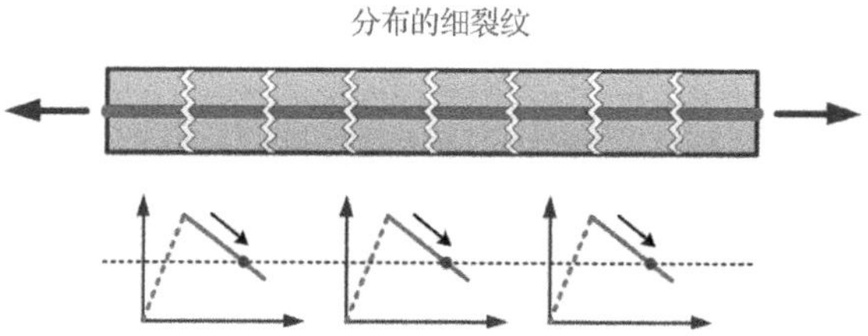

(b) 大量配筋混凝土

图 8.1.4　素混凝土和配筋混凝土的不同破坏模式

8.1.2　分析与讨论

为了验证上述关于素混凝土和钢筋混凝土构件网格敏感性论述的正确性，进一步采用一个简单但典型的案例进行具体分析。考虑如图 8.1.1 所示的钢筋混凝土构件，其长度 $L=1\ 000$ mm，截面尺寸为 100 mm×100 mm，材料属性为：混凝土弹性模量 $E_c=30$ GPa，混凝土抗拉强度 $f_t=3.0$ MPa，素混凝土应变能 $g_f=0.001\ 5$ N/mm^2；钢筋弹性模量 $E_s=200$ GPa，屈服强度 $f_y=400$ MPa，屈服应变$\epsilon_y=0.002$。分别考虑六种配筋率，即 0.0(素混凝土)，0.2%，0.4%，0.6%，0.8%，1.0%。受拉刚化效应根据之前的简化方式进行分析。

采用 ABAQUS 有限元分析软件对构件进行建模，其中采用梁单元 B31 模拟混凝土，桁架单元 T3D2 模拟钢筋，不考虑两者的粘接滑移效应，即设置两者共节点。通过位移加载在构件端部施加单调拉伸力，分别采用六种网格尺寸(即 1、2、4、6、8、10 个单元)进行分析。对于每一种网格类型，通过削弱构件中部单元的强度(混凝土强度从 3.0 MPa 降低到 2.9 MPa)来触发局部化。图 8.1.5 为有限元模型的示意图，其中给出了 4 个单元和 8 个单元两种典型的网格划分情况。

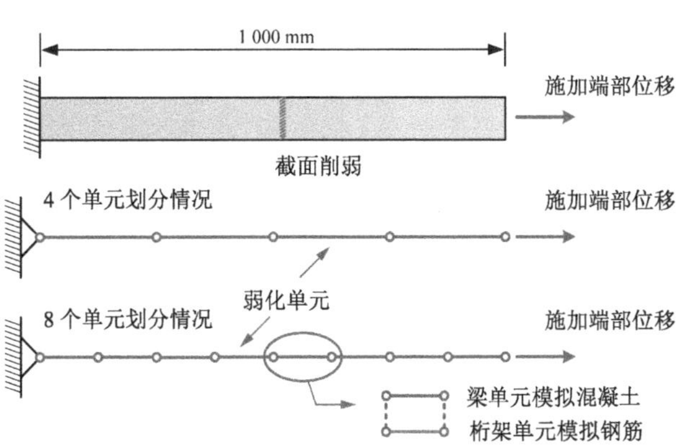

图 8.1.5　有限元模型示意图

图 8.1.6 显示了有限元分析得到的构件混凝土部分的平均应力-应变行为。这里为了进行更直接的对比，扣除了钢筋部分承担的拉力，同时，构件的应变是由整个构件施加的位移计算出来的。可以发现，计算结果展示的趋势与上一节中网格敏感性的机理分析是一致的。素混凝土构件的网格敏感性非常显著，但随着配筋率的增加，网格敏感性会得到缓解。对于 $\rho=0.8\%$ 和 $\rho=1.0\%$ 的情况，几乎完全消除了网格敏感性。

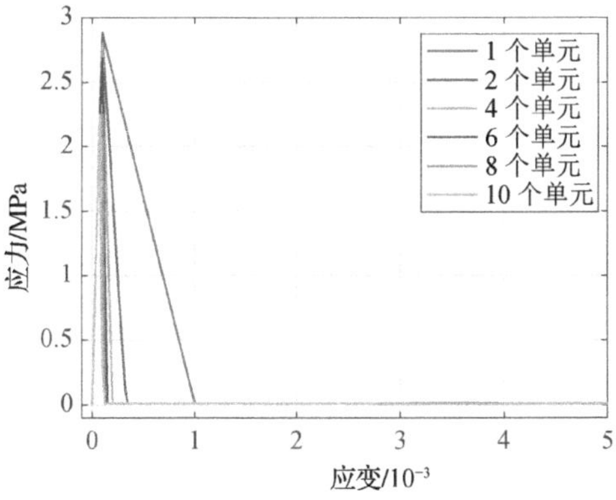

(a) 配筋率为 0.0

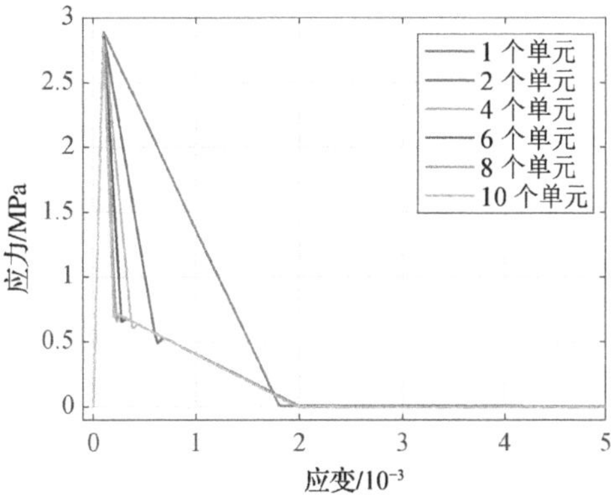

(b) 配筋率为 0.2%

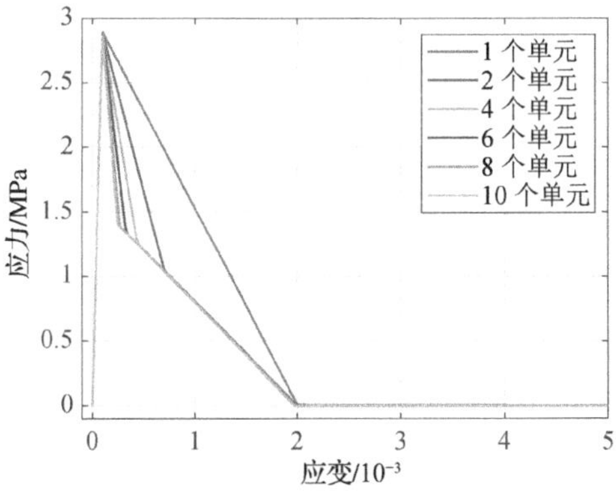

(c) 配筋率为 0.4%

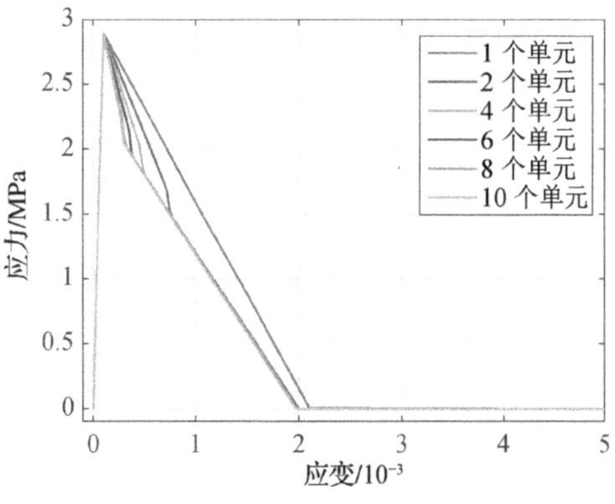

(d) 配筋率为 0.6%

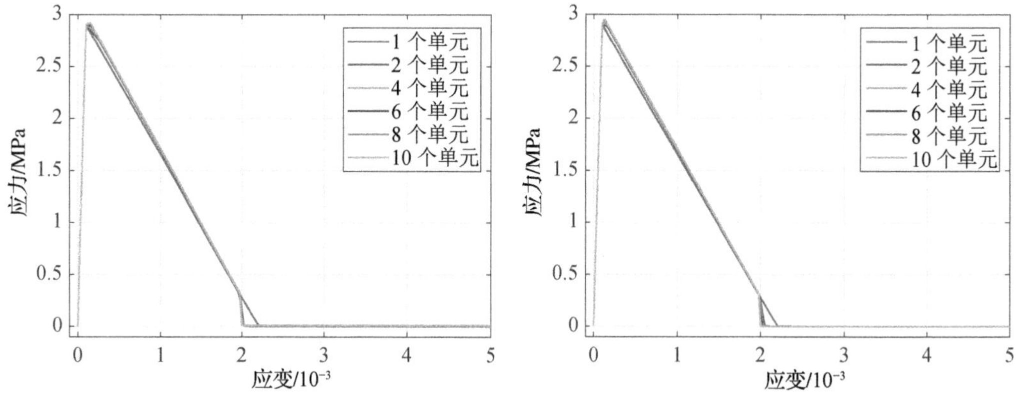

(e) 配筋率为 0.8%　　(f) 配筋率为 1.0%

图 8.1.6　不同配筋率下的混凝土部分应力-应变关系

按上述推导计算的临界配筋率 $\rho_{cr}=E_d/(E_d+E_s)$，其中 $E_d=f_t/\epsilon_{tu}$。因此，当 $\rho=$ 0.2%，0.4%，0.6%，0.8%，1.0%时，考虑受拉刚化修正后的断裂能密度，可以确定 $\rho_{cr}=$ 0.85%，0.78%，0.74%，0.72%，0.70%。显然，模拟结果同样验证了：只有当配筋率超过临界配筋率时，网格敏感性才不会发生。

8.1.3　基于应变能的钢筋混凝土局部化正则化方法

对于配筋率低于 ρ_{cr} 的钢筋混凝土构件，其仍然存在网格敏感性。因此，在有限元分析中需要进行修正以消除其影响，既有的方法一般仅针对素混凝土，不能考虑钢筋的影响。本节针对钢筋混凝土，提出一种基于应变能等效的正则化方法，分别修正钢筋和混凝土的本构关系，以解决低配筋率构件的网格敏感性问题。

对于钢筋而言，其受力全过程可分为典型的三个阶段：混凝土开裂前、混凝土开裂-钢筋屈服前、钢筋屈服后。混凝土开裂前构件不发生局部化，钢筋屈服后构件不再承受额外的力。因此，只需要对混凝土开裂后、钢筋屈服前的阶段进行修正。

首先考虑对钢筋本构关系的修正，1 个钢筋单元(G_s^1)和 N 个钢筋单元(G_s^N)的应变能可以分别表示为

$$\frac{G_s^1}{AL}=\frac{E_s\epsilon^2}{2}$$
$$\frac{G_s^N}{AL}=\frac{E'_s\epsilon_1^2}{2N}+\frac{(N-1)E'_s\epsilon_2^2}{2N} \tag{8.17}$$

式中，E_s 和 E'_s 分别是钢筋 1 个单元和 N 个单元的弹性模量。

在两种情况下，钢筋的应变均满足

$$\epsilon L=\epsilon_1\frac{L}{N}+\epsilon_2\frac{(N-1)L}{N} \tag{8.18}$$

若在等式两边同时减去ϵ_t 并将式(8.15)代入式(8.18)，可得

$$\epsilon-\epsilon_t=\frac{1+\alpha(N-1)}{N}(\epsilon_1-\epsilon_t) \tag{8.19}$$

式中 α 表示为

$$\alpha=\frac{A_sE'_s-A_cE'_d}{A_sE'_s+A_cE_d} \tag{8.20}$$

式中，E_d 和 E'_d 分别是混凝土 1 个单元和 N 个单元的下降段模量。

理论上，将式(8.15)和式(8.19)代入应变能式(8.17)中，并认为两者能量相等，就可以直接得到正则化的钢筋应力-应变关系。但这样做比较复杂，为了简化这一过程，采用增量形式将上述两种情况下的应变能增量表示为

$$\begin{aligned}&\frac{dG_s^1}{AL}=E_s\epsilon\,d\epsilon\\&\frac{dG_s^N}{AL}=\frac{1}{N}E'_s\epsilon_1 d\epsilon_1+\frac{(N-1)}{N}E'_s\epsilon_2 d\epsilon_2\end{aligned} \tag{8.21}$$

同时，应变增量满足

$$d\epsilon=\frac{1+\alpha(N-1)}{N}d\epsilon_1,\quad d\epsilon_2=\alpha d\epsilon_1 \tag{8.22}$$

结合上述表达式，可得

$$\begin{aligned}\frac{dG_s^1}{AL}&=E_s\epsilon\,d\epsilon\\&=E_s\epsilon\frac{1+\alpha(N-1)}{N}d\epsilon_1\\&=E_s(\epsilon-\epsilon_t)\frac{1+\alpha(N-1)}{N}d\epsilon_1+E_s\epsilon_t\frac{1+\alpha(N-1)}{N}d\epsilon_1\\&=E_s(\epsilon_1-\epsilon_t)\left[\frac{1+\alpha(N-1)}{N}\right]^2d\epsilon_1+E_s\epsilon_t\frac{1+\alpha(N-1)}{N}d\epsilon_1\end{aligned} \tag{8.23}$$

及

$$\begin{aligned}\frac{dG_s^N}{AL}&=\frac{1}{N}E'_s\epsilon_1 d\epsilon_1+\frac{(N-1)}{N}E'_s\epsilon_2 d\epsilon_2\\&=E'_s\frac{\epsilon_1+\alpha(N-1)\epsilon_2}{N}d\epsilon_1\\&=E'_s\frac{(\epsilon_1-\epsilon_t)+\alpha(N-1)(\epsilon_2-\epsilon_t)}{N}d\epsilon_1+E'_s\epsilon_t\frac{1+\alpha(N-1)}{N}d\epsilon_1\\&=E'_s(\epsilon_1-\epsilon_t)\frac{1+\alpha^2(N-1)}{N}d\epsilon_1+E'_s\epsilon_t\frac{1+\alpha(N-1)}{N}d\epsilon_1\end{aligned} \tag{8.24}$$

令两者相等，则

$$\begin{aligned}&\frac{dG_s^1}{AL}=\frac{dG_s^N}{AL}\Rightarrow\\&E'_s=\frac{(\epsilon_1-\epsilon_t)[1+\alpha(N-1)]^2/N+\epsilon_t[1+\alpha(N-1)]}{(\epsilon_1-\epsilon_t)[1+\alpha^2(N-1)]+\epsilon_t[1+\alpha(N-1)]}E_s=\beta_sE_s\end{aligned} \tag{8.25}$$

式中,β_s 为钢筋的正则化系数。

考虑到$\epsilon_t \ll \epsilon_1 - \epsilon_t$,式(8.25)可进一步简化为

$$\beta_s = \frac{[1+\alpha(N-1)]^2}{N[1+\alpha^2(N-1)]} \tag{8.26}$$

注意式(8.26)与式(8.20)耦合,因此需要一个简单的迭代过程计算 α 和β_s。

经上述修正后的钢筋应力-应变关系如图 8.1.7(a)所示。

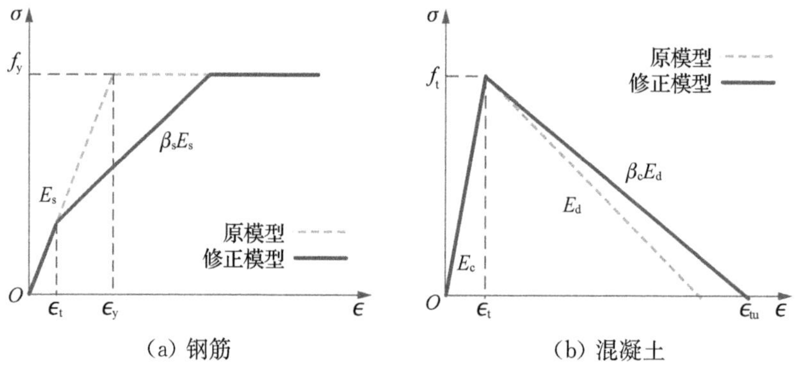

图 8.1.7　基于应变能修正的钢筋和混凝土本构关系

混凝土本构模型的正则化修正与钢筋本构模型的正则化修正非常相似。由于开裂前不发生应变局部化,正则化修正仅对应力-应变关系的下降段进行。

1 个单元(G_c^1)和 N 个单元(G_c^N)的混凝土应变能可以分别表示为

$$\frac{G_c^1}{AL} = \frac{E_c\epsilon_t^2}{2} + \frac{\epsilon-\epsilon_t}{2}[f_t + f_t - E_d(\epsilon-\epsilon_t)]$$

$$\frac{G_c^N}{AL} = \frac{E_c\epsilon_t^2}{2} + \frac{1}{N}\frac{\epsilon_1-\epsilon_t}{2}[f_t + f_t - E_d'(\epsilon_1-\epsilon_t)] + \frac{N-1}{N}\frac{\epsilon_2-\epsilon_t}{2}[f_t + f_t + E_c(\epsilon_2-\epsilon_t)] \tag{8.27}$$

式中,E_d 和 E_d' 分别是混凝土 1 个单元和 N 个单元下降段的弹性模量。

进而,应变能的增量格式可以写为

$$\begin{aligned}\frac{dG_c^1}{AL} &= f_t d\epsilon - E_d(\epsilon-\epsilon_t)d\epsilon \\ &= f_t\frac{1+\alpha(N-1)}{N}d\epsilon_1 - E_d\left[\frac{1+\alpha(N-1)}{N}\right]^2(\epsilon_1-\epsilon_t)d\epsilon_1\end{aligned} \tag{8.28}$$

及

$$\begin{aligned}\frac{dG_c^N}{AL} &= \frac{1}{N}[f_t d\epsilon_1 - E_d(\epsilon_1-\epsilon_t)d\epsilon_1] + \frac{N-1}{N}[f_t d\epsilon_2 + E_c(\epsilon_2-\epsilon_t)d\epsilon_2] \\ &= f_t\frac{1+\alpha(N-1)}{N}d\epsilon_1 + \frac{\alpha^2(N-1)E_c - E_d'}{N}(\epsilon_1-\epsilon_t)d\epsilon_1\end{aligned} \tag{8.29}$$

令两者相等,则混凝土本构关系正则化后的下降段刚度为

$$\frac{\mathrm{d}G_{\mathrm{c}}^{1}}{AL}=\frac{\mathrm{d}G_{\mathrm{c}}^{N}}{AL}\Rightarrow$$

$$\begin{aligned}E_{\mathrm{d}}'&=\frac{[1+\alpha(N-1)]^{2}}{N}E_{\mathrm{d}}+\alpha^{2}(N-1)E_{\mathrm{c}}\\&=\frac{[1+\alpha(N-1)]^{2}+\alpha^{2}(N-1)N/s_{\mathrm{c}}}{N}E_{\mathrm{d}}\\&=\beta_{\mathrm{c}}E_{\mathrm{d}}\end{aligned}\tag{8.30}$$

式中，$s_{\mathrm{c}}=E_{\mathrm{d}}/E_{\mathrm{c}}$ 为混凝土的软化比例；β_{c} 为混凝土的正则化系数。

类似的，由于式(8.20)、式(8.26)和式(8.30)耦合，因此也需要迭代计算 β_{c}。

经正则化修正后的混凝土应力-应变关系如图 8.1.7(b)所示。

利用上述正则化方法，对上一节中配筋率在临界配筋率 $\rho<\rho_{\mathrm{cr}}$ 下的构件进行模拟验证。图 8.1.8 分别给出了 $\rho=0.2\%$，0.4%和 0.6%（ρ_{cr} 分别为 0.85%，0.78%和 0.74%）的分析结果。这些结果表明：对于不同网格的钢筋混凝土构件，本节方法均能够获得一致的响应，消除了网格敏感性。

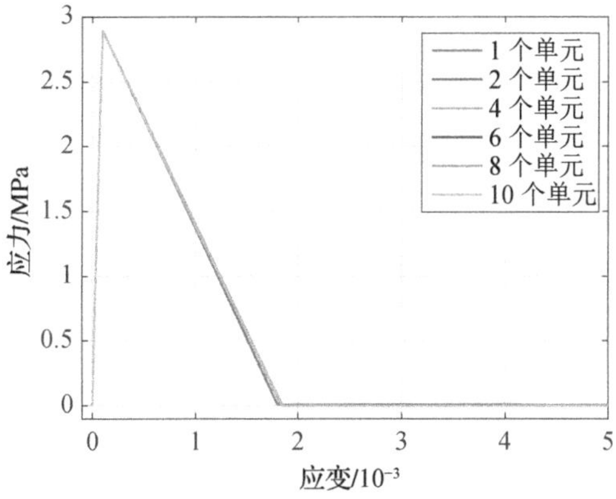

(a) 配筋率为 0.2%

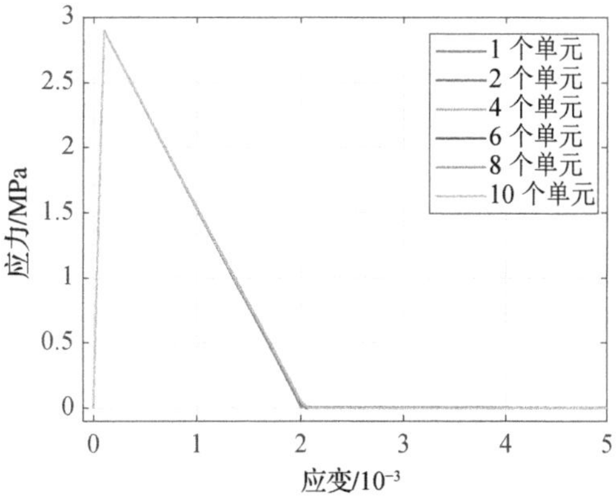

(b) 配筋率为 0.4%

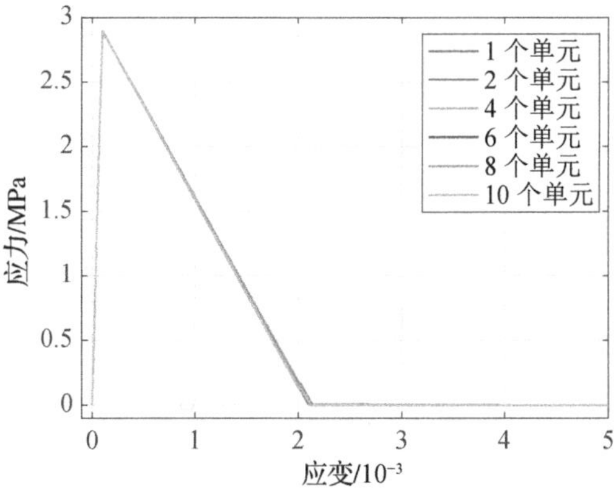

(c) 配筋率为 0.6%

图 8.1.8　正则化后的构件混凝土部分应力-应变关系

上述基于应变能的局部化机理分析，解释了混凝土/钢筋混凝土局部化的原因，提出了简单情况下（单轴受拉）的正则化方法。然而，当分析问题的复杂度提升，该方法仍然可能无法有效地解决应变局部化问题。因此，下面将进一步介绍三类克服应变局部化的计算方法，并结合第 5 章中提出的力插值梁单元理论，提出相关的正则化单元。

8.2 基于多尺度软化分离-激活的正则化方法

8.2.1 梁单元的多尺度软化分离-激活理论

处理应变局部化的一个基本思想是通过引入特征长度来反映真实应变的物理局部化范围。基于此，可将单元变形分解为软化变形和非软化变形两部分。这样在基础坐标系下，单元的变形场可以理解为两个尺度：单元尺度变形和局部尺度变形，如图 8.2.1 所示。开始时，分析与单元全长下的宏观尺度问题有关；当 $x=x_S$ 处的软化截面被激活时，引入由软化集中变形区（对于钢筋混凝土结构一般为塑性铰区）长度定义的细观尺度。这样，原来的梁单元分析问题变为典型的多尺度分析问题。解决多尺度问题的最佳方法是将状态变量分解，在对应的尺度下进行求解，最后再通过静力平衡或者变形协调进行集成。

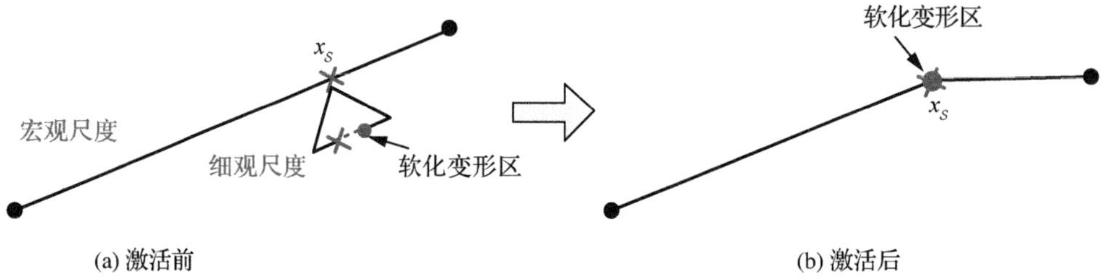

图 8.2.1 单元变形场的两尺度分解

由此，第 5 章中基础坐标系下单元截面变形式(5.18)可以写为

$$\boldsymbol{d}(x)=\underbrace{\boldsymbol{d}^{\mathrm{org}}(x)}_{\text{宏观尺度}}+\underbrace{\langle\boldsymbol{d}_S\rangle}_{\text{细观尺度}} \tag{8.31}$$

式中，$\boldsymbol{d}(x)$为 x 处截面变形；$\boldsymbol{d}^{\mathrm{org}}(x)$为原有的截面变形；$\boldsymbol{d}_S$为变形集中区（软化截面）的变形；算子$\langle\cdot\rangle$表示软化截面的激活状态。

在软化截面处，静力平衡条件仍然满足，即

$$\boldsymbol{D}^{\mathrm{org}}(x)=\boldsymbol{D}_S=\boldsymbol{D}(x)=\boldsymbol{B}_{\mathrm{f}}(x)\boldsymbol{Q} \tag{8.32}$$

式中，$\boldsymbol{D}(x)$为 x 处截面力；$\boldsymbol{D}^{\mathrm{org}}(x)$为原有问题的截面力；$\boldsymbol{D}_S$为软化截面上的力；$\boldsymbol{Q}$ 为基础坐标系下的单元力；$\boldsymbol{B}_{\mathrm{f}}(x)$为力插值函数。注意，应变局部化问题主要由材料非线性引起，因此这里采用了不考虑几何非线性的力插值单元格式，本章后续内容均沿用这一设定。

软化截面的力-变形关系均可以采用纤维截面进行计算，但力-变形关系应有细微改动，如图 8.2.2 所示：在达到激活阈值之前，软化截面没有反力，而在达到激活阈值之后，软化截面的行为符合纤维截面模型的结果(Feng & Ren，2017)。具体可以表示为

$$
\begin{aligned}
\boldsymbol{D}^{\mathrm{org}}(x) &= \boldsymbol{k}_{\mathrm{sec}}^{\mathrm{org}}(x)\boldsymbol{d}^{\mathrm{org}}(x) \\
\boldsymbol{D}_S &= \boldsymbol{k}_S\,\boldsymbol{d}_S
\end{aligned}
\tag{8.33}
$$

式中，$\boldsymbol{k}_{\mathrm{sec}}^{\mathrm{org}}$ 为原有截面的刚度矩阵；$\boldsymbol{k}_S$ 为塑性铰的刚度矩阵。

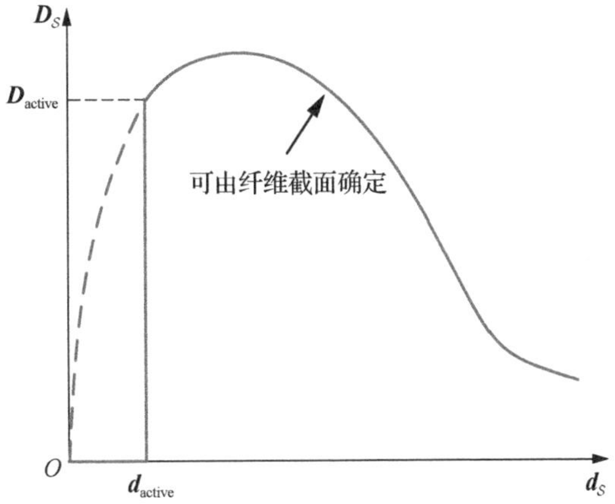

图 8.2.2 塑性铰处力-变形关系

在单元层次，虚功原理可以表示为

$$
\delta\boldsymbol{Q}^{\mathrm{T}}\boldsymbol{q} = \int_L \delta\boldsymbol{D}^{\mathrm{T}}(x)\boldsymbol{d}(x)\,\mathrm{d}x = \int_L \delta\boldsymbol{D}^{\mathrm{T}}(x)[\boldsymbol{d}^{\mathrm{org}}(x) + \langle\boldsymbol{d}_S\rangle]\mathrm{d}x \tag{8.34}
$$

式中，$\delta\boldsymbol{Q}$ 为单元的虚力向量；$\delta\boldsymbol{D}(x)$为截面 x 处的虚力向量。

将式(8.31)—式(8.33)代入式(8.34)，单元变形 $\boldsymbol{q}$ 和柔度矩阵 $\boldsymbol{F}$ 可以导出为

$$
\boldsymbol{q} = \int_L \boldsymbol{B}_{\mathrm{f}}^{\mathrm{T}}(x)[\boldsymbol{f}_{\mathrm{sec}}^{\mathrm{org}}(x)\boldsymbol{B}_{\mathrm{f}}(x)\boldsymbol{Q} + \langle\boldsymbol{f}_S\,\boldsymbol{B}_{\mathrm{f}}(x)\boldsymbol{Q}\rangle]\mathrm{d}x \tag{8.35}
$$

$$
\boldsymbol{F} = \frac{\partial\boldsymbol{q}}{\partial\boldsymbol{Q}} = \underbrace{\int_L \boldsymbol{B}_{\mathrm{f}}^{\mathrm{T}}(x)\boldsymbol{f}_{\mathrm{sec}}^{\mathrm{org}}(x)\boldsymbol{B}_{\mathrm{f}}(x)\,\mathrm{d}x}_{\text{宏观尺度}} + \underbrace{\left\langle\int_L \boldsymbol{B}_{\mathrm{f}}^{\mathrm{T}}(x)\boldsymbol{f}_S\,\boldsymbol{B}_{\mathrm{f}}(x)\,\mathrm{d}x\right\rangle}_{\text{细观尺度}} \tag{8.36}
$$

式中，$\boldsymbol{f}_{\mathrm{sec}}^{\mathrm{org}}$ 和 $\boldsymbol{f}_S$分别为原始截面和软化截面的柔度矩阵。

式(8.36)中的宏观尺度积分可以通过 Gauss-Lobatto 积分进行计算，即

$$
\mathrm{Int}_{\mathrm{cs}} = \int_L \boldsymbol{B}_{\mathrm{t}}^{\mathrm{T}}(x)\boldsymbol{f}_{\mathrm{sec}}^{\mathrm{org}}(x)\boldsymbol{B}_{\mathrm{f}}(x)\,\mathrm{d}x \approx \sum_{i=1}^{N_{\mathrm{p}}} \boldsymbol{B}_{\mathrm{f}}^{\mathrm{T}}(\xi_i)\boldsymbol{f}_{\mathrm{sec}}^{\mathrm{org}}(\xi_i)\boldsymbol{B}_{\mathrm{f}}(\xi_i)w_i \tag{8.37}
$$

对于式(8.36)中的细观尺度积分，考虑到集中变形区长度相比于单元全长较小[$\boldsymbol{B}_{\mathrm{f}}^{\mathrm{T}}(x)$无太大变化]，可将该积分视为每一个软化截面处状态的求和，即

$$
\mathrm{Int}_{\mathrm{fs}}^{S} = \sum_S \left\langle\int_{l_{\mathrm{p}S}} \boldsymbol{B}_{\mathrm{f}}^{\mathrm{T}}(x)\boldsymbol{f}_S\,\boldsymbol{B}_{\mathrm{f}}(x)\,\mathrm{d}x\right\rangle \approx \sum_S \langle\boldsymbol{B}_{\mathrm{f}}^{\mathrm{T}}(x_S)\boldsymbol{f}_S\,\boldsymbol{B}_{\mathrm{f}}(\boldsymbol{x}_S)l_{\mathrm{p}S}\rangle \tag{8.38}
$$

进一步，考虑到实际结构中软化变形区一般仅发生在单元两端，上述式子可进一步简化为

$$\boldsymbol{F}=\sum_{i=1}^{N_{\mathrm{p}}}\boldsymbol{B}_{\mathrm{f}}^{\mathrm{T}}(\xi_i)\boldsymbol{f}_{\mathrm{sec}}^{\mathrm{org}}(\xi_i)\boldsymbol{B}_{\mathrm{f}}(\xi_i)w_i+\langle\boldsymbol{B}_{\mathrm{f}}^{\mathrm{T}}(x_{\mathrm{I}})\boldsymbol{f}_{S\mathrm{I}}\boldsymbol{B}_{\mathrm{f}}(x_{\mathrm{I}})l_{\mathrm{pI}}+\boldsymbol{B}_{\mathrm{f}}^{\mathrm{T}}(x_{\mathrm{J}})\boldsymbol{f}_{S\mathrm{J}}\boldsymbol{B}_{\mathrm{f}}(x_{\mathrm{J}})l_{\mathrm{pJ}}\rangle \tag{8.39}$$

式中，I 和 J 表示单元左右端点；x_{I} 和 x_{J} 表示节点的坐标；l_{pI} 和 l_{pJ} 表示单元两端软化变形区的长度。

显然，若单元软化变形区没有被激活，则单元仍与原有的力插值单元格式相同；若被激活，则截面变形分为原始截面部分和软化变形区部分，各分量均遵循相应的截面和力-变形关系。软化变形将仅局限于细观尺度部分，并弥散于软化变形区长度 $l_{\mathrm{pI,J}}$ 中，而原始截面部分(宏观尺度部分)保持弹性，甚至卸载以保持平衡。通过这种方式，只要确定软化变形区的长度，应变局部化的特征就仅与此长度有关，从而避免了网格敏感性。

在实际工程和试验中可以观察到，软化变形区的形成通常主要由混凝土压溃或钢筋屈服等材料行为导致，这提供了一种具有物理背景的软化变形区长度自适应激活计算方法(冯德成和李杰，2014；Feng, et al.，2016b)：在单元计算过程中，若混凝土纤维达到压碎应变或钢筋纤维首次达到屈服应变，则软化变形区被激活，相应的截面变形记为激活变形 $\boldsymbol{d}_{\mathrm{active}}$。事实上，软化变形区形成之后的扩展是一个动态变化的过程，并不是固定的，而是从 0 逐渐增加到一个稳定值 l_{p}。这个动态拓展的过程，可以通过单元弯矩分布中梁端实时弯矩和激活弯矩的大小进行线性插值来确定，如图 8.2.3 所示。

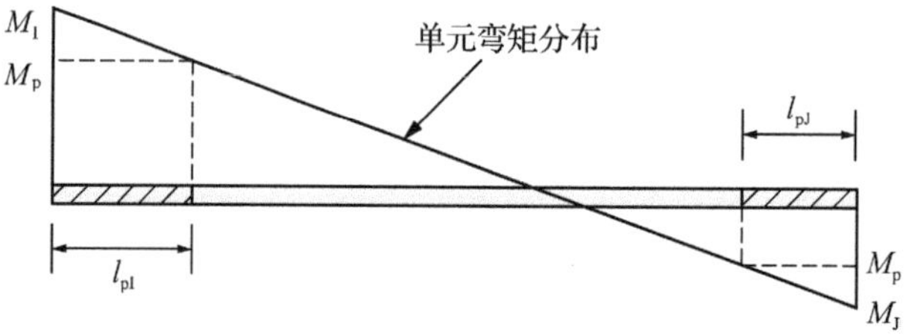

图 8.2.3　软化变形区长度动态插值

8.2.2　自激活单元状态确定

上述多尺度软化分离-激活单元仍然属于力插值单元，因此可以通过对 Neuenhofer 和 Filippou(1997)提出的不迭代单元状态确定方法进行细微修改来实现。这类单元的实现由原始部分和软化变形区部分组成，考虑 Newton-Raphson 求解策略中的迭代步骤 i，已知基础坐标系下的单元变形增量为 $\Delta\boldsymbol{q}^i$，则单元力增量 $\Delta\boldsymbol{Q}^i$ 为

$$\Delta\boldsymbol{Q}^i=\boldsymbol{K}^{i-1}\Delta\boldsymbol{q}^i \tag{8.40}$$

截面力增量 $\Delta\boldsymbol{D}^i(x)$可根据力插值函数计算，即

$$\Delta\boldsymbol{D}^i(x)=\boldsymbol{B}_{\mathrm{f}}(x)\Delta\boldsymbol{Q}^i+\widetilde{\boldsymbol{D}}^{i-1}(x) \tag{8.41}$$

式中，$\widetilde{\boldsymbol{D}}^{i-1}(x)$为上一迭代步存储的截面不平衡力。

进一步，根据截面的力-变形关系，有

$$\Delta \boldsymbol{d}^{i}(x)=\boldsymbol{f}_{\mathrm{sec}}^{i-1} \Delta \boldsymbol{D}^{i}(x) \tag{8.42}$$

根据上述更新的截面变形增量，截面的抗力 $\boldsymbol{D}_{\mathrm{R}}^{i}(x)$、刚度矩阵 $\boldsymbol{k}_{\mathrm{sec}}^{i}(x)$ 和柔度矩阵 $\boldsymbol{f}_{\mathrm{sec}}^{i}(x)$ 可根据纤维单元计算获得。而单元柔度矩阵和单元残余变形可更新为

$$\boldsymbol{F}^{i}=\sum_{j=1}^{N_{\mathrm{p}}} \boldsymbol{B}_{\mathrm{f}}^{\mathrm{T}}(\xi_{j}) \boldsymbol{f}_{\mathrm{sec}}^{i}(\xi_{j}) \boldsymbol{B}_{\mathrm{f}}(\xi_{j}) w_{j} \tag{8.43}$$

$$\boldsymbol{R}^{i}=\sum_{j=1}^{N_{\mathrm{p}}} \boldsymbol{B}_{\mathrm{f}}^{\mathrm{T}}(\xi_{j}) \boldsymbol{f}_{\mathrm{sec}}^{i}(\xi_{j})[\boldsymbol{D}^{i-1}(\xi_{j})+\Delta \boldsymbol{D}^{i}(\xi_{j}) \Delta \boldsymbol{D}_{\mathrm{R}}^{i}(\xi_{j})] w_{j} \tag{8.44}$$

检查软化变形区是否激活，若激活，则此处的力增量 $\Delta \boldsymbol{D}_{S_{\mathrm{I,J}}}^{i}$ 可以表示为

$$\Delta \boldsymbol{D}_{S_{\mathrm{I,J}}}^{i}=\boldsymbol{B}_{\mathrm{f}}(x_{\mathrm{I,J}}) \Delta \boldsymbol{Q}^{i}+\widetilde{\boldsymbol{D}}_{S_{\mathrm{I,J}}}^{i-1} \tag{8.45}$$

式中，$\widetilde{\boldsymbol{D}}_{S_{\mathrm{I,J}}}^{i-1}$ 为上一步的软化变形区不平衡力，若上一步无软化变形区，则此力为零。软化变形区的变形增量 $\Delta \boldsymbol{d}_{S_{\mathrm{I,J}}}^{i}$ 可以通过下式计算

$$\Delta \boldsymbol{d}_{S_{\mathrm{I,J}}}^{i}=f_{S_{\mathrm{I,J}}}^{i-1} \Delta \boldsymbol{D}_{S_{\mathrm{I,J}}}^{i} \tag{8.46}$$

软化变形区的抗力 $\boldsymbol{D}_{S_{\mathrm{I,J}}}^{i}$、刚度矩阵 $\boldsymbol{k}_{S_{\mathrm{I,J}}}^{i}$ 和柔度矩阵 $\boldsymbol{f}_{S_{\mathrm{I,J}}}^{i}$ 均可通过软化变形区的力-变形关系计算获得。

综上，由于软化变形区带来的单元柔度矩阵增强项 $\boldsymbol{F}_{S_{\mathrm{I,J}}}^{i}$ 可写为

$$\boldsymbol{F}_{S_{\mathrm{I,J}}}^{i}=\sum_{\mathrm{I,J}} \boldsymbol{B}_{\mathrm{f}}^{\mathrm{T}}(x_{\mathrm{I,J}}) \boldsymbol{f}_{S_{\mathrm{I,J}}}^{i}(x_{\mathrm{I,J}}) \boldsymbol{B}_{\mathrm{f}}(x_{\mathrm{I,J}}) l_{\mathrm{pI,J}} \tag{8.47}$$

同时，由软化变形区贡献的单元的残余变形 $\boldsymbol{R}_{S_{\mathrm{I,J}}}^{i}$ 为

$$\boldsymbol{R}_{S_{\mathrm{I,J}}}^{i}=\sum_{\mathrm{I,J}} \boldsymbol{B}_{\mathrm{f}}^{\mathrm{T}}(x_{\mathrm{I,J}}) \boldsymbol{f}_{S_{\mathrm{I,J}}}^{i}[\boldsymbol{D}_{S_{\mathrm{I,J}}}^{i-1}(x_{I,J})+\Delta \boldsymbol{D}_{S_{\mathrm{I,J}}}^{i}(x_{\mathrm{I,J}}) \Delta \boldsymbol{D}_{S_{\mathrm{I,J}}}^{i}(x_{\mathrm{I,J}})] l_{\mathrm{pI,J}} \tag{8.48}$$

因此，单元的整体柔度矩阵和残余变形可更新为

$$\begin{aligned} \boldsymbol{F}^{i}&=\boldsymbol{F}^{i}+\boldsymbol{F}_{S_{\mathrm{I,J}}}^{i} \\ \boldsymbol{R}^{i}&=\boldsymbol{R}^{i}+\boldsymbol{R}_{S_{\mathrm{I,J}}}^{i} \end{aligned} \tag{8.49}$$

单元刚度矩阵和单元力则为

$$\begin{aligned} \boldsymbol{K}^{i}&=(\boldsymbol{F}^{i})^{-1} \\ \boldsymbol{Q}^{i}&=\boldsymbol{Q}^{i-1}+\Delta \boldsymbol{Q}^{i}-\boldsymbol{K}^{i} \boldsymbol{R}^{i} \end{aligned} \tag{8.50}$$

用于下一步更新的截面不平衡力为

$$\begin{aligned} \widetilde{\boldsymbol{D}}^{i}(x)&=\boldsymbol{B}_{\mathrm{f}}(x) \boldsymbol{Q}^{i}-\boldsymbol{D}_{\mathrm{R}}^{i}(x) \\ \widetilde{\boldsymbol{D}}_{S_{\mathrm{I,J}}}^{i}&=\boldsymbol{B}_{\mathrm{f}}(x_{\mathrm{I,J}}) \boldsymbol{Q}^{i}-\boldsymbol{D}_{S_{\mathrm{I,J}}}^{i} \end{aligned} \tag{8.51}$$

通过上述状态确定流程，可将基础坐标系下的单元刚度矩阵和力向量转换至全局坐标系，由此形成了完整的单元计算流程，且可结合 ABAQUS 等有限元软件进行二次开发，实现结构分析。

8.2.3 分析实例

为了验证上述软化分离-激活方法的有效性，对 Tanaka(1990)的钢筋混凝土柱试验进

行了分析。选取试件 7 进行模拟,该柱承受较高的轴压力(轴压比为 0.3,即 2 904 kN),因此具有明显的软化行为。如图 8.2.4 所示,柱高 $L=1\ 650$ mm,截面高宽均为 550 mm,配置了 12 根直径为 20 mm 的纵筋,保护层厚度为 40 mm。混凝土的抗压强度 $f'_c=32$ MPa,对应峰值应变$\epsilon_c=0.002\ 4$;钢筋弹性模量 $E_s=2\times10^5$ MPa,屈服强度 $f_y=510$ MPa,硬化系数 $b=0.01$。分析中通过前述 3.2 节中的约束混凝土模型考虑箍筋约束效应。

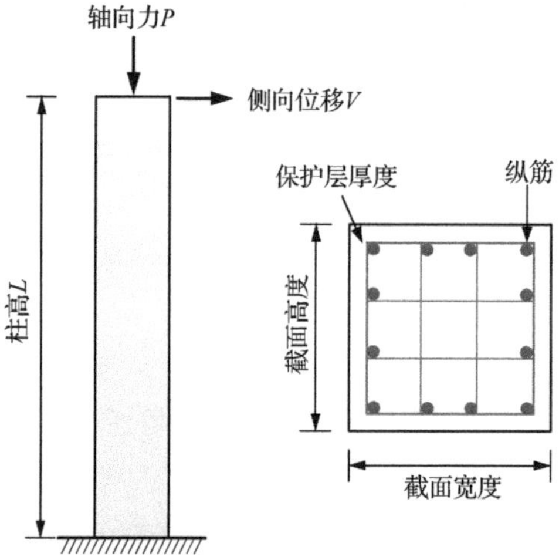

图 8.2.4　钢筋混凝土柱算例

仅采用一个单元进行建模,并分别设置 5 个积分点、6 个积分点和 7 个积分点。分析中首先采用力加载施加轴向载荷,然后采用位移加载在柱顶施加侧向位移。图 8.2.5 给出了计算得到的柱荷载-位移关系,其中图 8.2.5(a)为一般力插值单元的模拟结果,图 8.2.5(b)为本节软化分离-激活单元的模拟结果。由图可见,一般力插值单元得到的结果具有明显的局部化效应,模拟结果很难反映试验结果,而且不同积分点数目会导致完全不同的结果;而本节所述单元的模拟结果与试验吻合良好,且不受积分点数目影响。由此证明,本节方法可以有效克服应变局部化效应。

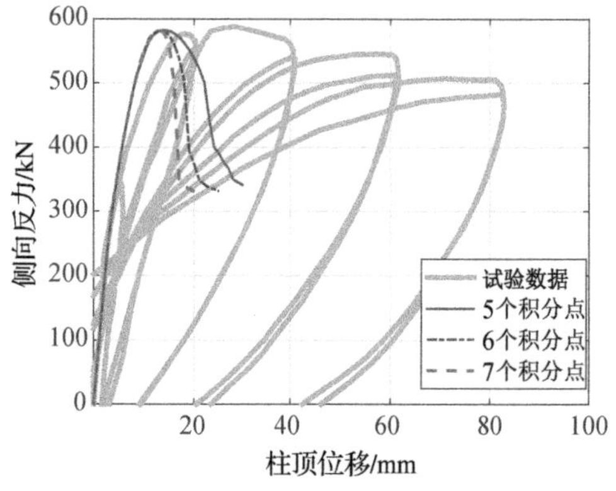

(a) 一般力插值单元

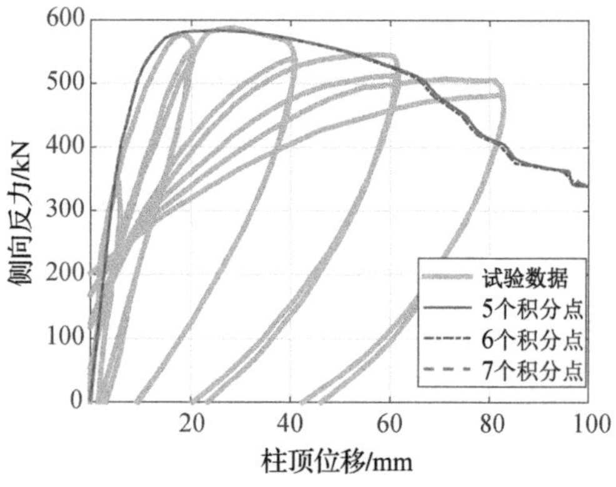

(b) 软化分离-激活单元

图 8.2.5　钢筋混凝土柱荷载-位移曲线结果

进而，图 8.2.6(a)给出了由本节单元分析得到的柱局部响应，即柱底截面的弯矩-曲率关系。可以发现，本节模型得到了稳定的、与积分点数目无关的结果。事实上，本节方法还可以同时得到柱软化变形区长度的演化全过程，如图 8.2.6(b)所示。无论单元积分点数目如何，软化变形区在柱顶位移为 9.58 mm 时激活，而在柱顶位移为 26.58 mm 时完全形成，最终的软化变形区长度均为 325 mm，这与经典的塑性铰长度经验公式(Paulay & Priestley,1992)计算结果(356 mm)相当，再次证明了本节模型的有效性。

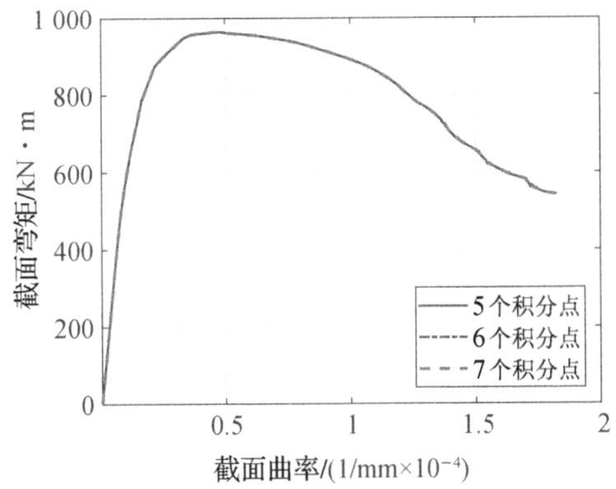

(a) 柱底截面响应

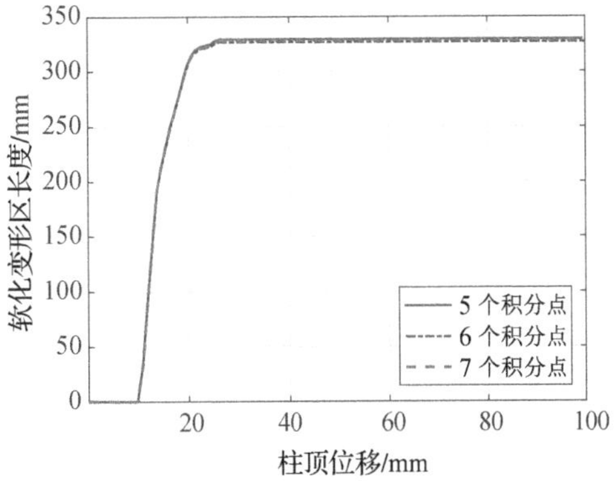

(b) 软化变形区长度演化过程

图 8.2.6 钢筋混凝土柱局部响应结果

8.3 基于积分型非局部理论的正则化方法

非局部理论从另一个角度来考察应变局部化问题，即网格(或积分)敏感性问题的本质在于在结构分析中采用了具有局部性质的材料本构关系。而在混凝土的损伤发展过程中，材料内部微结构的变化及其相互作用使得材料中某一点的应力不仅与该点的应变有关，而且与该点周围一定范围内的应变及内变量有关，从而导致局部材料本构关系失效，引发网格(或积分)敏感性。因此，若在分析中引入尺度因子来反映材料细观层次的非均匀性对结构宏观响应的影响，则可有效避免应变局部化问题。一直以来，非局部理论大多用于混凝土材料层次，本节则试图将这一理论扩展应用于结构单元层次。事实上，在梁柱单元中各截面之间、同一截面各纤维之间，均存在着相互作用。因此，同样存在局部力-变形关系以及局部应力-应变关系的不适用问题，为此，可以将非局部理论引入力插值单元之中。

8.3.1 积分型非局部理论

非局部理论最早由 Eringen 和 Edelen(1972)提出，并由 Bažant(1976)引入混凝土软化数值分析中来。其基本思想在于：混凝土材料的细观非均匀性使得应变分布呈现非均匀性，因此材料内一点处的应力不仅取决于该点的应变(或内变量)，而且与一定范围内的平均应变有关，可以表示为一定区域内(特征长度范围内)的积分形式，因此又可称为积分型非局部理论。将这一理论推广应用于结构单元层次，用 $f(x)$ 表示单元局部变量(如截面变形等)，其求解域 Ω 内的非局部变量 $\bar{f}(x)$ 可以表示为

$$\bar{f}(x)=\frac{1}{V_{\mathrm{r}}}\int_{\Omega}\alpha(x,\eta)f(\eta)\mathrm{d}\eta \tag{8.52}$$

式中，Ω 为问题求解域；$\alpha(x,\eta)$ 为非局部平均的权重函数，取决于截面位置 x 和影响点位置 η 间的距离；V_{r} 为归一化因子，即

$$V_{\mathrm{r}}=\int_{\Omega}\alpha(x,\eta)\mathrm{d}\eta \tag{8.53}$$

非局部理论中的权重函数 $\alpha(x,\eta)$ 的选择有很多种，本节采用最常见的高斯函数

$$\alpha(x,\eta)=\alpha(r)=\frac{1}{\sqrt{2\pi}\,l_{\mathrm{ch}}}\exp\left(-\frac{r^2}{2l_{\mathrm{ch}}^2}\right) \tag{8.54}$$

式中，$r=|x-\eta|$ 为中心截面与各影响点间的距离；l_{ch} 为反映非局部相互作用的特征长度。

显然，通过式(8.52)，单元的状态变量从单点的信息变为一个特定区域内的积分型信息，实现了平滑的单元变形场。

对于非局部变量的确定，需要同时满足两个基本条件：第一，非局部处理之后的单元必须保证弹性范围内的精确性；第二，对于简单的拉、压、推覆等加载情况，能得到接近真实情况的结果。对于材料模型，Jirásek(1998)研究了不同非局部变量的优缺点，并指出：对材料的损伤、非弹性应力、非弹性应变等变量进行非局部处理会造成“应力锁闭”，使得模拟结果失真；而对材料的应变、损伤能释放率等变量进行非局部处理则能得到比较理想的结果。考虑到本节是在单元层次对变形局部化问题进行规则化，因此与材料模型中的应变对应，选择截面变形 $\boldsymbol{d}(x)$ 作为非局部变量。此外，在梁单元的尺度上，特征长度可设为软化变形区长度，其范围一般为截面高度 h 的一半到两倍，即 $l_{\mathrm{ch}}=0.5\sim2.0h$ (Scott & Fenves，2006；Valipour & Foster，2009)，或通过相关经验公式等进行计算。因此，非局部截面变形可以表示为

$$\bar{\boldsymbol{d}}(x)=\frac{1}{V_{\mathrm{r}}}\int_{L}\alpha(x,\eta)\boldsymbol{d}(\eta)\mathrm{d}\eta \tag{8.55}$$

该式可通过高斯积分进行求解，即

$$\bar{\boldsymbol{d}}(x)=\frac{\sum_{k=1}^{n_{\mathrm{p}}}\alpha(r_k)\boldsymbol{d}(\eta_k)}{\sum_{k=1}^{n_{\mathrm{p}}}\alpha(r_k)} \tag{8.56}$$

式中，η_k 为第 k 个积分点的位置；$\bar{\boldsymbol{d}}(x)=[\bar{\varepsilon}(x),\bar{\kappa}(x),\bar{\gamma}(x)]^{\mathrm{T}}$ 为非局部截面变形向量，包含了非局部的截面轴向变形 $\bar{\varepsilon}(x)$、曲率 $\bar{\kappa}(x)$ 和剪切变形 $\bar{\gamma}(x)$ 等；n_{p} 为高斯积分点数目；r_k 为积分点位置。

8.3.2 非局部一致单元刚度矩阵

在积分型非局部理论中，实际上要进行二次积分才能进行单元格式的构造：首先在非局部作用范围内积分求解截面非局部变量，其次对整个单元进行积分求解单元状态，如图8.3.1所示。对于单元的状态确定，本质上和传统的梁单元没有区别，用第一重非局部积分计算得到的截面变形替换原来的截面变形即可。但引入非局部的截面变形之后，单元的刚度矩阵和原单元的刚度矩阵表达形式就产生了区别。以力插值单元为例，5.3.1节中式(5.42)的梁单元虚功原理为

$$\begin{aligned}\delta \boldsymbol{Q}^{\mathrm{T}} \boldsymbol{q} &= \int_L \delta \boldsymbol{D}^{\mathrm{T}}(x) \bar{\boldsymbol{d}}(x) \mathrm{d}x \\ \Rightarrow \boldsymbol{q} &= \int_L \boldsymbol{B}_{\mathrm{f}}^{\mathrm{T}}(x) \bar{\boldsymbol{d}}(x) \mathrm{d}x\end{aligned} \tag{8.57}$$

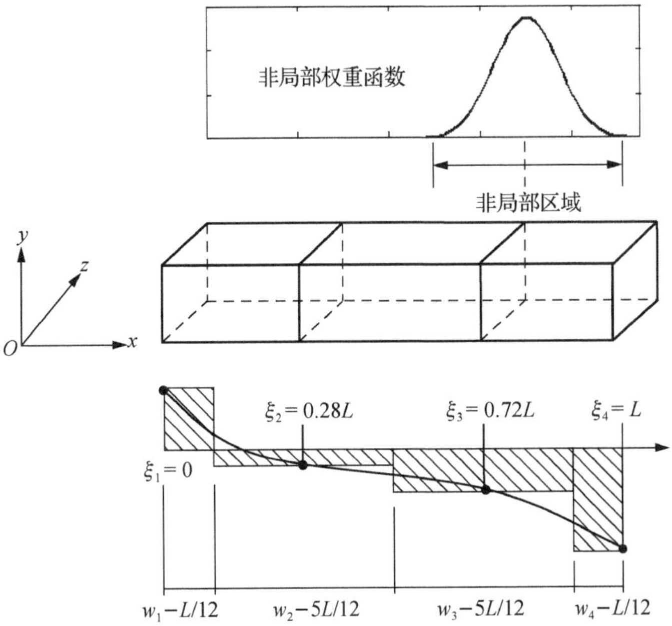

图8.3.1 积分型非局部单元的双重积分

为与非局部截面变形保持一致，单元的柔度矩阵可以导出为

$$\begin{aligned}\boldsymbol{F} = \frac{\partial \boldsymbol{q}}{\partial \boldsymbol{Q}} &= \int_L \boldsymbol{B}_{\mathrm{f}}^{\mathrm{T}}(x) \frac{\partial \bar{\boldsymbol{d}}(x)}{\partial \boldsymbol{d}(x)} \frac{\partial \boldsymbol{d}(x)}{\partial \boldsymbol{D}(x)} \frac{\partial \boldsymbol{D}(x)}{\partial \boldsymbol{Q}} \mathrm{d}x \\ &= \int_L \boldsymbol{B}_{\mathrm{f}}^{\mathrm{T}}(x) \frac{\partial \bar{\boldsymbol{d}}(x)}{\partial \boldsymbol{d}(x)} \frac{\partial \boldsymbol{d}(x)}{\partial \boldsymbol{D}(x)} \boldsymbol{B}_{\mathrm{f}}(x) \mathrm{d}x\end{aligned} \tag{8.58}$$

可以发现，上述非局部单元的柔度矩阵与局部力插值单元的区别仅仅在于$\partial \bar{\boldsymbol{d}}(x)/\partial \boldsymbol{d}(x)$一项，其代表着非局部平均对单元柔度矩阵的影响。注意到

$$\left[\frac{\partial \bar{\boldsymbol{d}}(x)}{\partial \boldsymbol{d}(x)}\frac{\partial \boldsymbol{d}(x)}{\partial \boldsymbol{D}(x)}\right]^{-1}=\frac{\partial \boldsymbol{D}(x)}{\partial \boldsymbol{d}(x)}\frac{\partial \boldsymbol{d}(x)}{\partial \bar{\boldsymbol{d}}(x)}$$
$$=\frac{\partial\left[\int_A \boldsymbol{l}^{\mathrm{T}}(y)\boldsymbol{\sigma}(x,y)\mathrm{d}A\right]}{\partial \bar{\boldsymbol{d}}(x)}$$
$$=\int_A\left[\boldsymbol{l}^{\mathrm{T}}(y)\frac{\partial \boldsymbol{\sigma}(x,y)}{\partial \bar{\epsilon}(x,y)}\frac{\partial \bar{\epsilon}(x,y)}{\partial \bar{\boldsymbol{d}}(x)}\right]\mathrm{d}A$$
$$=\bar{\boldsymbol{k}}_{\mathrm{sec}}(x) \tag{8.59}$$

式中，$\bar{\boldsymbol{k}}_{\mathrm{sec}}(x)$是非局部截面的刚度矩阵。

若结合纤维单元，则纤维的应变可以基于非局部截面变形进行计算，即

$$\bar{\epsilon}(x,y)=\boldsymbol{l}(y)\bar{\boldsymbol{d}}(x) \tag{8.60}$$

将上式代入式(8.58)—式(8.59)，可得到非局部单元的柔度矩阵

$$\bar{\boldsymbol{f}}_{\mathrm{sec}}(x)=\bar{\boldsymbol{k}}_{\mathrm{sec}}^{-1}(x)=\frac{\partial \bar{\boldsymbol{d}}(x)}{\partial \boldsymbol{d}(x)}\frac{\partial \boldsymbol{d}(x)}{\partial \boldsymbol{D}(x)} \tag{8.61}$$

最终的单元一致刚度矩阵为

$$\boldsymbol{F}=\int_L \boldsymbol{B}_{\mathrm{f}}^{\mathrm{T}}(x)\bar{\boldsymbol{f}}_{\mathrm{sec}}(x)\boldsymbol{B}_{\mathrm{f}}(x)\mathrm{d}x \tag{8.62}$$

综上，只需要用非局部的截面变量$\bar{\boldsymbol{d}}(x)$和$\bar{\boldsymbol{f}}_{\mathrm{sec}}(x)$替换原有单元的局部变量，就可以得到非局部一致单元刚度矩阵。值得注意的是，本处推导仍然是针对不考虑几何非线性的情况进行的，若考虑几何非线性，则应在第 5 章式(5.11)的基础上进行类似的推导。

8.3.3 分析实例

采用类似 8.2.3 节中的钢筋混凝土柱进行数值模拟以验证本节单元的有效性。选取 Nikoukalam 和 Sideris(2016)试验中的 BC 试件，试件基本信息与图 8.2.4 类似，柱高 $L=1\ 960$ mm，截面高和宽均为 356 mm，配置了 12 根直径为 19.1 mm 的纵筋，保护层厚度为 55 mm。混凝土的抗压强度 $f'_{\mathrm{c}}=34.5$ MPa，对应峰值应变$\epsilon_{\mathrm{c}}=0.002$；钢筋弹性模量 $E_{\mathrm{s}}=2\times10^5$ MPa，屈服强度 $f_{\mathrm{y}}=420$ MPa，硬化系数 $b=0.01$。试验分为两个阶段：首先在顶部施加恒定轴向载荷 916 kN(相当于轴压比为 0.2)，然后再施加侧向循环载荷。

采用一个积分型非局部单元对柱进行建模，并将特征长度 l_{ch} 设置为柱截面高度。计算得到的柱荷载-位移曲线如图 8.3.2 所示。从图中可以看出，对于一般力插值单元，不同的积分点数目会导致不同的柱滞回行为；而采用积分型非局部方法之后，模拟结果与试验结果吻合较好，且随着积分点的增加，计算结果趋于稳定，不再有网格敏感性效应。这是因为积分型非局部方法引入了相邻截面的非局部平均。由于需要足够多的截面信息才能保证该步骤的精度，因此需要设置一定数目的积分点才能获得相对精确的结果。

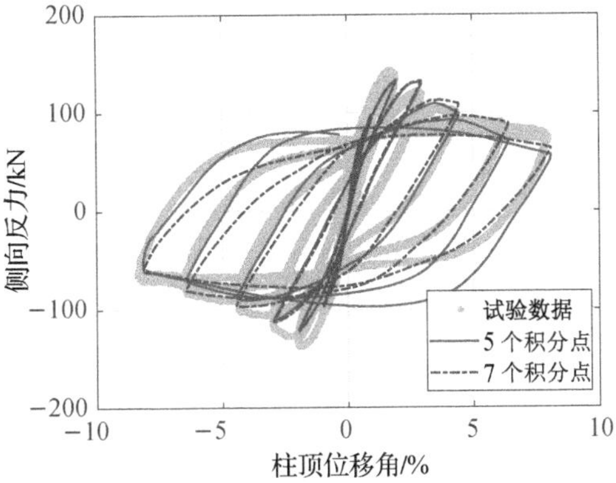

(a) 一般力插值单元

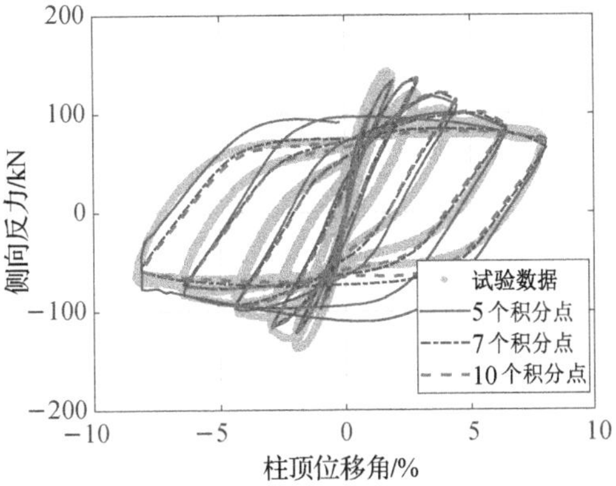

(b) 积分型非局部单元

图 8.3.2　钢筋混凝土柱荷载-位移曲线结果(积分型模型)

8.4　基于梯度型非局部理论的正则化方法

积分型非局部单元概念简单,机理清晰,但进行非局部积分的时候需要知道积分点附近截面的信息,所以需要加密划分单元或者增加积分点才可以保证非局部积分的精度,从而增加了计算量、降低了效率。为此,本节进一步介绍另一类非局部理论:梯度型非局部模型(Peerlings et al. ,1996;Peerlings et al. ,2001)。

8.4.1　隐式梯度型非局部理论

同样考虑式(8.52)中的单元局部变量,若对其在位置 x 处进行泰勒展开,有

$$f(\eta)=f(x)+\frac{\partial f}{\partial x}(\eta-x)+\frac{1}{2!}\frac{\partial^2 f}{\partial x^2}(\eta-x)^2+\frac{1}{3!}\frac{\partial^3 f}{\partial x^3}(\eta-x)^3+\frac{1}{4!}\frac{\partial^4 f}{\partial x^4}(\eta-x)^4+\cdots \quad (8.63)$$

将上式代入非局部变量式(8.52),可得到

$$\bar{f}(x)=f(x)+c\,\nabla^2 f(x)+d\,\nabla^4 f(x)+\cdots \quad (8.64)$$

式中,∇^2 和∇^4 为拉普拉斯算子,为对含 x 项的偏导数,如$\nabla^2=\partial^2/\partial x^2$;$c$ 和 d 为梯度模型系数,代表着非局部范围的大小,且与非局部权重函数 $\alpha(x,\eta)$相关,满足 $c=l_{\mathrm{ch}}^2/2$、$d=l_{\mathrm{ch}}^4/8$。注意到非局部权重函数是关于空间坐标对称的,从而奇数项的偏导数为零。

忽略上式中的高阶项,非局部变量 $\bar{f}(x)$可以表示为局部变量 $f(x)$的显式偏微分方程

$$\bar{f}(x)=f(x)+c\,\nabla^2 f(x) \quad (8.65)$$

根据上式,非局部变量 $\bar{f}(x)$可由其对应的局部变量 $f(x)$及其二阶梯度$\nabla^2 f(x)$显式地确定,因此上式本质上是显式梯度分析模型。由于需要给出局部变量的二阶偏导,因此在模型求解时,构造有限元格式需要引入高阶连续(如 C^1 连续)插值函数,这给模型构造带来了困难,从而限制了这类模型的发展。为解决这一问题,可对式(8.65)两边同乘拉普拉斯算子

$$\nabla^2\bar{f}(x)=\nabla^2 f(x)+c\,\nabla^4 f(x) \tag{8.66}$$

代入式(8.64)并略去高阶项,即可得到隐式的梯度方程

$$\begin{aligned}&\bar{f}(x)=f(x)+c\left[\nabla^2\bar{f}(x)-c\,\nabla^4 f(x)\right]\\&\Rightarrow\bar{f}(x)-c\,\nabla^2\bar{f}(x)=f(x)\end{aligned} \tag{8.67}$$

与显式梯度模型不同,上式是关于非局部变量 $\bar{f}(x)$ 的二阶偏微分方程,在有限元求解时不出现局部变量的高阶微分项,从而可以避免对单元插值函数连续性的过高要求。

求解上述非局部隐式梯度模型必须补充新的边界条件,一般可以采用如下自然边界条件(Peerlings et al.,1996;Peerlings et al.,2001)

$$\nabla\bar{f}\cdot\boldsymbol{n}=0 \tag{8.68}$$

式中,$\boldsymbol{n}$ 为计算域 Ω 边界的外法线矢量。

事实上,梯度型非局部理论和积分型非局部理论在一定程度上是等效的,且可以通过 Green 函数法进行证明(Peerlings et al.,1998)。若将式(8.67)中的局部变量 $f(x)$ 替换为 Dirac 函数 $\delta(x-\eta)$,则该方程的理论解即为 Green 函数,即

$$G(x,\eta)-c\,\nabla^2 G(x,\eta)=\delta(x-\eta) \tag{8.69}$$

式中,$G(x,\eta)$ 为 Green 函数。

对于一维问题,有

$$G(x,\eta)=\frac{1}{2\sqrt{c}}\exp\left(-\frac{|x-\eta|}{\sqrt{c}}\right) \tag{8.70}$$

显然,式(8.67)的右边项可以写为

$$f(x)=\int_\Omega f(\eta)\delta(x-\eta)\mathrm{d}\Omega \tag{8.71}$$

将式(8.69)代入式(8.71)中,可得非局部变量的表达式为

$$\bar{f}(x)=\int_\Omega G(x,\eta)f(\eta)\mathrm{d}\Omega \tag{8.72}$$

上式与积分型非局部方程式(8.52)具有类似的形式,仅仅是将非局部权重函数 $\alpha(x,\eta)$ 替换为 Green 函数 $G(x,\eta)$,且根据散度定理,归一化因子 V_r 满足

$$V_{\mathrm{r}}=\int_\Omega G(x,\eta)\mathrm{d}\Omega=\int_\Omega\delta(x-\eta)\mathrm{d}\Omega-c\int_\Omega\nabla^2 G(x,\eta)\mathrm{d}\Omega=1 \tag{8.73}$$

因此,隐式梯度模型可以看作是积分型非局部模型的一个特例。

在结构单元层次,可将截面变形选为非局部变量,利用式(8.67),可建立隐式梯度单元的控制方程

$$\bar{\boldsymbol{d}}(x)-c\,\nabla^2\bar{\boldsymbol{d}}(x)=\boldsymbol{d}(x) \tag{8.74}$$

对上式进行求解,并结合 6.2.2 节中的力插值单元状态确定方法和 8.3.2 节中的非局部一致单元刚度矩阵,就可以完整建立梯度型单元的计算流程。

8.4.2　梯度方程求解的混合插值方法

为了求解隐式梯度控制方程式(8.74)，首先对其进行等价弱形式构造(Feng & Ren，2021)，即

$$\int_L \boldsymbol{t}\cdot\bar{\boldsymbol{d}}(x)\mathrm{d}x - c\int_L \boldsymbol{t}\cdot\nabla^2\bar{\boldsymbol{d}}(x)\mathrm{d}x = \int_L \boldsymbol{t}\cdot\boldsymbol{d}(x)\mathrm{d}x \tag{8.75}$$

式中，$\boldsymbol{t}=\mathrm{diag}[t_1,t_2,t_3]$为任意的试函数矩阵，其中 t_1、t_2 和 t_3 分别为针对截面轴向变形、曲率和剪切变形的分量。

对上式左边第二项进行分部积分，则可得到

$$\int_L \boldsymbol{t}\cdot\bar{\boldsymbol{d}}(x)\mathrm{d}x + c\int_L \nabla\boldsymbol{t}\cdot\nabla\bar{\boldsymbol{d}}(x)\mathrm{d}x = \int_L \boldsymbol{t}\cdot\boldsymbol{d}(x)\mathrm{d}x \tag{8.76}$$

为求解上述方程，需要构造额外的插值函数。假设截面的变形均可以通过三点 Lagrangian 插值逼近，则可得到

$$\boldsymbol{d}(x)=\begin{bmatrix}\varepsilon(x)\\ \kappa(x)\\ \gamma(x)\end{bmatrix}=\begin{bmatrix}\boldsymbol{N}(x)\boldsymbol{\varepsilon}\\ \boldsymbol{N}(x)\boldsymbol{\kappa}\\ \boldsymbol{N}(x)\boldsymbol{\gamma}\end{bmatrix} \tag{8.77}$$

式中

$$\boldsymbol{N}(x)=[(2\xi-1)(\xi-1),4\xi(1-\xi),\xi(2\xi-1)],\quad \xi=\frac{x}{L} \tag{8.78}$$

和

$$\boldsymbol{\varepsilon}=[\varepsilon(\xi_1),\varepsilon(\xi_2),\varepsilon(\xi_3)]^{\mathrm{T}},\quad \boldsymbol{\kappa}=[\kappa(\xi_1),\kappa(\xi_2),\kappa(\xi_3)]^{\mathrm{T}},\quad \boldsymbol{\gamma}=[\gamma(\xi_1),\gamma(\xi_2),\gamma(\xi_3)]^{\mathrm{T}} \tag{8.79}$$

式中，$\boldsymbol{N}(x)$为 Lagrangian 位移插值函数；$\boldsymbol{\varepsilon}$、$\boldsymbol{\kappa}$ 和 $\boldsymbol{\gamma}$ 分别为 Lagrangian 插值积分点 ξ_i，$i=1,2,3$ 处的变形向量。

值得注意，这里的插值函数 $\boldsymbol{N}(x)$和力插值单元中的插值函数 $\boldsymbol{B}_{\mathrm{f}}(x)$不同，其目的是求解隐式梯度模型控制方程式(8.67)，而力插值函数 $\boldsymbol{B}_{\mathrm{f}}(x)$是为了构造单元刚度矩阵，如图 8.4.1 所示。

类似的，非局部截面变形 $\bar{\boldsymbol{d}}(x)$和试函数 $\boldsymbol{t}$ 也可以通过插值进行逼近

$$\bar{\boldsymbol{d}}(x)=\begin{bmatrix}\bar{\varepsilon}(x)\\ \bar{\kappa}(x)\\ \bar{\gamma}(x)\end{bmatrix}=\begin{bmatrix}\boldsymbol{N}(x)\bar{\boldsymbol{\varepsilon}}\\ \boldsymbol{N}(x)\bar{\boldsymbol{\kappa}}\\ \boldsymbol{N}(x)\bar{\boldsymbol{\gamma}}\end{bmatrix}$$

$$\boldsymbol{t}=\begin{bmatrix}t_1 & 0 & 0\\ 0 & t_2 & 0\\ 0 & 0 & t_3\end{bmatrix}=\begin{bmatrix}\boldsymbol{N}(x)\boldsymbol{t}_{\varepsilon} & 0 & 0\\ 0 & \boldsymbol{N}(x)\boldsymbol{t}_{\kappa} & 0\\ 0 & 0 & \boldsymbol{N}(x)\boldsymbol{t}_{\gamma}\end{bmatrix} \tag{8.80}$$

式中,$\bar{\boldsymbol{\varepsilon}}$、$\bar{\boldsymbol{\kappa}}$ 和 $\bar{\boldsymbol{\gamma}}$ 分别为截面变形 $\boldsymbol{\varepsilon}$、$\boldsymbol{\kappa}$ 和 $\boldsymbol{\gamma}$ 的非局部对应量;$\boldsymbol{t}_\varepsilon$、$\boldsymbol{t}_\kappa$、$\boldsymbol{t}_\gamma$ 为 Lagrangian 积分点处的试函数(分别对应于截面轴向变形、曲率和剪切变形)矩阵,满足 $\boldsymbol{N}(x)\boldsymbol{t}_\varepsilon \equiv \boldsymbol{t}_\varepsilon^{\mathrm{T}}\boldsymbol{N}^{\mathrm{T}}(x)$、$\boldsymbol{N}(x)\boldsymbol{t}_\kappa \equiv \boldsymbol{t}_\kappa^{\mathrm{T}}\boldsymbol{N}^{\mathrm{T}}(x)$、$\boldsymbol{N}(x)\boldsymbol{t}_\gamma \equiv \boldsymbol{t}_\gamma^{\mathrm{T}}\boldsymbol{N}^{\mathrm{T}}(x)$。

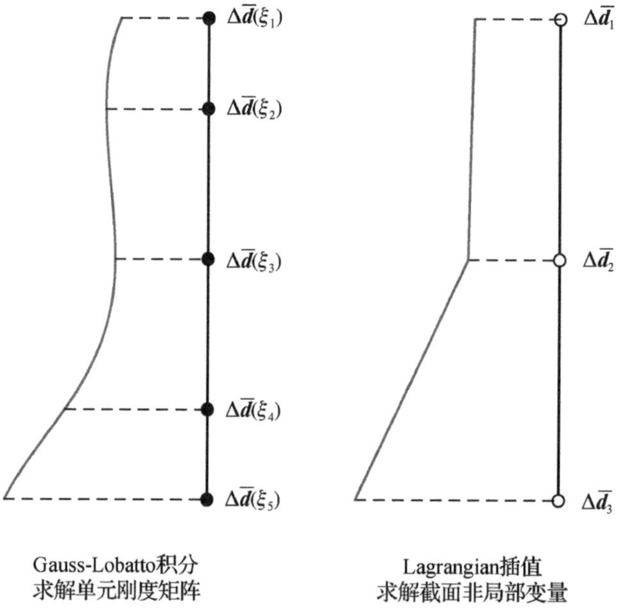

图 8.4.1　梯度型非局部单元的不同插值函数

将式(8.77)和式(8.80)代入式(8.76),可得到三组隐式梯度方程

$$
\begin{aligned}
&\int_L \boldsymbol{t}_\varepsilon^{\mathrm{T}}\boldsymbol{N}^{\mathrm{T}}(x)\boldsymbol{N}(x)\bar{\boldsymbol{\varepsilon}}\mathrm{d}x + c\int_L \boldsymbol{t}_\varepsilon^{\mathrm{T}}\nabla\boldsymbol{N}^{\mathrm{T}}(x)\nabla\boldsymbol{N}(x)\bar{\boldsymbol{\varepsilon}}\mathrm{d}x = \int_L \boldsymbol{t}_\varepsilon^{\mathrm{T}}\boldsymbol{N}^{\mathrm{T}}(x)\varepsilon(x)\mathrm{d}x\\
&\int_L \boldsymbol{t}_\kappa^{\mathrm{T}}\boldsymbol{N}^{\mathrm{T}}(x)\boldsymbol{N}(x)\bar{\boldsymbol{\kappa}}\mathrm{d}x + c\int_L \boldsymbol{t}_\kappa^{\mathrm{T}}\nabla\boldsymbol{N}^{\mathrm{T}}(x)\nabla\boldsymbol{N}(x)\bar{\boldsymbol{\kappa}}\mathrm{d}x = \int_L \boldsymbol{t}_\kappa^{\mathrm{T}}\boldsymbol{N}^{\mathrm{T}}(x)\kappa(x)\mathrm{d}x\\
&\int_L \boldsymbol{t}_\gamma^{\mathrm{T}}\boldsymbol{N}^{\mathrm{T}}(x)\boldsymbol{N}(x)\bar{\boldsymbol{\gamma}}\mathrm{d}x + c\int_L \boldsymbol{t}_\gamma^{\mathrm{T}}\nabla\boldsymbol{N}^{\mathrm{T}}(x)\nabla\boldsymbol{N}(x)\bar{\boldsymbol{\gamma}}\mathrm{d}x = \int_L \boldsymbol{t}_\gamma^{\mathrm{T}}\boldsymbol{N}^{\mathrm{T}}(x)\gamma(x)\mathrm{d}x
\end{aligned}
\tag{8.81}
$$

上式可以进一步简化为

$$
\begin{aligned}
&\int_L [\boldsymbol{N}^{\mathrm{T}}(x)\boldsymbol{N}(x) + c\boldsymbol{B}^{\mathrm{T}}(x)\boldsymbol{B}(x)]\mathrm{d}x\bar{\boldsymbol{\varepsilon}} = \int_L \boldsymbol{N}^{\mathrm{T}}(x)\varepsilon(x)\mathrm{d}x\\
&\int_L [\boldsymbol{N}^{\mathrm{T}}(x)\boldsymbol{N}(x) + c\boldsymbol{B}^{\mathrm{T}}(x)\boldsymbol{B}(x)]\mathrm{d}x\bar{\boldsymbol{\kappa}} = \int_L \boldsymbol{N}^{\mathrm{T}}(x)\kappa(x)\mathrm{d}x\\
&\int_L [\boldsymbol{N}^{\mathrm{T}}(x)\boldsymbol{N}(x) + c\boldsymbol{B}^{\mathrm{T}}(x)\boldsymbol{B}(x)]\mathrm{d}x\bar{\boldsymbol{\gamma}} = \int_L \boldsymbol{N}^{\mathrm{T}}(x)\gamma(x)\mathrm{d}x
\end{aligned}
\tag{8.82}
$$

式中,$\boldsymbol{B}(x) = \nabla\boldsymbol{N}(x) = [4\xi-3, 4(1-2\xi), 4\xi-1]/L$。

注意到式(8.82)左边第一项是一个常数矩阵,即

$$\int_L [\boldsymbol{N}^{\mathrm{T}}(x)\boldsymbol{N}(x)+c\boldsymbol{B}^{\mathrm{T}}(x)\boldsymbol{B}(x)]\mathrm{d}x$$

$$=\begin{bmatrix} \frac{2}{15}L+c\frac{7}{3L} & \frac{1}{15L}-c\frac{3}{8L} & -\frac{1}{30}L+c\frac{1}{3L} \\ \frac{1}{15}L-c\frac{8}{3L} & \frac{8}{15L}+c\frac{16}{3L} & \frac{1}{15}L-c\frac{8}{3L} \\ -\frac{1}{30}L+c\frac{1}{3L} & \frac{1}{15L}-c\frac{8}{3L} & \frac{2}{15}L+c\frac{7}{3L} \end{bmatrix}=\boldsymbol{T} \tag{8.83}$$

而右边项可以通过 Gauss-Lobatto 积分进行计算

$$\begin{aligned} \int_L \boldsymbol{N}^{\mathrm{T}}(x)\varepsilon(x)\mathrm{d}x &= \sum_{i=1}^{n}\boldsymbol{N}^{\mathrm{T}}(\xi_i)\varepsilon(\xi_i)w_i=\boldsymbol{A}_{\varepsilon} \\ \int_L \boldsymbol{N}^{\mathrm{T}}(x)\kappa(x)\mathrm{d}x &= \sum_{i=1}^{n}\boldsymbol{N}^{\mathrm{T}}(\xi_i)\kappa(\xi_i)w_i=\boldsymbol{A}_{\kappa} \\ \int_L \boldsymbol{N}^{\mathrm{T}}(x)\gamma(x)\mathrm{d}x &= \sum_{i=1}^{n}\boldsymbol{N}^{\mathrm{T}}(\xi_i)\gamma(\xi_i)w_i=\boldsymbol{A}_{\gamma} \end{aligned} \tag{8.84}$$

由此可以得到

$$\bar{\boldsymbol{\varepsilon}}=\boldsymbol{T}^{-1}\boldsymbol{A}_{\varepsilon},\quad \bar{\boldsymbol{\kappa}}=\boldsymbol{T}^{-1}\boldsymbol{A}_{\kappa},\quad \bar{\boldsymbol{\gamma}}=\boldsymbol{T}^{-1}\boldsymbol{A}_{\gamma} \tag{8.85}$$

最终,截面的非局部变形可以求解为

$$\bar{\boldsymbol{d}}(x)=\begin{bmatrix}\bar{\varepsilon}(x)\\ \bar{\kappa}(x)\\ \bar{\gamma}(x)\end{bmatrix}=\begin{bmatrix}\boldsymbol{N}(x)\bar{\boldsymbol{\varepsilon}}\\ \boldsymbol{N}(x)\bar{\boldsymbol{\kappa}}\\ \boldsymbol{N}(x)\bar{\boldsymbol{\gamma}}\end{bmatrix}=\begin{bmatrix}\boldsymbol{N}(x)\boldsymbol{T}^{-1}\boldsymbol{A}_{\varepsilon}\\ \boldsymbol{N}(x)\boldsymbol{T}^{-1}\boldsymbol{A}_{\kappa}\\ \boldsymbol{N}(x)\boldsymbol{T}^{-1}\boldsymbol{A}_{\gamma}\end{bmatrix} \tag{8.86}$$

上式可以直接结合力插值单元和非局部一致单元刚度矩阵进行计算。

8.4.3 分析实例

仍然采用 8.3.3 节中的相同算例来验证本节的梯度型单元,得到的计算结果如图 8.4.2 所示。可见,梯度型单元的计算结果与试验一致,且与积分点数目完全无关。特别的,由于梯度型单元不需要进行截面层次的非局部平均,即使在积分点数目较少时,计算结果精度也很高,这正是梯度型方法相对于积分型方法的优势。

积分型和梯度型两种正则化方法的对比见图 8.4.2(c)。可以发现,尽管两种方法在理论上是等效的,但它们的计算结果仍存在轻微的差别,其主要原因可能是在梯度模型的推导过程中忽略了控制方程的高阶项,同时,非局部变量的求解是通过附加插值的方式进行的,这些处理都引入了不同的数值计算方法,导致了计算过程中的误差传递。实际上,两种方法各有优缺点,积分型方法更直接地反映了非均匀物理特性,但是该方法的实现需要非局部区域内更多的截面信息;而梯度型方法本质上为积分型方法的数学逼近,其实现相对更加简洁。因此,梯度型方法比积分型方法更倾向于"局部化",如果增加梯度系数 c,略微控制梯度型方法中的非局部范围,那么两种方法的计算结果会更加接近。

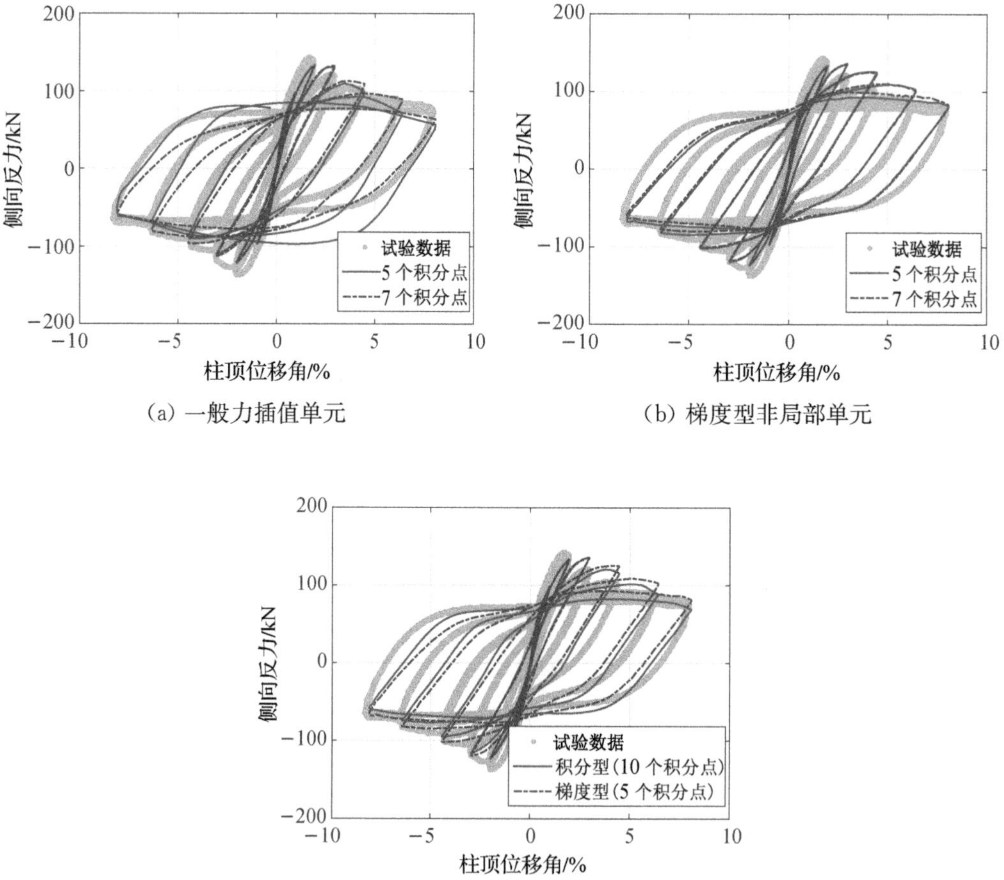

(a) 一般力插值单元

(b) 梯度型非局部单元

(c) 积分型和梯度型对比

图 8.4.2　钢筋混凝土柱荷载-位移曲线结果(梯度型模型)

8.5　本章小结

网格敏感性是混凝土结构数值模拟中的历史性难题。其本质在于传统数值模拟方法对于应变局部化现象的描述不准确。本章首先从应变能等效的角度推导了不同网格下的应变局部化机制，首次分析了钢筋混凝土结构和素混凝土结构的应变局部化机理的区别。提出了“临界配筋率”的概念，指出高于该配筋率的结构不存在网格敏感性问题，并针对性地对低于该配筋率的结构提出了基于应变能的修正方法。

为了在复杂结构分析中解决网格敏感性问题，在结构单元层次引入特征尺度参数，分别从软化分离、非局部平均、非局部梯度三个角度建立了应变局部化的正则化方法及其数值求解算法，结合钢筋混凝土损伤机理提出了尺度参数的自适应确定方法。相关分析案例表明，这些方法均可以有效消除网格敏感性，获得稳定保真的计算结果。

第9章 混凝土结构随机非线性行为试验研究

前述章节建立了完整的混凝土结构“从本构到结构”的损伤分析理论体系。然而，如前所述，混凝土作为一种多相复合材料，具有非线性和随机性两大基本特征，这两大特征相互耦合，使得混凝土结构的损伤具有显著的随机涨落效应。现有的结构非线性分析往往基于确定性的分析方法，而忽略了随机性因素对结构行为的影响，因此难以准确预测混凝土结构的受力力学行为。对混凝土结构的随机非线性行为进行研究，考察非线性与随机性的耦合效应以及随机性因素在不同尺度上的传递，具有重大意义。

作为研究混凝土结构性能最直接的方式，混凝土结构试验一直以来都扮演着沟通理论与实践的桥梁角色。然而，既有的绝大多数试验研究，多针对某类结构体系的承载力、延性、抗震性能等方面，而鲜有学者致力于研究随机因素对混凝土结构性能的影响。有鉴于此，冯德成(2016)、徐涛智(2018)分别从结构和构件层次开展了结构随机非线性行为的全过程试验，在保持试验对象的几何尺寸、配筋、材料、养护条件及加载模式均相同的前提下，通过多样本重复试验，在总体上揭示了结构随机非线性反应的基本特点，在细部上反映了结构非线性损伤进程中的反应特征，初步揭示了混凝土材料随机性对结构非线性行为的影响规律，本章具体介绍这些工作。

9.1 钢筋混凝土梁弯-剪破坏试验

徐涛智(2018)以钢筋混凝土无腹筋梁的受弯破坏与受剪破坏为例，研究了材料随机性对混凝土梁的受力性能及破坏特征的影响。

钢筋混凝土无腹筋梁的抗剪力学机制较为复杂，试验结果往往具有较大的离散性。这种离散性主要是由混凝土材料的随机性以及钢筋混凝土无腹筋梁复杂的受力机理造成的。当纯弯段的弯矩和弯剪段中的剪力分别与对应的截面承载力较为相近时，材料力学性能的随机性将对破坏模式起到关键性的作用：可能出现弯曲破坏，也可能出现剪切破坏，形成所谓的弯-剪破坏竞争现象。为了揭示弯-剪竞争机制，深入理解混凝土材料随机非线性对混凝土结构力学特征的影响，进行了三种剪跨比的同条件浇筑、同条件养护、同条件加载、相同尺寸、相同配筋的钢筋混凝土无腹筋梁构件的多样本试验。

9.1.1 试验设计与介绍

试验以两点加载简支梁为试验对象，采用钢筋、混凝土材料。梁的截面统一取为100 mm×200 mm，跨中加载点间距为200 mm，钢筋锚固长度为300 mm。混凝土强度等级为C30，纵筋采用HRB400，保护层厚度为20 mm。试验设计抗剪承载力采用修正斜压场理论中的受剪承载力公式计算。设计以使跨中截面抗弯承载力和弯剪区截面抗剪承载力相近为原则，取剪跨比4.6为基准设计试件确定配筋率。混凝土梁配置3根直径为10 mm的HRB400钢筋，配筋率为1.18%，具体截面配筋如图9.1.1所示。同时，为了进行对比，设计了另外两种剪跨比分别为4.0与5.1的试件，其设计细节均与剪跨比为4.6的构件相同，只是加载点按给定剪跨比确定。

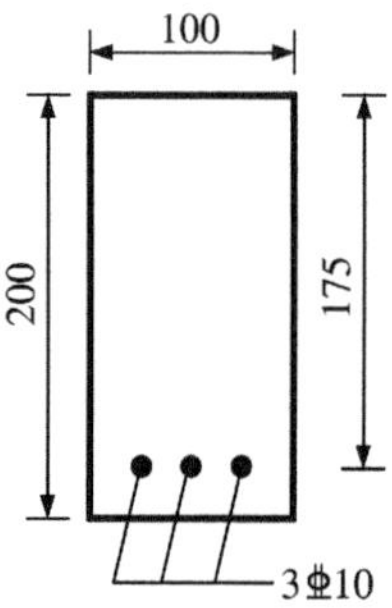

梁截面配筋

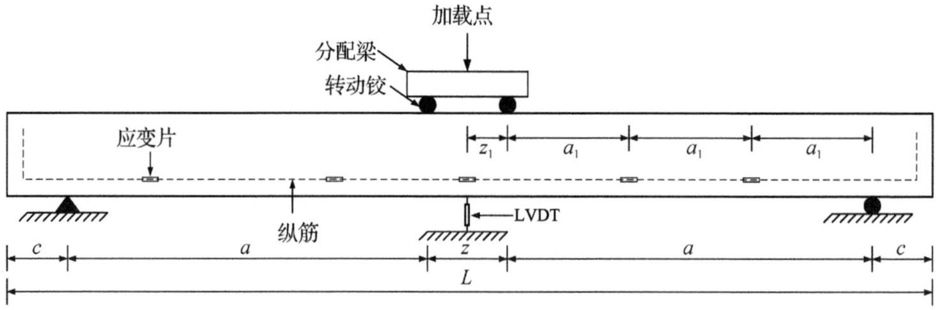

图9.1.1 钢筋混凝土梁随机试验(单位：mm)

对于每种剪跨比，均按相同参数浇筑9个试件，并分别命名为JK5.1-1～JK5.1-9、JK4.6-1～JK4.6-9以及JK4.0-1～JK4.0-9，合计共27根钢筋混凝土无腹筋梁。在试验制作过程中，采用相同配比下相同强度等级的混凝土材料、同批次的钢筋、相同尺寸的模板并严格保证尺寸误差，且采用相同的浇筑条件、相同的养护条件以及相同的加载制度。

试件制作所用材料的力学性能通过相关材性试验获得。为此，进行了纵筋的拉伸试验，得到8条完整的钢筋应力-应变全曲线，根据曲线识别得到的关键力学参数见表9.1.1。可见，所测试钢筋的材料力学性能比较稳定，随机性较小。同样，进行了混凝土的立方体劈裂抗拉试验和棱柱体受压应力-应变全曲线试验，结果见表 9.1.2。可见，混凝土的抗拉强度变异性达到 16.9%，而混凝土棱柱体抗压强度及其对应峰值应变的变异系数分别为 8.1%和 11.7%，均显示了显著的随机性特征。

表 9.1.1　钢筋力学性能关键参数

钢筋编号	弹性模量/GPa	屈服强度/MPa	屈服应变/$\mu\epsilon$	极限强度/MPa	极限应变/$\mu\epsilon$
R10-1	195.0	509.3	2 612	603.1	0.110×10^6
R10-2	196.4	497.9	2 553	585.6	0.106×10^6
R10-3	189.7	498.7	2 629	593.2	0.120×10^6
R10-4	187.6	516.5	2 753	608.8	0.125×10^6
R10-5	186.7	514.3	2 755	604.8	0.123×10^6
R10-6	187.8	501.5	2 671	591.3	0.113×10^6
R10-7	187.1	503.5	2 691	597.0	0.131×10^6
R10-8	190.3	507.6	2 667	594.3	0.115×10^6
均值	190.1	506.2	2 666	597.3	0.118×10^6
标准差	3.70	6.95	68.86	7.75	$0.008\,4\times10^6$
变异系数	1.95%	1.37%	2.58%	1.30%	7.09%

表 9.1.2　混凝土力学性能关键参数

混凝土编号	弹性模量/GPa	抗压强度/MPa	抗压峰值应变/$\mu\epsilon$	抗拉强度/MPa
C30-1	28.2	30.5	2 413	2.01
C30-2	27.5	35.4	2 615	2.73
C30-3	29.0	30.9	2 018	2.16
C30-4	27.9	36.4	2 217	2.23
C30-5	28.4	30.9	2 281	2.32
C30-6	26.5	30.5	1 846	1.92
C30-7	27.5	36.0	2 235	2.55
C30-8	27.7	31.5	2 016	2.55
均值	27.8	32.8	2 205	2.31
标准差	0.74	2.66	244.29	0.28
变异系数	2.7%	8.1%	11.7%	16.9%

构件试验装置如图 9.1.1 所示。试验采用单调拟静力加载方案，加载制度按照《混凝土结构试验方法标准》(GB/T 50152—2012)的相关规定执行。试验前先采用梁预期承载力的 5%对试验梁进行预加载，以使各接触面正常接触，确保仪器设备正常工作。正式加载采用位移控制加载方式：在荷载的上升段，位移加载速率为 0.1 mm/min；当混凝土梁跨中受拉区出现明显的张开裂缝，进入屈服阶段且观察到跨中混凝土受压区出现明显的裂缝之后，以 0.5 mm/min 位移控制的加载方式持续加载到试件破坏。试验中，跨中竖向位移每增加 1 mm，持荷 5～10 min，对梁进行裂缝的观测与描绘，当裂缝扩展到梁截面一定高度之后停止裂缝观测与描绘。钢筋混凝土梁的受力过程与材料的行为息息相关，本试验通过粘贴应

变片的方式测量梁的纵向钢筋的应变,应变片的粘贴位置同样见图 9.1.1,从左到右分别命名为 S1～S6(跨中的应变片命名为 S3)。

9.1.2 试验结果分析

对三组剪跨比各 9 个样本的试验结果进行了系统整理。以下从构件破坏模式、宏观响应和微观响应三个层次依次阐述主要试验现象。

9.1.2.1 构件损伤与失效模式

图 9.1.2—图 9.1.4 分别给出了剪跨比为 5.1、4.6 和 4.0 的钢筋混凝土无腹筋梁破坏

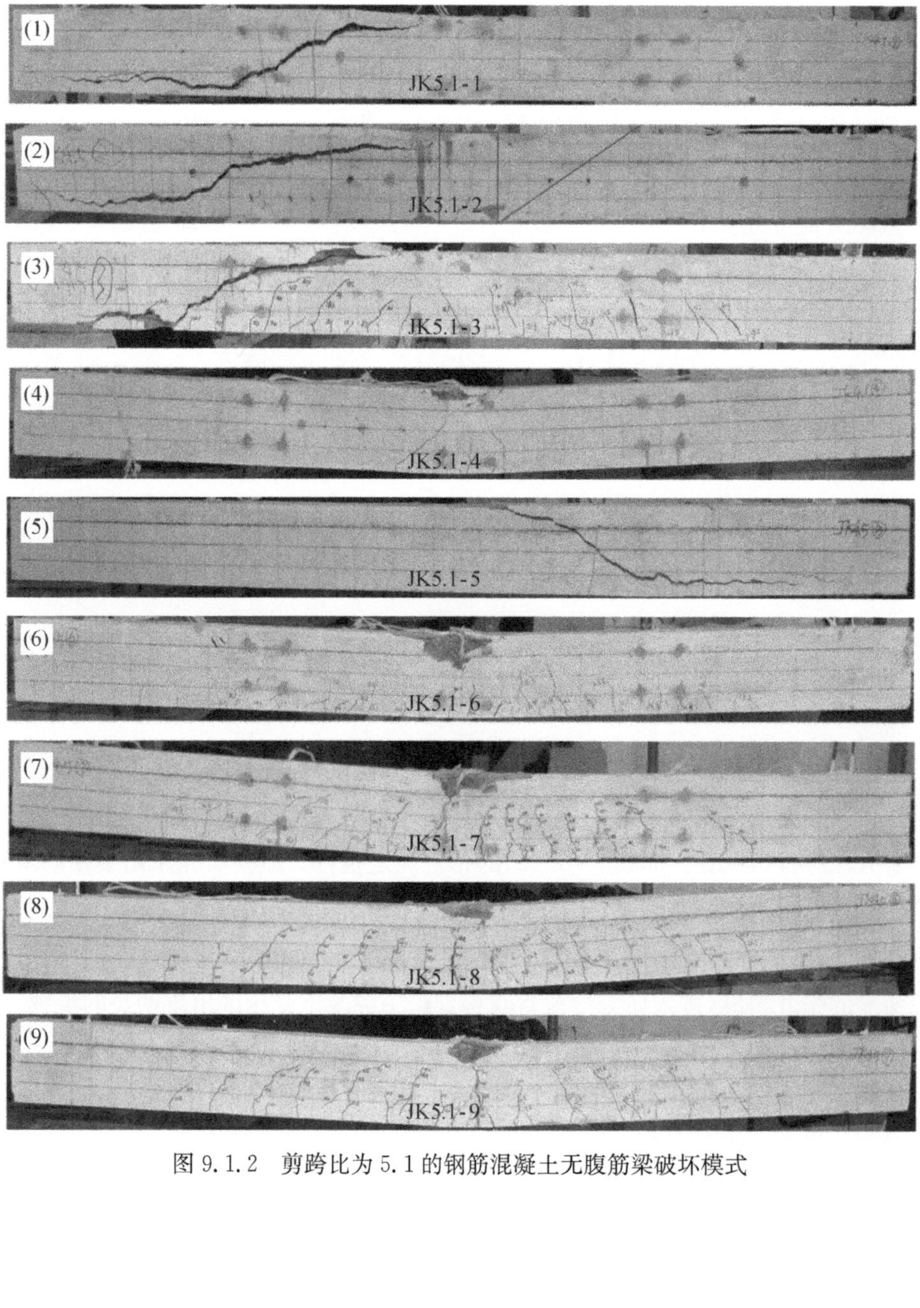

图 9.1.2　剪跨比为 5.1 的钢筋混凝土无腹筋梁破坏模式

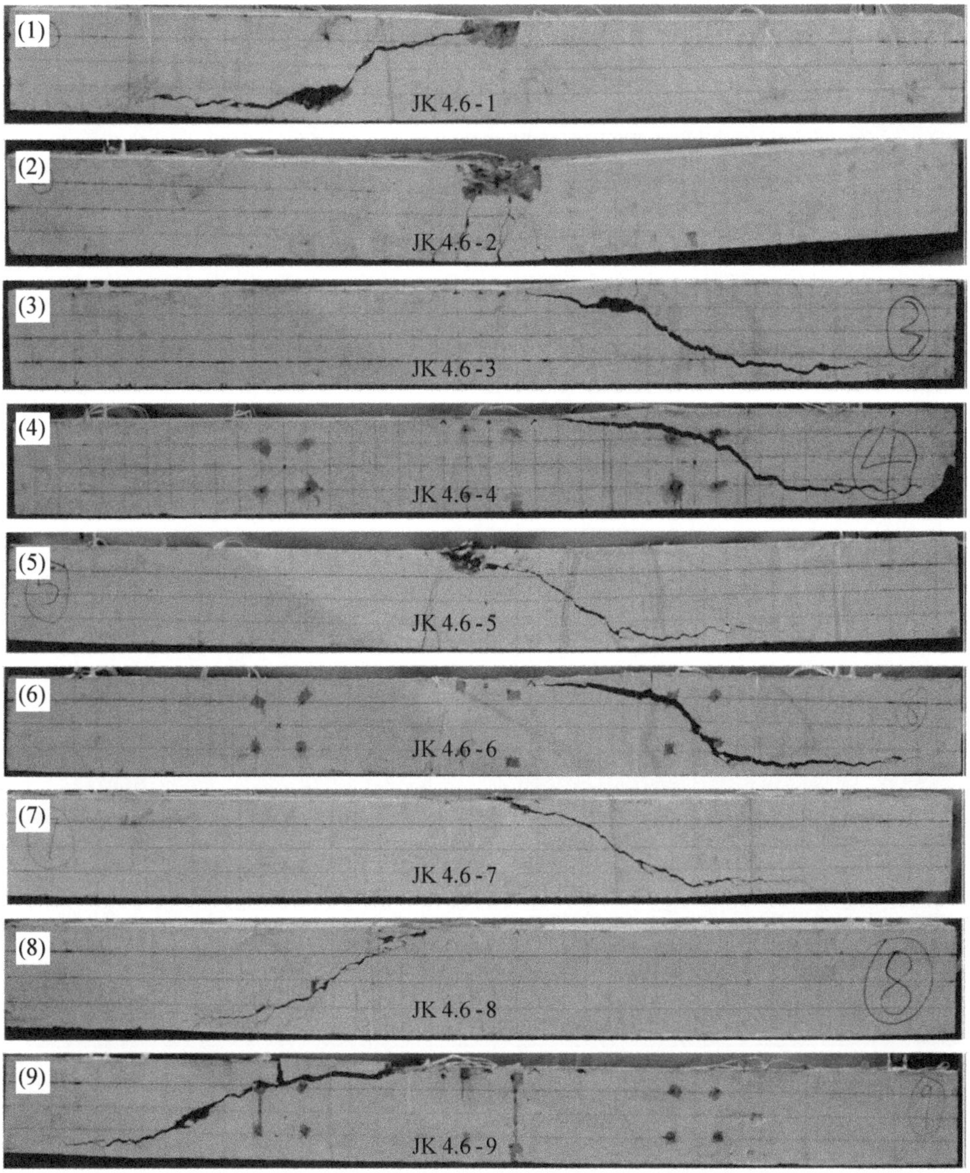

图 9.1.3　剪跨比为 4.6 的钢筋混凝土无腹筋梁破坏模式

模式。可见，不同剪跨比的无腹筋梁出现了不同的破坏失效模式；对于相同剪跨比的混凝土梁，同样出现了不同的破坏模式，且不同破坏模式发生的概率随剪跨比的不同而变化。

对于剪跨比为 5.1 的无腹筋梁，试验出现三种破坏模式(图 9.1.2)：弯曲破坏模式、弯曲-剪切破坏模式以及剪切破坏模式，其破坏过程与经典教科书中的描述相一致。其中，构件 JK5.1-4、JK5.1-6—JK5.1-9 均发生弯曲破坏，结合对跨中钢筋应变响应的分析，可知这 5 根梁的跨中受拉钢筋均屈服，且在试验中可以观察到跨中受拉区出现宽度较大的裂缝。梁在跨中纵向钢筋屈服后，跨中受压区的混凝土压碎而发生破坏，该种破坏为典型的钢筋混凝

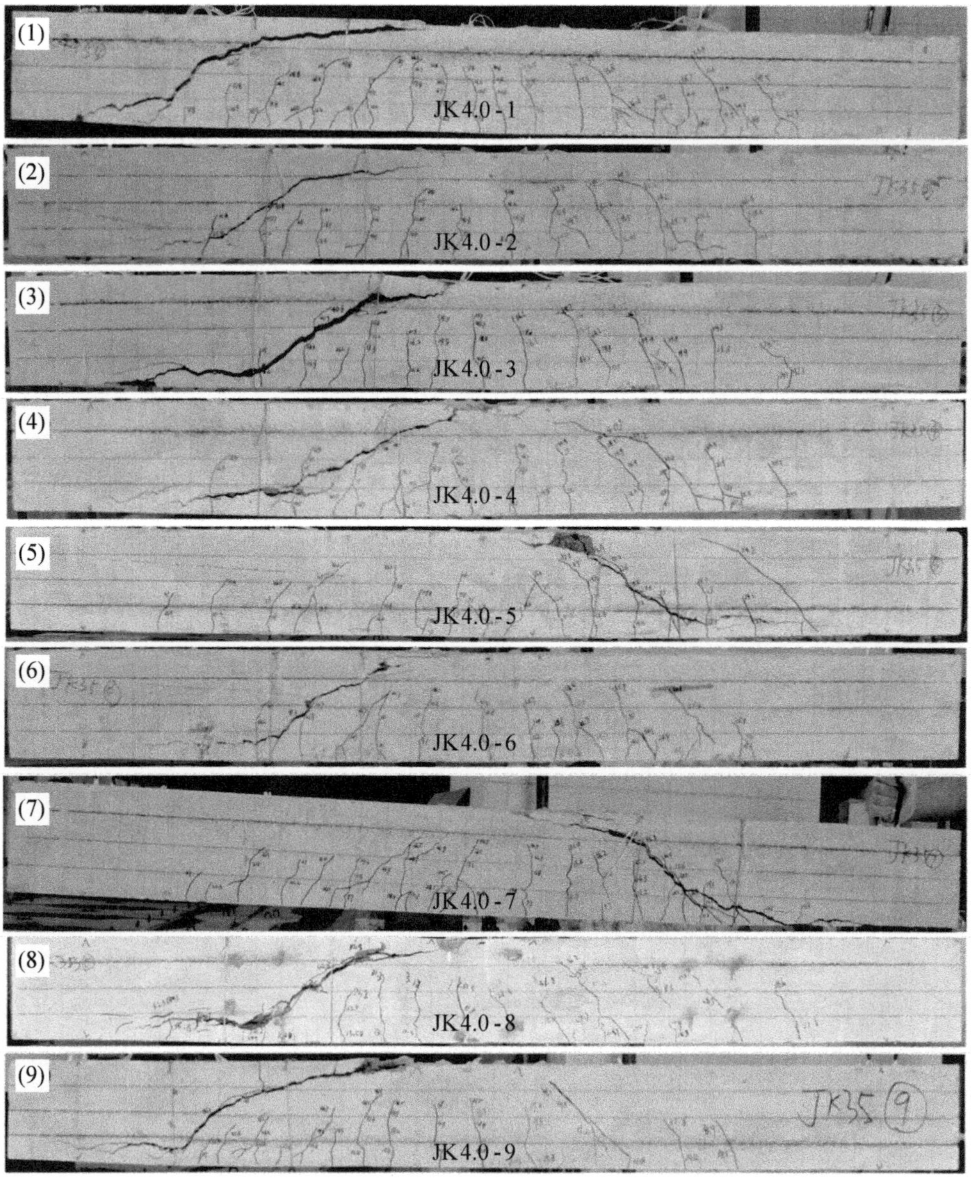

图 9.1.4　剪跨比为 4.0 的钢筋混凝土无腹筋梁破坏模式

土梁弯曲破坏形式。构件 JK5.1-1、JK5.1-3、JK5.1-5 出现剪切破坏模式。这种破坏主要是弯剪区的斜向裂缝往加载支座附近延伸，将无腹筋梁劈裂造成的。剪切破坏模式通常还伴随着次级裂缝，而且一般在很突然的情况发生，为脆性破坏。构件 JK5.1-2 比较特殊，弯曲破坏与剪切破坏几乎同时发生，可称为弯曲-剪切破坏模式。试验中跨中的纵筋首先出现屈服，在梁的跨中可以观察到一条宽度较大的裂缝，然后在弯剪区出现一条不稳定的斜裂缝并迅速延伸，将梁劈成两部分，跨中受压区混凝土未出现受压破坏。

钢筋混凝土无腹筋梁不同破坏模式的发生概率与剪跨比具有相关性。对于剪跨比为

4.6 的钢筋混凝土无腹筋梁，试验出现了两种破坏模式：弯曲破坏模式与剪切破坏模式(图 9.1.3)。不同破坏模式的发生概率与剪跨比为 5.1 的无腹筋梁明显不同。事实上，对这一组试验，只有构件 JK4.6-2 出现了弯曲破坏，而 JK4.6-3、JK4.6-4、JK4.6-6、JK4.6-8、JK4.6-9 均为斜拉剪切破坏模式，JK4.6-1、JK4.6-5、JK4.6-7 的弯剪区斜向裂缝在扩展过程中往跨中受压区扩展，受压区的混凝土在剪压应力共同作用下出现破坏，属于剪切破坏模式。对于剪跨比为 4.0 的梁，试验结果只出现一种破坏模式，即发生在弯剪区的斜拉剪切破坏(图 9.1.3)。

9.1.2.2　荷载-位移曲线

图 9.1.5 分别给出了三种剪跨比的钢筋混凝土无腹筋梁荷载-位移(挠度)曲线。与破坏模式类似，一方面，不同剪跨比的无腹筋梁，其荷载-位移曲线不同；另一方面，相同剪跨比的无腹筋梁，荷载-位移曲线表现出随机非线性的特征。

梁的荷载-位移曲线的随机非线性响应与剪跨比有关。对于剪跨比为 5.1 的梁，如图 9.1.5(a)所示，在加载初期，荷载随着跨中挠度的增加呈线性增长，不同构件的荷载-位移曲线几乎重合，此阶段钢筋混凝土梁未出现裂缝。随着裂缝的开裂及扩展，荷载开始偏离线性，呈现出非线性的增长特征，此时荷载-位移曲线有较小的离散。而随着裂缝的进一步开裂与扩展，荷载进一步非线性增长，可以观察到明显的刚度退化现象，荷载-位移曲线的离散性也更为明显。当荷载达到某个临界点后，荷载曲线出现随机分叉，形成三种不同形式的曲线。其中，有三条曲线在荷载达到峰值强度之后迅速下降(JK5.1-1、JK5.1-3、JK5.1-5)，对应的钢筋混凝土梁出现剪切破坏模式；有五条曲线在荷载超过临界荷载之后进入屈服段(JK5.1-4、JK5.1-6—JK5.1-9)，缓慢增加达到峰值强度之后缓慢减小，但仍保持较大的荷载值，对应的钢筋混凝土梁出现弯曲破坏模式；有一条曲线在荷载进入屈服阶段后(JK5.1-2)，出现下降软化的现象，对应的钢筋混凝土梁发生弯曲-剪切破坏。显然，荷载-位移曲线是钢筋混凝土无腹筋梁随机非线性发展的综合反映，裂缝的随机开裂、随机扩展在荷载-位移曲线中表现为随机的非线性增长。而裂缝扩展导致的最终破坏，在荷载-位移曲线中则表现为随机分叉的特征：荷载出现软化，说明钢筋混凝土梁出现剪切脆性破坏；荷载进入屈服段，说明跨中钢筋出现屈服；之后再出现软化，说明斜向裂缝进一步延伸，梁发生剪切破坏；当荷载能保持在屈服段而不出现突然下降时，则说明钢筋混凝土无腹筋梁发生弯曲破坏。

对于剪跨比为 4.6 的钢筋混凝土无腹筋梁，如图 9.1.5(b)所示，JK4.6-3、JK4.6-4、JK4.6-6、JK4.6-8、JK4.6-9 五条曲线显示，荷载在过峰值强度后急剧下降；JK4.6-1、JK4.6-5、JK4.6-7 三条曲线显示，荷载在过临界载荷后有一段屈服强化段，之后出现急剧软化下降的趋势；只有 JK4.6-2 一条曲线，荷载在过临界荷载之后进入屈服阶段，且随着挠度的增加，荷载略有下降但仍保持较大的荷载值。

对于剪跨比为 4.0 的梁，如图 9.1.5(c)所示，所有梁的荷载-位移曲线都表现出过峰值强度之后突然软化下降的趋势。

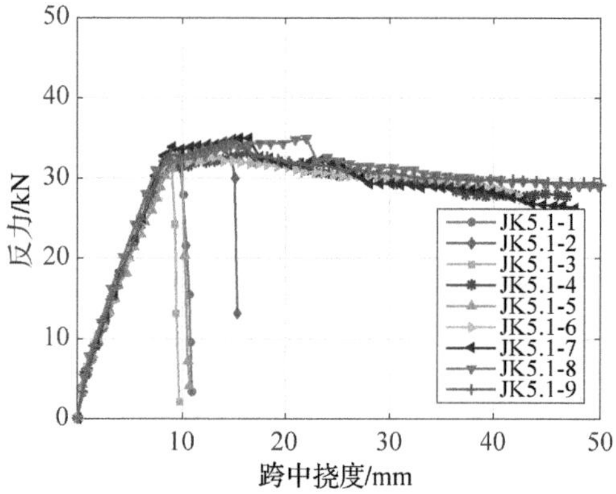

(a) 剪跨比为 5.1

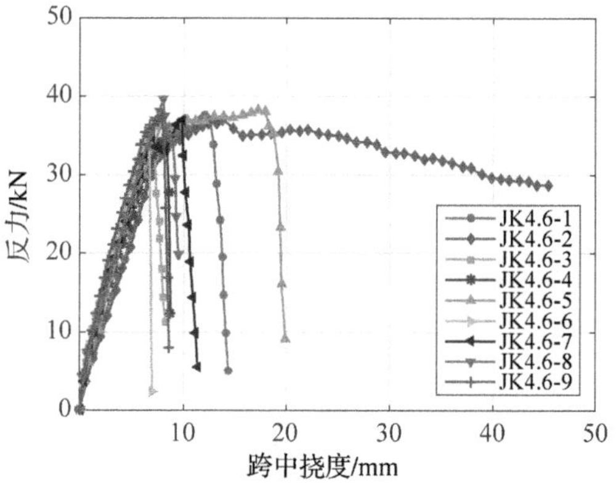

(b) 剪跨比为 4.6

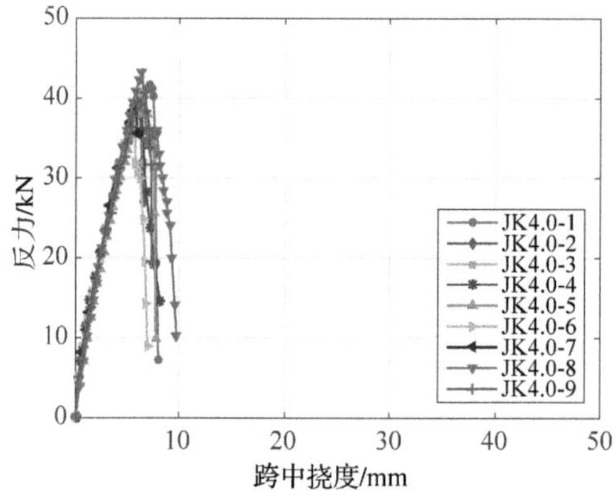

(c) 剪跨比为 4.0

图 9.1.5　钢筋混凝土无腹筋梁的荷载-挠度曲线

表 9.1.3 列出了三种剪跨比的各试件梁荷载-位移曲线中的关键点的荷载(初始开裂点，屈服荷载点和峰值强度点)及相应的跨中挠度。对于剪跨比分别为 5.1、4.6 和 4.0 的梁，其开裂荷载的平均值分别为 5.7 kN、7.53 kN 以及 8.65 kN，开裂荷载与剪跨比成反比，变异系数分别为 12.8%、13.8%和 15.8%，与混凝土材料试验中得到的混凝土劈裂抗拉强度相近(其值为 16.9%)；对于发生剪切破坏的钢筋混凝土无腹筋梁，纵筋未进入屈服阶段，荷载达到峰值之后软化下降，为了与发生弯曲破坏的无腹筋梁的屈服荷载以及峰值荷载做对比，假定发生剪切破坏的梁的峰值荷载等于屈服荷载，这样可以统计得到不同剪跨比的无腹筋梁的屈服荷载和峰值荷载的均值和变异系数。三种剪跨比梁的屈服荷载的平均值分别为 32.07 kN、36.28 kN 和 40.11 kN，变异系数分别为 2.6%、5.8%和 3.8%；峰值荷载的平均值分别为 33.58 kN、36.81 kN 和 40.11 kN，变异系数分别为 3.3%、4.2%和 3.8%。屈服荷载以及峰值荷载的变异系数均小于混凝土受压峰值荷载的变异系数(其值为 7.4%)。

表 9.1.3 钢筋混凝土无腹筋梁荷载-挠度曲线关键参数

梁编号	剪跨比	开裂荷载/kN	屈服挠度/mm	屈服荷载/kN	峰值挠度/mm	峰值荷载/kN
JK5.1-1	5.1	5.51	9.85	33.49	9.85	33.49
JK5.1-2	5.1	7.05	8.10	31.06	14.72	33.97
JK5.1-3	5.1	6.52	8.90	31.39	8.90	31.39
JK5.1-4	5.1	5.06	8.13	30.93	16.26	33.14
JK5.1-5	5.1	4.48	9.99	33.12	9.99	33.12
JK5.1-6	5.1	5.57	8.63	31.78	13.08	32.61
JK5.1-7	5.1	5.82	8.25	32.74	16.50	34.91
JK5.1-8	5.1	6.07	8.75	31.96	21.89	34.93
JK5.1-9	5.1	5.25	8.26	32.20	15.02	34.68
均值		5.70	8.76	32.07	14.02	33.58
变异系数		12.8%	7.7%	2.6%	27.7%	3.3%
JK4.6-1	4.6	9.10	11.67	37.10	11.67	37.10
JK4.6-2	4.6	7.61	7.64	32.23	13.88	36.98
JK4.6-3	4.6	5.54	7.02	36.26	7.02	36.26
JK4.6-4	4.6	6.03	8.22	35.30	8.22	35.30
JK4.6-5	4.6	7.55	17.32	38.25	17.32	38.25
JK4.6-6	4.6	8.30	6.72	33.70	6.72	33.70
JK4.6-7	4.6	7.86	9.68	36.91	9.68	36.91
JK4.6-8	4.6	8.16	8.00	39.45	8.00	39.45
JK4.6-9	4.6	7.62	7.89	37.32	7.89	37.32
均值		7.53	9.35	36.28	10.04	36.81
变异系数		13.8%	33.7%	5.8%	33.6%	4.2%
JK4.0-1	4.0	7.81	7.12	41.61	7.12	41.61
JK4.0-2	4.0	8.64	5.94	39.82	5.94	39.82
JK4.0-3	4.0	7.56	6.19	40.64	6.19	40.64
JK4.0-4	4.0	9.21	5.65	38.57	5.65	38.57
JK4.0-5	4.0	6.73	6.49	38.70	6.49	38.70
JK4.0-6	4.0	11.19	5.46	38.24	5.46	38.24
JK4.0-7	4.0	7.65	5.73	39.46	5.73	39.46
JK4.0-8	4.0	8.52	6.37	43.24	6.37	43.24
JK4.0-9	4.0	10.50	6.61	40.71	6.61	40.71
均值		8.65	6.17	40.11	6.17	40.11
变异系数		15.8%	8.1%	3.8%	8.1%	3.8%

由荷载-位移曲线的分析可知,发生不同失效模式的梁,变形能力的变异性显著。三种剪跨比的梁,屈服挠度的平均值分别为 8.76 mm、9.35 mm 和 6.17 mm,变异系数分别为 7.7%、33.7%和 8.1%;峰值挠度的平均值分别为 14.02 mm、10.04 mm 和 6.17 mm,变异系数分别为 27.7%、33.6%和 8.1%。事实上,发生不同破坏模式的钢筋混凝土无腹筋梁,弯曲破坏与剪切破坏的变形能力相差甚远,导致梁变形的变异性显著。如剪跨比为 5.1 和 4.6 的梁,峰值挠度的变异系数高达 27.7%和 33.6%,而对于只发生一种破坏模式的剪跨比为 4.0 的梁,其峰值挠度的变异系数只有 8.1%。

9.1.2.3 纵筋应变分布

试验得到了三种剪跨比分别为 5.1、4.6 和 4.0 的钢筋混凝土无腹筋梁跨中纵向钢筋的应变响应,如图 9.1.6 所示。跨中钢筋的不同应变响应在一定程度上反映了钢筋混凝土无腹筋梁在试验中出现的不同破坏模式。一方面,跨中钢筋应变出现软化主要是无腹筋梁在弯剪区发生剪切破坏导致跨中钢筋出现卸载造成的;另一方面,钢筋应变迅速增大则主要是无腹筋梁发生弯曲破坏导致变形主要集中在跨中纯弯区造成的。这种由于在结构或者构件某一个区域内出现变形集中或破坏而导致其他区域出现卸载的现象,称之为变形局部化现象。发生剪切破坏的钢筋混凝土无腹筋梁,变形主要集中在弯剪区,而跨中的区域则相应地出现卸载的现象,如图 9.1.6 出现软化的钢筋应变曲线所示;而发生弯曲破坏的无腹筋梁,变形主要集中在跨中纯弯区,如图 9.1.6 出现强化的钢筋应变曲线所示。

显然,对于剪跨比为 5.1 的钢筋混凝土无腹筋梁,变形局部化(破坏)是以概率的形式出现在梁的不同区域的,有三条曲线的应变在峰值应变后呈现出急剧下降的软化趋势(JK5.1-1、JK5.1-3 和 JK5.1-5),而剩下的 6 条应变曲线,当应变达到临界点后,钢筋应变迅速增加(JK5.1-2、JK5.1-4、JK5.1-6—JK5.1-9)。发生的概率同样与剪跨比有关。对于剪跨比为 4.6 的钢筋混凝土无腹筋梁,只有 JK4.6-2 这一条曲线出现过临界点后迅速增加的趋势。JK4.6-1、JK4.6-5 和 JK4.6-7 三条钢筋应变曲线,应变过临界点后有一段持平段,之后急剧下降。而 JK4.6-3、JK4.6-4、JK4.6-6、JK4.6-8 和 JK4.6-9 五条钢筋应变曲线,当应变达到峰值应变后迅速下降软化。对于剪跨比为 4.0 的无腹筋梁而言,梁的所有应变曲线都出现过峰值应变后急剧下降的趋势。

跨中纵向钢筋的屈服与否对混凝土梁跨中是否发生弯曲破坏起着重要的作用。根据钢筋材料试验得到的屈服强度和弹性模量,可以计算得到纵向钢筋的平均屈服应变约等于 2 666 $\mu\epsilon$。由于钢筋的屈服强度和弹性模量的变异系数非常小,可以合理地假设纵筋的屈服应变为 2 666 $\mu\epsilon$。因此,对于剪跨比为 5.1 的情况,有 6 个样本的梁的纵筋发生屈服;对于剪跨比为 4.6 的情况,只有梁 JK4.6-2 跨中钢筋的应变超过屈服应变,而其他梁跨中钢筋的应变均未超过屈服应变,但其峰值应变均非常接近屈服应变;对于剪跨比为 4.0 的情况,所有的钢筋混凝土梁跨中的纵筋应变均未超过钢筋的屈服应变。这些实例结果,与上一节关于梁总体破坏模式的判断结果是相符的。

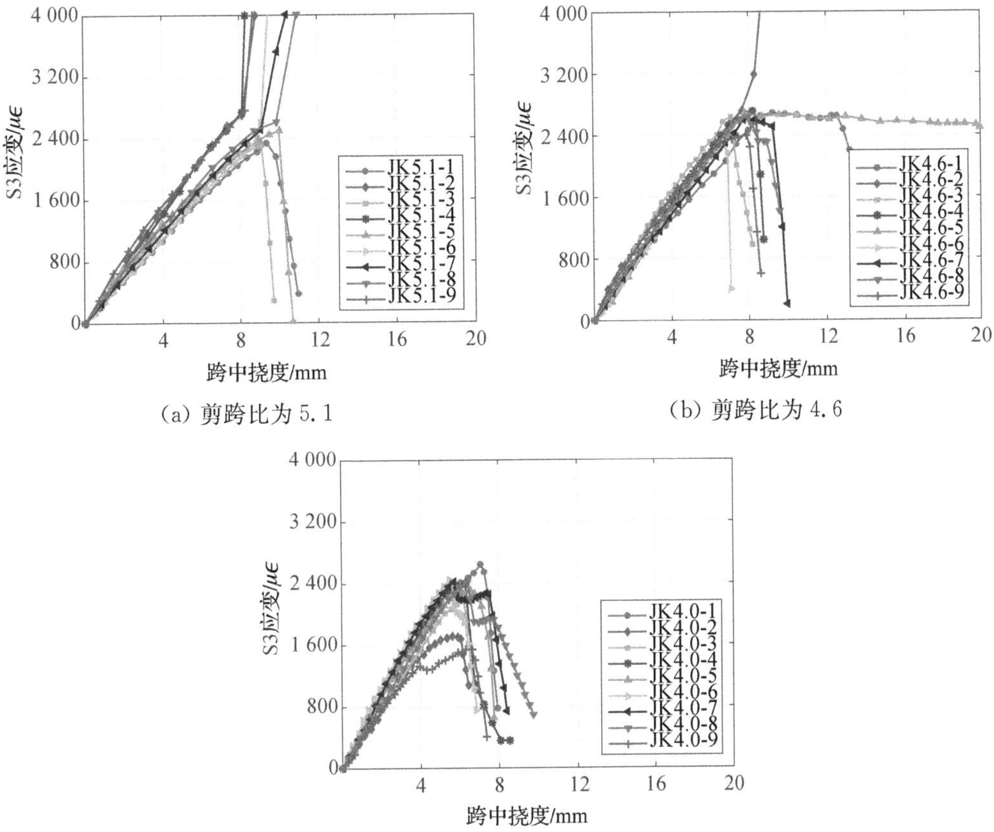

(a) 剪跨比为 5.1　　(b) 剪跨比为 4.6

(c) 剪跨比为 4.0

图 9.1.6　钢筋混凝土无腹筋梁跨中钢筋应变

9.1.3　钢筋混凝土梁的弯剪竞争机制

上述试验结果表明，同条件浇筑、同条件养护、相同尺寸、相同配筋的钢筋混凝土无腹筋梁在相同的静力单调加载试验过程中，会出现不同的破坏模式。对于剪跨比为 5.1 的钢筋混凝土无腹筋梁，试验出现了三种破坏模式，其中一根梁发生了弯曲-剪切破坏，虽然跨中纵筋出现屈服，但无腹筋梁最终在剪跨区由于斜裂缝的延伸而发生剪切破坏，所以仍可将该破坏归类为剪切破坏。对于剪跨比为 4.6 的钢筋混凝土无腹筋梁，其中三根梁的破坏源于弯剪区的斜向裂缝的扩展，但最后延伸到跨中的受压区，受压区混凝土在剪压作用下发生破坏，此类破坏跨中钢筋未出现屈服，且破坏发生较为突然，为脆性破坏，所以同样将此类破坏归类为剪切破坏。基于此，根据发生不同破坏模式的钢筋混凝土无腹筋梁的数量可以分别计算弯曲破坏和剪切破坏这两种破坏模式的发生概率，如图 9.1.7 所示。据此，可以得出如下结论：

(1) 在相同剪跨比条件下，两种破坏模式的发生概率是不同的。当剪跨比为 5.1 时，钢筋混凝土无腹筋梁发生弯曲破坏的概率为 55.56%，而发生剪切破坏的概率为 44.44%；当剪跨比为 4.6 时,钢筋混凝土无腹筋梁发生弯曲破坏和剪切破坏的概率分别为 11.11%和 88.89%;当剪跨比为 4.0 时,所有的梁均发生剪切破坏,即发生弯曲破坏和剪切破坏的概率分别为 0 和 100%;

(2) 钢筋混凝土无腹筋梁发生弯曲或剪切破坏的概率与剪跨比有关。当剪跨比从 5.1 降低到 4.0 时,弯曲破坏的发生概率从 55.56%降低到 0,而剪切破坏的发生概率从 44.44%增加到 100%。

基于强度设计的钢筋混凝土无腹筋梁在试验过程中出现了不同的破坏模式,且不同破坏模式的发生具有稳定的概率分布。产生这一结果的本质原因源于混凝土材料的随机非线性力学行为。事实上,对钢筋混凝土结构的随机非线性力学行为的研究,仅仅通过试验研究是不够的,还需要建立一套钢筋混凝土结构的随机非线性分析方法,这将在下一章中详述。

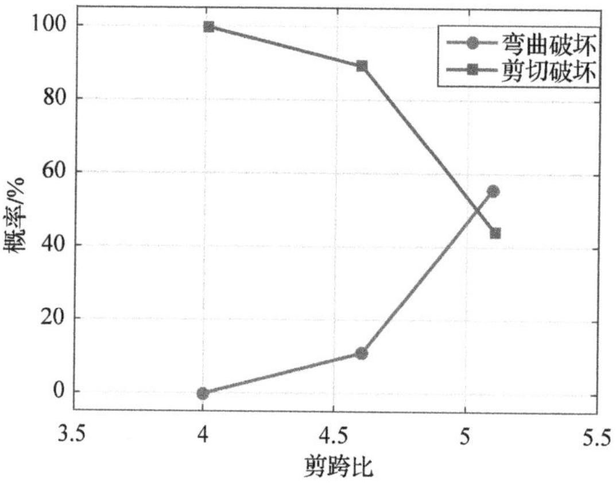

图 9.1.7 不同破坏模式的发生概率

9.2 钢筋混凝土框架结构试验

冯德成(2016)开展了 8 榀钢筋混凝土框架结构的单调静力加载试验。这一试验同样保持同标号混凝土、同配筋、同结构尺寸、同条件下养护。试验结果揭示了混凝土材料随机损伤演化过程对结构非线性内力发展变化过程、破坏过程与破坏模式的影响。本节将具体进行介绍。

9.2.1 试验设计与介绍

试验原型为 6 层钢筋混凝土框架,试验模型取其底层,即单层两跨平面混凝土框架。原型结构标准层层高为 3 m,底层为 3.6 m,框架主梁跨度为 4 m。模型结构的几何缩尺比例为 1∶2。因此,模型结构的层高取为 1.8 m,框架梁跨度取为 2 m。同时,拟定框架梁、柱截面尺寸分别为 250 mm×125 mm 和 200 mm×200 mm。框架柱顶竖向荷载根据轴压比施加，边柱轴压比取为 0.25，中柱取为 0.5，由此可得边柱和中柱竖向荷载分别为 200 kN 和 400 kN。水平荷载按照该框架结构原型(6 层)在 8 度抗震设防烈度的罕遇地震作用下产生的底层剪力计算，其大小为 100 kN 左右。根据上述设计荷载，根据《混凝土结构设计规范》(GB 50010—2010)进行配筋，最终确定柱配置 8 根直径为 12 mm 的纵筋，直径为 6 mm、间距为 150 mm 的箍筋；梁配置 4 根直径为 12 mm 的纵筋，直径为 6 mm、间距为 200 mm(非加密区)或 100 mm(加密区)的箍筋。框架具体尺寸和配筋见图 9.2.1。

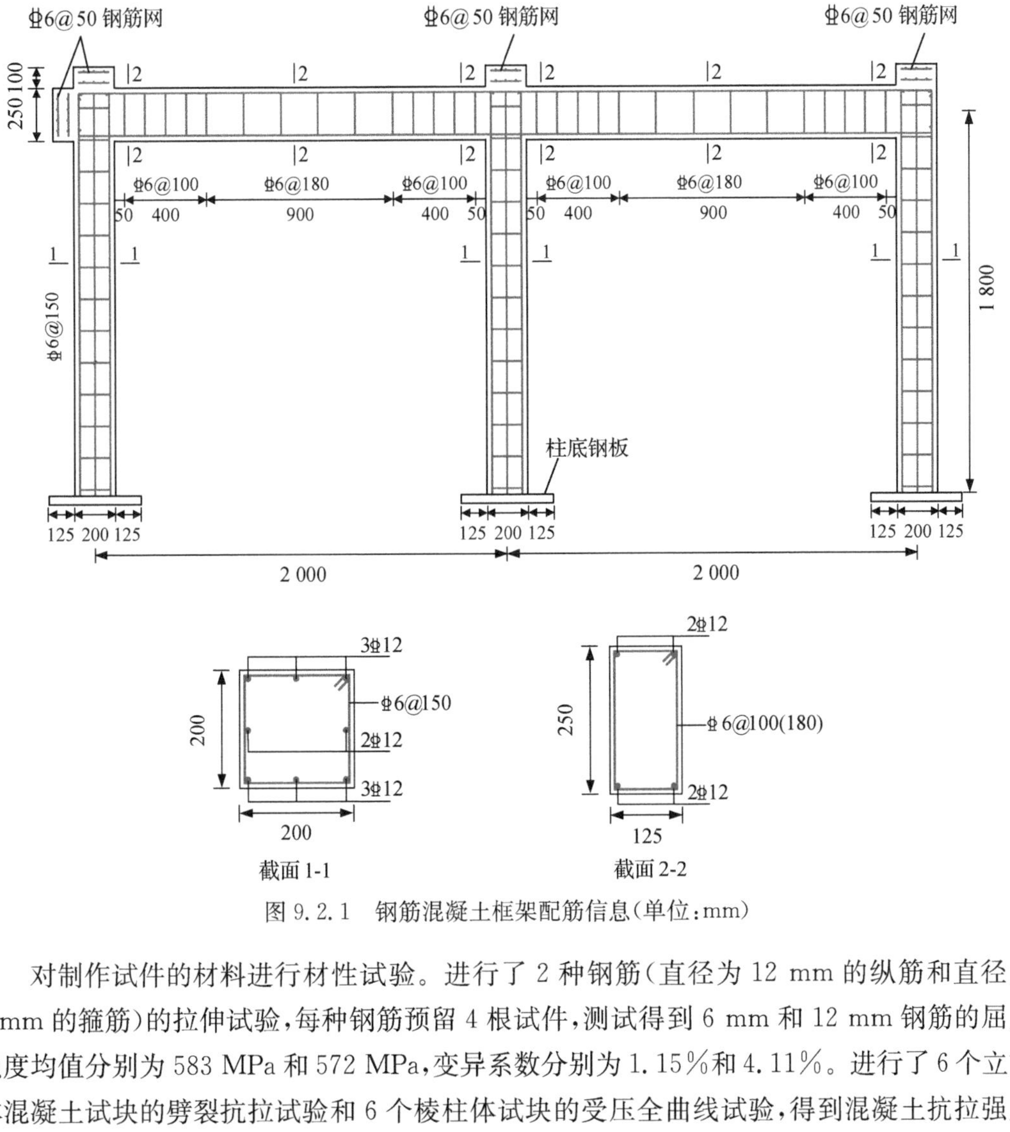

图 9.2.1　钢筋混凝土框架配筋信息(单位：mm)

对制作试件的材料进行材性试验。进行了 2 种钢筋(直径为 12 mm 的纵筋和直径为 6 mm 的箍筋)的拉伸试验，每种钢筋预留 4 根试件，测试得到 6 mm 和 12 mm 钢筋的屈服强度均值分别为 583 MPa 和 572 MPa，变异系数分别为 1.15% 和 4.11%。进行了 6 个立方体混凝土试块的劈裂抗拉试验和 6 个棱柱体试块的受压全曲线试验，得到混凝土抗拉强度均值为 2.92 MPa，变异系数为 16.9%；抗压强度均值为 36.1 MPa，变异系数为 5.76%；峰值应变均值为 0.001 58，变异系数为 14.32%。

试验为单调静力推覆试验，如图 9.2.2(a)所示。试验时，先通过二级加载分配梁施加框架柱顶竖向荷载(边柱 200 kN，中柱 400 kN)，由零逐步增加至设计荷载 800 kN，竖向荷载施加过程采用力控制，力加载速度为 50 kN/min。然后维持竖向荷载大小不变，由试验机系统水平作动器施加框架梁端水平推力，由零缓慢增大，直至框架严重破坏丧失承载能力。水平荷载施加采用全程位移控制，位移加载速率为 1 mm/min，目标位移为 150 mm，此过程为连续加载。在水平荷载施加过程中，竖向荷载与其同步跟动，跟动速度为 1 mm/min。

试验中，除了常规的位移计和应变片，特别设计了一类新型测力传感器，如图 9.2.2(b)所示，该传感器能够同时测出截面的轴力、剪力和弯矩三个内力分量(冯德成等，2014)，用于记录柱底截面内力的非线性发展，以分析实际结构中的内力重分布现象及规律。传感器主要由上加载板、下基座、4 根竖直测力杆和 2 根水平测力杆构成。需要指出的是，每一根单独的测力杆实际上是一个小型的轴向测力元件，测力杆中部粘贴的应变片可以测量、计算测力

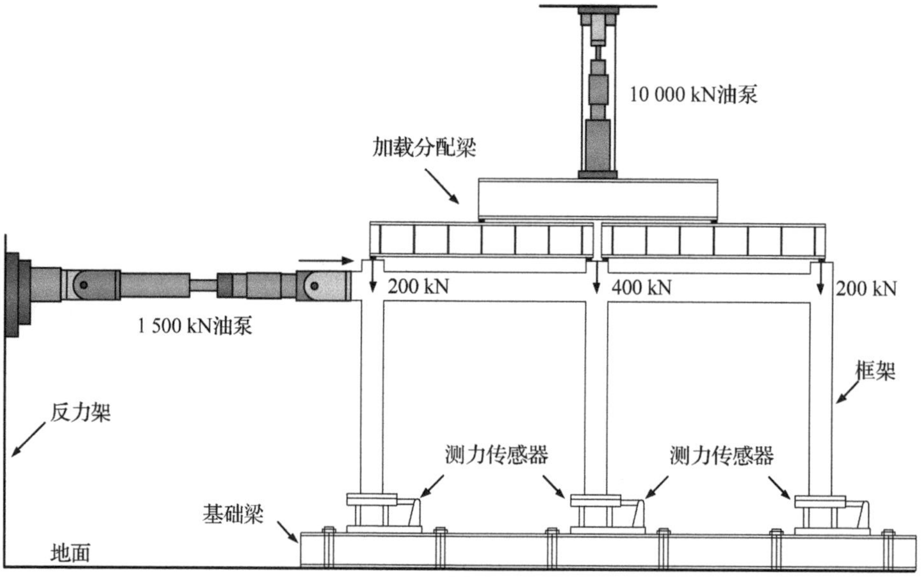

(a) 试验设置

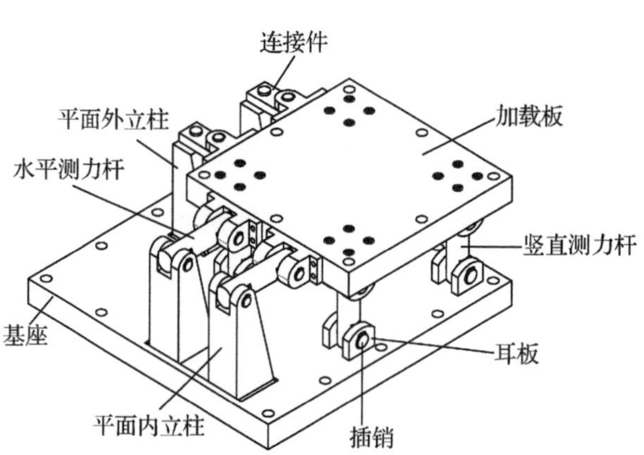

(b) 内力测量传感器

图 9.2.2　钢筋混凝土框架试验示意图

杆实际所受轴力大小，而知道了6根测力杆的轴力，就可以根据平衡条件计算截面的内力。为保证试验时6根测力杆仅受轴力，通过圆柱形插销和耳板将测力杆与传感器其余部件铰接连接。在试验中，将传感器安装在混凝土框架结构柱底，下钢板与地基梁固结，上钢板与柱底截面通过附加钢板连接在一起。为保证结构刚性基础的假定，设置了平面内立柱，同时设置平面外立柱用于限制整体传感器在平面外的变形。在结构试验中，混凝土框架柱底截面的内力通过传感器的上钢板传递给6根测力杆，而测力杆通过插销与钢板连接在一起(Li et al.,2015)，因而轴力和弯矩由4根竖直杆承受，剪力由2根水平杆承受，且通过插销转动，可释放水平杆竖直方向上的力、竖直杆水平方向上的力，从而实现了两个方向力的解耦。

9.2.2 试验结果分析

9.2.2.1 荷载-位移曲线

试验过程中，竖向荷载施加完毕后，框架梁、柱构件端部出现细小竖向裂缝；随着顶层位移的逐渐增大，观察到框架梁、柱受拉侧混凝土相继开裂(包括新裂缝的产生和旧裂缝的扩展)，并延伸至整个截面高度范围内；柱端竖向裂缝继续扩展并变宽；梁柱节点区域出现斜向裂缝；柱底部和节点区的混凝土保护层开始剥落，受压侧混凝土压溃。试验中在顶层框架梁中心线处布置位移测点以记录在试验全过程中结构的位移发展变化规律。8榀框架的水平荷载-顶层位移曲线的测量结果见图9.2.3。从图中可以看出，在宏观层次(水平荷载-顶层位移曲线)，8榀框架的曲线在走势上表现出基本一致的趋势：初始加载时，8榀框架均处于弹性阶段，其荷载-位移曲线几乎重合；随着顶层位移的增加，梁、柱端部开始出现裂缝，荷载-位移曲线开始偏离线性，并呈现出一定的离散性；当顶层位移达到22 mm左右，一些构件端部的纵筋开始屈服，出现塑性铰，荷载-位移曲线的离散性进一步加大。表9.2.1列出了荷载-位移曲线的峰值点及其对应的位移，可以看出，荷载-位移曲线的峰值点荷载与相应位移的变异系数分别为2.76%和10.40%，与混凝土材性试验中抗压强度和峰值应变的变异系数(5.76%和14.32%)相差不大。

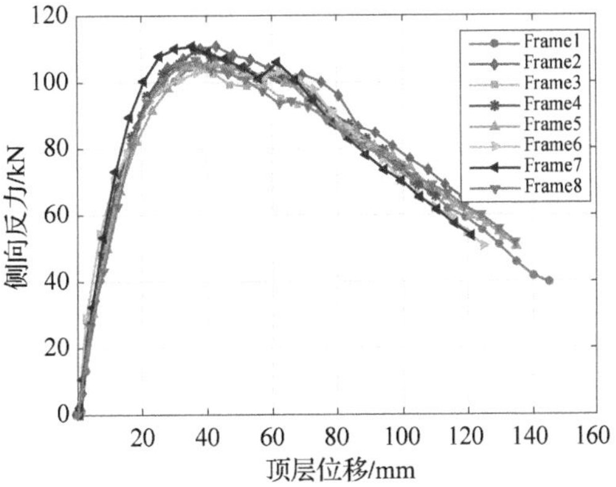

图9.2.3 钢筋混凝土框架荷载-位移曲线

定义框架延性系数为

$$\mu=\frac{\Delta_u}{\Delta_y} \tag{9.1}$$

式中，Δ_u 为荷载降至 80％峰值荷载时的顶层位移；Δ_y 为钢筋首次屈服时对应的顶层位移。

根据式(9.1)计算的 8 榀框架的延性系数见表 9.2.1，可见延性系数在 3.8 左右，说明该框架具有较好的延性。延性系数的变异系数为 11.62％。

表 9.2.1　钢筋混凝土框架荷载-位移曲线关键参数

框架编号	峰值荷载/kN	顶层位移/mm	Δ_y/mm	Δ_u/mm	μ
Frame1	105.0	39.9	21.5	84.5	3.93
Frame2	110.8	43.1	25.3	85.8	3.39
Frame3	104.5	32.2	18.6	84.2	4.53
Frame4	109.8	36.6	21.2	83.6	3.94
Frame5	105.4	43.1	27.6	85.4	3.09
Frame6	103.5	42.0	24.4	86.7	3.55
Frame7	110.7	35.4	19.3	78.3	4.06
Frame8	106.6	36.6	21.5	82.4	3.83
均值	107.0	38.6	22.4	83.9	3.79
标准差	2.96	4.02	3.08	2.61	0.44
变异系数	2.76％	10.40％	13.7％	3.12％	11.62％

9.2.2.2　开裂及出铰次序

根据试验记录得到加载过程中 8 榀框架的混凝土开裂顺序，如图 9.2.4 所示。图中同一开裂区域仅记录其首次开裂对应的顶层位移和水平荷载大小，该区域裂缝的扩展以及第二条裂缝的出现在图中均未绘出。

以 Frame1 为例，当顶层位移为 3.7 mm 时(对应的顶层水平荷载大小为 20.7 kN)，首先在框架左柱受拉侧观察到混凝土开裂；随着顶层位移的增大，框架梁受拉侧的混凝土也相继开裂；当顶层位移达到 6.4 mm 时(对应的顶层水平荷载大小为 38.9 kN)，框架梁受拉侧混凝土全部开裂；当顶层位移达到 10 mm 时(对应的顶层水平荷载大小为 53 kN)，框架柱其余截面受拉侧开始出现裂缝；之后，随着顶层位移的进一步增大，伴随着新裂缝的逐渐出现，旧裂缝进一步向受压侧扩展，裂缝宽度也逐渐增大；当框架柱底部受拉侧混凝土全部开裂时，受压侧混凝土出现压溃现象。

非常值得注意的是，8 榀框架的首次开裂位置及后续的开裂次序存在明显不同，如图 9.2.4 所示。表 9.2.2 列出了结构首次开裂点的相关信息。可见，首次开裂点的变异性显著，开裂点对应的顶层位移及相应水平荷载的变异系数分别为 53.1％和 41.1％。开裂点对应的水平荷载最大值为 21.9 kN,最小值为 6 kN,相差 73%;顶层位移最大值为 3.7 mm,最小值为 0.8 mm,相差 77%。如果将开裂看作结构的初始损伤,那么这一测量结果充分说明:初始损伤具有典型的随机分布性质,这必然会带来后续损伤的随机演化。

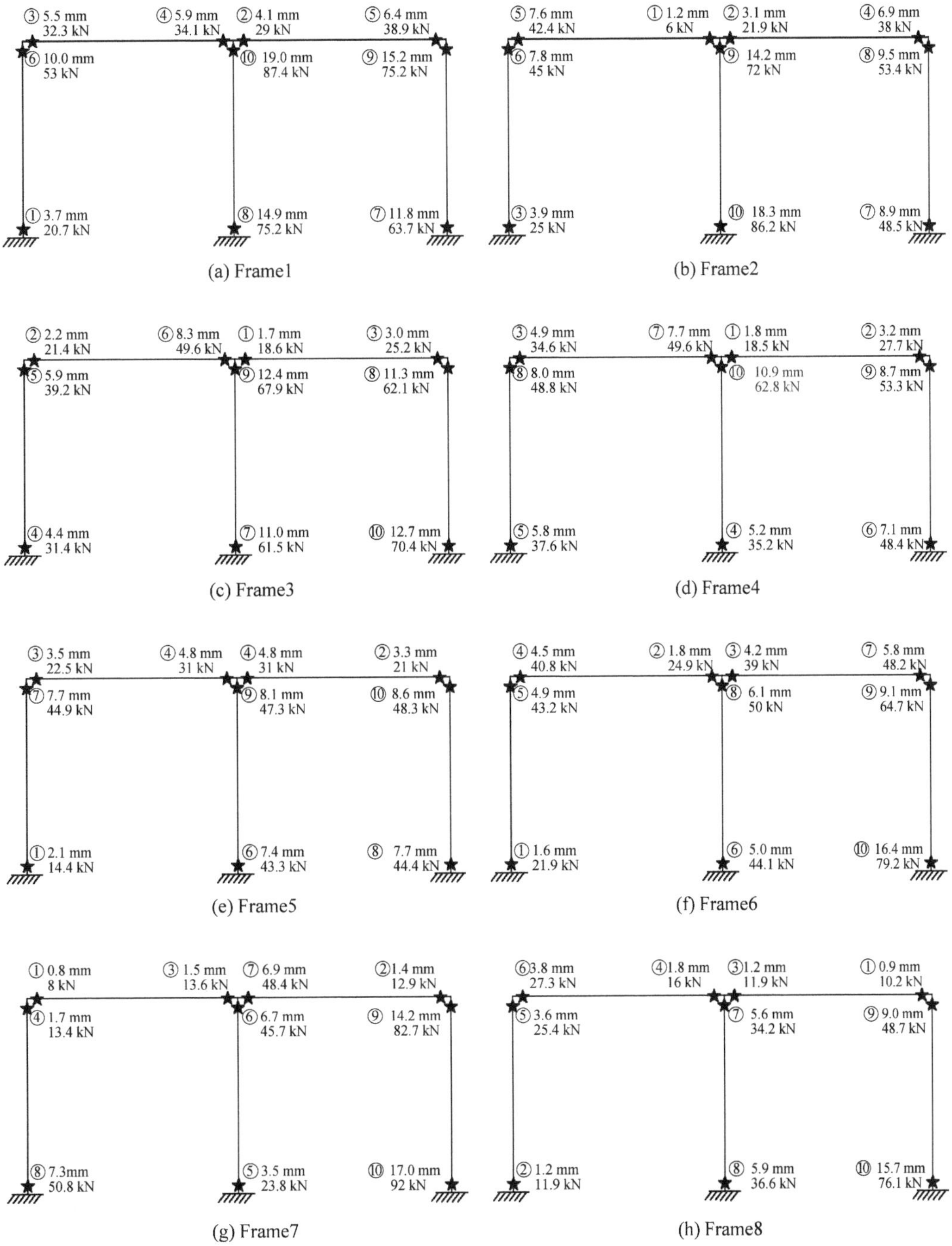

图 9.2.4 钢筋混凝土框架开裂次序

表 9.2.2 钢筋混凝土框架首次开裂点信息

框架编号	开裂位置	顶层位移/mm	水平荷载/kN
Frame1	左柱下端	3.7	20.7
Frame2	左梁右端	1.2	6.0
Frame3	右梁左端	1.7	18.6
Frame4	右梁左端	1.8	18.5
Frame5	左柱下端	2.1	14.4
Frame6	左柱下端	1.6	21.9
Frame7	左梁左端	0.8	8.0
Frame8	右梁右端	0.9	10.2
均值		1.7	14.8
标准差		0.92	6.08
变异系数		53.1%	41.1%

根据钢筋材性试验结果，纵筋的屈服应变在 3 000 $\mu\epsilon$左右，因此可以合理地判定，当纵筋的应变达到 3 000 $\mu\epsilon$时，柱端或梁端即出现塑性铰。根据试验中钢筋应变片的数据，可以得到 8 榀框架的塑性铰出现顺序，如图 9.2.5 所示。图中圈号数字表示出铰顺序，圈号数字旁边的荷载和位移值(如 94.1 kN、21.491 mm)分别为该塑性铰出现时刻所对应的荷载和顶层位移大小，实心圆代表塑性铰，实心圆越大，相应塑性铰对应的荷载越大。

由图 9.2.5 可以看出：尽管框架模型依据规范采用强柱弱梁的原则设计，但是实际试验中却没有出现梁铰破坏机制，8 榀框架均呈现混合铰屈服破坏机制。8 榀框架第一个塑性铰的信息如表 9.2.3 所示。其中，2 榀位于左梁右端、6 榀位于右梁右端。塑性铰出现时所对应的荷载与结构顶层位移差异明显：首次出铰时的水平荷载最大达 99.7 kN，最小的仅为 87 kN，相差 14.6%；而最大顶层位移(27.6 mm)与最小顶层位移(19.3 mm)之间甚至相差 43.0%。第一个塑性铰出现后，后续塑性铰的出现更是呈现出典型的随机性，充分说明了随机损伤演化对结构性能的影响。

首次出铰点的荷载、位移相关信息见表 9.2.3。与开裂点相比，首铰点的变异性降低，这是由于在加载初期，混凝土材料起主导作用，因此变异性较大；而随着荷载的增加，钢筋对结构非线性发展的贡献渐渐增大，而钢筋材料特性的变异性远小于混凝土材料。最终出铰点的相关信息见表 9.2.4。可见，随着塑性铰的充分发展，钢筋对结构性能的贡献得到充分发挥，混凝土随机性的影响又逐步凸显。终铰对应的顶层位移及水平荷载的变异系数分别为 31.53%和 10.28%，大于首铰点而小于开裂点。

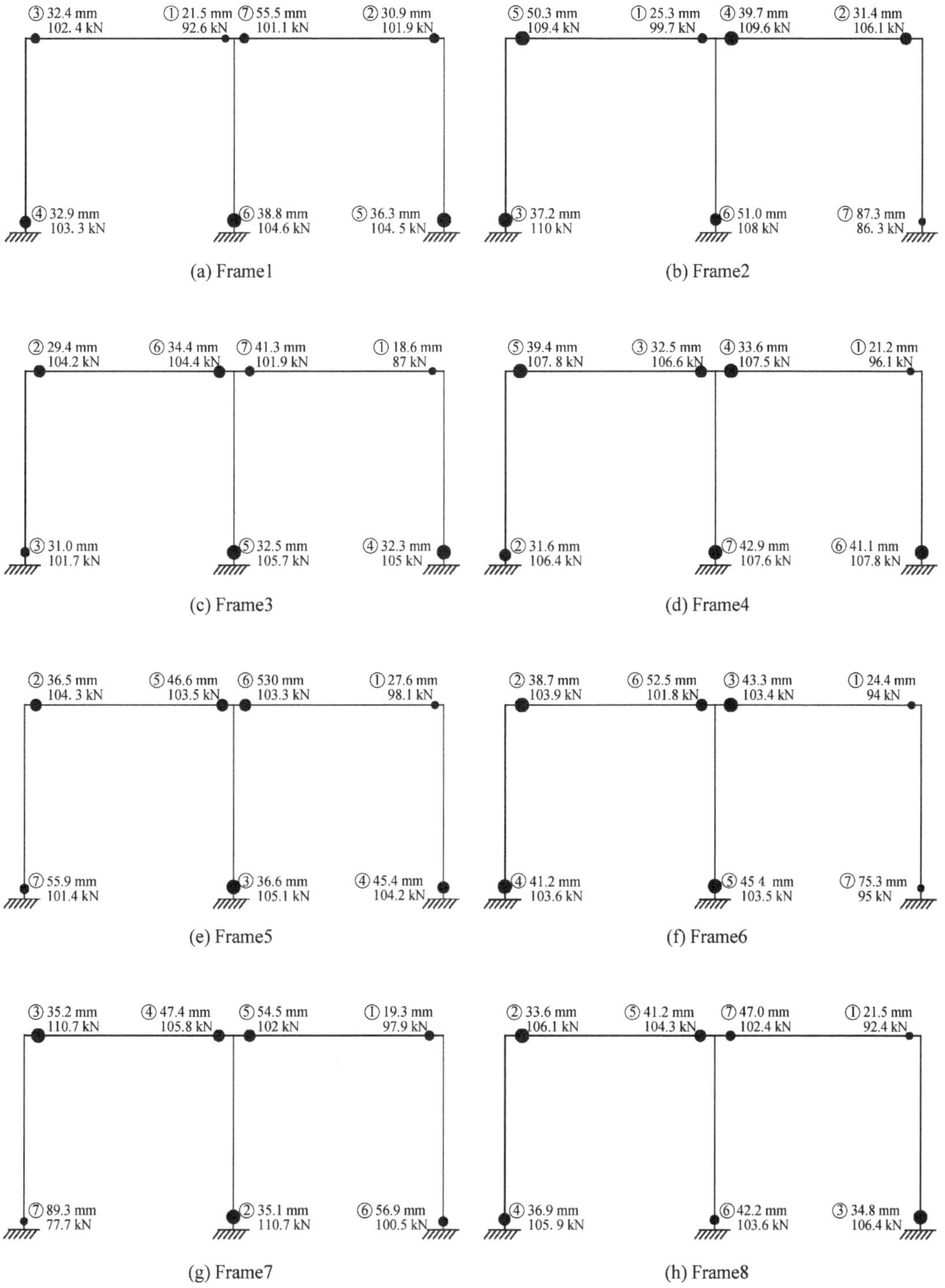

图 9.2.5　钢筋混凝土框架出铰次序

表 9.2.3　钢筋混凝土框架首次出铰点信息

框架编号	出铰位置	顶层位移/mm	水平荷载/kN
Frame1	左梁右端	21.5	92.6
Frame2	左梁右端	25.3	99.7
Frame3	右梁右端	18.6	87.0
Frame4	右梁右端	21.2	96.1
Frame5	右梁右端	27.6	98.1
Frame6	右梁右端	24.4	94.0
Frame7	右梁右端	19.3	97.9
Frame8	右梁右端	21.5	92.4
均值		22.4	94.7
标准差		3.08	4.11
变异系数		13.73%	4.34%

表 9.2.4　钢筋混凝土框架最后出铰点信息

框架编号	出铰位置	顶层位移/mm	水平荷载/kN
Frame1	右梁左端	55.5	101.1
Frame2	右柱下端	87.3	86.3
Frame3	右梁左端	41.3	101.9
Frame4	中柱下端	42.9	107.6
Frame5	左柱下端	55.9	101.4
Frame6	右柱下端	75.3	95.0
Frame7	左柱下端	89.3	77.7
Frame8	右梁左端	47.0	102.4
均值		61.8	96.7
标准差		19.5	9.9
变异系数		31.53%	10.28%

上述结果表明:混凝土的随机开裂导致钢筋应变的随机发展,这一随机发展又导致塑性铰的随机出现与随机扩展,显然,这一典型的随机非线性发展过程,必然导致结构内力发展进程的显著随机性。

9.2.3　结构内力重分布过程及其随机涨落

根据测力传感器测定的内力结果,8 榀框架柱底截面的剪力、弯矩随着顶层位移的变化曲线如图 9.2.6 所示。从图中可以看出,不同的框架在开裂前的内力进程几乎相同,但开裂后则慢慢沿着不同的路径发展；当塑性铰出现之后（顶层位移 22 mm），不同框架之间的内力差异显著增大。这显著地说明：开裂引起内力重分布，造成框架结构响应非线性发展；由于初始开裂点的随机分布性质，不同框架的内力重分布过程明显不同，由此影响了后续的非线性发展过程，形成了典型的非线性随机涨落现象。

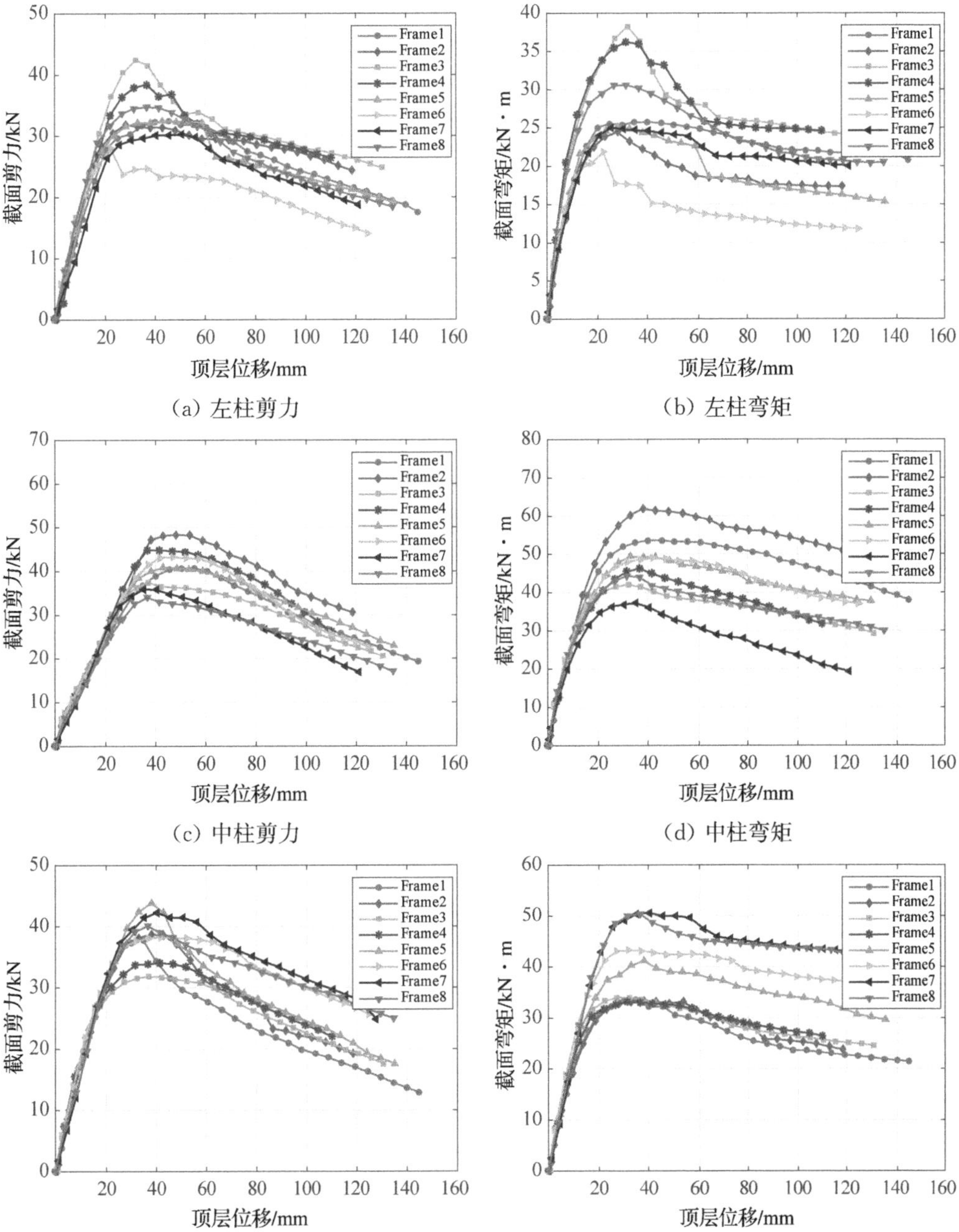

(a) 左柱剪力　(b) 左柱弯矩

(c) 中柱剪力　(d) 中柱弯矩

(e) 右柱剪力　(f) 右柱弯矩

图 9.2.6　钢筋混凝土框架柱内力信息

框架荷载-位移曲线峰值点对应的内力信息如表 9.2.5 所示。可见,与框架宏观层次的反应(图 9.2.3)相比,内力层次的变异性明显更大。其中,柱底剪力的变异系数在 10.3%~17.3%之间,弯矩的变异系数在 15.5%~28.2%之间,而宏观层次的峰值荷载变异参数仅为 2.76%。从图 9.2.6 中可以发现,内力进入下降段后变异性达到最大,框架荷载-位移曲线下降到 80%承载力处对应内力信息见表 9.2.6。其中,柱底剪力的变异系数在 12.1%~16.4%之间,弯矩的变异系数在 21.1~24.1%之间。这些结果充分说明:荷载-位移曲线并不能反映结构的真实内力分布及其变化规律,确定性的分析方法仅仅能大体预测结构极限承载力之前的反应。对于内力进入软化阶段的结构受力分析,必须考虑随机性的影响。

表 9.2.5　荷载-位移曲线峰值承载力处对应内力信息

指标	左柱		中柱		右柱	
	剪力/kN	弯矩/kN·m	剪力/kN	弯矩/kN·m	剪力/kN	弯矩/kN·m
最大值	42.4	38.2	48.1	61.4	42.2	50.4
最小值	23.4	15.2	34.0	37.2	31.5	32.2
均值	33.1	26.9	40.3	47.8	37.5	39.4
标准差	5.7	7.6	4.9	7.4	3.9	7.7
变异系数	17.3%	28.2%	12.1%	15.5%	10.3%	19.6%

表 9.2.6　荷载-位移曲线承载力降至 80%处对应内力信息

指标	左柱		中柱		右柱	
	剪力/kN	弯矩/kN·m	剪力/kN	弯矩/kN·m	剪力/kN	弯矩/kN·m
最大值	29.8	25.8	39.6	56.0	35.1	45.1
最小值	19.9	13.0	27.3	27.9	22.3	25.3
均值	26.1	20.8	33.1	41.1	28.1	33.9
标准差	3.2	4.4	4.1	8.9	4.6	8.2
变异系数	12.1%	21.1%	12.3%	21.6%	16.4%	24.1%

上述试验结果证明,混凝土材料受力力学行为的随机性对结构性能的影响是多层次的,且与结构受力力学行为非线性耦合在一起:混凝土材料初始损伤的随机性,导致了结构层次的随机开裂(时机及位置),由此引起随机的内力重分布,而这又进一步造成结构内部损伤发展路径的随机演化;由于损伤发展路径的不同,塑性铰出现的次序及位置必然是随机的。事实上,不仅混凝土开裂导致结构内力重分布的逐步开展,钢筋屈服更导致结构受力机制发生突变,因而,结构内力在开裂、屈服后表现出典型的随机演化现象,且在塑性铰形成后变异性表现更为突出。这样一种复杂而又丰富多彩的演化进程,不仅可以使结构非线性效应得到增强或削弱(涨落),而且可以使结构行为的变异性特征得到放大或缩小(另一种意义的涨落)(李杰,2004)。采用确定性的分析方法,不能正确预测结构的真实反应进程。

从材料层次到结构层次随机性的跨尺度传播，说明了经典的确定性分析和设计方法并不能保证结构的安全。在经典的确定性结构非线性反应分析中，采用确定性的本构关系。在常用的增量变刚度方法中，采用当前点的应力或应变决定下一步分析用的刚度矩阵，由此跟踪结构的非线性反应。这就好比是按照确定性的本构关系"图"去寻找结构非线性反应的轨迹。当本构关系、结构形式、外力作用确定时，结构非线性变形在分析之前已"确定性"地存在于那里，人们要做的工作仅仅是"按图索骥"。遗憾的是，材料在细观层次上损伤路径的不确定性，使得不仅在本构层次，而且必然在结构层次上存在非线性与随机性的耦合效应。因此，结构真实的非线性演化进程是"歧路亡羊"：在每一个进化的岔路口都存在随机性。这一背景是迄今为止的结构非线性反应分析难以理想地与结构试验观察数据相符合的重要原因。从概率密度演化的角度反映结构行为的随机规律，从而在总体上把握结构非线性随机反应的基本趋势，同时考察非线性损伤进程中的结构反应细部特征，将更具有合理性、现实性与吸引力。

9.3　本章小结

随机性是混凝土力学性质的基本特征，材料性质的随机性对于结构行为具有重要影响。本章介绍了系列的试验研究，试图揭示随机性的传播规律。其中，构件层次的钢筋混凝土无腹筋梁试验结果表明：材料随机性会影响结构的破坏模式，且影响的程度和构件的剪跨比相关，这实际上说明了构件的行为同时受到受力机理和随机性传播两大因素的影响。结构层次的钢筋混凝土框架试验结果则表明：结构的开裂、屈服等力学特征均表现出典型的随机演化现象，由此带来复杂而又丰富的传力路径，不仅可以使结构非线性效应得到增强或削弱（涨落），而且可以使结构行为的变异性特征得到放大或缩小（另一种意义的涨落）。上述试验充分说明：单纯地利用确定性的结构分析方法，无法科学捕捉结构的内力重分布过程、预测结构行为，结合概率密度演化分析，才能更全面地描述结构的受力力学行为。

第 10 章 混凝土结构随机非线性反应分析

前一章内容表明，材料性质（特别是混凝土）的随机性会显著影响结构的行为，导致结构反应在不同层次上呈现出不同程度的随机涨落现象。要全面把握整个结构的非线性受力行为，就有必要从随机性与非线性耦合的角度出发，对钢筋混凝土结构进行“从本构到结构”的随机非线性反应分析。概率密度演化理论（Li & Chen，2009）为科学反映结构随机反应的涨落规律提供了基础。本章试图利用这一理论，并结合前述的确定性损伤分析方法，论述混凝土结构随机非线性行为分析方法，并给出若干分析实例。

10.1 概率密度演化理论

10.1.1 广义概率密度演化方程

应用有限元法，工程结构在动力作用下的基本控制方程可以写为

$$\boldsymbol{M}(\boldsymbol{\Theta})\ddot{\boldsymbol{X}}(t)+\boldsymbol{C}(\boldsymbol{\Theta})\dot{\boldsymbol{X}}(t)+\boldsymbol{f}[\boldsymbol{X}(t),\boldsymbol{\Theta}]=-\boldsymbol{F}(\boldsymbol{\Theta},t) \tag{10.1}$$

式中，$\boldsymbol{M}$ 和 $\boldsymbol{C}$ 分别为结构质量矩阵和阻尼矩阵；$\boldsymbol{f}(\cdot)$为结构恢复力向量；$\boldsymbol{F}(t)$为激励向量；$\boldsymbol{X}(t)$、$\dot{\boldsymbol{X}}(t)$和 $\ddot{\boldsymbol{X}}(t)$分别为结构的位移向量、速度向量和加速度向量；t 为时间；$\boldsymbol{\Theta}$ 表示结构系统中的随机要素，如结构属性、边界条件、外部激励等，可进一步展开为系列随机变量，如 $\boldsymbol{\Theta}=(\Theta_1,\Theta_2,\cdots,\Theta_n)$，$n$ 为考虑的随机参数个数。

上式中，所关注的系统响应量（可以为宏观层次的位移、力，或者微观层次的应变、应力等）及其变化速率可表示为

$$\boldsymbol{Z}(t)=\boldsymbol{H}(\boldsymbol{\Theta},t),\quad \dot{\boldsymbol{Z}}(t)=\partial\boldsymbol{H}/\partial t=\boldsymbol{h}(\boldsymbol{\Theta},t) \tag{10.2}$$

式中，$\boldsymbol{H}(\cdot)$为响应传递算子，其具体形式依赖于所关心的物理量。

若整体系统的不确定性仅由 $\boldsymbol{\Theta}$ 表征，则根据概率守恒原理，物理量 $\boldsymbol{Z}(t)$与随机源 $\boldsymbol{\Theta}$ 的联合概率密度函数 $p_{\boldsymbol{Z\Theta}}(\boldsymbol{z},\boldsymbol{\theta},t)$满足（Li & Chen，2008；Li & Chen，2009）

$$\frac{\partial p_{\boldsymbol{Z\Theta}}(\boldsymbol{z},\boldsymbol{\theta},t)}{\partial t}+\sum_{i=1}^{m}\dot{h}_i(\boldsymbol{\theta},t)\frac{\partial p_{\boldsymbol{Z\Theta}}(\boldsymbol{z},\boldsymbol{\theta},t)}{\partial z_i}=0 \tag{10.3}$$

式中，$z_i=\boldsymbol{h}(\boldsymbol{\Theta},t)$，$i=1,2,\cdots,m$ 为结构响应量 $\boldsymbol{Z}(t)$的分量。

式（10.3）即为广义概率密度演化方程（GDEE）。它给出了随机性在一般物理系统中的

传播规律。

若仅关注某一具体结构响应量(如某节点位移),则上式退化为一维偏微分方程(即此时 $m=1$),结合初始条件,可以求解得到 $p_{Z\boldsymbol{\Theta}}(z,\boldsymbol{\theta},t)$,进而,响应量 z 的概率密度函数为

$$p_Z(z,t)=\int_{\Omega_{\boldsymbol{\Theta}}} p_{Z\boldsymbol{\Theta}}(z,\boldsymbol{\theta},t)\mathrm{d}\boldsymbol{\Theta} \tag{10.4}$$

上述基本方程给出了一般随机动力系统的概率密度演化方程。实际上,结构静力分析的基本方程也可采用类似的方式导出。此时,仅需要将时间 t 替换为静力分析中的广义时间参数 τ:若采用位移加载机制,则 τ 为特征位移加载参数;若采用力加载机制,则 τ 为比例荷载因子参数。

10.1.2 GDEE 的数值求解算法

原则上,概率密度演化方程可以采用解析法进行求解。然而,对于复杂的结构系统,这是非常困难的。事实上,对于一般混凝土结构的随机非线性行为分析,需要结合高效的数值方法求解 GDEE。根据概率密度演化方法中各基本方程的信息传递顺序,可以给出结构随机反应分析的基本求解步骤:

(1) 对随机参数向量空间 $\Omega_{\boldsymbol{\Theta}}$ 进行概率剖分,并根据某些特定的选点策略在每一剖分区域取得离散代表点 $\boldsymbol{\theta}_q$,$q=1,2,\cdots,N_{\text{set}}$,$N_{\text{set}}$ 是代表点集的数量。同时,计算各部分子域的赋得概率 p_q。

(2) 对每个代表点 $\boldsymbol{\theta}_q$,通过本书前述建立的"从本构到结构"的确定性分析方法,求取结构响应 $z_i=h(\boldsymbol{\theta}_q,t)$。

(3) 将 $z_i=h(\boldsymbol{\theta}_q,t)$代入 GDEE,采用差分方法进行数值求解,获得偏微分方程的数值解 $p_{Z\boldsymbol{\theta}_q}(z,\boldsymbol{\theta}_q,t)$。

(4) 对式(10.4)进行数值积分,得到结构响应的概率密度解,即

$$p_Z(z,t)=\sum_{q=1}^{N_{\text{set}}} p_{Z\boldsymbol{\theta}_q}(z,\boldsymbol{\theta}_q,t)p_q \tag{10.5}$$

上述步骤中,本书前几章已详细论述了确定性结构分析方法。概率空间的剖分方法和 GDEE 求解的有限差分格式可参见文献(Li & Chen,2009;李杰,2021),兹不赘述。

10.1.3 随机场展开的谐和函数法

在随机损伤本构关系中,断裂应变随机场 $\Delta^{\pm}(x)$是一维随机场。在利用随机损伤本构关系进行结构随机响应分析时,首先需要将 $\Delta^{\pm}(x)$展开为基本随机变量的函数,这样才可结合概率密度演化理论进行随机响应分析。同时,实际混凝土结构分析中也常用随机场考虑材料属性等空间分布特性。

本节采用随机谐和函数法(SHF)(陈建兵和李杰,2011)来展开随机场。这一方法将随机场展开为具有随机相位、随机频率的谐波分量(即三角级数)的和,即使使用非常有限的

项，也可以精确地再现目标的统计属性。

(1) 一维随机场

$Y(x)$的随机谐和函数表示为

$$Y(x)=\sum_{j=1}^{N}A(\omega_j)\cos(\omega_j x+\phi_j) \tag{10.6}$$

式中，x 为位置坐标；N 为展开项数；ω_j 和 ϕ_j 分别为随机频率和随机相位角，均服从均匀分布；$A(\omega_j)$为振幅，是频率的函数，即

$$A(\omega_j)=\sqrt{\frac{2S_Y(\omega_j)(\omega_j-\omega_{j-1})}{\pi}} \tag{10.7}$$

式中，$S_Y(\omega)$为变量 Y 的功率谱密度(PSD)函数，由傅里叶变换确定，即

$$S_Y(\omega)=\int_{-\infty}^{+\infty}R_Y(r)\mathrm{e}^{-\mathrm{i}\omega r}\mathrm{d}r \tag{10.8}$$

式中，$R_Y(r)$为自相关函数，$\mathrm{i}=\sqrt{-1}$为虚数单位。

一般状况下，5 个展开分量就足以获得相对准确的随机场。即用 10 个随机变量的随机函数便足够精确地反映一维随机场(陈建兵和李杰，2011)。

(2) 二维随机场

上述方法可以推广至二维随机场的展开。不失一般性，根据 SHF 平面空间内某一二维高斯随机场 $Y(x_1,x_2)$可写为一系列三角级数的和(非高斯随机场可通过概率变换转为高斯随机场)，其中频率和相位角都为随机变量，即

$$Y(x_1,x_2)=\sum_{i=1}^{N_1}\sum_{j=1}^{N_2}A(\omega_{1,i},\omega_{2,j})[\cos(\omega_{1,i}x_1+\omega_{2,j}x_2+\phi_{ij}^1)+\cos(-\omega_{1,i}x_1+\omega_{2,j}x_2+\phi_{ij}^2)] \tag{10.9}$$

式中，x_1、x_2 为定义域内点的坐标；$\omega_{1,i}$，$\omega_{2,j}$ 分别是均匀分布在子域$[\omega_{1,i}^{\mathrm{L}},\omega_{1,i}^{\mathrm{U}}]\times[\omega_{2,j}^{\mathrm{L}},\omega_{2,j}^{\mathrm{U}}]$中的随机频率，其中 $\omega_{1,i}^{\mathrm{L}}$ 和 $\omega_{1,i}^{\mathrm{U}}$ 分别为频率 $\omega_{1,i}$ 的截断下限与上限，且满足 $\bigcup_{i=1}^{N_1}[\omega_{1,i}^{\mathrm{L}},\omega_{1,i}^{\mathrm{U}}]=[\omega_1^{\mathrm{L}},\omega_1^{\mathrm{U}}]$，$[\omega_{1,i}^{\mathrm{L}},\omega_{1,i}^{\mathrm{U}}]\cap[\omega_{1,r}^{\mathrm{L}},\omega_{1,r}^{\mathrm{U}}]=0(i\neq r)$，$[\omega_{2,j}^{\mathrm{L}},\omega_{2,j}^{\mathrm{U}}]$具有相同性质；$\phi_{ij}^1$、$\phi_{ij}^2$ 为随机相位角，在$[0,2\pi]$区间内服从均匀分布，且相互独立；$A(\omega_{1,i},\omega_{2,j})$为幅值并可以表示为

$$A(\omega_{1,i},\omega_{2,j})=\sqrt{4S_Y(\omega_{1,i},\omega_{2,j})(\omega_{1,i}^{\mathrm{U}}-\omega_{1,i}^{\mathrm{L}})(\omega_{2,j}^{\mathrm{U}}-\omega_{2,j}^{\mathrm{L}})} \tag{10.10}$$

式中，$S_Y(\omega_1,\omega_2)$为定义在 4 个频率域象限内的目标功率谱密度函数。

显然，与经典谱表现方法(SR)相比，频率 $\omega_{1,i}$、$\omega_{2,j}$ 为随机变量。容易证明，SHF 可以精确重现目标功率谱密度函数，因此随机变量的数量可以极大地减少。为了更好地说明 SHF 相较于经典谱表现方法的优势，分别采用两种方法进行了一个二维零均值随机场模拟，其相关函数定义为

$$R(\xi_1,\xi_2)=\sigma^2\exp\left(-\frac{\xi_1^2+\xi_2^2}{c^2}\right) \tag{10.11}$$

式中，σ 为随机场的标准差；c 为相关长度；ξ_1，ξ_2 分别为两个方向上的距离。可以很容易地得到相应的目标功率谱密度函数为

$$S_Y(\omega_1,\omega_2)=\sigma^2\ \frac{c^2}{4\pi}\exp\left[-\frac{c^2(\omega_1^2+\omega_2^2)}{4}\right] \tag{10.12}$$

式中，ω_1、ω_2 是两个方向的频率。

分析中，设置两个方向频率的截断上下限分别为 $\omega_1^U=\omega_2^U=5$ rad/m，$\omega_1^L=\omega_2^L=-5$ rad/m；$\sigma=1.0$，$c=1.0$ m。图 10.1.1 和图 10.1.2 分别比较了展开项数为 $N_1\times N_2=10\times10$ 的 SHF 结果和 $N_1\times N_2=60\times60$ 的 SR 结果，可以发现，两种方法都可以较准确地再现目标功率谱密度函数，但 SR 方法需要 7 200 个随机变量，而 SHF 方法只需要 400 个随机变量，大大提高了计算效率。

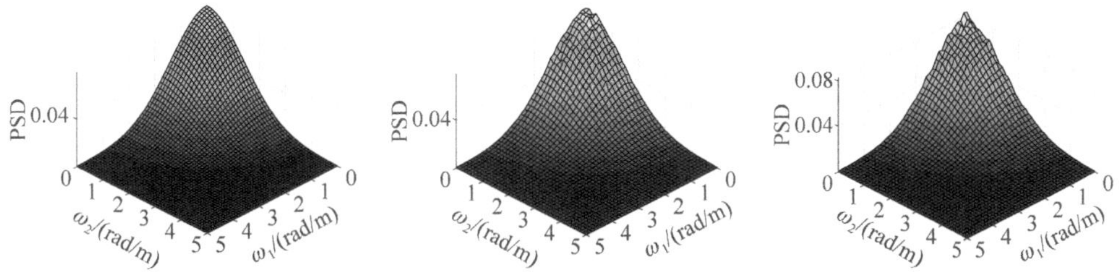

(a) 目标　　(b) 随机谐和函数法(SHF)　　(c) 谱表现法(SR)

图 10.1.1　不同方法生成的目标功率谱密度函数比较

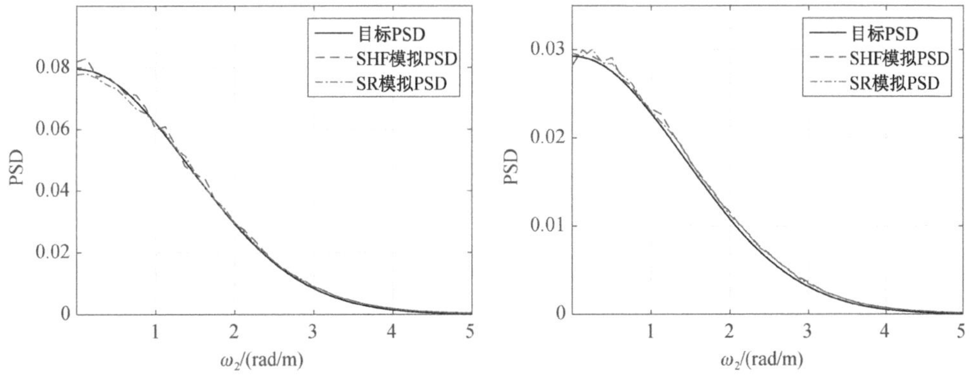

(a) $\omega_1=0$　　(b) $\omega_1=2$ rad/m

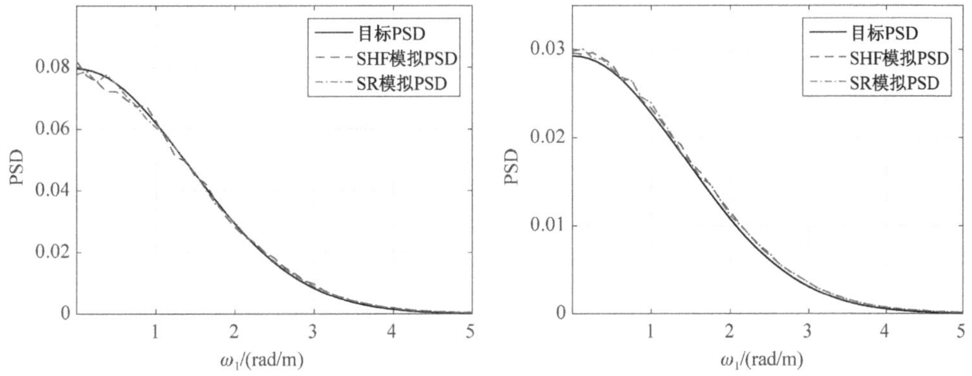

(c) $\omega_2=0$　　(d) $\omega_2=2$ rad/m

图 10.1.2　不同方法生成的 PSD 一维切面对比图

10.2 概率密度演化理论的试验验证

为了更好地说明概率密度演化理论（PDEM）的准确性与实用性，分别采用混凝土本构试验和上一章钢筋混凝土框架结构试验进行验证对比。

10.2.1 本构试验验证

材料层次的验证分为单轴试验和双轴试验两部分。单轴试验验证选用文献曾莎洁（2012）、晏小欢（2016）、周来军（2016）、徐涛智（2018）给出的混凝土标准试块单轴受拉与受压试验数据共 411 组。采用概率密度演化理论与混凝土弹塑性随机损伤本构关系对各标号混凝土的单轴应力-应变曲线的概率分布进行预测，混凝土弹塑性随机损伤本构关系的参数取值见表 10.2.1。表中的参数由上述单轴试验数据标定（Chen & Li，2023）。各标号混凝土全曲线的均值、标准差与试验结果对比见图 10.2.1。可以发现，通过概率密度演化方法所预测的全曲线均值、标准差与试验数据吻合良好。同时，以 $C30$ 混凝土单轴受压为例，应变截口对应的应力概率密度函数与试验结果对比见图 10.2.2。概率密度函数层次再次与试验结果取得了较为一致的结果。由此证明：混凝土弹塑性随机损伤本构关系可以精确地反映混凝土单轴受力下随机性与非线性的耦合效应。

表 10.2.1　单轴试验的参数取值

强度等级	受力状态	$\lambda^{\pm}$	$\zeta^{\pm}$	E_0/MPa	ξ_p^{-}	n_p^{-}	$\omega^{\pm}$
C25	单轴受拉	5.20	0.54	2.8×10^4	—	—	84
C50	单轴受拉	5.25	0.55	3.4×10^4	—	—	50
C30	单轴受压	7.63	0.28	2.8×10^4	0.23	0.56	56
C50	单轴受压	7.42	0.31	4.6×10^4	0.54	0.58	72

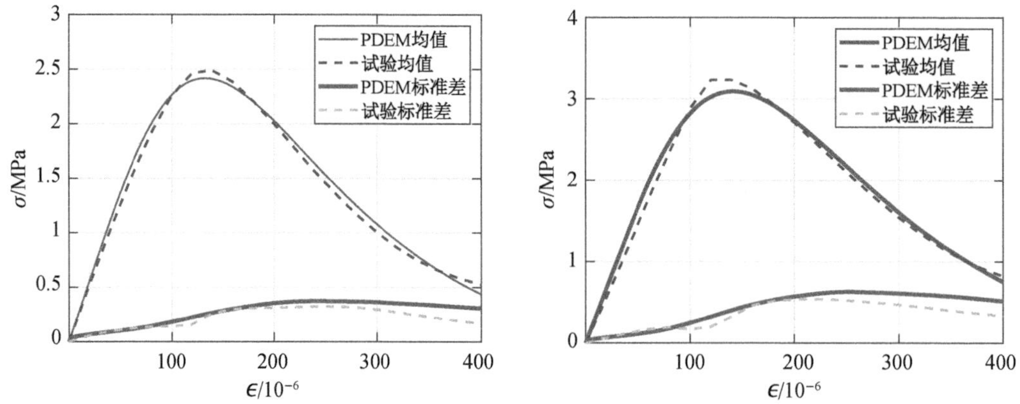

(a) C25 单轴受拉　　(b) C50 单轴受拉

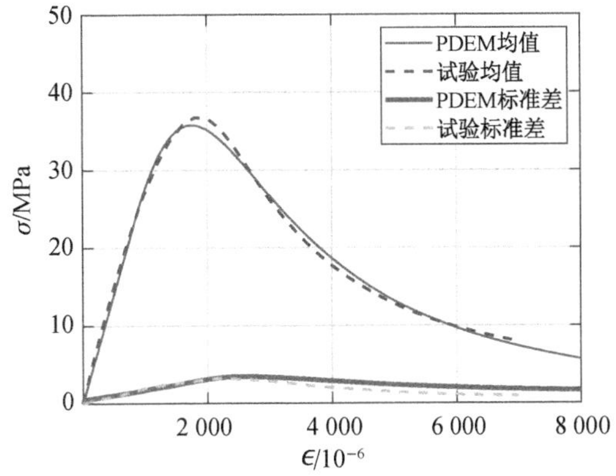

(c) C30 单轴受压

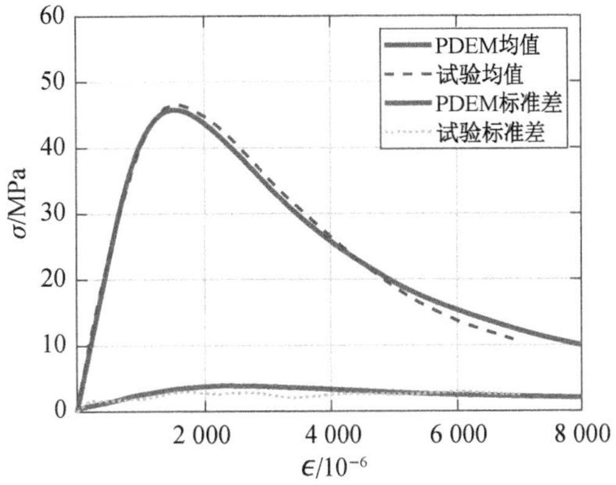

(d) C50 单轴受压

图 10.2.1　混凝土单轴试验均值、标准差与试验对比

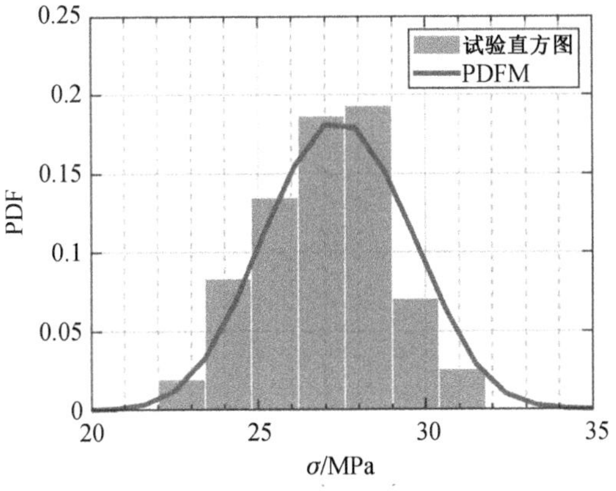

(a) $\epsilon=1\ 000\times10^{-6}$

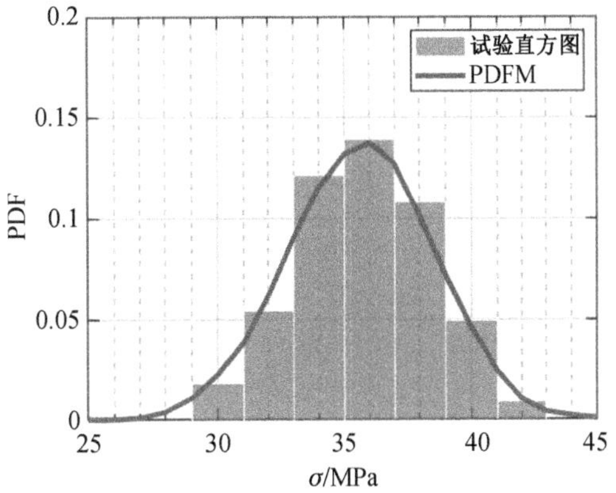

(b) $\epsilon=1\ 600\times10^{-6}$

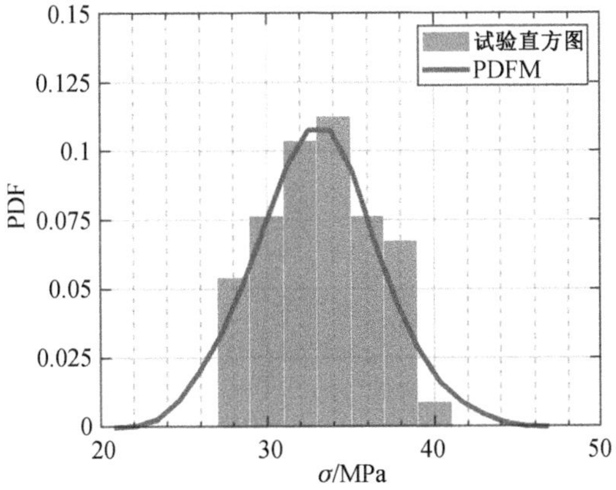

(c) $\epsilon=2\ 400\times10^{-6}$

图 10.2.2　应力概率密度函数与试验对比

双轴试验验证选用文献 Kupfer 等(1969)、赵人达等(1990)、过镇海(1997)、Lee 等(2004)、任晓丹(2006)等给出的混凝土标准试块双轴试验数据共 264 组。采用同样的方法对混凝土双轴受力性能进行预测,混凝土弹塑性随机损伤本构关系的参数取值见表 10.2.2。不同受力情况下,混凝土的双轴强度包络与试验结果对比如图 10.2.3 所示,不同应力比对应的概率密度函数与试验结果对比如图 10.2.4 所示。从图中可以发现,预测结果与试验结果吻合良好。由此证明:混凝土弹塑性随机损伤本构关系能准确地反映混凝土在多维受力状态下的随机性特征。

表 10.2.2　双轴试验的参数取值

λ^{-}	ζ^{-}	E_0/MPa	ξ_p^{-}	n_p^{-}	ω^{-}
7.418 4	0.247 6	3.25×10^4	0.39	0.45	86

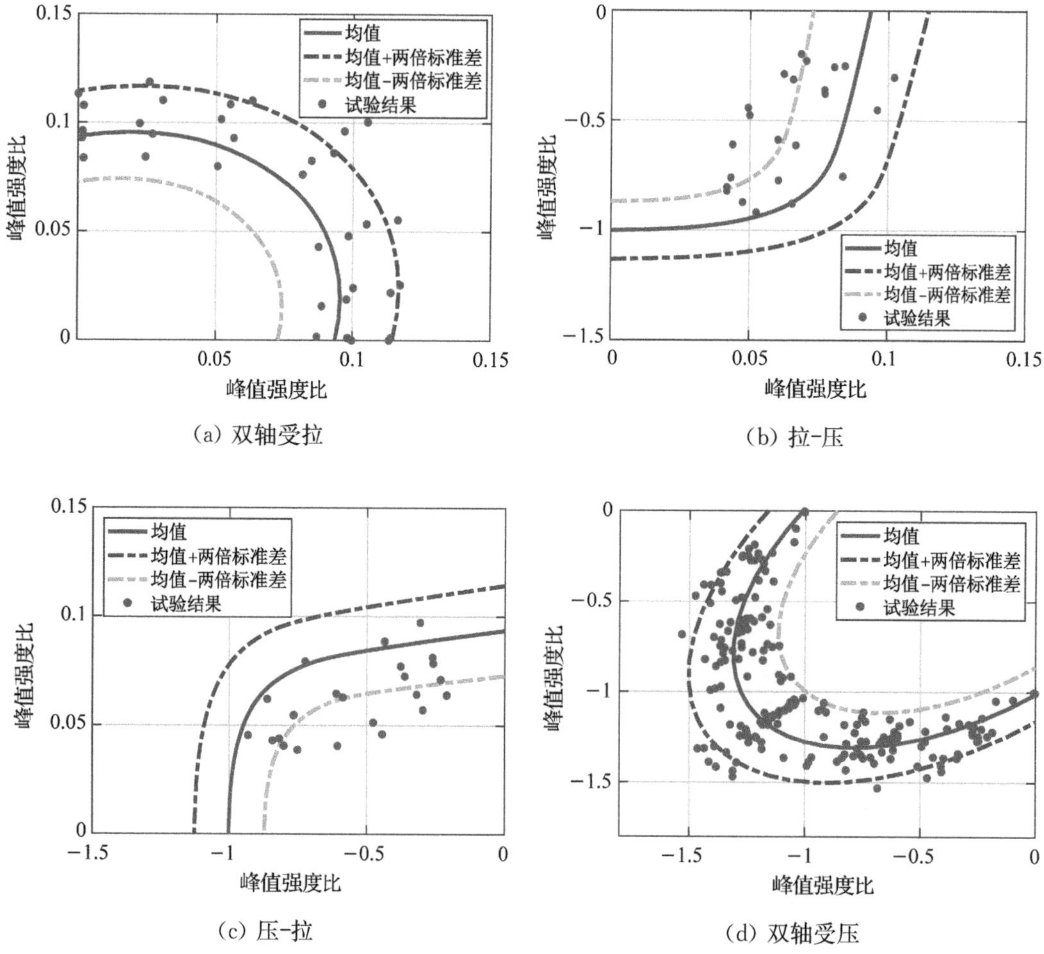

(a) 双轴受拉　(b) 拉-压

(c) 压-拉　(d) 双轴受压

图 10.2.3　混凝土双轴强度包络与试验对比

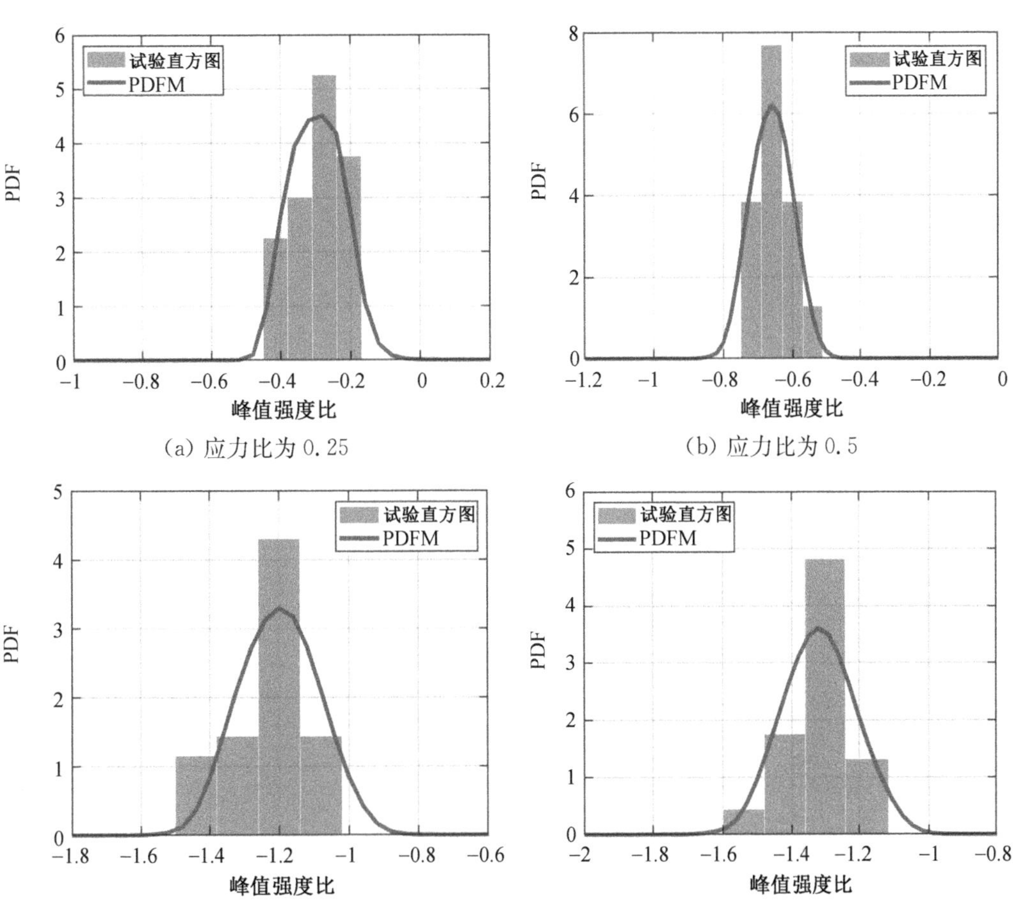

(a) 应力比为 0.25　　(b) 应力比为 0.5

(c) 应力比为 1.0　　(d) 应力比为 2.0

图 10.2.4　不同应力比对应的概率密度函数与试验对比

10.2.2　结构试验验证

结构层次的验证采用第 9 章中的钢筋混凝土框架随机非线性行为试验(Feng & Li, 2015)。框架的确定性分析模型采用本书第 5 章提出的增强型力插值纤维梁柱单元进行建模,材料本构关系则采用第 2～3 章建立的混凝土和钢筋本构模型。各个构件均采用 1 个单元进行模拟,每个单元设置 5 个积分点,建立的模型如图 10.2.5 所示。材性参数与第 9 章中材性试验均值结果一致。随机分析中,将钢筋材料参数和混凝土的受压材料参数设为随机变量,即钢筋的弹性模量 E_s、屈服强度 f_y,混凝土的抗压强度 f_c 及其对应的峰值应变 ϵ_c 四个随机变量,并通过牵连随机变量的方式确定混凝土的弹性模量 E_c 和抗拉强度 f_t,即

$$E_c = 5\,000\sqrt{f_c}, \quad f_t = 0.1 f_c \tag{10.13}$$

材料随机参数的分布形式假定为对数正态分布,参数的均值和变异系数如表 10.2.3 所示。考虑到混凝土材性试验仅仅进行了 6 个轴心受压应力-应变全曲线试验,混凝土参数的

变异系数依据先前的试验和研究选取以避免有偏估计。分析中,根据 GF 偏差选点策略选取 128 个代表点。

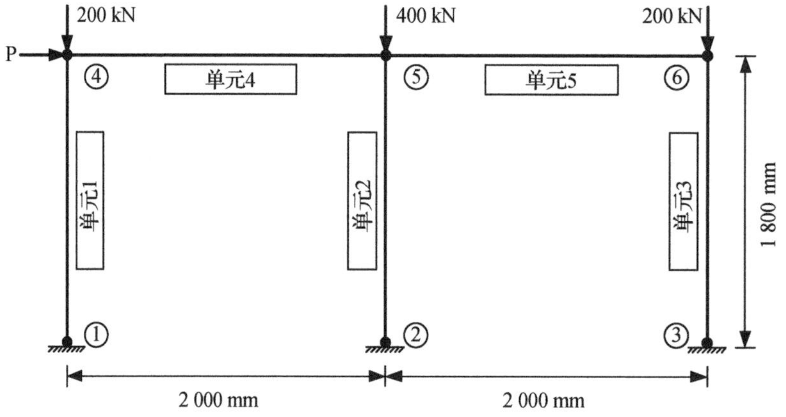

图 10.2.5 框架试验有限元模型

表 10.2.3 模型参数概率信息

随机变量	均值	变异系数	分布
混凝土抗压强度 f_c	36.1 MPa	15%	对数正态分布
混凝土峰值应变 ϵ_c	0.002	15%	对数正态分布
钢筋弹性模量 E_s	189 730 MPa	5%	对数正态分布
钢筋屈服强度 f_y	500 MPa	10%	对数正态分布

根据前述计算方法,计算得到的荷载-位移曲线与试验结果对比如图 10.2.6 所示。可以发现,PDEM 计算所得荷载-位移曲线的均值曲线、标准差曲线均与试验统计曲线吻合良好,说明 PDEM 在二阶统计意义上能够反映混凝土结构的随机非线性受力行为。同时,PDEM 还可以获得结构反应每个时刻的 PDF。图 10.2.6(b)即为水平反力在三个不同时刻的 PDF。从图中可以看出:初始加载阶段(框架顶层位移为 2 mm),结构处于线弹性阶段,水平反力的 PDF 峰值较大而分布区间较窄,这说明该时刻水平反力的变异性较小;塑性铰出现之后(框架顶层位移为 22 mm)和峰值荷载点附近(框架顶层位移为 39 mm),PDF 的形状变得不规则,并且随加载进程不断发生演化,这说明材料与结构之间存在复杂的随机性传递过程。结构的随机损伤演化引起了概率的转移和流动,导致了不同的结构行为,因而图中的 PDF 曲线变得不光滑,并出现多峰的现象。

基于 PDEM 计算所得框架柱柱底截面内力进程的均值曲线、标准差曲线与试验统计结果的对比见图 10.2.7。可见:除了左柱的弯矩,计算所得均值曲线与试验统计曲线吻合较好。同时,PDEM 的结果似乎低估了一些内力的变异性,如左柱和右柱的弯矩,这可能是计算中低估了材料随机变量的变异系数等造成的。

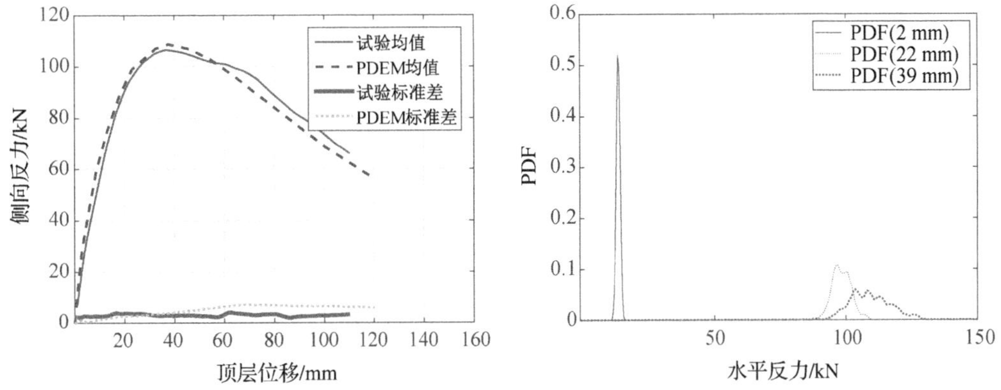

（a）荷载-位移曲线的均值与标准差　　（b）典型时刻的侧向水平反力概率密度分布

图 10.2.6　荷载-位移曲线的 PDEM 计算结果与试验对比

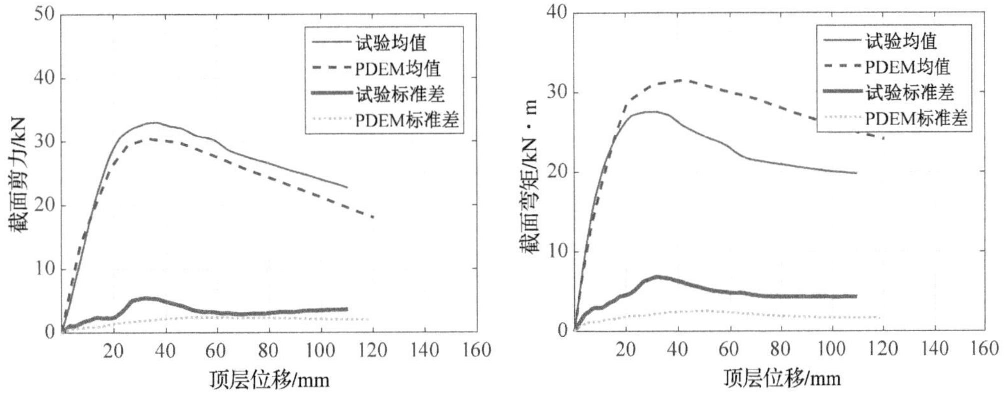

（a）左柱剪力　　（b）左柱弯矩

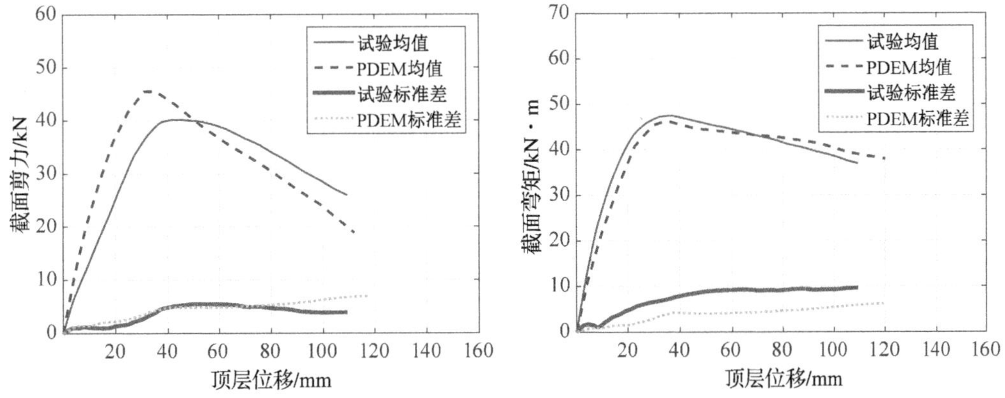

（c）中柱剪力　　（d）中柱弯矩

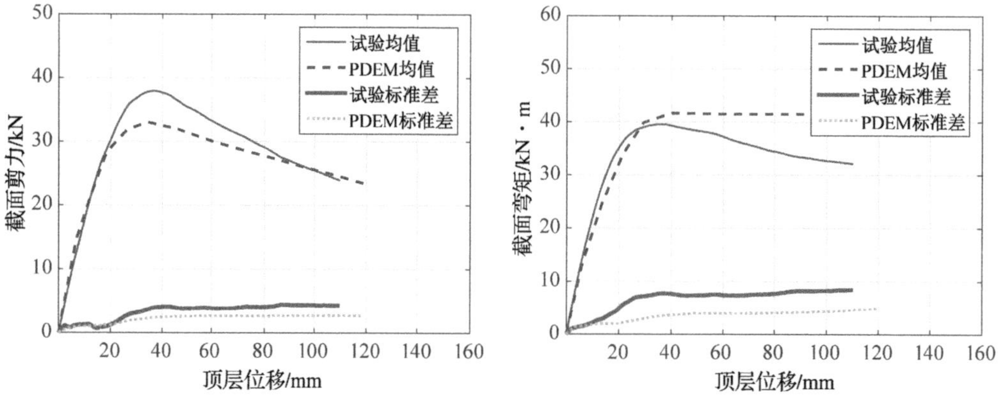

(e) 右柱剪力　　(f) 右柱弯矩

图 10.2.7　截面内力的 PDEM 计算结果与试验对比

截面内力的概率分布信息可见图 10.2.8，此处仅展示了中柱的内力结果。与荷载-位移曲线类似，初始加载阶段，内力的变异性较小，随着顶层位移的增加，内力的变异性增大且其 PDF 分布形状出现变化，同时，结构反应的随机演化过程并不是平稳的，而 PDEM 可以较好地把握这一进程。

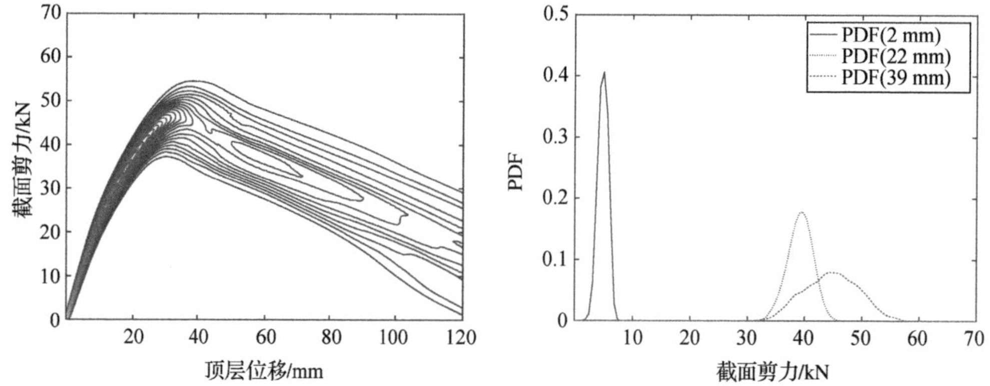

(a) 中柱剪力概率密度等值线　　(b) 中柱剪力典型时刻概率密度分布

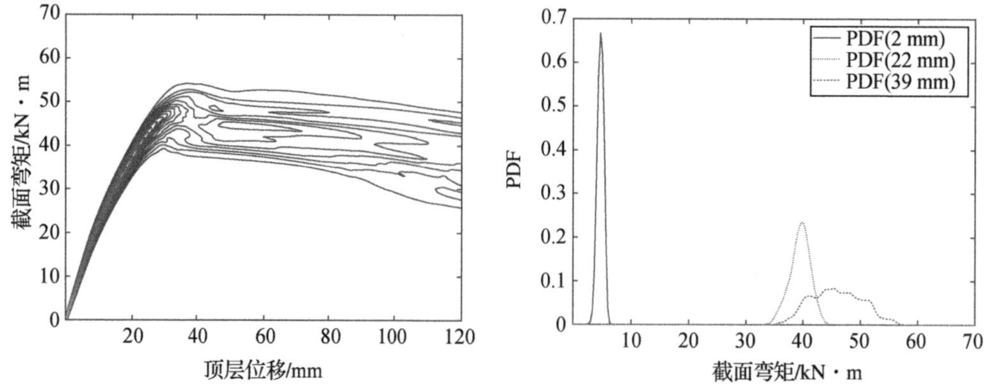

(c) 中柱弯矩概率密度等值线　　(d) 中柱弯矩典型时刻概率密度分布

图 10.2.8　截面内力的概率信息

10.3　考虑材料性质的空间变异性的混凝土结构随机行为分析

基于概率密度演化理论，可以方便地进行混凝土结构的随机行为分析。然而，一般的随机反应分析中均将混凝土结构视为由均质材料组成，忽略了混凝土材料性质的空间分布特性。实际分析算例表明，不考虑材料性质的空间变异性将导致失真的分析结果和不可接受的误差(Chen et al.，2018)。因此，本节通过随机场表征混凝土结构材料性质的空间变异性特征，并结合前述确定性分析方法和概率密度演化理论，考虑空间变异性对于结构随机行为的影响。

10.3.1　复杂混凝土结构的非规则随机场转换方法

从 10.1.3 节的随机场生成方法中可以看出，只要确定了均值和相关函数(或功率谱密度函数)，就可以很容易地得到随机场。显然，均值很容易确定，而相关函数的确定则相对困难。通常，随机场的相关函数属于基于经验的假设模型。一个常用的相关函数可以定义为

$$R(\boldsymbol{p},\boldsymbol{p}')=\exp\left(\frac{\|\boldsymbol{p}-\boldsymbol{p}'\|}{c}\right) \tag{10.14}$$

式中，$\|\cdot\|$表示点 $\boldsymbol{p}$ 到点 $\boldsymbol{p}'$的距离；c 是相关长度。

这一相关函数与物理直觉相吻合，即空间中点与点的关联程度随着距离的增加而减小。相关长度则为衡量空间变异性的尺度参数，即若相关长度足够大，则随机场完全相关，场的性质可以定义为一个随机变量。对于图 10.3.1(a)所示的常规平面空间域(或欧几里得域)，可用欧几里得距离 $d=\|\boldsymbol{p}-\boldsymbol{p}'\|=\sqrt{(x-x')^2+(y-y')^2}$ 作为点与点之间物理相关性的现实度量，其中(x,y)和(x',y')分别为点 $\boldsymbol{p}$ 和点 $\boldsymbol{p}'$的坐标。

然而，实际混凝土结构的几何构形往往比较复杂，并不是一个简单的规则平面空间，直接采用上述随机场生成方法并不能合理地描述空间中点与点之间的相关信息，因为在非平面非规则空间中，并不能通过式(10.14)来描述空间点的相关距离。非平面非规则空间往往可视为一个二维流形空间，其点与点之间的距离不能用欧几里得距离进行计算。如图 10.3.1(b)所示，一个非平面非规则空间中点 $\boldsymbol{p}$ 和点 $\boldsymbol{p}'$之间的内在相关距离不能用黑色虚线 d 来表示(欧几里得距离)，而应该用折线 g 来表示(测地线距离)，它被定义为穿过域表面的最短路径。因此，对于非平面非规则随机场建模，一个合理的途径是用测地线距离 g 代替式(10.14)中的 $d=\|\boldsymbol{p}-\boldsymbol{p}'\|$ 以描述相关函数。遗憾的是，由于非平面非规则空间的复杂性，很难直接建立测地线距离 g 的显式表达式，因此无法简单地通过距离替换的方式进行非平面非规则随机场的生成。

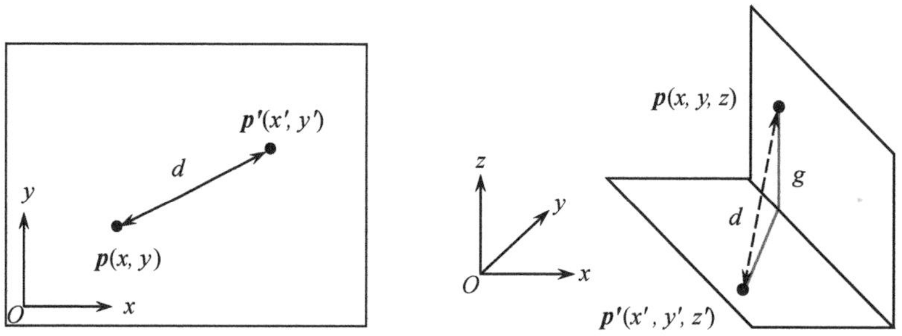

(a) 规则平面空间　　(b) 非平面非规则空间

图 10.3.1　不同空间中的距离说明

实际上，从另一个角度看，非平面非规则空间一般属于三维欧几里得空间中的二维流形空间，可通过降维方法将其转化为二维欧几里得空间，这样就可以直接应用常规的方法生成随机场。空间降维法的本质是降低数据的维度而保持主要特征不变，在各种降维方法中，等度量映射可以保持空间中任意两点之间的测地线距离不变。其具体实现可分为三步：首先利用流形在局部与欧氏空间同胚的性质，基于欧氏距离找出每个点的近邻点，将各点与其近邻点相连接构成带权邻域图，邻域图上每条边的权值即为其欧氏距离，邻域图中近邻点之间存在连接，而非近邻点之间不存在连接。然后，以邻域图为基础，通过计算任意两点之间的最短路径来近似两点之间的测地线距离。最后，将任意两点之间的测地线距离矩阵作为输入，通过经典的多维缩放算法实现数据降维，降维前任意两点之间的测地线距离与降维后相应点对之间的欧氏距离相等。

等度量映射的具体算法实现可见论文 Feng 等(2022)、Liang 等(2022)，此处不再展开。通过这一方法，可以建立一般非平面非规则空间的随机场两步模拟法，即非规则空间降维-规则空间随机场生成，与常规随机场生成方法结合(如 10.1.3 节中所述的 SHF)，可方便地实现复杂混凝土结构属性的随机场建模。

10.3.2　考虑材料性质的空间变异性的 U 形剪力墙随机行为分析

为了验证上述随机场生成模型的实用性，采用 4.3.2 节中的混凝土 U 形剪力墙反复加载试验作为案例，分析材料性质空间变异性对结构行为的影响。剪力墙的具体信息及有限元建模过程均与 4.3.2 节相同，并假定墙体中混凝土的抗压强度 f_{cm} 为随机场，而其他性能(如弹性模量 E_c 和抗拉强度 f_{tm})可根据我国《混凝土结构设计规范》(GB 50010—2010)中的下述公式计算

$$
\begin{aligned}
E_c &= \frac{10^5}{2.2+34.7/f_{cu,k}} \\
f_{cu,k} &= \frac{34.7}{10^5/E_c-2.2} \\
f_{cm} &= \frac{0.66 f_{cu,k}}{1-1.645\delta_c}
\end{aligned}
\tag{10.15}
$$

$$f_{\mathrm{tm}}=\frac{0.88\times0.395f_{\mathrm{cu,k}}^{0.55}(1-1.645\delta_{\mathrm{c}})^{0.45}}{1-1.645\delta_{\mathrm{c}}}\alpha_{\mathrm{c2}}$$

式中，$f_{\mathrm{cu,k}}$ 为混凝土抗压强度标准值；δ_{c} 为变异系数；α_{c2} 为脆性系数。在本例中，δ_{c} 和 α_{c2} 分别设为 0.15 和 0.9。

假设混凝土性质随机场的相关函数取为以下形式：

$$R_G(\boldsymbol{\tau})=\exp\left(\frac{\boldsymbol{\tau}}{c^2}\right) \tag{10.16}$$

式中，$\boldsymbol{\tau}$是距离向量；c 是相关长度。

根据前述两步模拟法，通过等度量映射将 U 形剪力墙映射为平面结构，并在此平面上利用 SHF 生成混凝土材料性质的随机场，最后将此随机场映射回原 U 形剪力墙。首先生成混凝土抗压强度 f_{cm} 的随机场，其均值为 40 MPa，变异系数为 0.15；然后根据式(10.15)生成 E_{c} 和 f_{tm} 的随机场。图 10.3.2 显示了相关长度为 0.5 m、1.0 m 和 2.0 m 的三个 f_{cm} 随机场的典型样本，可以看到，在整个墙几何域上，材料的抗压强度是随机分布的，并且不同相关长度下的样本呈现出不同的变异性。对于相关长度较小(0.5 m)的情况，整个墙体混凝土的抗压强度随机分布在 25 MPa 到 55 MPa 的范围内；而对于相关长度较大(2.0 m)的情况，在相当大的范围内墙体混凝土的抗压强度趋于接近，整体分布在 35 MPa 到 45 MPa 的范围内，这说明随机场的变异性高度依赖于相关长度，相关长度越小，变异性越大。

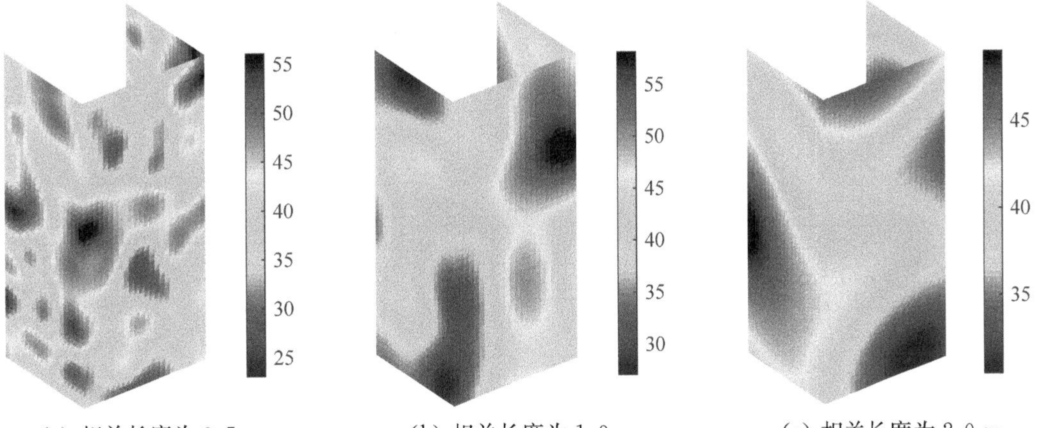

(a) 相关长度为 0.5 m　　(b) 相关长度为 1.0 m　　(c) 相关长度为 2.0 m

图 10.3.2　U 形剪力墙随机场生成

图 10.3.3 给出了三组相关长度下按数值方法分析的滞回曲线，每种情况下包含 200 个样本结果。可见，整体计算结果与试验结果定性一致。对于不同相关长度的样本，行为差异不显著。根据每个滞回环的面积，可以得到每个循环过程中耗散的能量，如图 10.3.4 所示。可以发现，对于不同相关长度的样本，耗散能量的均值几乎相同，而标准差和变异系数则随着相关长度的增加而增加。这表明相关长度越大的剪力墙，其样本的计算响应更离散。一般的随机分析不考虑材料参数的空间变异性，即对整个墙体采用同一随机参数进行模拟，这将高估墙体响应的变异性。

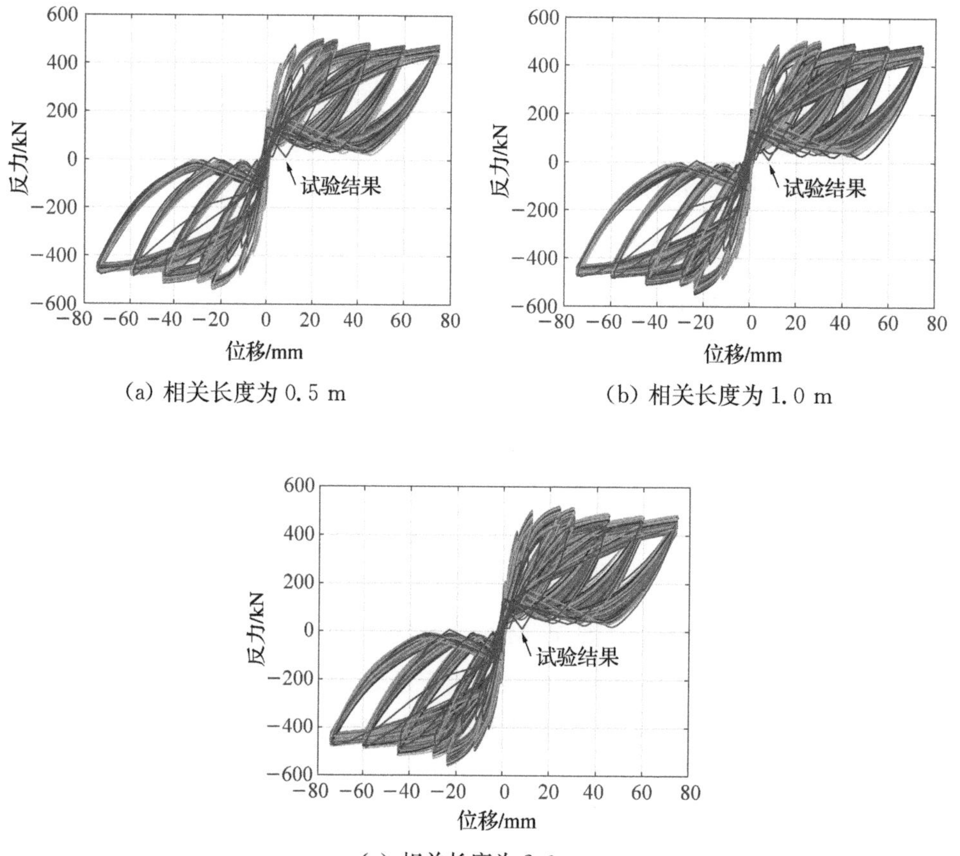

图 10.3.3　U形剪力墙滞回曲线

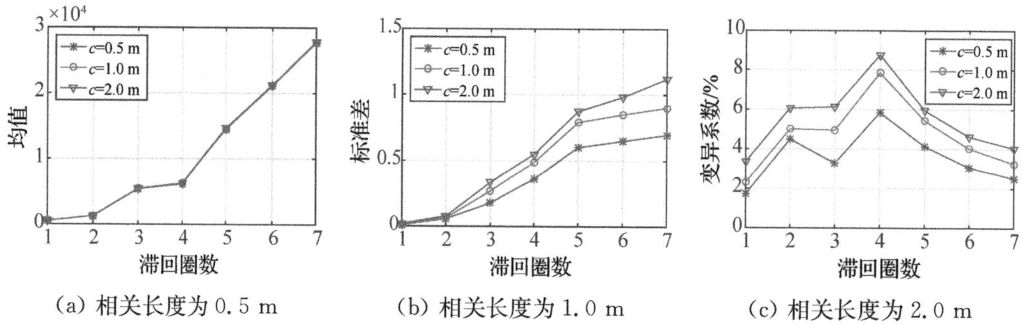

图 10.3.4　不同相关长度的剪力墙能量耗散概率信息

图 10.3.5 给出了 200 个样本的剪力墙底角部 2 个单元(分别称之为 A 单元和 B 单元)的受压损伤演化结果。由于当加载增加到下一个循环时，损伤才会增加，因此曲线中的每一个平台段都代表了一个循环加载期间的损伤行为。与滞回曲线结果不一样的是，即使在较小的相关长度下，单元层次的损伤演化也会有较大的变化，这可能是因为相关长度表征了材料性质的空间变异性，因此相关长度越小，单元间的差异越大。然而，这种差异将通过较小

的相关长度在整个空间域平均。此外，还可以发现不同单元的损伤演化是不同的，有的单元受压损伤小于 1，表示单元没有压坏；有的单元受压损伤达到 1，这意味着单元已经被压碎了。图 10.3.6 为三个不同的随机样本的失效状态，可以看到，同一个墙体会出现不同的损伤模式，墙体损坏的部位可能发生在墙体底部，也可能发生在墙体底部向上的第二层或者第三层单元。这也说明虽然确定性的分析可以捕捉到一些典型的响应特征，但是可能并不能完全表征结构的失效模式，进行考虑空间变异性的随机分析是很有必要的。

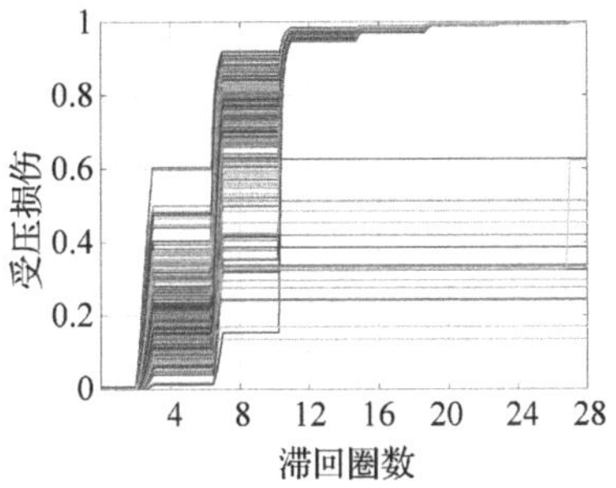

(a) A 单元(相关长度为 0.5 m)

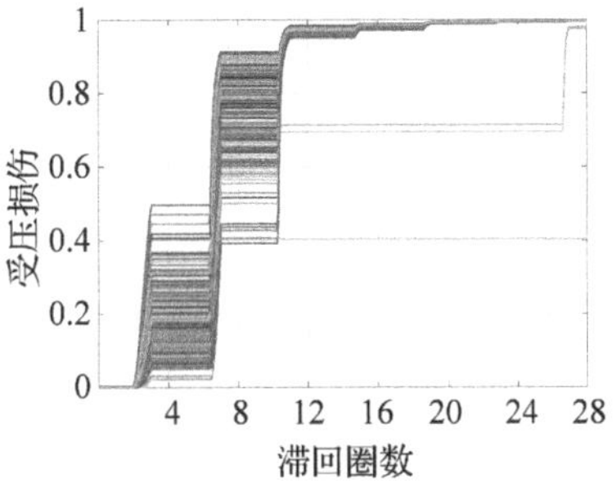

(b) A 单元(相关长度为 1.0 m)

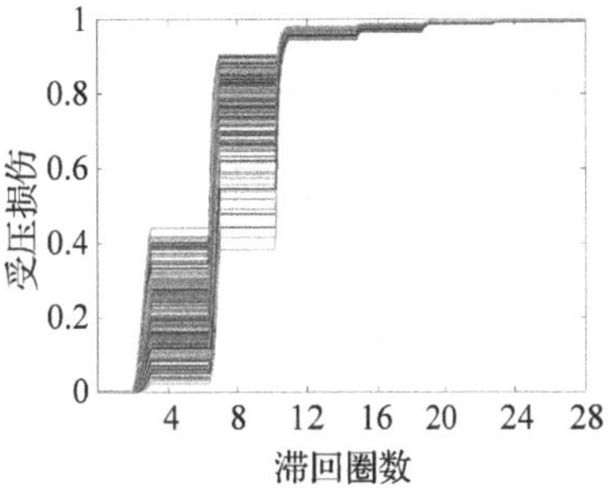

(c) A 单元(相关长度为 2.0 m)

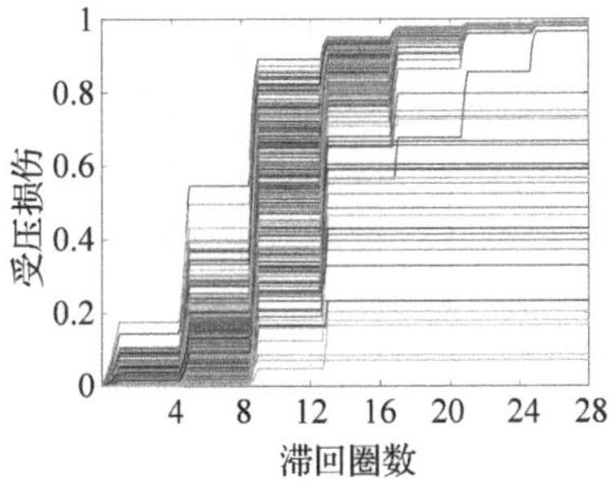

(d) B 单元(相关长度为 0.5 m)

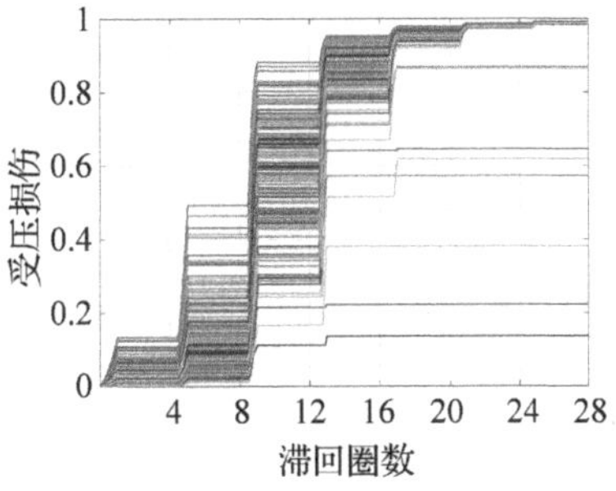

(e) B 单元(相关长度为 1.0 m)

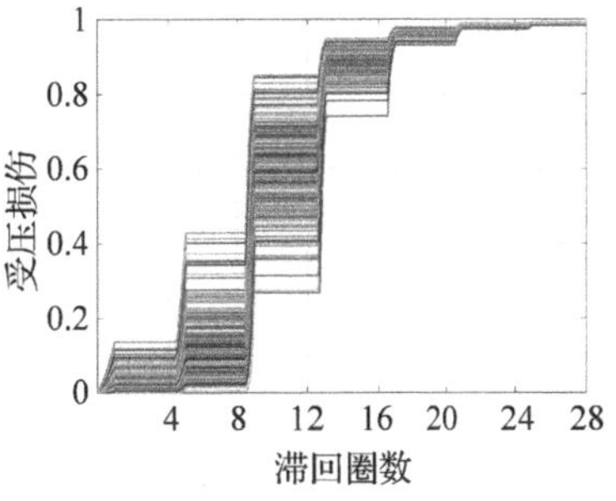

(f) B 单元(相关长度为 2.0 m)

图 10.3.5　墙体不同角部单元耗能曲线

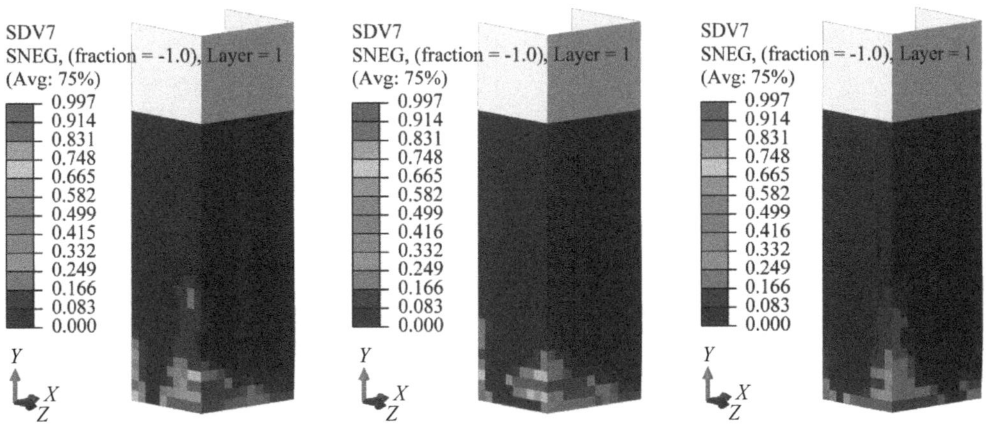

图 10.3.6　三个不同样本的受压损伤分布图

10.4 考虑时变退化效应的结构全寿命抗力分析

在其服役期内，混凝土结构会受到环境作用的影响。在一些侵蚀性环境中，氯离子的渗透（沿海环境）或混凝土保护层的碳化（内陆环境）都会引起钢筋锈蚀，从而导致结构性能退化。这种环境作用导致的性能退化效应是随时间发展的，且具有显著的随机性。因此，需要建立同时反映锈蚀效应的时间和空间变异性概率模型，进行结构的随机反应分析（Feng et al.，2021）。

10.4.1 锈蚀导致退化效应的时空概率建模

10.4.1.1 锈蚀效应的时间发展过程

钢筋的锈蚀效应主要是由于空气中氯离子侵入或混凝土碳化破坏了钢筋表面的钝化膜，随之钢筋与其他成分发生化学反应，从而发生锈蚀。这两种情景下的锈蚀效应触发条件和演化过程均有显著区别，本节考虑沿海环境混凝土结构由于氯离子侵入导致的锈蚀。该情景下，钢筋的锈蚀可分为三个阶段：首先，氯离子扩散进入混凝土保护层，接触钢筋表面破坏钝化层，导致钢筋锈蚀；然后，混凝土因钢筋锈蚀产生的锈胀物膨胀而开裂，氯离子扩散途径增加，钢筋锈蚀速度加快；最后，混凝土裂缝开展到一定地步后侵蚀发展充分，锈蚀效应逐渐减弱。在此过程中有两个关键因素：钢筋的锈蚀起始时间（即氯离子何时侵入钢筋表面）和钢筋锈蚀深度。本节采用 Choe 等（2008）提出的概率模型确定钢筋锈蚀起始时间 T_0（单位：年），即

$$T_0 = X_{\mathrm{I}}\left\{\frac{d_c^2}{4k_e k_t k_c D_0 t_0^n}\left[\mathrm{erf}^{-1}\left(\frac{C_s - C_{cr}}{C_s}\right)\right]^{-2}\right\}^{\frac{1}{1-n}} \tag{10.17}$$

式中，X_{I} 为模型不确定因素；d_c 为混凝土保护层厚度；D_0 为扩散系数；k_e、k_t 和 k_c 分别为考虑环境、试验和养护时间影响的参数；$t_0=28$ 为参考时间点；n 为老化因子；C_s 和 C_{cr} 分别为表面氯离子浓度和临界氯离子浓度；$\mathrm{erf}^{-1}(\cdot)$ 为高斯误差函数。上述参数除 t_0 外均为随机参数，其取值的平均值和标准差均可见文献 Choe 等（2008）。

对于钢筋锈蚀深度的确定，则需要根据服役时间 t 和钢筋的锈蚀速率计算（Choe et al.，2009），钢筋锈蚀速率 $r_{cr}(t)$ 随时间变化，即（Choe et al.，2008）

$$r_{cr}(t) = 0.85 r_{cr,0}(t - T_0)^{-0.29} \tag{10.18}$$

式中，$r_{cr,0}$（单位为 $\mu A/cm^2$）为锈蚀开始时的腐蚀电流密度，表示为

$$r_{cr,0} = \frac{37.8(1 - w/c)^{-1.64}}{d_c} \tag{10.19}$$

式中，w/c 为水灰比。

对式（10.18）进行积分，可得到钢筋锈蚀深度 $e_{cr}(t)$，即

$$e_{cr}(t)=0.0116\int_{T_0}^{t} r_{cr}(t)\mathrm{d}t=\frac{0.5249(1-w/c)^{-1.64}}{d_c}(t-T_0)^{0.71} \tag{10.20}$$

式中，系数 0.011 6 为从 $\mu A/cm^2$ 到 mm/a 的单位换算系数。显然，利用式(10.18)—式(10.20)，可以计算结构开始锈蚀后任意服役期内的钢筋锈蚀程度。

10.4.1.2 锈蚀效应的空间分布状态

实际结构中，锈蚀效应不仅随时间变化，还会同时沿构件空间分布。因此，需要在分析中考虑锈蚀分布的空间变异性。Dizaj 等(2018)提出了一种考虑钢筋混凝土结构空间锈蚀效应的方法，该方法直接为有限元模型中所有积分点生成独立样本，虽然简单易行，但没有坚实的理论基础。Stewart(2004)、Stewart 和 Al-Harthy(2008)采用随机场来考虑梁构件的锈蚀空间变异性，更接近实际情况，本节采用这一思路，并结合 10.1.3 节中介绍的 SHF 模拟锈蚀随机场。

钢筋锈蚀一般沿构件长度方向分布，可视为一维随机场 $Y(x)$。根据 Stewart 和 Mullard(2007)的研究，锈蚀分布服从高斯相关函数，相关长度在 1.0 m—3.0 m 之间，通常取 2.0 m。根据该方法生成构件的随机场后，可将受力单元的每个积分点赋予不同的材料特性。

10.4.2 考虑锈蚀退化的结构损伤分析方法

锈蚀效应会导致钢筋、混凝土的材料性能退化，并破坏钢筋与混凝土之间的粘结性能，从而降低结构承载力(Biondini & Vergani，2015)。锈蚀退化效应的程度通常由钢筋的质量损失决定，而质量损失与钢筋锈蚀深度有关。本节介绍如何在损伤模拟中考虑不同材料的退化效应。

10.4.2.1 锈蚀对钢筋性能的影响

锈蚀对钢筋性能的影响可以分为三个方面：钢筋截面面积的损失、钢筋强度的降低和钢筋延性的降低。锈蚀一般分为均匀锈蚀和坑蚀。均匀锈蚀通常在碳酸作用或低至中等浓度的氯化物作用下发生，而坑蚀主要在氯化物作用下发生。坑蚀的精细化建模相对复杂，这里采用简单的均匀锈蚀模型计算时变退化效应。考虑到坑蚀会导致钢筋的应力集中，所以通过降低钢筋的延性来反映坑蚀效应(Biondini & Frangopol，2017；Deng et al.，2018)。

锈蚀开始后(即 $t>T_0$)，根据钢筋锈蚀深度 e_{cr}，可以计算随时间变化的钢筋截面平均损失面积，即

$$A_s(t)=\frac{\pi}{4}[d_0-2e_{cr}(t)]^2 \tag{10.21}$$

式中，d_0 为未锈蚀钢筋直径。

t 时刻钢筋的质量损失 Q_{cr} 为

$$Q_{cr}(t)=\frac{A_s|_{t=0}-A_s(t)}{A_s|_{t=0}} \tag{10.22}$$

因此，锈蚀导致的钢筋刚度和强度的损失可用以下公式计算（Du et al.，2005）

$$\begin{aligned} E_s(t) &= (1-100\times\alpha_E Q_{cr})E_{s0} \\ f_y(t) &= (1-100\times\alpha_y Q_{cr})f_{y0} \\ f_u(t) &= (1-100\times\alpha_u Q_{cr})f_{u0} \end{aligned} \tag{10.23}$$

式中，$E_s(t)$、$f_y(t)$、$f_u(t)$分别为锈蚀钢筋的弹性模量、屈服强度和极限强度；E_{s0}、f_{y0} 和 f_{u0} 分别为未锈蚀钢筋的弹性模量、屈服强度和极限强度；$\alpha_E=0.0075$，$\alpha_y=0.005$，$\alpha_u=0.005$ 是经验参数。

同理，钢筋的延性损失也可以用极限应变的指数折减模型表示（Biondini & Vergani，2015），即

$$\epsilon_u(t)=\begin{cases}\epsilon_{u0} & 0<Q_{cr}\leqslant 0.016\\ 0.1521Q_{cr}^{-0.4583}\epsilon_{u0} & 0.016<Q_{cr}\leqslant 1.0\end{cases} \tag{10.24}$$

式中，$\epsilon_u(t)$和ϵ_{u0} 分别为锈蚀钢筋和未锈蚀钢筋的极限应变。

上述锈蚀钢筋和未锈蚀钢筋的应力-应变关系对比如图 10.4.1 所示。

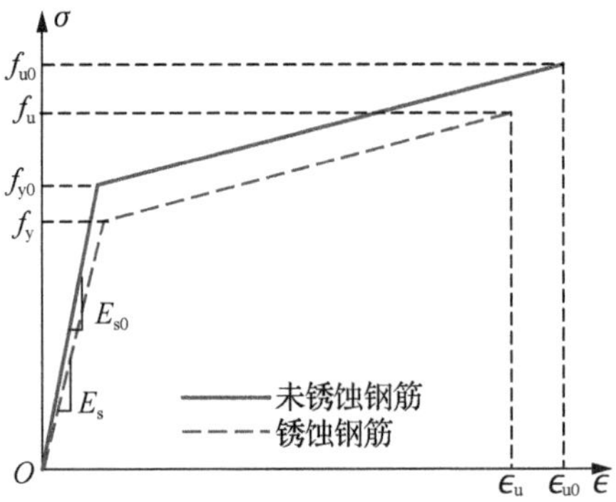

图 10.4.1　锈蚀和未锈蚀钢筋性能

10.4.2.2　锈蚀对混凝土性能的影响

锈蚀对混凝土性能的影响包括对保护层混凝土性能的影响和核心混凝土性能的影响。对于保护层混凝土，钢筋锈蚀产生锈胀物导致体积增大，进而引起保护层混凝土开裂剥落。这种现象可以通过降低保护层混凝土的强度来表示（Coronelli & Gambarova，2004），即

$$f_c=\frac{f_{c0}}{1+k(\epsilon_1/\epsilon_{c0})} \tag{10.25}$$

式中，f_c 为保护层混凝土的折减强度；f_{c0} 为保护层混凝土的原始抗压强度；k 是由钢筋直径和粗糙度决定的系数，对于中等直径的钢筋，推荐值为 0.1；ϵ_{c0} 为混凝土抗压强度对应的应变；ϵ_1 为开裂混凝土的极限拉应变，可表示为

$$\epsilon_1=n_c w_{cr}/b_0 \tag{10.26}$$

式中，b_0 为混凝土截面的初始宽度；n_c 为钢筋数量，w_{cr} 为各钢筋的平均裂缝宽度，在均匀锈蚀下可采用不同的模型，这里采用（Du et al.，2005）：

$$w_{cr}=2\pi(v_{rs}-1)e_{cr}(t) \tag{10.27}$$

式中，v_{rs} 为锈蚀产物引起的体积膨胀比，设为 2.0。

而对于核心混凝土，由于箍筋等横向钢筋的锈蚀，约束作用减小，核心混凝土的强度和延性随之降低。为了反映这一现象，本节采用 3.2 节中提出的箍筋约束模型计算核心混凝土的材料性能，并将计算中涉及的横向钢筋参数替换为式（10.23）—式（10.24）计算所得的锈蚀钢筋参数。

锈蚀和未锈蚀的保护层混凝土和核心混凝土性能对比如图 10.4.2 所示。

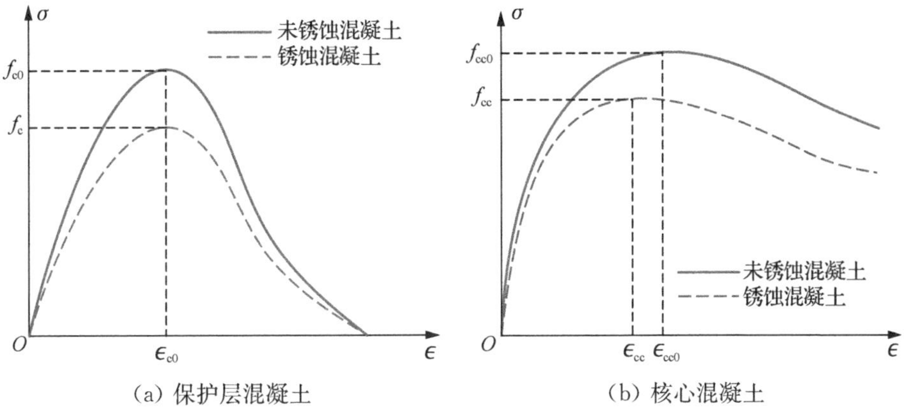

图 10.4.2　锈蚀和未锈蚀混凝土性能

10.4.2.3　锈蚀对粘结滑移性能的影响

混凝土与钢筋之间的粘结滑移效应同样会受到锈蚀的影响而发生退化。本书 6.1.3 节中指出，对于滑移敏感区的钢筋，可以将其变形分解为自身变形和滑移量之和，并基于此计算等效的钢筋应力-应变关系。本节同样采用这一方式，但使用如下公式简化计算屈服滑移(Zhao & Sritharan，2007)，并将所涉及的材料参数替换为上述考虑锈蚀后的材料参数，即

$$s_y=2.54\left[\frac{d_b f_y}{8\,437\sqrt{f_c}}(2a+1)^{1/a}\right]+0.34 \tag{10.28}$$

式中，d_b 为钢筋直径；a 为局部粘结滑移关系中应用的系数，可取 0.4。

相关文献(Zhao & Sritharan，2007)给出了以下公式来估计极限强度下的滑移量

$$s_u=30-40s_y \tag{10.29}$$

这里取 $s_u=35s_y$。

锈蚀前后的粘结性能对比如图 10.4.3 所示。

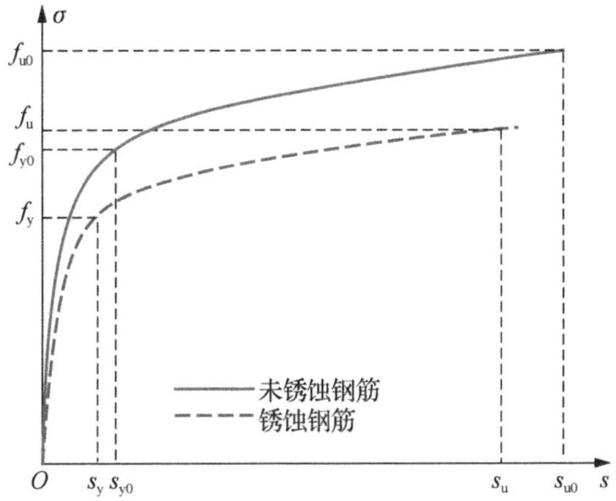

图 10.4.3　锈蚀前后的粘结性能

10.4.3 钢筋混凝土框架的全寿命抗力分析

在上述基础上,本节通过某 5 层钢筋混凝土框架结构的抗连续倒塌分析具体研究混凝土结构全寿命抗力演化规律。该结构设计使用寿命为 50 年,混凝土保护层厚度为 30 mm。楼面和屋面的恒荷载设计值分别为 5.0 kN/m^2 和 7.0 kN/m^2,而活荷载均为 2.0 kN/m^2。结构具体尺寸和配筋信息如图 10.4.4 所示,采用 C40 等级混凝土,抗压强度为 26.8 MPa,钢筋屈服强度为 450 MPa。

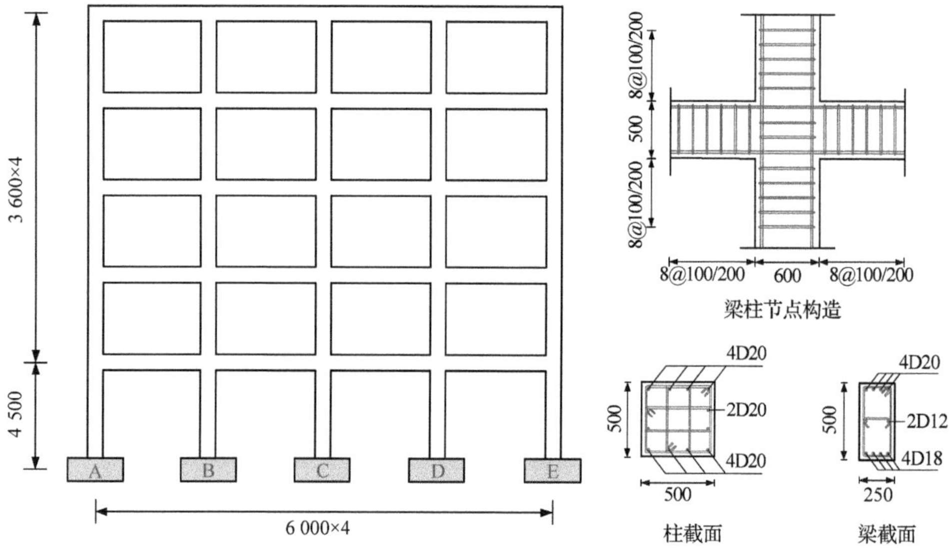

图 10.4.4 5 层钢筋混凝土框架原型结构(单位:mm)

结构有限元建模采用与 7.3.1 节中类似的方式:基于纤维梁单元建立该框架的有限元模型。

10.4.3.1 时空不确定性参数

结构在寿命期内的不确定性主要源于结构性能(如材料性能、几何尺寸)、施加荷载、锈蚀发展过程、锈蚀空间分布等因素。本例分析中,设置了 11 个结构性能随机参数(表 10.4.1)、3 个荷载随机参数(表 10.4.2),并将锈蚀概率模型式(10.17)中的参数设为随机变量(表 10.4.3),表面和临界氯化物浓度 C_s 和 C_{cr} 则设为空间高斯随机场。为简便计算,将混凝土力学参数处理为随机变量,而非随机场。但由于锈蚀分布考虑为随机场,其引起的材料性能退化也同样为空间分布。根据相关文献(Choe et al.,2008;Stewart,2009),C_s 和 C_{cr} 一维分布的均值和变异系数分别为(0.9,0.17)和(1.283,0.45),采用 18 个随机变量的 SHF 表示随机场(表 10.4.4)。最终,合计确定 37 个参数作为随机变量,以充分反映不同的不确定性来源。这些参数的统计信息均参考以往的相关研究确定(Yu et al.,2016;Mirza & MacGregor,1979b,a;Ellingwood,1980)。此外,由于缺乏准确有效的方法描述不同随机参数之间的关系，因此假定所有的参数都是相互独立的。

表 10.4.1　结构随机变量

类型	随机变量	均值	变异系数	分布
几何尺寸	混凝土保护层	30 mm	1%	正态分布
	钢筋 D20 直径	20 mm	4%	正态分布
	钢筋 D18 直径	18 mm	4%	正态分布
	钢筋 D12 直径	12 mm	4%	正态分布
材料属性	混凝土抗压强度	26.8 MPa	18%	正态分布
	混凝土峰值应变	0.002	15%	对数正态分布
	混凝土抗拉强度	2.68 MPa	18%	正态分布
	钢筋弹性模量	200 000 MPa	3.3%	正态分布
	钢筋屈服强度	450 MPa	9.3%	β 分布
	钢筋极限强度	700 MPa	8%	β 分布
	钢筋断裂应变	0.12	15%	对数正态分布

表 10.4.2　荷载随机变量

类型	随机变量	均值	变异系数	分布
恒/活荷载	楼面恒荷载	5 kN/m^2	10%	正态分布
	屋面恒荷载	7 kN/m^2	10%	正态分布
	楼面/屋面活荷载	2 kN/m^2	40%	β 分布

表 10.4.3　锈蚀时变过程随机变量

随机变量	均值	变异系数	分布
建模不确定性因素 $X_{\rm I}$	1.0	5%	对数正态分布
环境因素 $k_{\rm e}$	0.676	17%	γ 分布
测试的修正系数 $k_{\rm t}$	0.832	3%	正态分布
参考扩散系数 D_0	473	10%	正态分布
老化因子 n	0.362	68%	β 分布

表 10.4.4　锈蚀空间分布随机变量

随机变量	下界	上界	分布
随机频率	k^j	k^{j+1}	均匀分布
随机相位角	0	2π	均匀分布

注：$j=1,2,\cdots,9$；$k_j=(j-1)\times100\times\pi/72$。

通过基于 GF 偏差的优化选点方法(Chen et al.,2016),生成 800 个代表点,并据此剖分概率空间,进行概率密度演化分析。分析中,首先用锈蚀随机场样本以及表 10.4.3 中的锈蚀参数计算 t 时刻的锈蚀深度和质量损失空间分布,然后用质量损失修正表 10.4.1 中列出的结构参数,以反映锈蚀引起的退化效应。显然,随着锈蚀效应的空间扩散,更新后的结构参数也是空间分布的。

10.4.3.2 全寿命抗力及结构抗倒塌可靠性分析

利用抽柱法进行结构的连续倒塌性能分析。由于 A 柱是整个体系中最关键的构件,因此抽除 A 柱模拟结构的连续倒塌行为。初始服役状态($t=0$)下结构随机响应按 PDEM 和蒙特卡罗(MCS)分析(10 000 个样本)的结果对比如图 10.4.5 所示。可见,两种方法下的结构抗力曲线的均值和标准差吻合良好,表明 PDEM 能正确地计算连续倒塌下结构响应的统计矩和结构抗力累积分布函数(CDF),即 PDEM 能够有效地获得结构响应的全部概率信息。

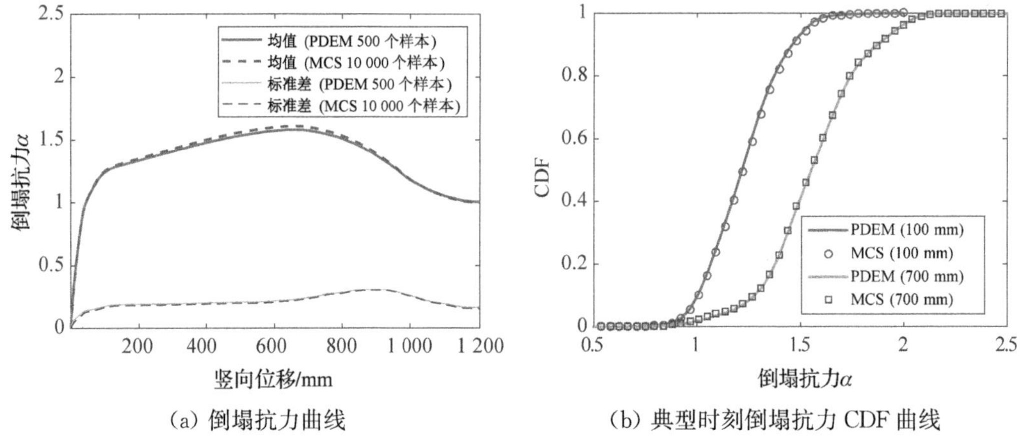

图 10.4.5 PDEM 与 MCS 结果对比

表 10.4.5 腐蚀起始时间

假设	缩写	统计结果		
		均值/年	标准差/年	变异系数
确定性过程且均匀分布锈蚀	时空确定	7.206	—	—
随机性过程但均匀分布锈蚀	时间不确定	8.039	3.286	0.409
确定性过程但空间分布锈蚀	空间不确定	8.916	4.027	0.452
随机性过程且空间分布锈蚀	时空不确定	9.930	6.114	0.616

根据锈蚀过程(时间域)和锈蚀空间分布(空间域)的不确定性,比较分析了四种不同的锈蚀建模假设,详细描述如表 10.4.5 所示,根据不同建模策略计算的锈蚀起始时间见表 10.4.5。从表中可以看出,时、空不确定性均会延迟锈蚀起始时间。同时考虑时间和空间的不确定性,则锈蚀起始时间均值从确定性假定条件下的 7.2 年变为 9.9 年。然而,由于

包含了更多的随机特征，锈蚀起始时间的变异性会变大，即在随机性影响下，具体样本的锈蚀起始时间可能远远早于确定性假设条件下的锈蚀时间！

基于 PDEM 方法得到的不同服役时间的结构连续倒塌抗力曲线如图 10.4.6 所示。注意到该结构设计使用寿命为 50 年，因此，图中给出了 0—50 年内结构的抗力曲线均值和标准差结果。显然，结构的连续倒塌抗力以及相应的竖向位移均会因锈蚀带来的退化效应而显著降低。事实上，就此例而言，结构抗力退化在 0—10 年间较小，而在 20—40 年间显著增大，最后在 40—50 年间又变小。这可能是钢筋的延性退化采用了指数型衰减模型导致的，因为结构抗连续倒塌的能力最终取决于纵筋拉结提供的“悬链线效应”。

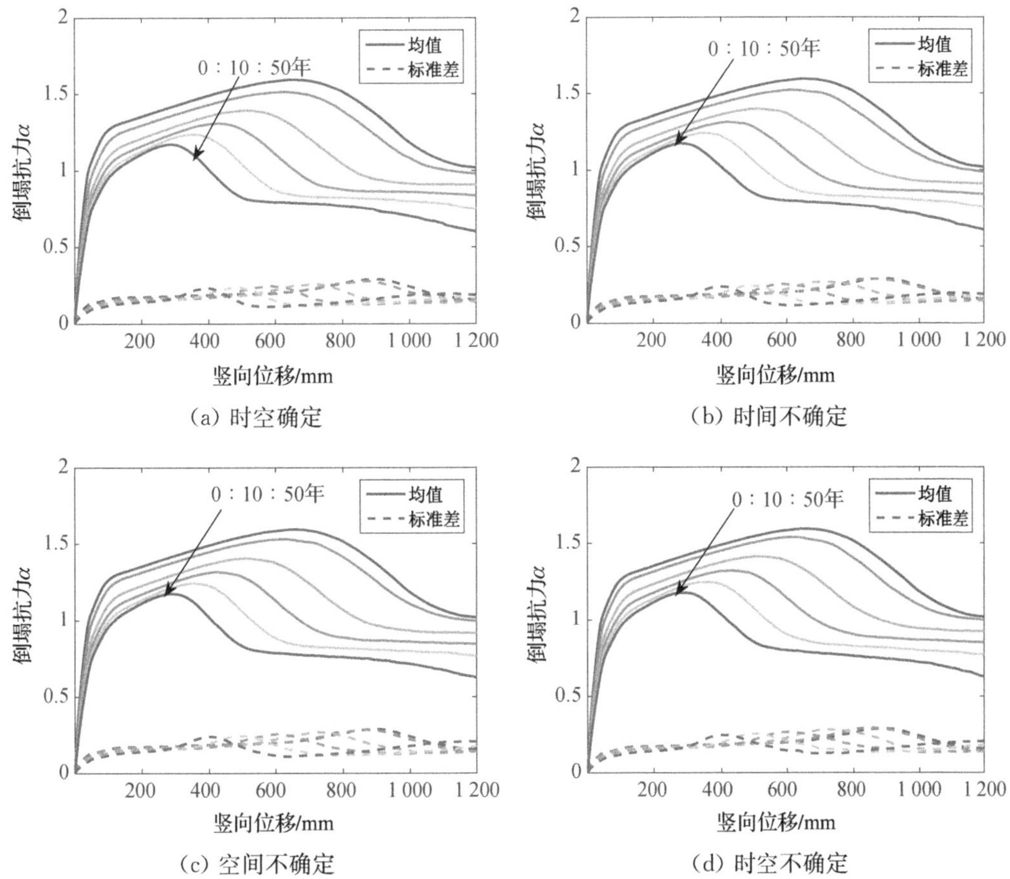

图 10.4.6　不同服役时间的倒塌抗力曲线

另外，不同的锈蚀模型假设所造成的差异较小。图 10.4.7 比较了四种建模假设在结构使用 20 年和 40 年后的结果，显然差异不大。确定性锈蚀的抗力结果最小，而考虑锈蚀时空不确定的情况抗力最高，说明不考虑锈蚀时空不确定性会低估结构抗连续倒塌能力。

通过 PDEM 还可以得到结构连续倒塌抗力的极值(α_{max})PDF，如图 10.4.8 所示。对于前述四种建模假设，α_{max} 的 PDF 值随时间变化而变化。事实上，随着时间的推移，其均值减小、分布范围变窄，表明锈蚀引起的退化效应使连续倒塌抗力均值和变异性均有所降低。同时，从不同锈蚀建模方法在不同服役时间下的 PDF 可以看出，四个假设之间的差异先大(10—30 年)然后变小(40—50 年)。这是因为在锈蚀早期，退化效应的变异性较大；而在锈蚀严重阶段，锈蚀效应在时间和空间上都已经充分发展，变异性相对较小。

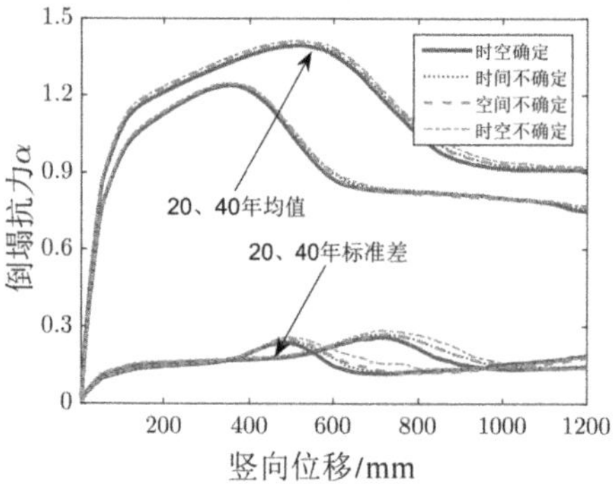

图 10.4.7　不同锈蚀效应假设结果对比

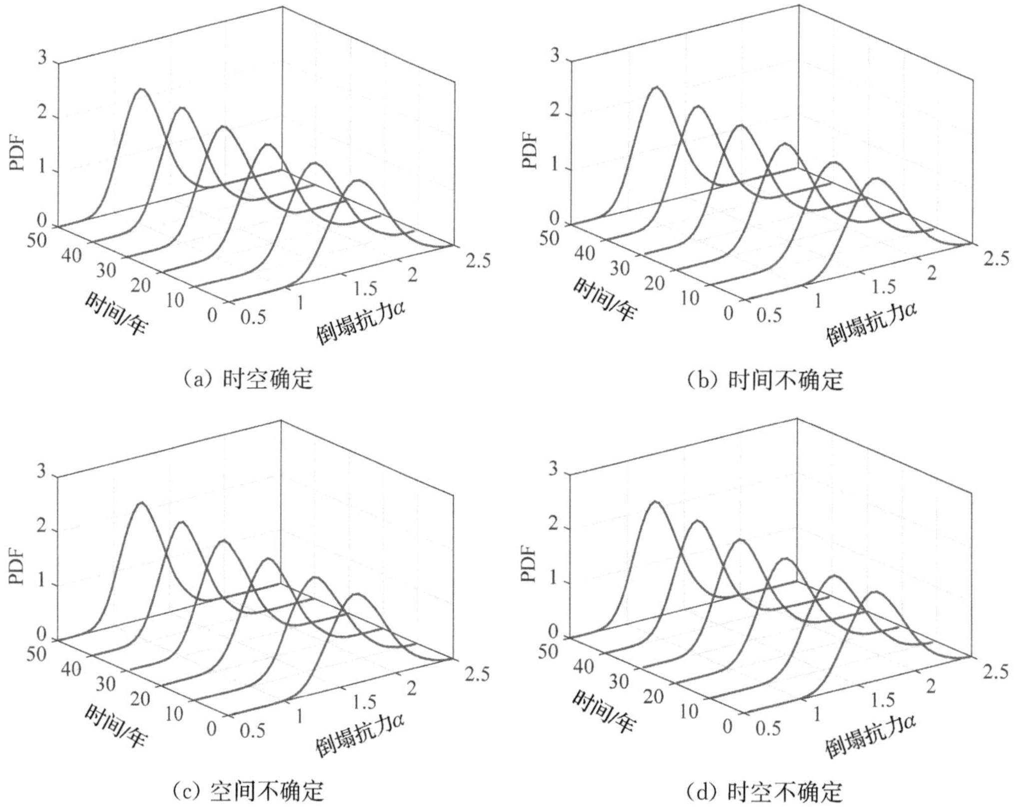

(a) 时空确定　(b) 时间不确定

(c) 空间不确定　(d) 时空不确定

图 10.4.8　不同服役时间的倒塌抗力 PDF 曲线

图 10.4.9 给出了不同建模假设的 CDF 结果。若将结构可以承受 1.22 倍的重力荷载作为安全阈值(即 $\alpha_{\max}^{0}=1.22$)，则可计算出结构考虑连续倒塌场景时的时变可靠度。图 10.4.10 给出了不同服役年限结构失效概率和可靠度的发展过程，表 10.4.6 给出了具体

数值。可见:随着使用时间的增加,结构失效概率增大,可靠性降低;确定性锈蚀条件下的结构可靠性低于随机性锈蚀条件下的结构可靠性。

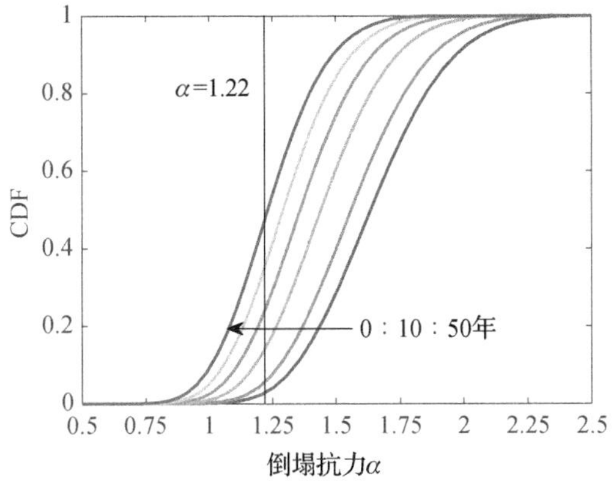

(a) 时空确定

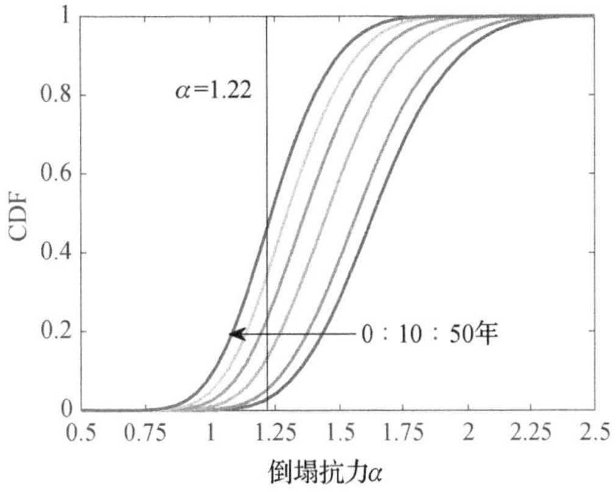

(b) 时间不确定

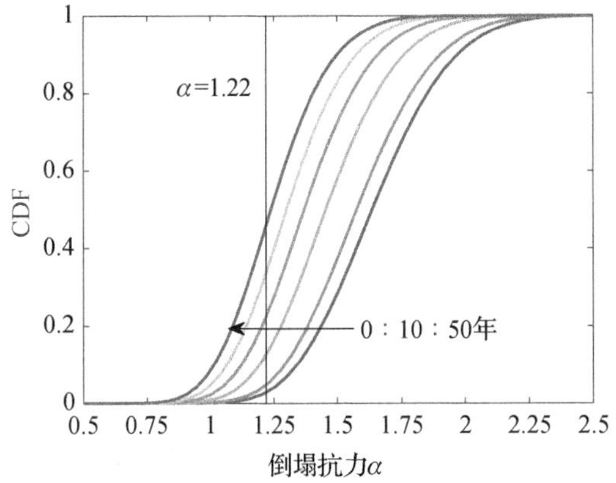

(c) 空间不确定

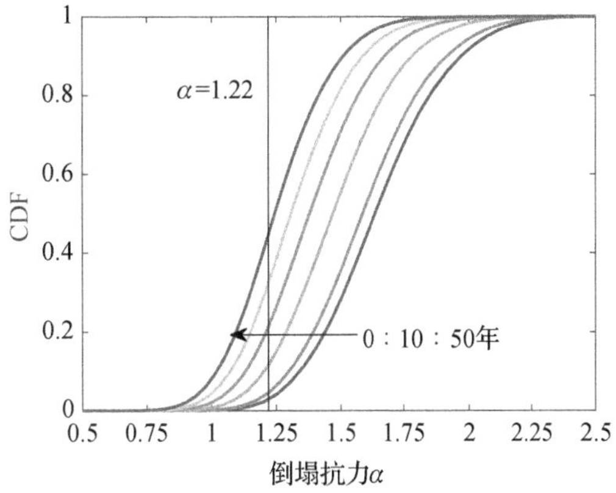

(d) 时空不确定

图 10.4.9　不同服役时间的倒塌抗力 CDF 曲线

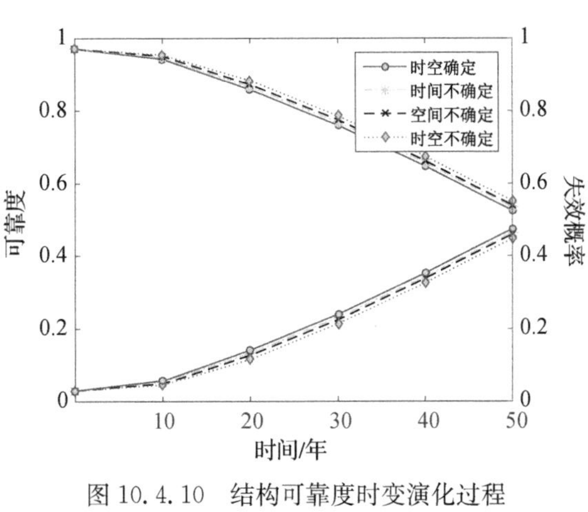

图 10.4.10　结构可靠度时变演化过程

表 10.4.6 结构连续倒塌的时变可靠度结果

	假设	时间/年					
		0	10	20	30	40	50
α_{max}	时空确定	0.971	0.932	0.858	0.760	0.648	0.526
	时间不确定	0.971	0.947	0.866	0.768	0.657	0.536
	空间不确定	0.971	0.951	0.872	0.775	0.663	0.541
	时空不确定	0.971	0.955	0.884	0.786	0.675	0.553

10.5 本章小结

为了量化工程中不确定因素对结构行为的影响,本章将“从本构到结构”的损伤分析框架与概率密度演化理论相结合,实现了高效的结构随机损伤分析和结构随机非线性反应分析。分别考虑材料性质的空间分布随机性、结构服役期内环境作用的时空变异性,对混凝土结构展开随机行为分析,揭示了材料性质的空间变异性对结构抗震性能的影响,以及时变退化效应对结构全寿命抗力的影响。本章内容充分说明:将“从本构到结构”的损伤分析框架与概率密度演化理论相结合,既可以科学地反映结构在外部作用下的损伤和破坏机理,又可以高效地捕捉工程不确定因素在结构中的传播规律,从而更加科学全面地反映结构受力力学行为。

参考文献

陈建兵，李杰，2011. 随机过程的随机谐和函数表达[J]. 力学学报，43(3)：505－513.

陈明祥，2007. 弹塑性力学：第 4 卷[M]. 北京：科学出版社.

陈欣，李杰，2022. 混凝土微-细观随机断裂模型参数的识别与标定[J]. 土木工程学报，55(11)：1－9.

丁然，聂建国，陶慕轩，2016. 用于钢筋混凝土连梁地震反应分析的考虑非线性剪切的纤维梁单元 I：原理与开发[J]. 土木工程学报，49(3)：31－42.

冯德成，2016. 钢筋混凝土结构随机非线性分析理论研究[D]. 上海：同济大学.

冯德成，高向玲，李杰，2014. 混凝土框架结构内力测量传感器研制[J]. 实验力学，29(6)：744－750.

冯德成，李杰，2014. 基于柔度法梁柱单元的自适应损伤扩展模型[J]. 建筑结构学报，35(10)：90－97.

过镇海，1997. 混凝土的强度和变形：试验基础和本构关系[M]. 北京：清华大学出版社.

黄宗明，陈滔，2003. 基于有限单元柔度法和刚度法的非线性梁柱单元比较研究[J]. 工程力学，20(5)：24－31.

江见鲸，陆新征，叶列平，2005. 混凝土结构有限元分析[M]. 北京：清华大学出版社.

蒋欢军，吕西林，1998. 用一种墙体单元模型分析剪力墙结构[J]. 地震工程与工程振动，18(3)：40－48.

蒋欢军，王斌，吕西林，2015. 基于循环软化膜理论的钢筋混凝土剪力墙弹塑性分析[J]. 同济大学学报(自然科学版)，43(5)：676－684.

李杰，1995a. 随机结构分析的扩阶系统方法(Ⅰ)：扩阶系统方程[J]. 地震工程与工程振动，15(3)：111－118.

李杰，1995b. 随机结构分析的扩阶系统方法(Ⅱ)：结构动力分析[J]. 地震工程与工程振动，15(4)：27－35.

李杰，1996a. 随机结构动力分析的扩阶系统方法[J]. 工程力学，13(1)：93－102.

李杰，1996b. 随机结构系统：分析与建模[M]. 北京：科学出版社.

李杰，2002. 混凝土随机损伤本构关系研究新进展[J]. 东南大学学报(自然科学版)，32(5)：750－755.

李杰，2004. 混凝土随机损伤力学的初步研究[J]. 同济大学学报(自然科学版)，32(10)：1270－1277.

李杰,2021.工程结构可靠性分析原理[M].北京:科学出版社.

李杰,陈建兵,2003.随机结构非线性动力响应的概率密度演化分析[J].力学学报,35(6):716-722.

李杰,陈建兵,2010.随机动力系统中的概率密度演化方程及其研究进展[J].力学进展,40(2):170-188.

李杰,冯德成,任晓丹,等,2017.混凝土随机损伤本构关系工程参数标定与应用[J].同济大学学报(自然科学版),45(8):1099-1107.

李杰,卢朝辉,张其云,2003.混凝土随机损伤本构关系:单轴受压分析[J].同济大学学报(自然科学版),31(5):505-509.

李杰,吴建营,陈建兵,2014.混凝土随机损伤力学[M].北京:科学出版社.

李杰,杨卫忠,2009.混凝土弹塑性随机损伤本构关系研究[J].土木工程学报,42(2):31-38.

李杰,张其云,2001.混凝土随机损伤本构关系[J].同济大学学报(自然科学版),29(10):1135-1141.

林旭川,陆新征,缪志伟,等,2009.基于分层壳单元的RC核心筒结构有限元分析和工程应用[J].土木工程学报,42(3):49-54.

刘翼,2010.近场地震下框架柱抗震性能试验研究[D].长沙:湖南大学.

陆新征,江见鲸,2001.世界贸易中心飞机撞击后倒塌过程的仿真分析[J].土木工程学报,34(6):8-10.

任晓丹,2006.混凝土随机损伤本构关系试验研究[D].上海:同济大学.

任晓丹,2010.基于多尺度分析的混凝土随机损伤本构理论研究[D].上海:同济大学.

史庆轩,侯炜,张兴虎,等,2009.箍筋约束混凝土结构及其发展展望[J].建筑结构学报,30(S2):109-114.

陶慕轩,丁然,潘文豪,等,2018.传统纤维模型的一些新发展[J].工程力学,35(3):1-21.

汪梦甫,王海波,尹华伟,等,1999.钢筋混凝土平面杆件非线性分析模型及其应用[J].上海力学,20(1):82-88.

吴建营,2004.基于损伤能释放率的混凝土弹塑性损伤本构模型及其在结构非线性分析中的应用[D].上海:同济大学.

吴建营,李杰,2005.混凝土弹塑性损伤本构模型研究Ⅱ:数值计算和试验验证[J].土木工程学报,38(9):21-27.

向宏军,莫诒隆,徐增全,2013.钢筋混凝土剪力墙结构软化壳模型研究及程序实现[J].建筑结构学报,34(9):49-56.

徐涛智,2018.混凝土力学性能随机场研究与结构随机非线性分析[D].上海:同济大学.

晏小欢,2016.混凝土本构关系试验研究与细观随机断裂模型参数识别[D].上海:同济大学.

杨卫忠，李杰，2009. 一种受剪细观损伤单元模型及其应用[J]. 同济大学学报(自然科学版)，37(12)：1565－1570.

易伟建，2012. 混凝土结构试验与理论研究[M]. 北京：科学出版社.

曾莎洁，2012. 混凝土随机损伤本构模型与试验研究[D]. 上海：同济大学.

赵人达，王守庆，车惠民，1990. 混凝土的破坏准则及在双轴压应力作用下混凝土的强度试验[J]. 重庆交通学院学报，9(1)：24－31.

中国建筑科学研究院，2011. 混凝土结构设计规范：GB 50010—2010[S]. 北京：中国业出版社.

周来军，2016. 混凝土单轴受拉动力本构关系试验研究[D]. 上海：同济大学.

朱伯龙，董振祥，1985. 钢筋混凝土非线性分析[M]. 上海：同济大学出版社.

Abu-Lebdeh T M, Voyiadjis G Z, 1993. Plasticity-damage model for concrete under cyclic multiaxial loading[J]. Journal of Engineering Mechanics, 119(7): 1465－1484.

Adibi M, Marefat M S, Arani K K, et al., 2017. External retrofit of beam-column joints in old fashioned RC structures[J]. Earthquakes and Structures, 12(2): 237－250.

Adomian G, Malakian K, 1980. Inversion of stochastic partial differential operators—the linear case[J]. Journal of Mathematical Analysis and Applications, 77(2): 505－512.

Alsiwat J M, Saatcioglu M, 1992. Reinforcement anchorage slip under monotonic loading [J]. Journal of Structural Engineering, 118(9): 2421－2438.

Ananiev S, Ozbolt J, 2007. Plastic-damage model for concrete in principal directions[C]// Fracture Mechanics of Concrete Structure: 271－278.

Arakawa T, Arai Y, Mizoguchi M, et al., 1989. 2079 Shear resisting behavior of short reinforced concrete columns under biaxial bending-shear[J]. Transactions of the Japan Concrete Institute, 11: 317－324.

Au S K, Beck J L, 2001. Estimation of small failure probabilities in high dimensions by subset simulation[J]. Probabilistic Engineering Mechanics, 16(4): 263－277.

Başar Y, Itskov M, Eckstein A, 2000. Composite laminates: nonlinear interlaminar stress analysis by multi-layer shell elements[J]. Computer Methods in Applied Mechanics and Engineering, 185(2－4): 367－397.

Bažant Z P, 1976. Instability, ductility, and size effect in strain-softening concrete[J]. Journal of the Engineering Mechanics Division, 102(2): 331－344.

Bažant Z P, Jirásek M, 2003. Nonlocal integral formulations of plasticity and damage: survey of progress[C]//Perspectives in Civil Engineering: Commemorating the 150th Anniversary of the American Society of Civil Engineers: 21－52.

Bažant Z P, Oh B H, 1983. Crack band theory for fracture of concrete[J]. Matériaux et Construction, 16: 155－177.

Bažant Z P, Pan J Y, Pijaudier-Cabot G, 1987. Softening in reinforced concrete beams and frames[J]. Journal of Structural Engineering, 113(12): 2333 - 2347.

Belarbi A, Hsu T T, 1994. Constitutive laws of concrete in tension and reinforcing bars stiffened by concrete[J]. ACI Structural Journal, 91(4): 465 - 474.

Belarbi A, Hsu T T, 1995. Constitutive laws of softened concrete in biaxial tension compression[J]. Structural Journal, 92(5): 562 - 573.

Bentz E C, Vecchio F J, Collins M P, 2006. Simplified modified compression field theory for calculating shear strength of reinforced concrete elements[J]. ACI Structural Journal, 103(4): 614.

Biondini F, Frangopol D M, 2017. Time-variant redundancy and failure times of deteriorating concrete structures considering multiple limit states[J]. Structure and Infrastructure Engineering, 13(1): 94 - 106.

Biondini F, Vergani M, 2015. Deteriorating beam finite element for nonlinear analysis of concrete structures under corrosion[J]. Structure and Infrastructure Engineering, 11(4): 519 - 532.

Bouc R, 1967. Forced vibrations of mechanical systems with hysteresis[C]//Proceedings of the Fourth Conference on Nonlinear Oscillations.

Bresler B, Scordelis A C, 1963. Shear strength of reinforced concrete beams[J]. Journal Proceedings, 60(1): 51 - 74.

Breysse D, 1990. Probabilistic formulation of damage-evolution law of cementitious composites[J]. Journal of Engineering Mechanics, 116(7): 1489 - 1510.

Chan W W L, 1955. The ultimate strength and deformation of plastic hinges in reinforced concrete frameworks[J]. Magazine of Concrete Research, 7(21): 121 - 132.

Chang S Y, 2002. Explicit pseudodynamic algorithm with unconditional stability[J]. Journal of Engineering Mechanics, 128(9): 935 - 947.

Chen C, Ricles J M, 2008. Development of direct integration algorithms for structural dynamics using discrete control theory[J]. Journal of Engineering Mechanics, 134(8): 676 - 683.

Chen G M, Teng J, Chen J F, et al., 2015. Finite element modeling of debonding failures in FRP-strengthened RC beams: A dynamic approach[J]. Computers & Structures, 158: 167 - 183.

Chen J B, He J R, Ren X D, et al., 2018. Stochastic harmonic function representation of randomfields for material properties of structures[J]. Journal of Engineering Mechanics, 144(7): 04018049.

Chen J B, Yang J Y, Li J, 2016. A GF-discrepancy for point selection in stochastic seismic response analysis of structures with uncertain parameters[J]. Structural Safety, 59: 20 - 31.

Chen X, Li J, 2023. Identification of probabilistic distribution parameters for the mesoscopic stochastic fracture model[J]. Probabilistic Engineering Mechanics, 71: 103415.

Choe D E, Gardoni P, Rosowsky D, et al., 2008. Probabilistic capacity models and seismicfragility estimates for RC columns subject to corrosion[J]. Reliability Engineering & System Safety, 93(3): 383 - 393.

Choe D E, Gardoni P, Rosowsky D, et al., 2009. Seismic fragility estimates for reinforced concrete bridges subject to corrosion[J]. Structural Safety, 31(4): 275 - 283.

Chung J, Hulbert G M, 1993. A time integration algorithm for structural dynamicswith improved numerical dissipation: the generalized-α method[J]. Journal of Applied Mechanics-Transactions of the ASME, 60(2): 371 - 375.

Clough R W, Benuska K, Wilson E, 1965. Inelastic earthquake response of tall buildings [C]//3rd World Conference on Earthquake Engineering, New Zealand:68 - 89.

Coleman J, Spacone E, 2001. Localization issues in force-based frame elements[J]. Journal of Structural Engineering, 127(11): 1257 - 1265.

Collins J D, Thomson W T, 1969. The eigenvalue problem for structural systems with statistical properties[J]. AIAA Journal, 7(4): 642 - 648.

Considère A, 1906. Experimental researches on reinforced concrete[M]. McGraw Publishing Company.

Constantin R, Beyer K, 2016. Behaviour of U-shaped RC walls under quasi—static cyclic diagonal loading[J]. Engineering Structures, 106: 36 - 52.

Coronelli D, Gambarova P, 2004. Structural assessment of corroded reinforced concrete beams: modeling guidelines[J]. Journal of Structural Engineering, 130(8): 1214 - 1224.

De Souza R M, 2000. Force-based finite element for large displacement inelastic analysis of frames[D]. Berkeley: University of California.

Dendrou B A, Houstis E N, 1978. An inference-finite element model for field problems [J]. Applied Mathematical Modelling, 2(2): 109 - 114.

Deng P, Zhang C, Pei S L, et al., 2018. Modeling the impact of corrosion on seismic performance of multi-span simply-supported bridges[J]. Construction and Building Materials, 185: 193 - 205.

Dennis Jr J E, Schnabel R B, 1996. Numerical methods for unconstrained optimization and nonlinear equations[M]. Society for Industrial and Applied Mathematics.

Di Prisco M, Mazars J, 1996. Crush-crack': a non-local damage model for concrete[J]. Modelling and Computation of Materials and Structures, 1(4): 321 - 347.

Ding Z D, Li J, 2018. A physically motivated model for fatigue damage of concrete[J]. International Journal of Damage Mechanics, 27(8): 1192 - 1212.

Dizaj E A, Madandoust R, Kashani M M, 2018. Probabilistic seismic vulnerability analysis of corroded reinforced concrete frames including spatial variability of pitting corrosion [J]. Soil Dynamics and Earthquake Engineering, 114: 97 - 112.

Dostupov B, Pugachev V, 1957. The equation to define a probability distribution, of the integral of a system of ordinary differential equations with randon parameters[J]. Avtomat. i Telemekh, 18(7): 620 - 630.

Dougill J W, 1976. On stable progressively fracturing solids[J]. Zeitschrift für Angewandte Mathematik und Physik ZAMP, 27(4): 423 - 437.

Du Y G, Clark L A, Chan A H C, 2005. Effect of corrosion on ductility of reinforcing bars [J]. Magazine of Concrete Research, 57(7): 407 - 419.

Ehrlich D, Armero F, 2005. Finite element methods for the analysis of softening plastic hinges in beams and frames[J]. Computational Mechanics, 35(4): 237 - 264.

Ellingwood B, 1980. Development of a probability based load criterion for American National Standard A58: building code requirements for minimum design loads in buildingsand other structures: vol. 13[M]. US Department of Commerce, National Bureau of Standards.

Eringen A C, Edelen D G B, 1972. On nonlocal elasticity[J]. International Journal of Engineering Science, 10(3): 233 - 248.

Faria R, Oliver J, Cervera M, 1998. A strain-based plastic viscous-damage model for massive concrete structures[J]. International Journal of Solids and Structures, 35(14): 1533 - 1558.

Feng D C, Ding Z D, 2018. A new confined concrete model considering the strain gradient effect for RC columns under eccentric loading[J]. Magazine of Concrete Research, 70 (23):1189 - 1204.

Feng D C, Li J, 2015. Stochastic nonlinear behavior of reinforced concrete frames. Ⅱ: numerical simulation[J]. Journal of Structural Engineering, 142(3): 04015163.

Feng D C, Ren X D, 2017. Enriched force-based frame element with evolutionary plastic hinge[J]. Journal of Structural Engineering, 143(10): 06017005.

Feng D C, Ren X D, 2021. Implicit gradient-enhanced force-based Timoshenko fiber element formulation for reinforced concrete structures[J]. International Journal for Numerical Methods in Engineering, 122(2): 325 - 347.

Feng D C, Ren X D, 2023. Analytical examination of mesh-dependency issue for uniaxial RC elements and new fracture energy-based regularization technique[J]. International

Journal of Damage Mechanics, 32(3): 321 - 339.

Feng D C, Wu J Y, 2020. Improved displacement-based timoshenko beam element with enhanced strains[J]. Journal of Structural Engineering, 146(3): 04019221.

Feng D C, Xu J, 2018. An efficient fiber beam-column element considering flexure-shear interaction and anchorage bond-slip effect for cyclic analysis of RC structures[J]. Bulletin of Earthquake Engineering, 16(11): 5425 - 5452.

Feng D C, Chen X, McKenna F, et al., 2023. Consistent nonlocal integral and gradient formulations for force-based timoshenko elements with material and geometric nonlinearities[J]. Journal of Structural Engineering, 149(4): 04023018.

Feng D C, Liang Y P, Ren X D, et al., 2022. Random fields representation over manifolds via isometric feature mapping-based dimension reduction[J]. Computer-Aided Civil and Infrastructure Engineering, 37(5): 593 - 611.

Feng D C, Kolay C, Ricles J M, et al., 2016a. Collapse simulation of reinforced concrete frame structures[J]. The Structural Design of Tall and Special Buildings, 25(12): 578 - 601.

Feng D C, Ren X D, Li J, 2016b. Implicit gradient delocalization method for force-based frame element[J]. Journal of Structural Engineering, 142(2): 04015122.

Feng D C, Ren X D, Li J, 2016c. Stochastic damage hysteretic model for concrete based on micromechanical approach[J]. International Journal of Non-Linear Mechanics, 83: 15 - 25.

Feng D C, Ren X D, Li J, 2018a. Cyclic behavior modeling of reinforced concrete shear walls based on softened damage-plasticity model[J]. Engineering Structures, 166: 363 - 375.

Feng D C, Ren X D, Li J, 2018b. Softened damage-plasticity model for analysis of cracked reinforced concrete structures[J]. Journal of Structural Engineering, 144(6): 04018.

Feng D C, Wu G, Lu Y, 2018c. Finite element modelling approach for precast reinforced concrete beam-to-column connections under cyclic loading[J]. Engineering structures, 174: 49 - 66.

Feng D C, Wu G, Lu Y, 2018d. Numerical investigation on the progressive collapse behavior of precast reinforced concrete frame subassemblages[J]. Journal of Performance of Constructed Facilities, 32(3): 04018027.

Feng D C, Wang Z, Wu G, 2019a. Progressive collapse performance analysis of precast reinforced concrete structures[J]. The Structural Design of Tall and Special Buildings, 28(5): e1588.

Feng D C, Wu G, Ning C L, 2019b. A regularized force-based Timoshenko fiber element including flexure-shear interaction for cyclic analysis of RC structures[J]. International Journal of Mechanical Sciences, 160: 59 - 74.

Feng D C, Xie S C, Deng W N, et al., 2019c. Probabilistic failure analysis of reinforced concrete beam-column sub-assemblage under column removal scenario[J]. Engineering Failure Analysis, 100: 381 - 392.

Feng D C, Xie S C, Ning C L, et al., 2019d. Investigation of modeling strategies for progressive collapse analysis of RC frame structures[J]. Journal of Performance of Constructed Facilities, 33(6): 04019063.

Feng D C, Wang Z, Cao X Y, et al., 2020a. Damage mechanics-based modeling approaches for cyclic analysis of precast concrete structures: A comparative study[J]. International Journal of Damage Mechanics, 29(6): 965 - 987.

Feng D C, Xie S C, Xu J, et al., 2020b. Robustness quantification of reinforced concrete structures subjected to progressive collapse via the probability density evolution method [J]. Engineering Structures, 202: 109877.

Feng D C, Wu G, Sun Z Y, et al., 2017. A flexure-shear Timoshenko fiber beam element based on softened damage-plasticity model[J]. Engineering Structures, 140: 483 - 497.

Feng D C, Xie S C, Li Y, et al., 2021. Time-dependent reliability-based redundancy assessment of deteriorated RC structures against progressive collapse considering corrosion effect[J]. Structural Safety, 89: 102061.

Fokker A D, 1914. Die mittlere Energie rotierender elektrischer Dipole im Strahlungsfeld [J]. Annalen der Physik, 348(5): 810 - 820.

Ghanem R, Spanos P D, 1990. Polynomial chaos in stochastic finite elements[J]. Journal of Applied Mechanics-Transactions of the American Society of Mechanical Engineers, 57 (1):197 - 202.

Ghanem R G, Spanos P D, 1991. Spectral stochastic finite-element formulation for reliability analysis[J]. Journal of Engineering Mechanics, 117(10): 2351 - 2372.

Giberson M F, 1967. The response of nonlinear multi-story structures subjected to earthquake excitation[D]. California Institute of Technology.

Goller B, Pradlwarter H J, Schuëller G, 2013. Reliability assessment in structural dynamics [J]. Journal of Sound and Vibration, 332(10): 2488 - 2499.

Guan D, Jiang C, Guo Z, et al., 2016. Development and Seismic Behavior of Precast Concrete Beam-to-Column Connections[J]. Journal of Earthquake Engineering, 1 - 23.

Hart G C, Collins J D, 1970. The treatment of randomness in finite element modeling[J]. SAE Transactions, 2509 - 2520.

Hatzigeorgiou G, Beskos D, Theodorakopoulos D, et al., 2001. A simple concrete damage model for dynamic FEM applications[J]. International Journal of Computational Engineering Science, 2(2): 267 - 286.

Hisada T, Nakagiri S, 1980a. A note on stochastic finite element method (part 2)—variation of stress and strain caused by fluctuations of material properties and geometrical boundary conditions[J]. Journal of the Institute of Industrial Science, 32(5): 262 - 265.

Hisada T, Nakagiri S, 1980b. A note on stochastic finite element method, part 3: an extension of the methodology to non-linear problems[J]. Seisan-Kenkyu, 32(12): 572 - 575.

Hisada T, Nakagiri S, Nagasaki T, 1983. Stochastic finite element analysis of uncertain intrinsic stresses caused by structural misfits[C]//Transcations of the International Conference on Structural Mechanics in Reactor Technology:199 - 206.

Hjelmstad K D, Taciroglu E, 2005. Variational basis of nonlinear flexibility methods for structural analysis of frames[J]. Journal of Engineering Mechanics, 131(11): 1157 - 1169.

Hsu T T, 1988. Softened truss model theory for shear and torsion[J]. Structural Journal, 85(6): 624 - 635.

Hsu T T, et al., 1997. Nonlinear analysis of membrane elements by fixed-angle softenedtruss model[J]. Structural Journal, 94(5): 483 - 492.

Hsu T T, Mo Y L, 2010. Unified theory of concrete structures[M]. John Wiley & Sons.

Hsu T T, Mo Y, 1985. Softening of concrete in low-rise shearwalls[J]. Journal Proceedings, 82(6): 883 - 889.

Hsu T T, Zhu R R, 2002. Softened membrane model for reinforced concrete elements in shear[J]. Structural Journal, 99(4): 460 - 469.

Im H, Park H, Eom T, 2013. Cyclic loading test for reinforced-concrete-emulated beam-column connection of precast concrete moment frame[J]. ACI Structural Journal, 110 (1):115.

Iwan W D, 1966. A distributed-element model for hysteresis and its steady-state dynamic response[J]. Journal of Applied Mechanics, 33(4):893 - 900.

Iwan W D, Jensen H, 1993. On the dynamic response of continuous systems including modeluncertainty[J]. Journal of Applied Mechanics, 60(2):484 - 490.

Jafari V, Vahdani S H, Rahimian M, 2010. Derivation of the consistent flexibility matrix for geometrically nonlinear Timoshenko frame finite element[J]. Finite Elements in Analysis and Design, 46(12): 1077 - 1085.

Jason L, Huerta A, Pijaudier-Cabot G, et al., 2006. An elastic plastic damage formulation for concrete: application to elementary tests and comparison with an isotropic damage model[J]. Computer Methods in Applied Mechanics and Engineering, 195(52): 7077 - 7092.

Jensen H, Iwan W D, 1991. Response variability in structural dynamics[J]. Earthquake Engineering & Structural Dynamics, 20(10): 949 - 959.

Jirásek M, 1998. Nonlocal models for damage and fracture: comparison of approaches[J]. International Journal of Solids and Structures, 35(31 - 32): 4133 - 4145.

Ju J W, 1989. On energy-based coupled elastoplastic damage theories: constitutive modeling and computational aspects[J]. International Journal of Solids and Structures, 25(7): 803 - 833.

Kachanov L, 1958. On creep rupture time[J]. Izvestia Academy of Sciences of the Union of Soviet Socialist Republics, Otdelenie Tekhnicheskich Nank, 8: 26 - 31.

Kagermanov A, Ceresa P, 2017. Fiber-section model with an exact shear strain profile for two-dimensional RC frame structures [J]. Journal of Structural Engineering, 143 (10):04017132.

Kandarpa S, Kirkner D J, Spencer Jr B F, 1996. Stochastic damage model for brittle materials subjected to monotonic loading[J]. Journal of Engineering Mechanics, 122(8): 788 - 795.

Karsan I D, Jirsa J O, 1969. Behavior of concrete under compressive loadings[J]. Journal of the Structural Division, 95(12): 2543 - 2564.

Kent D C, Park R, 1971. Flexural members with confined concrete[J]. Journal of the Structural Division, 97(7): 1969 - 1990.

Keuser M, Mehlhorn G, 1987. Finite element models for bond problems[J]. Journal of Structural Engineering, 113(10): 2160 - 2173.

Kolay C, Ricles J M, 2014. Development of a family of unconditionally stable explicit direct integration algorithms with controllable numerical energy dissipation[J]. Earthquake Engineering & Structural Dynamics, 43(9): 1361 - 1380.

Kolay C, Ricles J M, Marullo T M, et al., 2015. Implementation and application of the unconditionally stable explicit parametrically dissipative KR-alpha method for real-time hybrid simulation[J]. Earthquake Engineering & Structural Dynamics, 44(5): 735 - 755.

Kolmogoroff A, 1931. Über die analytischen Methoden in der Wahrscheinlichkeitsrechnung [J]. Mathematische Annalen, 104(1): 415 - 458.

Kolozvari K, Kalbasi K, Orakcal K, et al., 2019. Shear-flexure-interaction models for planar and flanged reinforced concrete walls[J]. Bulletin of Earthquake Engineering,

17：6391－6417.

Koutromanos I，Bowers J，2016. Enhanced strain beam formulation resolving several issues of displacement-based elements for nonlinear analysis[J]. Journal of Engineering-Mechanics，142(9)：04016059.

Kozin F，1961. On the probability densities of the output of some random systems[J]. J Appl Mech,28(2):161－164.

Krajcinovic D，Silva M A G，1982. Statistical aspects of the continuous damage theory[J]. International Journal of Solids and Structures，18(7)：551－562.

Kupfer H，Hilsdorf H K，Rusch H，1969. Behavior of concrete under biaxial stresses[J]. Journal Proceedings，66(8)：656－666.

Ladevèze P，1983. Sur une théorie de l'endommagement anisotrope[M]. Laboratoire de Mècanique et Technologie.

Lee J，Fenves G L，1998. Plastic-damage model for cyclic loading of concrete structures [J]. Journal of Engineering Mechanics，124(8)：892－900.

Lee S K，Song Y C，Han S H，2004. Biaxial behavior of plain concrete of nuclear containment building[J]. Nuclear engineering and design，227(2)：143－153.

Lemaitre J，1971. Evaluation of dissipation and damage in metals[C]//International Congress of Methematics.

Lew H S，Bao Y，Sadek F，et al.，2011. An experimental and computational study of reinforced concrete assemblies under a column removal scenario[R]. Gaithersburg，MD：National Institute of Standards.

Li J，Chen J B，2004. Probability density evolution method for dynamic response analysis of structures with uncertain parameters[J]. Computational Mechanics，34(5)：400－409.

Li J，Chen J B，2006. The probability density evolution method for dynamic response analysis of non-linear stochastic structures[J]. International Journal for Numerical Methods in Engineering，65(6)：882－903.

Li J，Chen J B，2008. The principle of preservation of probability and the generalized density evolution equation[J]. Structural Safety，30(1)：65－77.

Li J，Chen J B，2009. Stochastic dynamics of structures[M]. New Jersey：John Wiley & Sons.

Li J，Feng D C，Gao X L，et al.，2015. Stochastic nonlinear behavior of reinforced concrete frames. I：experimental investigation[J]. Journal of Structural Engineering，142(3)：04015162.

Li J，Guo C G，2023. A unified stochastic damage model for concrete under monotonic and fatigue loading[J]. International Journal of Fatigue，107766.

Li J, Ren X D, 2009. Stochastic damage model for concrete based on energy equivalent strain [J]. International Journal of Solids and Structures, 46(11 - 12): 2407 - 2419.

Liang Y P, Ren X D, Feng D C, 2022. Efficient stochastic finite element analysis of irregular wall structures with inelastic random field properties over manifold[J]. Computational Mechanics, 69(1): 95 - 111.

Lin C S, Scordelis A C, 1975. Nonlinear analysis of RC shells of general form[J]. Journal of the Structural Division, 101(3): 523 - 538.

Linde P, Bachmann H, 1994. Dynamic modelling and design of earthquake-resistant walls [J]. Earthquake Engineering & Structural Dynamics, 23(12): 1331 - 1350.

Liu W K, Belytschko T, Mani A, 1985. A computational method for the determination of the probabilistic distribution of the dynamic response of structures[J]. American Society Mechanical Engineers Pressure Vessels and Piping Division (Publication) PVP, 98(5): 243 - 248.

Liu W K, Belytschko T, Mani A, 1986. Probabilistic finite elements for nonlinear structural dynamics[J]. Computer Methods in Applied Mechanics and Engineering, 56(1): 61 - 81.

Liu W K, Belytschko T, Mani A, 1987. Applications of probabilistic finite element methods in elastic/plastic dynamics[J]. Journal of Manufacturing Science and Engineering, 109(1): 2 - 8.

Liu W K, Belytschko T, Mani A. Probabilistic finite elements for nonlinear structural dynamics[J]. Computer Methods in Applied Mechanics and Engineering, 1986, 56(1): 61 - 81.

Lubliner J, Oliver J, Oller S, et al., 1989. A plastic-damage model for concrete[J]. International Journal of Solids and Structures, 25(3): 299 - 326.

Mahasuverachai M, Powell G H, 1982. Inelastic analysis of piping and tubular structures [D]. Berkeley: University of California.

Mander J B, Priestley M J, Park R, et al., 1988. Theoretical stress-strain model for confined concrete[J]. Journal of Structural Engineering, 114(8): 1804 - 1826.

Masing G, 1926. Eigenspannumyen und verfeshungung beim messing[C]//Proc. Inter. Congress for Applied Mechanics: 332 - 335.

Matthies H, Strang G, 1979. The solution of nonlinear finite element equations[J]. International Journal for Numerical Methods in Engineering, 14(11): 1613 - 1626.

Mazars J, 1984. Application de la mecanique de l'endommagement au comportement non linèaire et a la rupture du beton de structure[D]. These De Docteur Es Sciences Presentee a L'universite Pierre Et Marie Curie-Paris 6.

Mazars J, 1986. A description of micro-and macroscale damage of concrete structures[J]. Engineering Fracture Mechanics, 25(5 - 6): 729 - 737.

Mazzoni S, McKenna F, Scott M H, et al., 2006. OpenSees command language manual [J]. Pacific Earthquake Engineering Research (PEER) Center, 264(1): 137 - 158.

Menegotto M, 1973. Method of analysis for cyclically loaded RC plane frames including changes in geometry and non-elastic behavior of elements under combined normal force and bending[C]//Proc. of IABSE Symposium on Resistance and Ultimate Deformability of Structures Acted on by Well Defined Repeated Loads: 15 - 22.

Milev J, 1996. Two dimensional analytical model of reinforced concrete shear walls[C]// The 18th World Conference on Earthquake.

Mirza S A, MacGregor J G, 1979a. Variability of mechanical properties of reinforcing bars [J]. Journal of the Structural Division, 105(5): 921 - 937.

Mirza S A, MacGregor J G, 1979b. Variations in dimensions of reinforced concrete members [J]. Journal of the Structural Division, 105(4): 751 - 766.

Nakagiri S, Hisada T, 1983a. A note on stochastic finite element method, part 7: time-history analysis of structural vibration with uncertain proportional damping [J]. Seisan-Kenkyu, 35(5): 232 - 235.

Nakagiri S, Hisada T, 1983b. A note on stochastic finite element method (part 6): an application in problems of uncertain elastic foundation[R]. Seisan-kenkyu: Institute of Industrial Science, University of Tokyo.

Neuenhofer A, Filippou F C, 1997. Evaluation of nonlinear frame finite-element models [J]. Journal of Structural Engineering, 123(7): 958 - 966.

Neuenhofer A, Filippou F C, 1998. Geometrically nonlinear flexibility-based frame finite element[J]. Journal of Structural Engineering, 124(6): 704 - 711.

Newmark N M, 1959. A method of computation for structural dynamics[J]. Journal Engineering Mechanics Division, 85.

Ngo D, Scordelis A C, 1967. Finite element analysis of reinforced concrete beams[J]. Journal Proceedings, 64(3): 152 - 163.

Nikoukalam M T, Sideris P, 2016. Experimental performance assessment of nearly full-Scale reinforced concrete columns with partially debonded longitudinal reinforcement [J]. Journal of Structural Engineering, 143: 04016218.

Noh G, Bathe K J, 2013. An explicit time integration scheme for the analysis of wave propagations[J]. Computers & Structures, 129: 178 - 193.

Otani S, 1973. Behavior of multistory reinforced concrete frames during earthquakes[D]. Illinois: University of Illinois.

Otanl S, Kabeyasawa T, Shiohara H, et al., 1984. Analysis of the full scale seven story reinforced concrete test structure[J]. Special Publication, 84: 203 - 239.

Pan W H, Tao M X, Nie J G, 2017. Fiber beam-column element model considering reinforcement anchorage slip in the footing[J]. Bulletin of Earthquake Engineering, 15(3): 991 - 1018.

Pang X B D, Hsu T T, 1995. Behavior of reinforced concrete membrane elements in shear [J]. Structural Journal, 92(6): 665 - 679.

Park Y J, Reinhorn A M, Kunnath S K, 1987. IDARC: inelastic damage analysis of reinforced concrete frame-shear-wall structures[R]. National Center for Earthquake Engineering Research Buffalo.

Paulay T, Priestley M, 1992. Seismic design of reinforced concrete and masonry buildings [M]. John Wiley & Sons.

Peerlings R H J, De Borst R, Brekelmans W A M, et al., 1996. Gradient enhanced damage for quasi-brittle materials[J]. International Journal for Numerical Methods in Engineering, 39(19): 3391 - 3403.

Peerlings R H J, De Borst R, Brekelmans W A M, et al., 1998. Gradient-enhanced damage modelling of concrete fracture[J]. Modelling and Computation of Materials and Structures, 3(4): 323 - 342.

Peerlings R H J, Geers M G D, Borst R D, et al., 2001. A critical comparison of nonlocal and gradient-enhanced softening continua[J]. International Journal of Solids & Structures, 38(44): 7723 - 7746.

Petrangeli M, Pinto P E, Ciampi V, 1999. Fiber element for cyclic bending and shear of RC structures. I: theory[J]. Journal of Engineering Mechanics, 125(9): 994 - 1001.

Planck V, 1917. Über einen Satz der statistischen dynamik und seine erweiterung in der Quantentheorie[J]. Sitzungsber Preuss Akad, 124: 324 - 341.

Rabotnov Y N, 1969. Creep rupture[C]. Springer: 342 - 349.

Ren X D, Li J, 2011. Hysteretic deteriorating model for quasi-brittle materials based on micromechanical damage approach[J]. International Journal of Non-Linear Mechanics, 46(1): 321 - 329.

Ren X D, Li J, 2013. A unified dynamic model for concrete considering viscoplasticity and rate-dependent damage[J]. International Journal of Damage Mechanics, 22(4): 530 - 555.

Ren X D, Li J, 2018. Two-level consistent secant operators for cyclic loading of structures [J]. Journal of Engineering Mechanics, 144(8): 04018065.

Ren X D, Zeng S J, Li J, 2015. A rate-dependent stochastic damage-plasticity model for quasibrittle materials[J]. Computational Mechanics, 55(2): 267 - 285.

Resende L, 1987. A damage mechanics constitutive theory for the inelastic behaviour of concrete[J]. Computer Methods in Applied Mechanics and Engineering, 60(1): 57 - 93.

Richart F E, Brandtzæg A, Brown R L, 1928. A study of the failure of concrete under combined compressive stresses[R]. University of Illinois at Urbana Champaign, College of Engineering.

Ricks E, Rankin C C, Brogan F A, 1996. On the solution of mode jumping phenomena in thin-walled shell structures[J]. Computer Methods in Applied Mechanics and Engineering, 136(1): 59 - 92.

Saatcioglu M, Grira M, 1999. Confinement of reinforced concrete columns with welded reinforced grids[J]. Structural Journal, 96(1): 29 - 39.

Saatcioglu M, Salamat A H, Razvi S R, 1995. Confined columns under eccentric loading [J]. Journal of Structural Engineering, 121(11): 1547 - 1556.

Schuëller G, 2006. Developments in stochastic structural mechanics[J]. Archive of Applied Mechanics, 75(10): 755 - 773.

Scott B D, Park R, Priestley M J, 1982. Stress-strain behavior of concrete confined by overlapping hoops at low and high strain rates[J]. Journal Proceedings, 79(1): 13 - 27.

Scott M H, Fenves G L, 2006. Plastic hinge integration methods for force-based beam-column elements[J]. Journal of Structural Engineering, 132(2): 244 - 252.

Scott M H, Fenves G L, 2010. Krylov subspace accelerated newton algorithm: application to dynamic progressive collapse simulation of frames[J]. Journal of Structural Engineering, 136(5): 473 - 480.

Scott M H, Jafari A V, 2017. Response sensitivity of material and geometric nonlinear force-based timoshenko frame elements[J]. International Journal for Numerical Methods in Engineering, 111(5): 474 - 492.

Sezen H, Setzler E J, 2008. Reinforcement slip in reinforced concrete columns[J]. ACI Structural Journal, 105(3): 280 - 289.

Sheikh S A, Uzumeri S M, 1982. Analytical model for concrete confinement in tied columns [J]. Journal of the Structural Division, 108(12): 2703 - 2722.

Shinozuka M, Astill C J, 1972. Random eigenvalue problems in structural analysis[J]. AIAA Journal, 10(4): 456 - 462.

Shinozuka M, Jan C M, 1972. Digital simulation of random processes and its applications [J]. Journal of Sound and Vibration, 25(1): 111 - 128.

Shinozuka M, Wen Y K, 1972. Monte Carlo solution of nonlinear vibrations[J]. AIAA Journal, 10(1): 37 - 40.

Simo J C, Hughes T J, 2006. Computational inelasticity: vol. 7[M]. Springer Science & Business Media.

Simo J C, Ju J W, 1987. Strain-and stress-based continuum damage models: I. formulation [J]. International Journal of Solids and Structures, 23(7): 821 - 840.

Simo J C, Taylor R L, 1985. Consistent tangent operators for rate-independent elastoplasticity[J]. Computer Methods in Applied Mechanics and Engineering, 48(1): 101 - 118.

Soleimani D, Popov E P, Bertero V V, 1979. Hysteretic behavior of reinforced concrete beam-column subassemblages[J]. Journal Proceedings, 76(11): 1179 - 1196.

Soong T T, Chuang S N, 1973. Solutions of a class of random differential equations[J]. SIAM Journal on Applied Mathematics, 24(4): 449 - 459.

Spacone E, Filippou F C, Taucer F F, 1996. Fibre beam-column model for non-linear analysis of R/C frames: part I. formulation[J]. Earthquake Engineering & Structural Dynamics, 25(7): 711 - 725.

Spanos P D, Ghanem R, 1988. Stochastic finite element expansion for random media[J]. Journal of Engineering Mechanics, 115(5):1035 - 1053.

Stefanou G, 2009. The stochastic finite element method: past, present and future[J]. Computer Methods in Applied Mechanics and Engineering, 198(9 - 12): 1031 - 1051.

Stevens N J, Uzumeri S, Will G, et al., 1991. Constitutive model for reinforced concrete finite element analysis[J]. Structural Journal, 88(1): 49 - 59.

Stewart M G, 2004. Spatial variability of pitting corrosion and its influence on structural fragility and reliability of RC beams in flexure[J]. Structural Safety, 26(4): 453 - 470.

Stewart M G, 2009. Mechanical behaviour of pitting corrosion of flexural and shear reinforcement and its effect on structural reliability of corroding RC beams[J]. Structural Safety, 31(1): 19 - 30.

Stewart M G, Al-Harthy A, 2008. Pitting corrosion and structural reliability of corroding RC structures: experimental data and probabilistic analysis[J]. Reliability Engineering & System Safety, 93(3): 373 - 382.

Stewart M G, Mullard J A, 2007. Spatial time-dependent reliability analysis of corrosion damage and the timing of first repair for RC structures[J]. Engineering Structures, 29 (7): 1457 - 1464.

Sun T C, 1979. A finite element method for random differential equations with random coefficients[J]. SIAM Journal on Numerical Analysis, 16(6): 1019 - 1035.

Tanaka H, 1990. Effect of lateral confining reinforcement on the ductile behaviour of reinforced concrete columns[D]. University of Canterbury.

Tarquini D, Almeida J P, Beyer K, 2017. Axially equilibrated displacement-based beam element for simulating the cyclic inelastic behaviour of RC members[J]. Earthquake Engineering & Structural Dynamics, 46(9): 1471 - 1492.

Taylor R, 1992. FEAP: a finite element analysis program for engineering workstation [R]. Department of Civil Engineering, University of California.

Tesser L, Filippou F, Talledo D, et al., 2011. Nonlinear analysis of RC panels by a two parameter concrete damage model[C]//III ECCOMAS Thematic Conference on Computational Methods in Structural Dynamics and Earthquake Engineering: 25 - 28.

Tran T A, 2012. Experimental and analytical studies of moderate aspect ratio reinforced concrete structural walls[D]. UCLA.

Tran T A, Wallace J W, 2015. Cyclic testing of moderate-aspect-ratio reinforced concrete structural walls[J]. ACI Structural Journal, 112(6): 653 - 665.

Ueda T, Lin I, Hawkins N M, 1986. Beam bar anchorages in exterior column beam connections[J]. ACI Journal Proceedings, 83(3): 412 - 422.

Valipour H R, Foster S J, 2009. Nonlocal damage formulation for a flexibility-based frame element[J]. Journal of Structural Engineering, 135(10): 1213 - 1221.

Valliappan S, Yazdchi M, Khalili N, 1999. Seismic analysis of arch dams: a continuum damage mechanics approach[J]. International Journal for Numerical Methods in Engineering, 45(11): 1695 - 1724.

Vecchio F J, 1990. Reinforced concrete membrane element formulations[J]. Journal of Structural Engineering, 116(3): 730 - 750.

Vecchio F J, 1992. Finite element modeling of concrete expansion and confinement[J]. Journal of Structural Engineering, 118(9): 2390 - 2406.

Vecchio F J, 2000. Disturbed stress field model for reinforced concrete: formulation[J]. Journal of Structure Engineering, 126(9): 1070 - 1077.

Vecchio F J, Collins M P, 1986. The modified compression-field theory for reinforced concrete elements subjected to shear[J]. ACI J Proc, 83(2): 219 - 231.

Vecchio F J, Collins M P, 1988. Predicting the response of reinforced concrete beams subjected to shear using modified compression field theory[J]. ACI Structural Journal, 85 (3): 258 - 268.

Vecchio F J, Collins M P, 1993. Compression response of cracked reinforced concrete[J]. Journal of structural Engineering, 119(12): 3590 - 3610.

Vulcano A, Bertero V V, Colotti V, 1988. Analytical modeling of RC structural walls [C]//9th World Conference on Earthquake Engineering: 41 - 46.

Wen Y K, 1976. Method for random vibration of hysteretic systems[J]. Journal of the Engineering Mechanics Division, 102(2): 249 - 263.

Wu J Y, 2004. Damage energy release rate-based elastoplastic damage constitutive model for concrete and its application to nonlinear analysis of structures[D]. Shanghai: Tongji University.

Wu J Y, Li J, Faria R, 2006. An energy release rate-based plastic-damage model for concrete [J]. International Journal of Solids and Structures, 43(3－4): 583－612.

Xian X, Qiu C, 1989. A new stochastic finite element method[C]//Applied Mechanics: Proceedings of the International Conference on Applied Mechanics, August 21－25, 1989, Beijing, China.

Xie S C, Kolay C, Feng D C, et al., 2023. Nonlinear static analysis of extreme structural behavior: Overcoming convergence issues via an unconditionally stable explicit dynamic approach[J]. Structures, 49: 58－69.

Yamazaki F, Member A, Shinozuka M, et al., 1988. Neumann expansion for stochastic finite element analysis[J]. Journal of Engineering Mechanics, 114(8): 1335－1354.

Yazdani S, Schreyer H L, 1990. Combined plasticity and damage mechanics model for plain concrete[J]. Journal of Engineering Mechanics, 116(7): 1435－1450.

Yu J, Tan K H, 2014. Numerical analysis with joint model on RC assemblages subjected to progressive collapse[J]. Magazine of Concrete Research, 66(23): 1201－1218.

Yu X H, Lu D G, Qian K, et al., 2016. Uncertainty and sensitivity analysis of reinforcedconcrete frame structures subjected to column loss[J]. Journal of Performance of Constructed Facilities, 31(1): 04016069.

Zeris C A, Mahin S A, 1988. Analysis of reinforced concrete beam-columns under uniaxial excitation[J]. Journal of Structural Engineering, 114(4): 804－820.

Zhao J, Sritharan S, 2007. Modeling of strain penetration effects in fiber-based analysis of reinforced concrete structures[J]. ACI Structural Journal, 104(2): 133－141.

Zienkiewicz O C, Taylor R L, 2005. The finite element method for solid and structural mechanics[M]. 6th ed. Oxford: Elsevier Butterworth-Heinmann.

后　记

自2010年加入李杰院士学术梯队攻读博士学位，迄今已逾10个年头。十余年间，在先生的指导下，我与任晓丹教授一直围绕着“随机损伤力学”的基本框架开展研究，并取得了小小的研究进展。最初本打算将博士论文稍加整理即出版，然而，在撰写过程中，愈发感受到随机损伤理论的博大精深。尽管2016年就已毕业加入东南大学工作，个人的后续研究却无不遵循着先生“从本构到结构”的理念。是以开始尝试将工作后的研究与博士论文内容进行糅合，希望能进一步发展混凝土随机损伤力学。书稿撰写始于2018年冬，过程中已有工作的凝练、新工作的开展、两者的交叉迭代，点点滴滴，迄今终于成稿。能于而立与不惑间著书，心怀惴惴，激励自己的一直是求学时先生萦绕耳畔的鼓励，“成为我的学生最重要的是要有理想并为之不懈的努力!”。故此特将博士论文致谢摘录于下，以纪念自己求学阶段的青葱年华。

当早春的微风吹绿路边的草木，当同济的樱花迎来又一次盛开，当逾尺的札记凝聚成这薄薄的一本，当求学的生涯写进一生的履历，终于，到了该说再见的时候了。也许只有在离别时，回忆才会一起涌上心头。五年，青涩的少年如今已年近而立；五年，繁华的大上海成了我的第二故乡；五年，青春的梦早已不知飘落何处；五年，2008天，218页，96005字。时光改变了容颜，改变了生活，不曾改变的，只剩下这段激情澎湃的岁月。

承蒙恩师李杰先生眷顾，得以忝列门墙。先生学通今古，识贯中西，却又平易近人，循循善诱；虽著作等身，誉满天下，却始终秉持着土木人的风骨，苦心孤诣，审问笃行。拜入先生门下五年，先生总是能在大方向上追源溯流、高屋建瓴，在小细节上一丝不苟、尽善尽美。每每与先生交流，先生总能切中肯綮，如拨云见日，让学生醍醐灌顶、如沐春风。先生致力于学科基础理论的研究，不痴迷于技巧枝节；又注重工程实际的素养，学以致用；更与时俱进，时刻关注前沿，学习新的理论、方法。不仅在学术上，为人处世，先生也为我辈楷模。先生知行合一，却丝毫未见放松，辛勤刻苦，几十年如一日；若有成就，先生泰然处之，坚守本心；如遇坎坷，先生不气不馁，迎难直面。对于学生，先生总能推己及人，困难时给予帮助、挫折时给予鼓励、骄傲时给予鞭笞。先生道德文才，可昭可彰，却总是不以为意，虚怀若谷。先生的恩情无以回报，只能时刻铭记教诲，催己奋进。

美国游学期间，幸得里海大学Ricles教授指点。教授功底深厚，见闻广博，对于经典理论的推导更是如数家珍，继承了古典结构工程学派的荣光。与教授之间的探讨切磋，如今依然历历在目。教授治学严谨、探本究末，却又天马行空、开放包容的学术风格让我受益良多；幽默风趣，乐观向上的生活态度也给我留下了深刻的印象。在此，一并感谢 Chinmoy 博士在我留美期间的帮助。Chinmoy 博士深得 Ricles 教授真传，严谨求实，博学慎思，与之坐而论道，纵横捭阖，实乃人生乐事。

特别感谢任晓丹老师在博士期间的帮助和指导。晓丹老师从不锋芒毕露，却又处处挥洒自如。他犀锐无匹的眼光、一针见血的评价，给了我研究上莫大的信心。每一个想法，都有他细致的分析，每一篇文章，都有他倾注的心血，他却从不居功自傲。五年以来，半师半兄，此间种种，没齿难忘。感谢高向玲老师在硕士期间的指导和关怀。五年前，刚来上海，生逢突变，惶惶如丧，是高老师持续的鼓励和抚慰，才渐渐平复暴戾的内心，重拾人生的信心。同时感谢梯队的陈隽老师、陈建兵老师、彭勇波老师、刘威老师、张骥师兄等在学习和生活中的帮助。

独学而无友，则孤陋而寡闻。同济的五年，学到了知识，也结识了朋友。陶伟峰博士、张梦诗博士，我们三人一起入学，一起玩乐，一起嘻嘻哈哈，一起骂骂咧咧，我们见识了彼此的疯狂，也见证了彼此的成长，因为你们的存在，这段青春才不那么单调。蒋仲铭博士眼光独到，长于发掘新的技术方法，也善于透过现象看本质，与你夜间散步时的高谈阔论总是令人回味。周浩博士笃实好学，古道热肠，与你的讨论让我们共同进步，需要帮助时你也毫不推辞。梁俊松博士做事井井有条、精雕细琢，你的研究方式给了我莫大的启发。张业树硕士实而不浮，兢兢业业，我们的合作相得益彰，虽然你已毕业经年，却时常记起与你把酒言欢的过往。宋萌硕士善解人意，类似的经历让我们一见如故，刚到上海时的相互扶持也铭感于心。朱非白硕士，我们同室 3 年，彰武路上留下的脚步，篮球场上挥洒的汗水，还有你留存的一本本画册，都成了珍贵的回忆。感谢孙千伟师兄、王鼎师兄、刘汉昆师兄、徐军师兄、丁兆东师兄、孙伟玲师姐、晏小欢师姐、黄天璨师兄、梁诗雪师姐、吴沛杰师兄，是你们带领我进入梯队的大家庭；感谢万增勇师弟、李苹师妹、缪惠全师弟、张元达师弟、丁艳琼师妹、杨俊毅师弟、高若凡师妹、张晓悦师妹、周来军师弟、贺景然师弟、曾小树师弟、白琼，是你们制造了快乐，让我们的大家庭更加温馨。

我还要感谢访美期间结识的傅博博士、尹志逸博士、朱江博士、张莹博士、储忻博士、张伟副教授、黄智贤副教授、徐冰鸥教授、姜联众老师、马学军教授，我们来自五湖四海，却在异国他乡相聚。觥筹交错、恣肆而游的日子仿似就在昨日，因为你们，这一年的生活才变得多彩而温暖。

感激父母三十年来含辛茹苦的养育之恩。你们白手起家，脚踏实地，虽没有锦绣荣华的生活，却让我在求学期间无后顾之忧。你们勤劳、朴实，虽暂遇困苦，相信会否极泰来。感谢岳父母的体谅和包容。你们高情远致、不同流俗，总是替我思考、给我信心，你们的恩情如海，唯有结草衔环。

感谢我的妻子宋晓静。求学期间的贫苦，你从不抱怨，偶有挫折之时，你还温言劝慰。从金陵古城到十里洋场，再到伯利恒小镇，这一路都留下了我们的酸甜苦辣。你拥有我最快乐的时光,也陪伴了我最清贫的日子。虽然我们时常分隔两地,但你在我心中留下了深深的烙印,即使离开我的视线,只要想起你的面容,我的心里就照进了最灿烂的阳光。

文至最后,其实,这本应是一个快乐的时刻,因为多年的求学生涯即将画上圆满的句号,然而当我写下最后这段文字,心中却充满了不舍;其实,这本应是一个快乐的时刻,因为新的征程正在前方向我招手,然而当我想起同济的师生,笑容却无法彻底绽放。岁月你别催,该来的我不推;岁月你别催,走远的仍要追。多年以后,当我无意翻阅起这篇论文,或许一下子就会带我回到熟悉的土木大楼 A434,回到这 2008 个难以忘怀的日日夜夜。

本书撰写过程中,与任晓丹教授多有切磋,书中部分内容,也取自他的研究成果。本书初稿完成之后,曾送呈先生审阅。先生于百忙之中,仔细批阅、修订,使本书细节更为准确、逻辑更为清晰、体系更为完备。我也深得教益。

此外,特别感谢我的爱人宋晓静女士和女儿冯沐晴对我学习和工作的支持、理解和包容,在成书过程中对你们的疏于陪伴深感歉意!

冯德成

于同济园·九龙湖

2016 年 1 月·2024 年 3 月

作者简介

冯德成，东南大学青年首席教授、博导，教育部“长江学者奖励计划”青年学者、中国科协“青年人才托举工程”入选者、江苏省自然科学基金优秀青年基金获得者、东南大学“至善学者”（A 层次）。主要从事面向城市基础设施韧性的工程结构分析、评估和性能提升方面的研究，累计发表学术论文一百余篇，先后入选爱思唯尔“中国高被引学者”（2023 年）、斯坦福“全球前 2%顶尖科学家”生涯榜单（2022—2024 年）和年度榜单（2020—2024 年）。现任本领域权威期刊 *ASCE Journal of Structural Engineering* 副主编、*Engineering Failure Analysis* 编委。获上海市科技进步一等奖、中国钢结构协会科学技术一等奖、中国灾害防御学会青年科学奖、国际先进材料学会（IAAM）科学家奖章、欧洲计算方法与应用科学学会（ECCOMAS）青年学者奖等。

任晓丹，同济大学教授、博导，土木工程学院建筑工程系主任。兼任国际期刊 *Engineering Failure Analysis*（JCR Q1）结构工程领域主编、国际结构安全性联合委员会 JCSS 规范混凝土工作组组长、《土木建筑与环境学报》编委、中国建筑学会建筑结构分会青年理事。聚焦混凝土材料和结构的前沿与基础科学问题，致力于混凝土材料力学行为与结构设计建造方面的研究工作，系统研究并建构了混凝土损伤本构关系理论与方法。出版中、英文专著各 1 部、教材 1 部；发表学术论文一百余篇。获得国际学会奖 1 项，参与获得省部级一等奖、二等奖各 1 项。研究成果被国家标准和行业标准采用，并应用于一批复杂工程的全寿命可靠性分析与抗灾设计之中。

李杰，中国科学院院士，同济大学特聘教授、博导。2017 年至 2022 年间，任国际结构安全性与可靠性学会主席。长期在结构工程与工程防灾领域从事研究工作。在随机力学、工程结构可靠性与生命线工程抗震研究中取得了具有国际声望的研究成果。包括：发展了随机损伤力学基本理论，建立了随机系统分析的概率密度演化理论，解决了复杂结构整体抗灾可靠度分析问题，建立了大规模工程网络抗震可靠性分析与优化设计理论。领衔获得国家自然科学二等奖、国家科技进步三等奖各 1 项、部省级科技奖励一等奖 5 项。1998 年获得国家杰出青年科学基金，1999 年入选“长江学者奖励计划”首批特聘教授。2013 年，因在随机动力学与工程可靠性方面的学术成就，被丹麦王国奥尔堡大学授予荣誉博士学位；2014 年，因在概率密度演化理论与大规模基础设施系统可靠性方面的学术成就，被美国土木工程师学会（ASCE）授予领域最高学术成就奖——Freudenthal 奖章。